KARL RITTER

GÉOGRAPHIE

GÉNÉRALE COMPARÉE

OU

ÉTUDE DE LA TERRE

TOME I

Elibron Classics
www.elibron.com

Elibron Classics series.

ISBN 0-543-93807-7 (paperback)
ISBN 0-543-93806-9 (hardcover)

This Elibron Classics Replica Edition is an unabridged facsimile of the edition published in 1836 by Paulin, Paris.

GÉOGRAPHIE

GÉNÉRALE COMPARÉE.

IMPRIMERIE DE MADAME POUSSIN, RUE MIGNON, 2.

GÉOGRAPHIE

GÉNÉRALE COMPARÉE,

OU

ÉTUDE DE LA TERRE

DANS SES RAPPORTS AVEC LA NATURE ET AVEC L'HISTOIRE DE L'HOMME,

POUR SERVIR DE BASE A L'ÉTUDE ET A L'ENSEIGNEMENT

DES SCIENCES PHYSIQUES ET HISTORIQUES;

PAR

KARL RITTER.

TRADUIT DE L'ALLEMAND

PAR E. BURET ET ÉDOUARD DESOR.

TOME I.

PARIS,

PAULIN, ÉDITEUR, RUE DE SEINE, 33.

MARS M DCCC XXXVI.

AVERTISSEMENT

DES TRADUCTEURS.

Au moment où nous allions mettre sous presse le troisième volume de la *Géographie* de Ritter, les deux premiers déjà publiés furent consumés, avec tant d'autres livres, dans l'incendie de la rue du Pot-de-Fer. Malgré les pertes que ce désastre fit éprouver à notre éditeur, il résolut de poursuivre cette importante publication, et nous dûmes consacrer à la réimpression des deux premiers volumes le temps que nous avions destiné à l'impression du troisième. Tel est le motif du long retard apporté à notre travail.

Ce n'est pas une simple réimpression que nous offrons au public. Les encouragemens que nous avons reçus des personnes qui s'intéressent à la géographie, et surtout la bienveillante approbation donnée par l'auteur à notre travail, nous ont engagés à le revoir avec la plus scrupuleuse attention, afin d'en faire disparaître les inexactitudes toujours trop nombreuses, qu'il est si difficile d'éviter dans un ouvrage de cette nature. Nous espérons mériter ainsi le titre de *traducteurs consciencieux*, dont nous a honorés M. Ritter; c'est là toute notre ambition.

Le premier essai de l'*Erdkunde* fut publié à Berlin en 1817; quoique ce livre ne fût guère qu'un programme de ce que promettait l'auteur, il excita une grande attention en Allemagne, où il y avait déjà tant de livres sur la matière : cet ouvrage en deux volumes annonçait autre chose qu'une compilation nouvelle à l'usage des écoles; on reconnaissait à la nouveauté des aperçus, à la fécondité des idées, à la classification des faits, à la tendance manifeste vers une unité qui avait toujours manqué à cette science, que, dans les mains de Ritter, la géographie allait prendre une forme nouvelle; et les Buch, les Humboldt, les Heeren applaudirent à ces nobles efforts.

Encouragé par une aussi haute approbation dans la carrière qu'il avait choisie, Ritter reprit son ouvrage sur des proportions plus grandes, afin de réunir sous le nouveau point de vue scientifique, où il s'était placé, tous les faits géographiques connus jusqu'à lui. La première partie de ce grand travail parut en 1822; elle contenait l'Afrique, par laquelle nous avons commencé la publication française, afin de rester fidèles au plan de l'auteur, et dont les trois volumes sont terminés aujourd'hui.

La géographie est une science progressive de sa nature, et, dans l'espace qui sépare la traduction française de la publication allemande, quelques points restés obscurs ou inconnus, lorsque l'auteur écrivait, ont été éclaircis par des découvertes postérieures. Les voyages les plus importans qui furent exécutés de 1822 jusqu'à nos jours, sont ceux de Clapperton, de Lander, de Callié; nous ne parlons pas des merveilleuses découvertes d'un autre voyageur français, auquel la critique a justement enlevé toute croyance. Voulant rendre la traduction de Ritter aussi complète que tous les autres ouvrages publiés depuis, nous avons placé dans des notes à la fin du second et du troisième volume les résultats de ces voyages, ainsi qu'un article très détaillé sur Alger, que nous devons à l'obligeance de M. Davezac, l'un des hommes qui connaissent le mieux l'Afrique. M. Ritter doit publier prochainement lui-même un cahier supplémentaire sur l'Afrique; il se proposait de nous le communiquer, mais il attend la relation du voyage de M. Ruppel en Abyssinie; elle doit jeter un jour tout nouveau sur cette contrée alpine si intéressante et encore si peu connue : dès qu'elle aura été communiquée au public, M. Ritter publiera un cahier supplémentaire, dont notre traduction sera enrichie aussitôt.

Il est indispensable de dire quelques mots sur la division de ce livre, pour en faciliter l'intelligence. La division la plus générale de l'ouvrage est prise dans la nature, dans l'intuition propre qu'en avait l'auteur. L'Afrique renfermera ainsi *quatre parties*, suivant les quatre formes principales que revêt la nature terrestre, qui sont : les hautes-terres ou le plateau, les basses-terres, les gradins ou pays de transition, les membres isolés du corps qui se rencontrent plus ou moins nombreux dans chaque partie du monde. Comme il est impossible d'embrasser ces grands faits dans leur ensemble, nous en étudions l'un après l'autre les points locaux les plus importans, ce qui fait la matière du *chapitre*. Le chapitre est exclusivement consacré à l'élément purement géographique et topographique, aux rapports du lieu avec l'espace, dans les deux dimensions géographique et physique, horizontale et verticale. La connaissance du lieu que le chapitre a décrit sera complétée dans l'*éclaircissement*, qui nous expliquera ses productions, sa nature, l'influence qu'il exerce sur l'homme ou que lui fait subir ce roi des êtres, tour à tour son esclave et son maître. L'*éclaircissement* s'occupera des rapports de la localité avec le temps, c'est-à-dire avec l'histoire de l'homme et des peuples, qui n'est pas introduite dans la géographie pour égayer la science, mais qui en est une partie intégrante, un élément nécessaire, puisque les rapports des lieux avec le temps sont aussi réels que ses rapports avec l'espace. Les détails qui ne se rattachent pas directement à l'un de ces deux grands rapports, mais qui peuvent toutefois jeter quelque jour sur des points isolés, tels que les explications et étymologies des noms, les discussions archéologiques, les hypothèses non confirmées encore de parenté ou d'origine, l'appréciation de la littérature et des sources, tout cela est renvoyé, dans des remarques imprimées en texte plus petit, à la conclusion des éclaircissemens et chapitres.

Les cartes sont nécessaires à la géographie comme les préparations à l'anatomie ; elles nous montrent la nature morte, les dimensions et les distances des lieux dont la science prétend nous donner une intuition vivante. L'un des cartographes modernes les plus distingués, M. Berghaus, a publié un atlas sur la géographie de Ritter, et surtout une manifique carte de l'Afrique, sujet des trois volumes que nous publions aujourd'hui ; mais nous ne saurions recommander exclusivement aucune carte, et nous sommes en cela de l'avis de notre auteur ; son ouvrage peut se lire avec toutes les bonnes cartes déjà publiées, et l'on trouvera sur chaque localité, une appréciation motivée des différens travaux cartographiques à consulter. L'intention de notre éditeur est de publier plus tard l'atlas de Berghaus.

Nous préparons en ce moment la première livraison de l'Asie, dont le quatrième volume va paraître dans l'édition allemande. Cette partie du monde, vers laquelle nous ramènent aujourd'hui toutes les sciences historiques, est beaucoup moins connue chez nous que l'Afrique, et nous croyons faire une œuvre utile en publiant dans notre langue ce magnifique travail, qui, à part sa valeur scientifique, pourrait être considéré comme une encyclopédie complète de tous les faits de la nature et de l'histoire asiatiques.

Quant aux mesures linéaires employées dans l'*Erdkunde* de Ritter, nous devons faire observer pour prévenir tous les mal-entendus, que quand il dit : *milles géographiques*, sans plus de désignation, il faut entendre le *mille géographique allemand* de 15 au degré et non pas notre mille géographique ou marin qui est la minute du degré.

INTRODUCTION.

Dans l'introduction à un ouvrage qui a pour but de réunir en un corps intimement uni dans ses parties et plus scientifique les notions diverses sur la terre, il est indispensable, avant d'exposer le plan, la méthode et les sources, d'indiquer ce qui, dans cette science, a directement rapport à l'homme, car c'est ce point de vue qui donne à cette étude son importance et sa valeur.

Ce point de vue, qui touche les rapports de la nature à l'histoire, de la patrie au peuple, et surtout de l'individu à l'univers, ne sera ici que légèrement indiqué, seulement pour attirer l'attention sur le but dernier de nos recherches.

L'homme moral, pour accomplir sa fin, l'homme qui veut agir d'une manière efficace, doit avoir la conscience intime de ses forces, connaître ce qu'il reçoit du dehors, ce qui l'entoure, et les rapports qui l'unissent avec ce qui n'est pas lui : toute association d'hommes, tout peuple, pour ne pas manquer son but, doit connaître aussi ses forces intérieures et extérieures, celles de ses voisins, et la place qu'il occupe au milieu des rapports qui agissent sur lui du dehors.

Des efforts aveugles, une volonté instinctive, ne

peuvent donner à l'homme, malgré toute la tension et l'énergie possibles, cette puissance qui fait être, qui fait agir; ce sont des efforts plus réfléchis, plus sentis, c'est l'accord de la volonté avec la force, qui là où la clarté s'unit à la vérité, se manifestent en actes éclatans, sublimes et éternels. De même en présence de la nature, ce n'est pas la variété confuse de forces désordonnées, mais la contemplation de l'ordre et de la loi dans l'immensité et la force, qui font frémir notre âme du pressentiment d'un Dieu.

Mais quelle est la véritable volonté de l'homme? qu'est-ce qui, hors de lui, répond à sa nature? comment la volonté et la puissance se pénètrent-elles réciproquement en s'exaltant? On ne peut résoudre ces questions qu'en descendant dans les profondeurs de la conscience, que par l'étude de l'homme et de tout ce que nous révèle l'histoire de l'humanité.

De même qu'un individu ne possède pas une aptitude universelle, ne peut réussir en tout, de même un peuple ne peut réunir tous les fleurons de la couronne du bonheur et de la gloire. C'est un des caractères de la nature humaine que, dans chaque homme, est déposée une aptitude spéciale au développement de laquelle il doit sa valeur; et il en est de même de chaque peuple. La grandeur morale de l'homme consiste dans le développement complet de cette propriété, comme aussi la grandeur nationale et l'originalité des peuples. Au dessus des conditions du temps et de l'espace, spirituelle de sa nature, cette aptitude primitive éclaire et vivifie le présent comme l'avenir; ses rayons lumineux se projettent au loin sur toute la vie présente du peuple et sur les apparitions futures de l'histoire.

Un peuple, pas plus que l'homme individuel, ne peut se donner cette capacité distincte ; l'homme et le peuple ne peuvent qu'en conserver l'originalité, la pureté : elle relève d'une puissance plus haute que celle de l'homme qui passe et qui meurt. Tout ce qui dépend de lui, c'est de la reconnaître pendant sa vie ; car s'il n'en a pas la conscience, elle demeure sans efficacité en lui.

On ne peut reconnaître le caractère propre d'un peuple qu'en l'étudiant lui-même dans sa nature, dans ses rapports avec lui-même, avec ses membres, avec ce qui l'entoure ; et, comme on ne peut supposer un peuple sans gouvernement et patrie, il faut l'étudier dans ses rapports avec l'état et la patrie, puis encore dans les rapports de l'état et de la patrie avec les contrées et les états voisins.

Ici se montre l'influence que la nature exerce sur les peuples comme sur l'homme individuel, mais à un degré plus élevé; car ici des masses agissent sur des masses, et la personnalité d'un peuple domine celle de l'individu.

Cette influence a toujours été regardée comme un point de recherches important pour l'histoire des peuples, des états et de l'homme, et on en a beaucoup parlé de nos jours.

L'action de la nature est simultanée, successive, et elle s'exerce plus en secret qu'au grand jour. La semence germe sous la terre, et dans l'enveloppe du bouton est déjà préparée une génération nouvelle. Ses rapports et son action sont partout plus profonds qu'ils ne paraissent, plus simples qu'ils ne semblent sous leur variété apparente, et ils s'étendent au loin, merveilleux et féconds. La puissance calme que la nature exerce veut une âme aussi calme qu'elle, qui réfléchisse en elle tous ses phénomènes pour pénétrer et comprendre ses lois.

Entre deux âmes qui se ressemblent, il ne faut souvent qu'un signe extérieur, un coup d'œil juste, un mot profond pour se comprendre, parce que l'on comprend facilement ce qui ressemble à soi. Mais la nature n'a plus aujourd'hui un rapport aussi intime avec l'homme que dans les premiers temps du monde ; elle est devenue pour lui un être mystérieux, et elle ne veut se laisser considérer que dans les grands mouvemens de ses forces, que dans l'ensemble de ses phénomènes. C'est alors qu'elle fait rayonner la lumière et jaillir la vie sur toutes les routes que l'ardeur de l'homme ose parcourir ; son éclat est comme un astre éblouissant dont il ne peut saisir toute la splendeur ; elle éclaire tous les rapports de cette création que nous nommons nature vivante et inanimée, et elle donne sur toutes les questions que nous lui adressons, et surtout sur l'homme, les premières solutions.

Ce ne serait donc pas un travail inutile que d'étudier, dans l'intérêt de l'histoire de l'homme et des peuples, le théâtre de leur activité, la terre, dans son rapport immédiat avec l'homme, c'est-à-dire dans sa surface ; de chercher à embrasser la vie et les formes de la nature dans tout leur ensemble, sous ce point de vue peu observé jusqu'ici; de suivre la marche de ses lois géographiques les plus simples et les plus générales, dans ses formations inertes, animées ou vivantes.

La terre est indépendante de l'homme : avant lui et sans lui elle fut le théâtre des révolutions de la nature. Ce n'est donc pas de lui qu'émane la loi de ses créations. Si on veut faire la science de la terre, c'est elle seule qu'on doit interroger sur ses lois. Il faut étudier les monumens que la nature a élevés sur elle, observer ses hiéroglyphes, les déchiffrer et les décrire, lire son histoire dans ses accidens, classer ses formes d'après leurs caractères spéciaux : il faut mesurer ses plaines, ses abîmes, ses hauteurs; interroger les savans de tous les temps, de tous les lieux; interroger les peuples eux-mêmes pour savoir ce qu'elle leur a révélé, ce qu'elle nous fait connaître d'eux. Les faits qui résulteront de ces investigations, soit nouveaux, soit déjà recueillis et puis oubliés, devront être rangés dans leur variété et leur unité en un tout que l'intelligence puisse embrasser d'un coup d'œil.

Alors, de chaque fait particulier, de chaque ordre de phénomènes, le résultat sortira de lui-même; la vérité en sera constatée par les accidens naturels et locaux, elle se montrera dans la vie des peuples qui les réfléchissent, et dont l'existence ou le caractère coïncident avec telle ou telle forme, telle ou telle loi de la nature. Car, d'après l'ordre de la Providence, les peuples comme les hommes, produits d'élémens spirituels et physiques, marchent, sous l'influence d'une force de la nature et de la raison, dans la carrière immense de la vie du monde. Chaque organisme se forme d'après ses élémens intérieurs et ses rapports avec ce qui l'entoure, puis se manifeste dans une loi, sous une forme qui sont dépendantes l'une de l'autre, car ici rien n'appartient au hasard.

Ce n'est pas seulement dans le cercle étroit d'une vallée, d'une montagne, d'un peuple ou d'un état, c'est dans toutes les plaines, sur toutes les hauteurs, chez tous les peuples, dans tous les états, que se manifeste cette réciprocité de la nature avec l'histoire depuis le berceau du monde jusqu'à nos jours. Tous les peuples sont sous l'influence de la nature; quelquefois elle semble ne se manifester que sous un seul point; mais il n'en est pas moins certain cependant que son action mystérieuse et profonde s'exerce partout. Elle est, dans le monde de l'histoire, comme le Dieu long-temps inconnu, dans le monde religieux, qui, pour n'avoir pas d'autels, n'en était pas moins présent partout.

D'abord on ne le reconnaissait, on ne l'adorait que dans les effets isolés de sa puissance; l'œil de l'homme ne l'avait pas vu encore. De même un jour aussi, peut-être, se terminera la lutte apparente entre les mille forces de la nature opposées, le nuage qui cachait son unité à nos regards se dissipera, et elle descendra dans la sphère de la science humaine.

Nous nous proposons de considérer les effets de la nature dans leur connexion et leur ensemble : cette tentative, quelque faible qu'elle soit, ne sera pas inutile avec cette foi dans l'avenir de la science; c'est cette foi seule qui peut faire accueillir nos essais avec bienveillance par nos contemporains, car c'est elle seule qui peut donner la vie à nos recherches.

Il n'appartient pas à un seul homme d'accomplir une telle œuvre. Chaque homme qui pense apporte, par sa vie même, son tribut à la science, pour l'avantage de la génération qui doit suivre. Tout ce que l'individu peut faire, c'est de se rattacher à ces efforts communs, avec la puissance qui lui a été départie, et de chercher, dans la marche du développement historique, l'unité de la loi au milieu de la diversité des phénomènes.

Dans l'histoire politique et philosophique, la palme de la gloire est décernée à ces hommes qui, armés eux-mêmes d'une pénétration puissante et d'un grand caractère, ont su, partant du développement d'un seul fait, de la marche des idées et de l'histoire d'un seul être ou d'un peuple, ou d'une réunion de peuples, expliquer et éclairer la nature humaine dans ses faits, depuis ses profondeurs les plus obscures jusqu'à ses hauteurs que l'on ne peut considérer sans vertige. Par la lumière qu'ils ont jetée sur la marche du développement propre d'un être ou d'un peuple, ils enseignent à tous les peuples du monde les moyens de parvenir au faîte de la grandeur nationale et morale, et deviennent ainsi les précepteurs immortels du genre humain.

Peut-être un temps viendra où des hommes, doués d'une force égale, embrasseront à la fois d'un regard d'aigle et le monde physique et le monde moral. De la totalité des faits de l'histoire du monde, ils pourront peut-être descendre du général au particulier, avec autant de sûreté que le politique s'est élevé du fait particulier au développement général de l'espèce. Peut-être, avec toutes ces données générales, pourront-ils prédire d'avance la marche nécessaire du développement d'un peuple dans une contrée déterminée qu'ils lui auraient choisie, et lui indiquer d'avance la route qu'il doit suivre pour arriver au bonheur que la Providence éternelle réserve à chaque peuple fidèle à sa mission.

La découverte d'un tel but est la plus haute question de la science politique; ce but ne nous apparaît indiqué, dans toute sa grandeur, qu'à travers les ombres du passé, dans les chants des prophètes dont le regard inspiré pénétrait à la fois dans la nature et dans l'histoire : le chemin que nous avons pris, et dont nous allons mettre le résultat sous les yeux du lecteur, peut servir de travail préparatoire pour nous rapprocher de ce grand but que nous avons perdu.

Cette route paraît d'abord faire d'immenses détours; cependant elle s'avance assez directement du lieu de départ au point de vue proposé : et, si elle ne conduit pas jusqu'au dernier terme, les connaissances, les découvertes recueillies en chemin, ne seront pas du moins inutiles. Sans s'égarer au milieu de l'infinité de toutes les expériences, elle va pas à pas, d'expérience spéciale en expérience spéciale, elle sera comme une courbe exprimant la loi générale qui domine la variété des expériences et des phénomènes matériels, et les fait servir à un but plus élevé.

Il ne faut pas seulement prendre pour objet de

nos recherches la loi générale d'une seule forme, il faut étudier la loi de toutes les formes organiques sous lesquelles la nature nous apparaît, soit en grand sur toute la surface de la terre, soit en petit dans chaque lieu déterminé. Car ce n'est que de l'ensemble de toutes les lois générales des types primitifs de la création vivante et inanimée, que l'on peut embrasser l'harmonie complète du monde entier des phénomènes.

Si l'on ne peut séparer, dans la pensée, la race humaine du globe de la terre, de même l'individu, le peuple moins indépendant encore de la terre que l'individu, de même l'état enchaîné à la nature du pays, ne peuvent arriver à se comprendre eux-mêmes sans la connaissance de la place qu'ils occupent, et de ses rapports avec eux.

Ou, en d'autres termes, c'est l'accord entre le peuple et la patrie, entre la place qu'occupe le peuple avec la nature comme avec la vie humaine, c'est l'accord de la physique avec la politique qui, dans l'histoire du monde, a toujours favorisé et avancé le progrès des peuples et des états.

Dans le temps présent, où cet accord ne jaillit pas de lui-même, spontanément, du développement organique des peuples, comme il se montra autrefois dans les premiers âges du monde, il faut pénétrer la loi de cet accord, *tetractys* éternelle (1), et la faire descendre dans la conscience de tous, comme source immortelle de toute harmonie!

---

(1) Nombre mystérieux, symbole de perfection, par lequel juraient les disciples de Pythagore.

PLAN DE L'OUVRAGE.

Toutes les fois que nous voulons étudier l'homme ou la nature, nous allons nécessairement de l'individu à ses rapports avec le tout, des phénomènes fortuits et apparens à la loi générale de l'être. De l'étude de l'individu ne ressort pas la connaissance du tout, si le tout n'est pas connu aussi. De même que la partie est formée par le tout, de même ce n'est qu'au moyen de la loi que le phénomène particulier se détache de l'ensemble, et peut être considéré comme *un*, comme *individu*.

Ainsi ce n'est que par l'idée du système des soleils qu'on a pu comprendre la révolution cosmique de la terre, ce n'est que par l'idée de la terre comme planète ou globe qu'on a pu comprendre l'ordonnance de ses parties et leurs rapports entre elles.

Quand une telle unité dans l'idée s'élève au degré d'évidence, l'ordre dans la variété en ressort comme de lui-même. Quand au contraire on ne fait que rechercher l'unité, qu'on ne peut même que s'efforcer de l'atteindre, on n'arrive que difficilement et imparfaitement à reconnaître la loi dans la variété.

Ainsi la reconnaissance de l'équilibre des forces attractives et répulsives du globe, dans la direction de son axe, a conduit à admettre une telle loi par rapport au nord et au sud de la terre, et cette loi s'est bientôt laissée calculer et prouver mathématiquement. De l'opposition du nord et du sud, on a conclu une opposition de toutes les forces terrestres, dans la nature inanimée et vivante.

L'opposition de ces deux forces est caractéristique, elle se manifeste partout, mais toujours plus fortement du côté physique et dans les derniers degrés de l'échelle des êtres. Quoique moins apparente, elle agit cependant toujours, même sur ce qui a une vie spirituelle sur la terre.

Dans l'autre direction, de l'est à l'ouest, nous ne voyons pas encore que ces forces terrestres soient arrivées au même équilibre, à la même fixité, à un point de pondération parfait à l'est et à l'ouest. De ce côté, elles semblent encore à l'état de développement et de travail : dans sa révolution continuelle, la terre cherche peut-être encore dans l'espace son équilibre, son point de repos final.

Tout ce qui vit et passe sur la terre est compris sous cette influence d'un changement et d'un développement périodiques, qui se montrent, de la manière la plus évidente, dans la révolution diurne de la terre. Seulement cette influence est moins évidente que celle du sud et du nord, parce qu'elle agit plus fortement du côté intellectuel; l'opposition d'orient et d'occident se manifeste plus aux degrés élevés de la création que dans la nature inorganique; cependant elle agit toujours et surtout sur les formes fluides des élémens.

Il n'y a pas ici, comme au nord et au sud, un point immobile dans l'espace; c'est un mouvement, un travail continuels qui, comme l'orient semble nous l'apprendre, entraîne l'humanité dans la marche de son développement; on pourrait donc établir ici une opposition entre l'occident et l'orient, toujours mobile, toujours changeante, d'après les temps et les circonstances.

Nous ne savons pas encore si cette opposition, qui se manifeste par le changement dans le monde intellectuel et non encore dans le monde physique, n'a pas pour cause le commencement d'une stabilité invisible à nos yeux; les deux grands continens dans les deux hémisphères en seraient les représentans; c'est dans l'Orient asiatique qu'il nous faudrait en aller chercher la force et l'énergie naturelles, car c'est de là que semble partis l'impulsion primitive, le plus haut développement de la vie du monde. Mais, depuis que la découverte du Nouveau-Monde sur l'hémisphère occidental a fait connaître à l'ancien continent, qui s'était jusqu'alors divisé en est et ouest, son véritable contre-poids sur le globe de la terre, l'homme a nécessairement changé la direction de ses idées, les a mises en rapport avec cette découverte, les vues nouvelles qui en résultent doivent naturellement trouver place dans une étude scientifique de la terre.

Le monde physique a toujours existé comme un tout formé par la tension réciproque de certaines forces entre le nord et le sud, l'est et l'ouest, mais ce n'est que depuis la découverte de l'Amérique que l'homme a pu le saisir ainsi. C'est depuis lors seulement que, par son opposition au nouveau monde de l'ouest, on a pu comprendre l'ancien monde de l'est dans ses rapports avec lui, et chacun d'eux ensuite dans ses rapports particuliers.

Les grandes parties de la terre apparaissent alors au regard de l'observateur, comme autant de *tous* plus ou moins séparés par la nature, et que nous pouvons considérer, en général, comme les grands *individus* de la terre ; nous porterons d'abord nos regards sur l'ancien monde.

Le soleil se lève à l'est, et, dans sa source triomphale, décrit un arc lumineux à travers le midi jusqu'aux contrées lointaines de l'ouest : ainsi ce grand rapport cosmique qui émane du soleil, source de la vie du monde, nous donne dès l'abord la première division naturelle de la surface de la terre.

Là-bas est l'Asie, cette partie de la terre dont le mot *orient* exprime, dans le plus haut sens, le caractère essentiel : ici en Europe est son opposé, *l'occident*. Toutes les parties de la nature et de l'histoire, tous les temps en témoignent, ici c'est l'occident ! (*occidere*). Si, en observant plus profondément, on aperçoit entre eux quelque réciprocité, quelque point de ressemblance, ce ne sera qu'une exception subordonnée, quoique toujours importante. Non seulement ces contrées et leur ciel, leurs animaux et leurs plantes le répètent; la voix de tous les peuples l'exprime dans la marche de leur civilisation et de leur histoire, dans leurs chants, leurs religions, leurs philosophies et leurs langues.

Un homme de génie a dit avec vérité : « Les « peuples de l'Orient et de l'Occident se tournent

« le dos les uns aux autres : les uns regardent le « matin, le levant; les autres le couchant, le soir; « ceux-là restant fidèles aux antiques traditions « du passé; ceux-ci cherchant toujours, à travers « un changement continuel des formes de leur « existence, un avenir mystérieux que leurs désirs « appellent. »

Entre les peuples de l'Orient et ceux de l'Occident repose l'Afrique, au sud, la force tournée vers le radieux midi : l'Afrique, le *soudan* (1) de la terre, au-dessus de laquelle le soleil plane uniformément depuis le commencement jusqu'à la fin de l'année.

L'Afrique, terre ardente, sans les magnifiques et changeantes merveilles du matin et du soir, sans la lutte et le triomphe alternant des différentes saisons depuis le printemps jusqu'à l'hiver, sans le contraste de cette marche ascendante et descendante du passé à l'avenir! Rien de tout cela ici ne vient donner la vie à la nature et à l'imagination humaine, et jamais ici l'effet des oppositions dans la nature et dans l'homme n'éveille et n'agite le pressentiment d'une éternité et d'un monde meilleur.

Chez nous, le salut consolateur du matin et du soir est une jouissance, un besoin du cœur pour chaque homme, et même pour le pélerin le plus fatigué du voyage; mais, chaque jour, l'heure monotone et aride du midi vient enlever le bonheur, l'illusion et l'espoir. Aussi les peuples du

---

(1) Voyez vol. III, p. 262.

Soudan, toujours en possession du midi étincelant, sont comme enchaînés à un présent qu'aucune tradition du passé n'embellit, qu'aucun souci de l'avenir ne tourmente, qu'aucune espérance n'emporte sur les ailes de l'imagination, dans l'infini.

Le nord de la terre nous présente une opposition frappante. Là il n'y a ni coucher, ni lever; un brillant et chaud midi ne plonge pas, comme au sud, dans une molle indolence; la chaleur n'allume pas de passions brûlantes. Sous l'étoile polaire, autour du pôle glacé, le nord de la terre s'étend immense, plane et coupé dans tous les sens : il rappelle le domaine de la nuit, qui remplit de son obscurité et décore de sa splendeur et le monde et l'imagination de l'homme. Ici le jour disparaît, pour ainsi dire, tout entier avec le cortége varié qui l'accompagne, il ne brille que pour un instant, météore passager d'une nuit éternelle.

Cette loi cosmique se répète de la même manière sur l'hémisphère occidental du globe, dans le domaine du nouveau monde océanique, mais seulement sous une autre forme. Voici la raison de cette différence. Ici, sur notre hémisphère oriental et continental, l'atmosphère doit tenir son caractère principal de sa grande sécheresse; là, au contraire, planant sur la surface immense de l'Océan, elle est plus saturée de parties d'eau, surtout dans le voisinage de la terre. L'eau, comme élément sur la terre, efface partout l'individualité. Aussi l'ensemble des formes de la terre présente des oppositions moins frappantes et même moins nombreuses, et la masse entière du continent s'unit en un groupe uniforme. Ce n'est que plus tard qu'on pourra comprendre ce monde nouveau en l'étudiant dans son opposition avec l'ancien, qui est venu de si bonne heure , avec sa civilisation toute faite, se mêler ici au travail de la nature, soit pour l'accélérer, soit pour le retarder.

Nous commencerons par étudier l'individualité de ces parties, par rechercher leurs formes primitives pour passer ensuite à la position qui leur a été assignée dans le monde par la nature ; il sera plus conforme à la marche du développement des différens rapports, d'aller toujours du simple au composé. C'est dans cette route seule que brillera aux yeux de l'observateur le rayon lumineux, qui éclairera la nature jusque dans ses labyrinthes les plus cachés.

Dans l'étude de la nature inorganique, les grands maîtres sont toujours partis de l'attraction centrale, comme plus simple que l'attraction polaire, de l'état d'aggrégation par opposition aux affinités chimiques; dans le règne végétal, ils passent des recherches sur les formations cryptogames; dans le règne animal, de l'étude des polypes et d'autres organisations encore plus simples, aux êtres plus compliqués; dans l'étude de la vie, ils expliqueront les facultés composées, par le moyen des facultés plus simples; de même ici, dans la description des formes extérieures de la terre, nous devrons aller du plus simple au plus composé.

L'Afrique, comme forme solide, le continent par excellence, le *Soudan* de la terre, situé dans le midi, siége de l'uniformité, se présente à nous comme la plus simple. Ses côtes sont partout régulières; les plateaux, les plaines sont assez généralement divisés : sa surface est très peu variée. Cette uniformité de la nature dans toutes ses parties, se reproduit dans les plantes, les animaux et dans l'homme : l'Afrique ouvre donc avec raison le champ des observations que nous avons consacrées à l'individualité des parties de la terre.

PREMIÈRE PARTIE.

Les formes solides ou les parties de la terre.

Les formes solides composent la première partie de cette géographie générale comparée, dans laquelle on exposera d'abord l'Afrique, l'Asie, l'Europe, puis les autres parties. Nous partons du *plateau* qui nous apparaît, du dehors, comme une ruine du monde primitif, quoique fermé à l'intérieur par la force qui l'a créé; il s'élève au milieu de chaque continent en hauteurs isolées, ou en une seule élévation qui donne à toute la partie du monde son caractère et sa forme, comme si les surfaces plus basses n'étaient composées que de ses membres détachés, et parsemées de ses débris épars. Les fleuves nous font descendre par d'immenses *degrés* jusqu'aux *basses terres;* ces degrés ou terrasses sont fortement déssinés sur toute la surface de la terre par des cataractes, par les accidens que présentent les cours d'eaux, lorsqu'ils sont plus rapides et plus resserrés entre leurs rives.

Les plaines s'étendent immenses comme des intermédiaires entre les plateaux et l'Océan; tantôt elles tiennent au plateau de leur continent par des chaînes et des groupes de montagnes et de hauteurs; tantôt, par des terres humides et basses, des bancs de sable, des chaînes et des groupes d'îles voisines, elles semblent relever plutôt de l'empire de l'Océan.

Il nous faudra étudier et déterminer de la manière la plus exacte ces trois formes principales et leurs combinaisons, dans leurs dimensions perpendiculaires et horizontales, comme dans leurs qualités caractéristiques, car elles sont les formes constituantes de la terre.

Si nous voulons nous les représenter comme le substratum de toute la création animée, il sera nécessaire de considérer leurs rapports et leurs linéamens, tels que les a dessinés la plastique de la nature.

On ne se contentera pas de les exposer ici dans leurs limites géographiques extérieures. Des travaux excellens en ont déjà suffisamment donné la connaissance : nous les représenterons dans leur position caractéristique avec l'univers, c'est-à-dire avec la nature et l'histoire de l'humanité. Les parties du monde viendront se placer dans notre ouvrage, comme *Soudan* de la terre, comme contrée de l'orient et contrée de l'occident, comme nord de la terre, comme nouveau monde enfin dont la découverte a fait de tout l'ancien monde un orient pour cette nouvelle terre de l'occident.

Quoique le soudan de la Libye et de l'Éthiopie

ne soit pour nous aujourd'hui que la moitié de cette partie du monde appelée maintenant Afrique, c'est pourtant toujours, dans l'histoire de la terre et de la civilisation humaine, la moitié la plus importante de ce grand individu de la terre dont nous allons nous occuper. Nous observerons aussi les mêmes rapports dans les dénominations des autres parties du monde.

Ainsi, ce qui caractérise la nature géographique s'unit immédiatement à la nature historique des parties du monde. L'histoire et la géographie (c'est ce qu'on prouvera dans la suite) se rencontrent sur le même point, comme *unité*, et non par hasard, sur le théâtre de l'ancien monde et de l'histoire.

Le nom d'ancien monde ne convient, dans le sens propre, qu'à un espace restreint de la terre, et il lui appartient avec droit; car c'est là que s'est manifesté tout ce que nous connaissons de plus grand, de plus beau dans l'histoire, depuis la sagesse antique de l'Inde, jusqu'à l'apparition des peuples de race germanique.

Quant aux contrées qui se sont trouvées hors du grand mouvement historique du monde, telles que les extrémités septentrionales, méridionales et orientales de l'ancien continent, le nom de nouveau monde leur conviendrait avec autant de raison qu'aux terres océaniques de l'hémisphère occidental de la terre.

Passant de l'idée de l'ancien monde connu au nouveau monde inconnu qui y tenait par une adhésion continue, on a bientôt considéré ce dernier comme faisant partie de l'ancien monde, par opposition au nouveau monde, découvert dans le même temps, mais séparé de l'ancien par la mer.

Mais souvent des contrées sont plus exactement unies par la mer que par la terre. Dans la suite de nos recherches, le nouveau monde sera tantôt plus restreint, tantôt il pénétrera jusque dans l'ancien monde, et de même, des contrées à qui la nature avait préparé leur place dans l'ancien, nous paraîtront déjà passées ou prêtes à passer dans le nouveau monde.

Nous terminerons la première partie de ce travail en caractérisant chaque partie de la terre d'après ses formes premières et essentielles, leur influence sur la nature et sur l'histoire, les combinaisons, les rapports réciproques qui résultent de sa position vis-à-vis du monde, afin d'embrasser d'un coup d'œil la variété infinie et l'immensité du tout.

DEUXIÈME PARTIE.

Les formes fluides ou les élémens.

Les phénomènes de la nature perdent ici presque toute individualité; mais pour cela les formes fluides des élémens ne s'en présentent que sous des rapports plus généraux.

Cette dénomination n'est pas prise dans l'acception scientifique et chimique, mais seulement dans l'acception ordinaire, ou plutôt dans le sens qu'on lui donnait autrefois, et tel qu'un simple regard jeté sur la nature l'avait enseigné. Les anciens physiciens ne regardaient les formes fluides, mobiles et générales de leurs élémens que comme les représentans des forces de la nature : quant à nous, nous considérerons les élémens, dans leur activité, tels qu'ils se présentent sous la forme d'eau, d'air, de chaleur, de feu, mais moins limités que les autres corps, sur la surface de la terre.

Ils agissent d'après les lois mécaniques de l'expansion, de l'impulsion et de la gravitation, de tout temps, et de la même manière. Ils nous apparaissent dans l'économie de la nature, comme des agens, des moteurs infatigables, aux mille bras, toujours occupés; ils unissent les profondeurs de la terre à sa surface, sa surface avec les cieux, le sud avec le nord, l'est avec l'ouest, et, par leur médiation, les parties de la terre exactement limitées et profondément séparées entre elles, sont ramenées à un harmonieux ensemble.

C'est l'eau dans les océans, les mers, les fleuves et les airs; c'est l'air comme enveloppe générale de la terre ou atmosphère; c'est aussi cette partie de l'atmosphère modifiée par la surface de la terre et de la mer, et qui, par son contact avec elles, produit les accidens du climat. C'est le feu enfin dans les entrailles de la terre; toujours vivant, se propageant de lui-même, il va toujours rongeant, au-dessous de nous, l'écorce de notre globe : on n'a pu encore observer là son action; quelquefois seulement il s'échappe par sa propre force ou à l'aide de celles qui lui sont soumises, ébranle la terre, et apporte trop souvent au monde le désastre et la mort.

Ces trois formes fluides, dans un mouvement éternel, enveloppent et pénètrent le globe : sans frein en apparence, elles sont cependant contenues dans des bornes infranchissables, par la loi la plus sévère, et ce n'est que dans leurs grands rapports avec le monde qu'on doit les observer. C'est alors seulement qu'on pourrait suivre la marche régulière de leur course incertaine et fortuite en apparence, c'est alors seulement qu'on pourrait saisir leur influence continue sur la nature inanimée et vivante.

Cette action des élémens, calme, régulière, souvent invisible et mystérieuse pénètre plus profondément dans tous les êtres, mérite assurément plus d'être observée que les momens passionnés, pour ainsi dire, et plus rares où, brisant leur équilibre, ils se livrent à leur terrible furie : ils peuvent alors étonner pour un instant, épouvanter l'homme par leurs suites, mais ils n'ouvriront pas à ses regards le laboratoire mystérieux de la nature.

Les formes des élémens fluides pénètrent en hauteur et en profondeur tout le globe de la terre, et c'est cela qui révèle leur haute importance pour la connaissance du monde. Depuis les formations les moins développées et les plus inertes jusqu'à l'homme, on a plus recherché cette importance dans ses effets généraux que particuliers. Cependant Hippocrate, dans l'antiquité, guidé par l'observation et l'expérience, en a esquissé les principaux traits avec beaucoup de clarté, en traitant des rapports du climat avec la constitution politique d'un peuple.

Ces élémens sont en même temps, par leur mobilité continuelle, comme le *medium* qui unit tous les corps organisés et inorganisés de la nature. Ainsi, l'eau nous apparaît, non seulement dans la géologie et la végétation, mais encore dans l'histoire des animaux et des peuples, comme la première cause de toute espèce de développement, témoin les vallées arrosées par les fleuves, les côtes des mers, les mers intérieures et les océans qui unissent les mondes.

TROISIÈME PARTIE.

Les corps des TROIS règnes de la nature.

Cette troisième partie de la géographie universelle comparée est consacrée aux formes principales qui, parmi les espèces infinies des corps, ont le plus d'influence par rapport à toute la surface de la terre. On les prendra d'après leurs genres, d'abord dans le règne minéral, puis dans le règne végétal, et, enfin, dans le règne animal, et on les exposera dans leurs rapports entre eux et avec le tout.

Ce qu'on a dit dans la première partie n'était que pour caractériser ces grandes formes solides que nous appelons continens, ou les élémens en rapport avec un lieu déterminé. Les corps des trois règnes de la nature se présenteront ici, en tant qu'ils appartiennent à la géographie universelle, comme des formes indépendantes, et dans leurs triples rapports avec l'organisation en général, avec la surface de la terre en particulier, et avec l'histoire de l'humanité.

On les considérera d'abord, dans leur forme et leur construction, comme types généraux par rapport à une partie déterminée de la terre, et ils nous apparaîtront ainsi comme les représentans de chaque localité de la terre.

On recherchera ensuite leur patrie naturelle, ou la loi de leur propagation géographique sur toute la terre; on déterminera les bornes de la sphère où ils vivent, on fixera exactement leur zône.

Il faudra indiquer, en troisième lieu, géografiquement et historiquement, l'empire que les forces actives de la nature et l'homme ont su exercer sur les corps, soit en les diminuant ou les augmentant, soit en les modifiant ou les étendant.

Ainsi, dans chaque forme caractéristique des trois règnes de la nature, l'individu s'harmonise avec le tout; — Le sol préparé déjà depuis longtemps à les recevoir se couvrira bientôt de formes vivantes qu'il caractérisera en les portant. Comme nous aurons expliqué précédemment l'idée importante de climat, nous verrons, dans chaque forme, se réfléchir un climat qui y correspond, et ainsi chaque point de la terre aura sa place déterminée vis-à-vis la nature vivante.

Les zônes qui déterminent l'étendue des corps inorganisés du règne minéral nous conduiront à quelques phénomènes géologiques qu'il nous faudra reconnaître. Quand l'homme se sera emparé de ces corps pour son usage, nous serons amenés à l'histoire des arts et à celle des plus vieilles civilisations des peuples indigènes. D'un autre côté, les espaces de terres dans lesquels croissent les plantes et les animaux les plus utiles, jettent quelque lumière sur l'histoire des peuples; cette zône et végétale et animale s'étend avec eux dans leurs expéditions, comme la ceinture qui leur donne la vie; elle les suit dans leur différens séjours, agrandit ainsi sa sphère géographique, et quand les peuples ont disparu du théâtre de l'histoire, sans le secours des mains de l'homme, elle continue sa nouvelle vie en attendant l'arrivée de peuples plus jeunes.

Tel est le résultat auquel on arrive sur la liaison profonde de l'histoire des peuples avec la nature vivante. D'un côté, on les voit dans une dépendance fatale de la nature, dépendance d'autant plus forte que l'homme est plus près de l'état sauvage et que les peuples vivent en hordes; de l'autre, il se manifeste une tendance progressive des peuples à s'affranchir; et, à mesure qu'ils gagnent en liberté, l'influence de la nature qui les entoure diminue dans une égale progression. Les habitans des villes, arrivant à la satisfaction de leurs besoins par des moyens artificiels, sortent entièrement de l'influence de la nature; mais l'homme individuel peut s'élancer de lui-même au-dessus d'elle, s'il a présent devant lui l'idée du vrai sage, tel que le divin Platon l'a mis sous nos yeux, dans le *Théétète*.

Ainsi, les idées de peuple et de patrie considérées, du côté de la nature, dans leur individualité et leur variété, reçoivent ici quelques éclaircissemens.

En suivant la route que nous nous sommes tracée, si nous ne dévoilons pas la vérité dans toute sa clarté, nous la ramènerons du moins à une unité plus grande.

L'HOMME.

L'homme est l'être le plus noble de la nature. C'est de lui seul, de la conscience qu'il en a, qu'elle tient sa haute signification, qu'elle existe pour nous. L'homme est le fil conducteur qui nous dirige à travers les trois parties de la nature ; à la conclusion des recherches sur chacune de ses formes, il vient, miroir vivant de la nature, réfléchir ses mystères et les offrir à son semblable, résumés en lui et plus intelligibles.

Nous étudierons ainsi tous les rapports essentiels dans lesquels les peuples sont placés sur le globe de la terre : ces rapports nous conduiront à reconnaître toutes les directions dans lesquelles ils marchent à leur développement, sous l'influence fatale de la nature.

Si nous atteignons ce but, nous aurons fait faire un pas à une branche de l'histoire ; car nous aurons mis en plus grand jour la force sollicitante que les rapports extérieurs exercent sur la marche de l'humanité : cette force a déjà été étudiée, mais avec plus de succès dans l'antiquité que dans l'histoire moderne. Resterait un autre champ ouvert à nos recherches comparées : l'étude de l'influence de la nature purement spirituelle et indépendante du dehors sur le développement de l'homme, des peuples et des états, sujet plus digne d'observation, et plus fécond encore en résultats.

MÉTHODE.

Le titre de cet ouvrage indique qu'il tombe dans le champ des sciences historiques ou expérimentales, sciences qui avancent d'un pas égal avec la somme des expériences et qui se transmettent, sous une forme toujours plus développée, à la génération suivante.

On verra, dans la section qui va suivre, à quelles sources fondamentales nous puiserons cette somme d'expériences; dans la section présente, nous allons indiquer quelques traits principaux de la méthode de leur enchaînement.

La méthode, d'après laquelle nous ordonnerons cette partie spéciale de la science de la nature, est celle qui, comme objective, a été justement nommée méthode de simplification, d'analyse : elle cherche à s'élever jusqu'au type premier des formations de la nature et à établir ainsi un système naturel, et, pour cela, elle poursuit tous les rapports qui sont indiqués par la nature elle-même.

La disposition de cet ouvrage différera complétement des travaux antérieurs qui, sous le nom de géographie, de description physique de la terre, ont traité de cette science d'après la méthode subjective ou de classification, pour les besoins d'autres sciences, ou pour un but particulier et restreint.

Déjà, dans l'antiquité, Ératosthène de Cyrène a exposé la géographie astronomique, Hérodote et Strabon, la géographie historique ou l'histoire géographique; Cluver, chez les modernes, a traité, le premier, de la géographie ancienne, Bergmann, de la physique dans ses rapports avec la géographie, et Busching, de la statistique; d'autres, de la géographie politique. A l'aide de ces travaux et des progrès qu'a faits ce siècle dans l'étude du ciel, de la terre et de la nature, il est devenu possible d'établir les idées fondamentales de la géographie physique. Werner, par exemple, nous a exposé complétement la structure du globe; de Saussure, de Luc et Alexandre de Humboldt, le rapport des élémens avec la surface de la terre; Buffon celui de la nature animée avec le monde inanimé. Zimmermann est le premier qui a recherché les rapports des animaux avec la surface de la terre, et Blumenbach, considérant les races humaines dans leurs rapports physiques, les a fait entrer ainsi dans le domaine de la géographie.

Il serait donc possible de traiter aujourd'hui la géographie physique dans toutes ses parties. Mais, voulant réserver toutes ses forces pour ce qui lui est propre, la science que nous poursuivons renonce à exposer tous les rapports cosmiques, statistiques et politiques du globe que l'on a jusqu'alors confondus avec elle; d'ailleurs cette partie a été suffisamment traitée dans des ouvrages spéciaux.

Cette science est appelée *physique*; parce qu'elle traite des forces de la nature en tant qu'elles agissent dans l'espace, qu'elles conditionnent des formes déterminés et produisent des changemens. Nous ne nous occuperons pas seulement des forces mécaniques et chimiques, mais aussi des forces organiques de virtualités moins calculées qui se manifestent dans le temps et pénètrent dans les natures intelligentes et morales. C'est pourquoi nous rejetterons l'expression usitée de géographie physique, comme présentant une idée trop restreinte; nous n'emploierons pas non plus l'expression inusitée de géographie physiologique; quoique plus rapprochée, elle est trop étrange et dit plus que nous ne voulons exprimer. Deux mots caractériseront la nature même de cette science.

Cette géographie s'appellera *générale;* cela ne veut pas dire qu'elle pretende tout traiter; mais, sans se proposer un but spécial, elle étudiera avec une égale attention, dans sa nature, chaque partie de la terre, chacune de ses formes, soit solides, soit fluides, qu'elle se trouve dans une partie du monde éloignée ou dans la patrie, qu'elle soit le théâtre d'une civilisation ou un désert: car c'est seulement des types fondamentaux des formations essentielles de la nature qu'on peut faire sortir un système du monde.

Elle s'appellera *comparée*, dans le même sens que d'autres sciences ont déjà été traitées et enseignées avant elle, comme, par exemple, l'anatomie comparée.

La connaissance que nous avons des localités de la terre nous permet aujourd'hui de comparer, au moins déjà en quelques endroits, des formes, des virtualités analogues. Hérodote, qui avait beaucoup vu et beaucoup observé, indiqua le premier cette idée pour la géographie (11, c. 33) et, à la même place, il en fit l'application la plus grandiose en comparant la Libye à l'Europe par le Niger et l'Ister.

Cette comparaison a encore l'avantage de ne présenter à l'esprit qu'un petit nombre de faits capitaux et d'instruire ainsi plus sûrement qu'en lui offrant, à la fois, l'assemblage incohérent de tous les faits individuels; notre mémoire ne peut retenir leur accumulation confuse, s'ils ne s'ordonnent et ne se lient en grandes lois et en groupes, s'ils ne se résument en vues générales, en *idées*. Alexandre de Humboldt, le grand observateur de l'univers, le fondateur de la géographie comparée, nous a montré quelle lumière jetait cette méthode sur toutes les branches de la science. Il a ouvert ainsi à cette science un nouveau champ que nous essaierons de cultiver avec les faibles forces qui nous ont été données. Le fruit qui ne mûrira que plus tard sera la géographie universelle.

L'exposition de tous les faits rassemblés dans cet ouvrage, pour être méthodique, et conduire à un système de la nature, doit avoir un point d'appui, un support idéal. C'est par là seul qu'on peut réduire l'empirique à un ensemble, la variété à l'unité qui manque même à la nature morte. Sans ce point de vue idéal, hypothèse ou théorie, qu'on le désigne comme on voudra, qu'on en ait la conviction ou non, l'homme ne pourra jamais arriver à créer un *tout*. Lors même qu'on a la volonté la plus décidée de marcher à des découvertes sans le secours d'une théorie, cette résolution, comme le dit très bien Playfair, est déjà la première théorie. Pour n'avoir pas une théorie fixée, on n'en arrivera pas plus vite à la vérité, on ne se préservera pas plus de l'esprit de partialité. C'est seulement la connaissance de la philosophie et des sciences, la prudence dans l'emploi des idées admises, l'amour sincère de la vérité qui peuvent venir ici au secours de l'humaine faiblesse et rendre le savant fidèle à cette devise que prend avec tant de complaisance tout observateur sincère: « Indépendance, impartialité dans la reconnais« sance et l'appréciation des faits. »

Le point de vue idéal d'où ressort pour l'auteur la vue impartiale des faits, ne consiste par pour lui dans la vérité d'une idée, mais dans l'ensemble de toutes les vérités, et, par conséquent, il le trouve dans le domaine de la foi. Cet idéal repose sur une *intuition* intérieure qui s'est formée en l'auteur, par cela seul qu'il vivait au milieu de la nature et des hommes. Cette intuition première s'est révélée à sa conscience par ses conversations avec un grand homme de ce siècle. Elle pénétrera toute cette science, en sera l'idée fondamentale, et, si nous atteignons notre but, elle resplendira dans toutes les parties de l'ouvrage et ira se réveiller dans toutes les consciences. Mais on ne peut la définir d'avance, la préciser dans sa nature; ce n'est qu'à la conclusion de l'ouvrage qu'elle se réfléchira dans l'ensemble en le pénétrant, et apparaîtra dans toute sa lumière.

Avant de passer aux règles particulières de la méthode, disons encore un mot de notre point de départ idéal. Il est de la nature de l'intuition d'être plus propre à combiner, à construire que l'*idée particulière* et définie, aussi elle sera le support de tout notre ouvrage, et comme la substance de sa forme.

Nous allons donner maintenant quelques règles particulières, à l'aide desquelles, le regard pourra pénétrer plus profondément dans l'immense édifice de cette science.

La règle fondamentale qui doit assurer au tout sa vérité, consiste à avancer pas à pas, d'observation en observation, et jamais de l'opinion, de l'hypothèse à l'observation. Il sera souvent difficile et quelquefois même impossible, dans le fait, de rester toujours rigoureusement fidèle à cette règle. Nous nous rapprocherons d'autant plus de l'exactitude dans l'application, que le nombre des observateurs qui nous ont précédé et surtout des savans sera plus considérable, qu'ils auront observé différemment dans des temps et des lieux plus voisins ou plus reculés; les témoignages de tous les peuples et de tous les temps sur chaque fait en particulier, sur chaque point de ce fait, ont par conséquent été recueillis avec soin, non dans l'intention de les réunir, mais pour les comparer entre eux; nous les citerons avec les expressions mêmes employées dans le temps, parce que l'expression individualise ordinairement le fait en lui laissant sa couleur locale. Ce que nous perdrons ainsi en briéveté par la diversité et la longueur des détails, nous le gagnerons en vérité. Car, à l'opinion particulière, à l'expression même employée pour chaque fait, considéré à sa place historique, se rattache souvent la théorie spéciale à l'aide de laquelle l'esprit s'élance, comme sur des ailes rapides, à de nouvelles découvertes. L'hypothèse trouvera aussi sa place en passant; elle ne doit pas être entièrement bannie : quand elle part de la tête d'un Halley, d'un Leibnitz, d'un Lucas, ou d'un Francklin, elle peut devancer d'un siècle la marche de la science : quand elle part de la tête d'un Pythagore, comme celle du système solaire, elle peut la devancer de dix siècles.

La règle fondamentale qui donne son caractère à l'exposition de l'ouvrage est celle même qui sert à déterminer l'espace, 1° en longueur et en largeur, 2° en hauteur et en profondeur; on pourrait appeler la première, dimension géographique, et la seconde, dimension physique. L'une sera calculée avec la plus exacte précision, par l'observation des astres, l'autre, par la pesanteur de l'air. Il est à regretter que cette dimension physique ait été entièrement négligée autrefois pour la dimension géographique. De nos jours même, elle n'a pu être mesurée, avec une précision mathématique, que dans quelques régions de la terre. C'est depuis qu'on a dirigé l'attention de ce côté que la géographie physique comparée est devenue possible, et c'est de l'appréciation de cette dimension que partiront toujours nos recherches. Ainsi, autant la stéréométrie diffère de la mesure des longueurs et des surfaces, autant notre science de la terre différera des études antérieures.

La règle fondamentale qui assure au *tout* sa marche progressive, et à chaque fait son résultat, consiste à passer toujours du simple au composé, des diverses faces au centre ou à l'unité, de la règle aux exceptions. Ainsi, par exemple, nous irons des hauteurs aux plaines, des sources à l'embouchure, de la végétation aquatique à la végétation terrestre ; des zônes chaudes et froides aux zônes tempérées ; de l'influence mécanique, chimique, organique, à la vie générale ; de la nature à l'homme, puis nous redescendrons du genre à l'espèce, du général à l'individu, de la généralité à la particularité.

Une autre règle, moins importante, mais qui peut conduire à la clarté, consiste à grouper les faits qui se ressemblent, qui ont de l'affinité entre eux ; une autre règle encore nécessaire à l'intelligence de tant de dénominations, d'idées différentes appartenant à des époques, des langues et des opinions si variées, consiste à les étudier dans leur origine et leur développement historique, et à les exposer, les expliquer, d'après leurs rapports géographiques. Une troisième enfin, à montrer la prédominance de la force intensive de chaque phénomène sur la force extensive, ou, en d'autres termes, la subordination de la matière à la loi générale.

Si l'on pèche contre ces règles ou contre d'autres encore que nous n'avons pas indiquées ici, il faudra l'attribuer à l'indigence de sources et aussi à la faute de l'auteur, mais jamais au caractère même de sa méthode : car, malgré toute la faiblesse de l'exécution, elle saura toujours réaliser quelque chose de ce qu'elle a promis.

SOURCES.

1o Indication des sources.

Nous n'indiquerons pas ici tous les travaux isolés dont nous nous servirons dans le présent ouvrage, ils brillent dans les bibliothèques, et le jugement du monde savant est déjà en grande partie fixé sur eux; un volume tout entier suffirait à peine pour rapporter, si brièvement que ce fût, l'appréciation et la critique qui en ont été faites par nos prédécesseurs. L'indication consciencieuse de l'emploi que nous en ferons dans la géographie, cette branche des sciences historiques qui manque encore presque entièrement de critique, est pour nous, si inutile qu'elle paraisse, un devoir indispensable. Elle devient absolument nécessaire dans un travail où les données des autres peuvent apparaître dans un autre enchaînement, dans une autre lumière. Si des opinions, des systèmes déjà reçus, ou nouvellement découverts, nous paraissent, ou trop incertains, ou en opposition avec les vérités de la nature, nous les rejetterons du domaine de la géographie, et cette indication exposera les raisons qui nous les ont fait répudier.

Nous ne nous contentons pas de recueillir quelques vues isolées sur la terre; nous voulons nous approprier, dans notre conscience, les faits de la nature, et c'est pourquoi nous ne pourrons recevoir aucun anneau dans la chaîne de l'expérience sans indiquer où l'idée a été prise et quelle autorité garantit sa convenance au tout.

Il sera possible ainsi de remplacer par de plus forts, sans détruire pour cela les autres, les anneaux plus ou moins faibles, dont le nombre est plus grand, sans doute, que nous ne l'imaginions. La chaîne formera ainsi un tout indestructible, propriété inaliénable de la science : ou bien, armés de la critique, nous irons découvrir les défauts de sa cohésion intérieure, et la décomposerons de nouveau pour l'avantage de la science; c'est comme cela que se trouvera justifiée la sentence que nous avons inscrite au fronton de l'édifice : *Citiùs emergit veritas ex errore quam ex confusione.*

Dans les cas douteux et contestés, il sera nécessaire, comme nous l'avons déjà indiqué, de citer tous les témoignages importans, afin de remonter à l'origine des opinions dominantes. Tant d'erreurs ont pu se glisser dans les sciences géographiques, que celui qui se serait trouvé témoin de la vérité, aurait à s'étonner souvent des fables répandues par les savans. C'est ce qui arriva, au milieu de l'Allemagne, dans une assemblée scientifique, au docte Abyssinien, Abba Grégoire; à entendre les fables qu'on débitait sur sa patrie, il ne put s'empêcher d'éclater de rire et d'exprimer le désir qu'on n'imprimât plutôt jamais rien que de ne répandre que des mensonges (il voulait dire sur son pays). Cependant il est rare que ces erreurs ne contiennent pas une partie de vérité.

Ce sont plus souvent des citations inexactes ou incomplètes, des opinions parties d'un point de vue spécial ou trop étroit, faussement interprétées, et mal employées par des auteurs d'une opinion contraire. Comme subjectives, elles portent quelquefois à un haut degré le caractère de la vérité et peuvent devenir de riches sources pour elle; mais on ne saurait les réduire à la mesure de la réalité objective. Il n'est donc pas indifférent de savoir, si c'est Tacite, Æneas Sylvius et Petrarque qui font la description de la Germanie, ou Reissner, Georges de Frundsberg, Sébastien Franck ou Quaden de Kinkelbach, qui décrivent leur patrie *pour la gloire de la nation allemande*.

Il est aussi important de savoir, si un Vénitien, Marco Polo; un Arménien, Haiton; un Bysantin, Procope; un Perse, Scherifeddin; un Arabe, Ebn-Haukal; un habitant de l'Inde, Abou-Fazil; un corps de savans dans la géographie chinoise de l'empereur Kanghi, doivent être regardés comme de meilleures autorités à consulter sur la nature du haut plateau de l'Asie, que quelques témoignages de savans Européens et les histoires fabuleuses de l'antiquité.

Il n'est pas non plus indifférent de savoir si celui qui a découvert et rapporté tel ou tel fait était un marin ou un homme du continent, un habitant des hautes terres ou des plaines, un savant aidé de l'expérience ou un homme imbu des théories et des préjugés de son temps, ou seulement un homme qui n'écoutait que les lois de la simple raison : car peu d'auteurs possèdent cette fidélité, cette précision, cette naïve modestie qui ont fait du père de cette science, Hérodote, le modèle de tous les historiens.

2° Nature des sources.

La nature des sources auxquelles nous avons puisé les faits, varie encore de bien des manières, suivant qu'elles découlent de l'observation même de la nature, des recherches ou des rapports d'autrui, ou des résultats de ces rapports, c'est-à-dire des dessins et des cartes.

Il aurait été impossible d'exécuter un pareil ouvrage sans nous être fait nous-mêmes une idée de la surface de la terre, sans avoir la connaissance de ses formes les plus importantes. Mais, favorisés par les circonstances, nous avons pu appuyer, sur nos propres observations, les faits de la nature géographique de notre patrie, depuis l'Oder jusqu'au Rhin et au Danube. Le système de l'un des plus grands fleuves de l'Europe, le Rhin au cours majestueux, a été pour nous, pendant des voyages de plusieurs années, un sujet d'étude, depuis sa source jusqu'à son Delta. Nous avons pu observer à loisir, et pendant toutes les saisons, le lac le plus important de l'Europe, le lac Léman, dans ses rapports généraux avec la nature, et dans ses effets. L'immense chaîne des Alpes qui donne à tout l'occident son caractère, a été parcourue, dans toutes ses directions, en trois voyages entrepris dans des années différentes et toujours dirigés sur de nouveaux points. Une habitation de plus d'une année au pied de sa plus haute cime, un séjour de quelques mois sur ses hauteurs glacées, nous a permis d'étudier l'influence de cette formation gigantesque que nous avons observée, du Mont-Blanc jusqu'au Brenner. dans sa richesse infinie, d'en faire l'application à des contrées éloignées et d'en tirer pour toute la nature une source de lumières.

Un voyage dans la délicieuse Italie jusqu'à sa pointe méridionale, vis-à-vis la Sicile, nous a appris à connaître le domaine et la vie des forces volcaniques. Cette terre classique s'est présentée à notre admiration comme le représentant du climat de la civalisation, le type de la nature générale des côtes de la Méditerranée. Çà et là, nous avons saisi, sur le théâtre même de leur action, dans leur ensemble, quelques-uns des rapports qui unissent la mer et la terre, les trois règnes de la nature et les peuples.

Nos propres observations seront donc nos sources sur ces régions, peu étendues, si on les compare à tout le globe; à nos observations se réuniront les témoignages quelquefois oraux, quelquefois écrits de témoins oculaires : elles nous serviront, pour les autres localités de la terre, de points de comparaison d'autant plus sûrs qu'ils seront tirés de nos propres opinions et confirmés par d'autres.

C'est ici le lieu d'apprécier l'utilité des cartes, comme sources, pour la connaissance physique de la terre.

Peu de cartes sont le résultat d'études faites sur les lieux, d'observations rassemblées avec critique, quoique toutes prétendent faire autorité. Parmi le petit nombre de celles-là, nous compterons, seulement pour les indiquer en passant, les cartes du Pérou et du Mexique, de La Condamine et de

Humboldt; l'atlas du Bengale, de Rennell; l'atlas de Suède, d'Hermelin; les cartes de France, de Cassini; les cartes de la Campagna Felice, de Rizzi Zannoni; la première carte du Tyrol, de Pierre Anich, et le chef-d'œuvre de toutes les cartes spéciales en petit, la carte de chasse de Louis XIV; et en grand, le travail de Green sur la Bavière; d'Amman et de Bohnenberger, sur la Souabe; de Le Coq, sur la Westphalie, et beaucoup d'autres. Au nombre de celles qui ont exposé avec une certaine perfection, et d'après des recherches et des observations propres, des formes, des accidens particuliers de la nature, nous comptons: la carte modèle de la haute plaine du Mexique, par Humboldt; les recherches de Lichtenstein, sur les terrasses du sud de l'Afrique; les cartes du cours du Danube et du Rhin, par Marsigli et Wiebeking; la carte des plaines, des landes et des lacs de Bavière par Riedl; la carte de l'embouchure de l'Elbe et du Weser par Reinke.

Voyez encore, sur le fond de la mer, la carte de la mer Baltique et de la mer du Nord par Heather; sur le sol volcanique, la carte de l'Ile Bourbon, de Bory, et celle de l'Ile de France, de Freycinet; sur un pays d'alpes, voyez les excellentes cartes de la Suisse, de Weiss. Notre époque nous a donné des chefs-d'œuvre sur la forme d'un nœud de montagne, dans les cartes de Salzbourg et de la Carinthie; sur la forme sous-marine des côtes, nous avons les cartes merveilleuses des terres australes, par Flinder.

Ces travaux trop rares qui, par eux-mêmes,

exigent déjà une étude profonde, seront indiqués comme les meilleures sources. Beaucoup d'autres dessins et de cartes, comme celles de d'Anville, d'Arowsmith, La Pie, Spotzmann, Mannert, Streit, Reimann, Reichard, Schmidt, Kloeden et d'autres, tracées d'après des observations astronomiques et des recherches historiques, exécutées avec un soin rare, une excellente critique, mais sans avoir observé la nature même des lieux, ont assurément un mérite intrinsèque que nous ne voulons pas apprécier; mais on ne doit les employer qu'avec prudence dans l'étude physique de la terre et seulement comme sources dérivées : nous ne considérerons ce qu'elles représentent que comme symbolique et souvent hiéroglyphique, suivant ce qu'a dit avec raison Gutsmuths sur toutes les cartes en général et la science qui en résulte.

Si, dans les dessins d'une carte du monde ou de contrées particulières, on veut exposer la nature du pays, il faudra toujours le faire avec la conscience de l'hypothèse reconnue; c'est ce qu'ont exécuté, à dessein Buache, Gatterer, Zimmermann, Schultz, Reichard, non sans utilité pour la science, et ce qu'a éclairé Zeune sur tous les points.

Mais la foule aveugle des imitateurs, avec ses efforts sans conscience, a bientôt fait perdre toute utilité à ces travaux. Au lieu de l'image de la nature, il n'en est résulté qu'une caricature que la géographie physique de la terre devait rejeter comme source; de même que la physiognomonie n'accorderait aucune attention à des silhouettes mal dessinées.

Les cartes, même les meilleures, sont à l'étude de la géographie générale comparée, ce que les préparations anatomiques sont à la physiologie : elles ont pour la science une valeur inappréciable, tant que le physiologiste ne considère, dans leur structure desséchée, dans l'injection artificielle du cœur, dans les parties séparées, que la nature morte. Si le géographe voulait se servir de son amas de cartes comme des sources premières pour démontrer sa science, et c'est ce qu'on a déjà fait dans tant de systèmes géographiques, il tomberait dans une aberration aussi grande que le physiologiste qui chercherait l'état vivant du cœur, l'essence et la cause de la vie, dans l'anatomie du cadavre, lorsqu'il n'a en son pouvoir que l'image rapetissée et défigurée d'un corps privé de vie.

Un grand nombre des résultats de cette géographie ne s'accorderont pas, ou même contrasteront entièrement avec l'uniformité des cartes ; cela prouvera que le savant Ludolf a encore raison aujourd'hui dans les reproches qu'il adressa aux cartographes, lorsqu'il y a un siècle, il donna à ses contemporains la première et la meilleure carte du pays inconnu de l'Abyssinie.

Si la première partie de l'indication de nos sources a révélé la pauvreté de nos propres observations sur l'univers, la seconde, qui traite des observations et des documens que nous avons empruntés aux autres, étonnera la science elle-même par son inépuisable richesse.

De tous les travaux qui nous ont précédé, ne jaillit pas de l'or pur ; la nature ne verse pas à tous la magnificence de ses trésors : nous verrons cependant, avec reconnaissance, que déjà le dix-huitième siècle a été éminemment distingué par des hommes qui, vraiment passionnés pour cette branche des sciences, sacrifièrent leur bien et leur vie pour lui conquérir un libre développement, et cultivèrent avec amour ses fleurs et ses fruits, pour recréer et nourrir la génération suivante.

Et voici que s'est accompli aujourd'hui ce que prédisait dans un temps plus pauvre, il y a un siècle, le premier physico-géographe, le puissant Scheuchzer (dans son *Hist. nat. de l'Helvétie*, Zurich, 1716, in-4°) : « La route directe de l'ob-« servation n'est ouverte que depuis quelques an-« nées, et j'espère que dans l'espace de cent cin-« quante ans, le monde savant en retirera plus « d'avantage qu'il ne fit auparavant pendant le « cours de plusieurs milliers d'années. » Il livra lui-même au monde un trésor d'observations puissantes sur la nature des Alpes, et, l'un des membres les plus actifs de la société de Londres, il eut toujours présent à l'esprit la haute importance de la recherche de la loi dans le monde entier des phénomènes. Il comprenait très bien la liaison qui, dans toutes les sciences, unit chaque expérience isolée au tout, et la loi du tout à chaque partie qui en dérive, lorsque, à propos des mesures barométriques, il disait avec tant de raison : « Chaque vérité brille d'un éclat qui lui est propre ; « cependant elle reflète toujours sur une autre « quelque lumière ; une vérité en éclaire une autre, « jaillit de l'une pour en pénétrer une autre. La

« vérité primitive est une source abondante de la-
« quelle découlent toutes les autres, et chaque
« vérité particulière, à son tour, ressemble à un
« fleuve immense qui se partage en un nombre
« infini de ruisseaux. » (*Id.*, I, p. 15.)

Le plus grand nombre de vérités isolées se trouve, sans contredit, dans les archives des actes de la Société de Londres depuis 1660, et dans les Mémoires de l'Académie de Paris. Nous en avons fait usage, ainsi que des travaux des sociétés savantes de Turin, de Saint-Pétersbourg, de Berlin, d'après l'indication fidèle du Répertoire de Reuss.

Au commencement du dix-huitième siècle naquirent, la même année (1707), deux hommes immortels pour la science de la nature, Buffon et Linnée. Ils consacrèrent leur vie entière à la même étude, avec une égale intelligence de l'histoire et de la philosophie. La forme qu'ils avaient adoptée était entièrement opposée, mais le résultat de leurs travaux n'en fut que plus avantageux pour la science; secondés de nobles auxiliaires, ils préparèrent à l'étude de la nature une vie plus active et nouvelle. Pendant la dernière moitié du siècle, les sciences naturelles prennent un élan rapide. Cet esprit de recherches donna naissance à trois grandes entreprises indépendantes l'une de l'autre, qui sont devenues, pour la science de la terre, des sources où l'on pourra puiser long-temps.

Les voyages à jamais fameux des académiciens de Saint-Pétersbourg (1770 jusqu'à nos jours), à travers l'immense empire de Russie, depuis la mer Baltique jusqu'à la côte nord-ouest de l'Amérique, depuis la mer Glaciale jusqu'au Caucase et l'Altaï, rassemblèrent pour la science de nouveaux trésors, et nous découvrirent la nature du nord de la terre : parmi ceux qui firent partie de ces expéditions scientifiques, nous citerons les infatigables Gmelin, Pallas, Georgi, Steller, Gueldenstaedt, etc.

Dans le même temps, J. Cook, nommé l'homme des découvertes, parcourut trois fois l'étendue du globe de 1768 à 1779, et en étendit la connaissance comme si c'eût été partout sa patrie. Cook et ses compagnons, Banks, Solander, Sparrman et les Forster, le père et le fils, nous révélèrent la nature du monde océanique.

Werner et de Saussure, l'un dans les montagnes de la Saxe (1774), l'autre par l'étude des Alpes, sa patrie (1772 à 1779), découvrirent une nouvelle branche de l'étude de la terre. Quoique jeune encore, elle donne déjà des fruits, et bientôt, arbre majestueux, elle portera son noble front jusqu'aux cieux.

Les nations les plus civilisées de l'Europe rivalisaient avec la société savante de l'Inde (1) et avec le nord de l'Amérique (2), dans la poursuite ardente de nouvelles découvertes.

Des savans isolés, des hommes marchant d'un pas égal à la recherche de la vérité, et unis entre eux des liens de l'amitié, tirèrent parti de ces découvertes. Nous avons indiqué ce que la géogra-

---

(1) Asiat. Research. Calcutta, 1778.

(2) Transact. of the Americ. Soc of Philadelphia et Mem. of the Americ. Acad.

phie physique doit à J. Banks. La même action qu'il exerça dans la Grande-Bretagne et dans ses immenses possessions, Blumenbach l'exerça en Allemagne par ses recueils, ses écrits, et surtout par la communication de la parole vivante à ses élèves; d'autres, dans le Brunswick, à Vienne, à Berlin; en France, Delamétrie et Cuvier; dans le sud de l'Europe, le savant disciple, compagnon et ami de Bonnet et de Saussure, le noble Pictet, si estimé dans sa patrie.

La somme des faits qui découleront de ces sources fécondes formera une masse intense, lorsqu'on les aura séparément établis, chacun dans son domaine particulier. Nous ne rappellerons ici que les sources premières d'où nous avons tiré les faits les plus importans, les autres se présenteront au lieu qui leur appartiendra. Ne nous attachant qu'à l'ensemble des idées qui dominent et règlent la masse, nous désignerons les ouvrages et les travaux d'où nous les avons tirées, et nous éviterons ainsi une prolixité inutile qui embarrasserait notre marche, si nous citions de suite les titres de tous les livres dont nous ferons usage. D'ailleurs ces titres sont plus généralement connus que ce qu'ils contiennent d'essentiel à la géographie.

A. *Formations de la croûte du globe.*

Werner, en étudiant les propriétés qui caractérisent extérieurement les fossiles, a trouvé la première nomenclature générale et intelligible pour le nombre infini des corps que la terre cache dans son sein. Selon lui, l'eau a séjourné à des époques anciennes, et plus récentes, universellement, et partiellement, sur la terre ; les eaux ont précipité les parties étrangères qu'elles contenaient, et ce sédiment a couvert le continent en couches uniformes ou irrégulières. A l'aide de cette hypothèse, il a cherché à introduire la loi au milieu des masses de la terre qui reposaient, jusqu'alors, dans le désordre et le chaos. Scrutateur infatigable des montagnes de la Saxe, il recueillit, dans leur abîme comme à leur surface, un nombre immense de faits; il en rassembla encore une quantité aussi grande par les mémoires et les collections qu'on lui adressait de pays éloignés, comme au plus grand savant de son temps : d'après tous ces faits, il introduisit dans la genèse de la terre l'idée d'une formation successive et régulière, et son génie jeta ainsi les notions fondamentales qui peuvent conduire à l'intelligence de la structure de la terre. Les disciples innombrables du grand homme étendirent sa pensée sur le monde connu, comme sur ce qui ne l'était pas encore ; et presque tous les faits nouveaux furent exprimés dans la langue qu'il avait créée.

Cependant de Saussure avait interrogé sur sa nature, dans toutes ses directions, l'immense chaîne des Alpes, dont la structure semblait jusqu'alors impénétrable. Il avait obtenu un grand nombre de réponses énigmatiques sur la forme, la construction de ce grand corps, sur le nombre, la direction, la force de ses membres; mais ni les systèmes établis avant lui, ni ce grand génie scrutateur de la nature, ne purent dévoiler ce qu'il cachait dans son sein mystérieux. Toutefois il légua, dans son ouvrage, à la géographie physique le trésor des faits qu'il avait arrachés à la nature; il exprima, dans une langue accessible à toutes les intelligences, ce qu'il vit sur la surface de la terre qui s'étend librement sous les cieux, et c'est dans cette langue encore que la science parle aujourd'hui à l'homme.

C'est depuis ces grands génies, Werner et de Saussure, que la géologie et la science de la surface, ces deux sœurs, se laissent aborder aujourd'hui et soulèvent de plus en plus, tous les jours, à ceux qui les aiment, le voile dont s'enveloppe leur mère commune, la terre.

Alexandre de Humboldt tenta le premier de faire admettre généralement la polarité des différentes roches, indice de l'action de certaines forces cosmiques; le premier il appela l'attention sur l'idée d'une loi de direction uniforme dans toute la structure de la terre. Il recula au loin les bornes de la connaissance du monde, en faisant ressortir l'analogie des différentes formations de la terre, en rattachant, par des comparaisons fécondes, celles du nouveau monde à celles de l'ancien. Il créa, découvrit des aperçus nouveaux, et revisa les découvertes qui l'avaient précédé.

Léopold de Buch introduisit le premier dans la science l'idée de formations locales et générales des roches. Il sut limiter exactement, de tous côtés, celles qui étaient déjà connues, dévoiler leur nature et les enrichir de nouvelles découvertes.

Il considéra chaque contrée, d'après ses propriétés intérieures et extérieures, son individualité et ses rapports avec le tout. A l'aide de la dimension physique, il sut découvrir, dans la structure de la surface de la terre, à chaque pas, à chaque degré, de nouvelles merveilles de la nature. Nos essais devront à ses communications savantes, à sa participation bienveillante, bien des corrections, et, en partie, le courage de se présenter aujourd'hui sous une forme aussi imparfaite.

Les deux amis que nous venons de nommer observèrent les rapports géognostiques de la croûte du globe : Humboldt, dans la direction latitudinale, sous les tropiques, et Buch, dans la direction du méridien, depuis l'extrémité méridionale de l'Italie, à travers le cœur de l'Europe, jusqu'au cap Nord; tous deux, par l'exactitude de leurs observations, rendirent une comparaison possible, tous deux enrichirent la science, au grand profit de la géographie, de la méthode comparative.

Mais quel immense avantage serait-ce pour elle, si ces deux grands scrutateurs de la nature, se rencontrant sur le haut plateau de l'Asie, pouvaient répéter sur toute la terre, et communiquer ensuite au monde, leurs observations et leurs recherches?

Le troisième personnage de ce triumvirat scientifique, Freiesleben, exerçant dans un champ plus étroit son activité pratique, enseigna, par son ouvrage sur les montagnes de schiste cuivreux de la Thuringe, la manière de découvrir et d'exposer les faits de la nature, dans leur ensemble. Heim, avant lui, avait déjà eu cette gloire par son travail sur les montagnes boisées de ce pays. Les nobles efforts de ces trois grands hommes montrèrent que l'amitié exalte non seulement l'amour de la science, mais lui fait encore gagner, dans ses résultats, une plus haute influence sur le monde.

Cependant, J. Ebel avait su exposer, dans son livre classique sur la Suisse, tous les faits de la nature des Alpes dans leur merveilleuse richesse; car, en lui, s'agitait aussi une vie féconde. Son ouvrage parle à chaque pas, comme un sage ami, à l'étranger, au voyageur; il est, dans le pays, le livre du peuple. Il a fait faire, et à dessein, un grand progrès à la civilisation du peuple, en l'élevant sur le plus sublime théâtre du monde pour l'instruire de la nature et de l'histoire. Ebel donna aussi d'utiles leçons à cette partie du monde poli de l'Europe qui afflue tous les ans vers cette terre des prodiges, pour se récréer à ses magnificences. En présence du calme solennel de ces hauteurs géantes inondées de lumière, il l'introduisit au milieu de la nature et de ses effets. Aspirant toujours à une vie plus haute, génie infatigable, il combine les faits divers que la nature lui a offerts, et, par son second ouvrage, il introduisit, dans la science, l'idée de la formation simultanée des couches de la terre et de la régénération des formations primitives. Dans le même temps, Hausmann confirmait la vérité de cette hypothèse par ses découvertes au nord. Il prouva la connexion générale qui unit partout la nature; il amena, par une route nouvelle, à établir le système d'un ensemble de montagnes, à indiquer ses membres et ses formes : il conduisit ainsi directement à l'idée précise d'un haut plateau de la terre, qu'Alexandre de Humboldt, sur l'autre hémisphère, mesura bientôt dans ses grands rapports et fit entrer dans la géographie. Notre ouvrage doit à un commerce de plusieurs années avec ce noble génie tout ce qu'il peut avoir de chaleur et de vie.

Déjà avant eux, deux savans actifs, le Suédois Gahn et l'infatigable Hauy, poursuivirent, avec la pénétration mathématique qui leur était propre, les lois des cristallisations produites par l'influence de la polarité.

Les chimistes modernes, expérimentant sur l'atmosphère et dans leurs laboratoires, pénétrèrent, par des routes différentes, les rapports intimes des affinités mystérieuses des substances; Berzélius, le premier, soumit leurs lois à la précision des formules mathématiques.

C'est alors que, par l'observation de la force créatrice dans la nature inorganique, on put s'élever à l'idée de l'espèce inorganique et de tous les rapports qui en dépendent. Cette idée s'expliqua par les rapports de solution et de mélange qui sont la condition l'un de l'autre, dans la nature et la forme des corps, comme aussi par la cristallisation qui a une grande analogie avec eux. Hausmann conduisit cette idée dans tout le règne inorganique, jusqu'à ses dernières limites. De ce système découla une riche source de vérités pour toutes les branches de l'étude de la terre et de la nature. Nous nous sommes servis de quelques-unes de ces vérités qui appartiennent à l'ensemble de cet ouvrage, telles que notre savant ami nous les a communiquées; puisse-t-on, en leur faveur, excuser les nombreuses imperfections de notre travail! Quant à nous, nous adressons ici au scrutateur infatigable, au propagateur ardent de la vérité, le témoignage de notre profonde reconnaissance.

B. *Formations de l'Océan.*

Les innombrables ouvrages nautiques des Anglais, si riches en observations isolées, nous donnent à connaître les progrès étonnans faits dans la connaissance de la mer. On peut passer légèrement sur tout ce qu'ont fait les autres peuples, le long des côtes ou sous les tropiques, comme les Portugais, les Espagnols et les Français, excepté Marchand, Fleurieu et La Peyrouse. Le tour du monde, enterpris par Krusenstern, appartient même aussi à l'école anglaise. Quoique les Américains disputent aujourd'hui aux Anglais la domination des mers, et que leurs vaisseaux marchands sillonnent, en tout sens, l'immense mer du Sud, ils ont plus songé à s'enrichir, par le commerce, sur leur élément, qu'à l'étudier : on dirait qu'ils pensent avoir payé leur dette à la science par les recherches de leur grand homme, Franklin.

Chez les Anglais, au contraire, Cook a visité les deux pôles dans le seul intérêt de la science, et Phipps, en particulier, le pôle du Nord. Une foule de marins, dont on peut voir les voyages dans l'*Australie* de Zimmermann, ont parcouru en entier le nouveau monde, en augmentant et confirmant les découvertes antérieures. Flinder, longeant ses côtes dans toute leur étendue, a déterminé le continent avec la plus grande précision nautique. Ces recherches donnèrent ainsi à la mer une importance toute nouvelle sur la surface du globe.

Les naturalistes, les recherches des algologues, et des zoologues, les travaux d'un Ellis, d'un Lightfood, d'un Mueller, de Bosc, Péron, Donati, Forskal, Tilesius, ont amené à la lumière le mouvement et la vie qui animent ses abîmes. Péron et ses amis ont rapporté de l'expédition malheureuse de Baudin, dans les mers australes, plus de 18,414 corps, parmi lesquels se trouvaient, d'après l'opinion des savans de Paris, plus de 1,400 espèces nouvelles. Les faits que Tilesius rassembla dans son tour du monde, sont encore plus remarquables. Les observations qu'il nous a communiquées lui-même, et qui peuvent jeter un grand jour sur les formations organiques de la mer, seront exposées en leur lieu.

Les recherches de Peyssonel, de Franklin, de Cook, de Blagden, de Marchand, sur les agitations locales de la mer, éveillèrent l'attention des marins. La Place compléta la théorie de la fluctuation générale de la mer. Lamétrie émit une hypothèse sur les courans particuliers, que déjà Romme avait observés. Fleurieu, Humboldt, Rennell et Krusenstern enrichirent cette doctrine de faits précis, indiquèrent leurs vicissitudes, leurs limites, et calculèrent la moyenne de leur vitesse. Rennell et de Humboldt en firent l'objet particulier de leur attention, dans le but d'assurer la vie de l'homme contre leurs dangers; ils leur reconnurent une influence historique, parce qu'ils facilitent la communication entre eux des peuples maritimes.

Ces faits amenèrent Franklin à faire des recherches sur la température de la mer. Il en résulta une foule de faits curieux, depuis ses abîmes jusqu'à sa surface. Les expériences d'Irving, de Forster, au pôle nord et au pôle sud, de Péron, de Humboldt, de Horner, dans les mers de l'Equateur, jetèrent quelque lumière sur l'espace qu'occupent les habitans de l'Océan, en profondeur et en étendue.

C. *L'Atmosphère.*

Dans la dernière moitié du dix-huitième siècle, les savans ont fait, dans le domaine de l'atmosphère, des recherches très remarquables, et leurs travaux, presque toujours basés sur des faits, sont devenus une riche source pour la géographie comparée.

Les astronomes, comme La Place, Olbers, Brandes, Benzenberg, déterminèrent les bornes de l'atmosphère en hauteur, par leurs observations et leurs calculs sur la réflexion des rayons de lumière, la courbe des aérolithes et des étoiles tombantes. En s'élevant sur les hautes cimes de la terre, à l'exemple de Saussure, de deLuc, de Humboldt et d'autres, en descendant dans ses plaines, ses abîmes, on essaya encore d'obtenir sa dimension physique. D'autres, comme Robertson, Jungius, Gay-Lussac et Biot essayèrent, par des ascensions en aérostat, de pénétrer dans le siége même du climat qui entoure partout la terre comme d'un léger tissu.

Mais les faits les plus importans sont ceux qui résultent des observations barométriques, et plus encore des essais qui furent tentés pour mesurer les hauteurs, à l'aide du baromètre. Pascal lui-même qui, en 1648, vit le premier, au Puy-de-Dôme, de quelle importance était le vide de Toricelli pour la comparaison des niveaux les plus éloignés, ne pouvait deviner, pas plus que Scheuchzer qui en fit l'application (1709) sur les Alpes, dans une suite d'observations encore très imparfaites, à quels immenses résultats amènerait le baromètre perfectionné aujourd'hui dans sa construction et son usage, par les mathématiciens, les physiciens, les naturalistes et les mécaniciens. Sans cet instrument, la géographie comparée serait encore dans son imperfection première, la végétation et le climat seraient entièrement isolés. Aujourd'hui, à l'aide de l'hygromètre et du thermomètre, ils s'expliquent l'un par l'autre, dans leurs *racines*, et ont, pour ainsi dire, trouvé leurs exposans, de sorte que la somme totale des variétés peut se résoudre, pour tous deux, en leurs principaux facteurs.

Chaque progrès fait dans la construction et l'emploi de ce meveilleux instrument, fut toujours suivi de la découverte de phénomènes nouveaux, dans l'air et la terre, et devint ainsi une source inépuisable de faits pour la géographie physique.

Les expériences faites par Townley, d'après Mariotte et Boyle, sur les couches barométriques, conduisirent à découvrir les différens rapports de la densité des couches de l'air. Halley se servit de cette découverte pour perfectionner les formules barométriques.

Pictet le premier fit des expériences comparées, qu'il continua pendant plusieurs années, sur la température de l'air et de la terre. Il expérimenta, immédiatement au-dessus de la surface de la terre, sur des stations de quelques lignes, puis sur des stations de cinq en cinq pieds jusqu'à une hauteur perpendiculaire de soixante-quinze pieds. Ces expériences expliquèrent les phénomènes les plus importans pour la végétation, surtout ceux de l'évaporation, de la formation de la rosée et des brouillards, de la chaleur directe et réfléchie des rayons du soleil et de son rapport avec l'ombre; il éclaira ainsi le rapport singulièrement inégal, et cependant toujours constant, de la chaleur avec la lumière, dans les périodes successives de jour et d'obscurité que présente chaque révolution diurne de la terre. Le commerce que nous entretînmes avec cet homme distingué, dans les vallées des Alpes, ses communications orales, ont fourni à cet ouvrage une contribution importante.

Les observations simultanées de de Luc, sur l'état du baromètre, aux quinze stations du mont Salève, les applications plus étendues de Schuckburg et de Roy introduisirent dans la géographie physique générale l'idée d'une température moyenne, appliquée au monde végétal, et de la dilatation de l'air par la chaleur, pour expliquer le vent et d'autres phénomènes. Les expériences de Saussure enrichirent ce système d'une multitude de faits nouveaux.

Les expériences barométriques de Ramond, faites avec tant de précision et d'exactitude, sur six stations de hauteur absolue différente, et à de petites distances horizontales, conduisirent à la certitude mathématique d'un état barométrique moyen, et portèrent à étudier le rapport des hauteurs absolues avec le niveau invariable des côtes de la mer et de l'Océan.

Pictet le premier fit des observations barométriques à de grandes distances horizontales, mais à des hauteurs absolues égales. Wahlenberg poursuivit ces expériences avec la plus scrupuleuse exactitude, entre Vienne, Kæsmark et sur les monts Carpathes; il les exposa en leur véritable jour, et Pictet essaya de les expliquer par des dessins géographiques. G. Pfaff, par les applications qu'il en fit en grand, sut les rendre très fécondes pour l'explication du climat, et conduisit à des solutions importantes sur la simultanéité et la succession de phénomènes météoriques qui s'étendent sur toute une région et même sur toute une partie de la terre.

Les observations barométriques successives faites sur le même lieu, consignées dans les tables de Studer à Berne et continuées pendant toute une vie d'homme, les travaux d'un grand nombre d'académies, comparés entre eux par La Cotte et Gronau, prouvèrent que les mêmes phénomènes ne se répètent, dans un ordre cyclique, ni dans un quart de siècle, ni dans un siècle. On vit par là, que l'hypothèse *à priori*, qui n'est pas fondée sur l'observation et qui ne repose que sur l'opinion individuelle de son auteur, peut conduire à des résultats grands en apparence, mais souvent stériles. Les observations des académiciens français, sur les hauteurs de Quito, celles des Anglais dans les plaines du Bengale, justifiées par celles de Mutis et de Humboldt, aux côtes de Caraccas, expliquèrent tout à coup, d'une manière inespérée, les mouvemens réguliers et diurnes de l'atmosphère sous les tropiques : ces mouvemens furent observés, pour la zone tempérée, par Chiminelli, à Padoue; par Ramond, en Auvergne; par Buch, en Allemagne; et les observations de Horner, sur l'Océan, les confirmèrent. Ainsi les pas les plus faibles, les plus insensibles faits dans la connaissance de la nature amenèrent à d'importantes découvertes. Flinder, dans son voyage autour du continent austral, trouva, à l'aide du baromètre, la loi de l'influence qu'exercent le vent de mer et le vent de terre sur la pression générale de l'atmosphère. Il put ainsi dresser une échelle à l'usage du marin, par laquelle celui-ci calcule la distance à laquelle il se trouve du continent. L'ascension du mercure dans le baromètre servit ainsi à s'orienter sur l'Océan, comme elle servait déjà, sur le continent, à calculer la dimension physique.

C'est par le baromètre qu'on arriva à saisir, dans l'étude de la terre, la différence importante des hauteurs absolues et des hauteurs relatives, et plus tard aussi des plaines, quoique cette différence ait été peu observée jusqu'ici dans la géographie; car ici, comme partout, on s'arrête plus à ce qu'il y a de grandiose dans les choses et dans les sciences, et on se contente d'admirer les élévations déjà mesurées des plus hautes cimes de montagnes.

Quels immenses travaux a-t-il fallu pour exprimer en chiffres cette série de faits sur l'élévation des montagnes, tels qu'ils ont été exposés dans le recueil de Miltenberg? Celui-là seul qui a fait lui-même des recherches de cette nature, sur les Alpes, peut comprendre tout ce qu'on doit aux hommes qui y sont cités.

De Saussure, Alex. de Humboldt, L. Buch et leurs disciples utilisèrent les premiers ce travail de chiffres pour la science de la géographie, et, en particulier, pour la comparaison générale des rapports du climat, de la géologie et de la végétation. On doit au dernier d'avoir, sur les traces de Saussure, expliqué le phénomène des passes de montagnes; il bannit ainsi de la géographie comparée une multitude d'erreurs et lui aussura un grand nombre de vérités; car c'est là, et non sur les cimes elles-mêmes, que les voyageurs ont pris leur point d'observation, à l'est et à l'ouest de la terre.

De Saussure, Buch, et le patient observateur Wahlenberg, comparant avec les flores des tropiques celles de la Laponie, des monts Carpathes et de l'Helvétie, considérèrent les marques de climats comme représentant les limites du monde végétal; au moyen de la température des sources, ce dernier détermina exactement la chaleur de la terre, et déroula ainsi à nos yeux, dans son ensemble géographique, le tapis aux mille couleurs qui couvre la surface de la terre. Les efforts de ces hommes, éveillés par les travaux antérieurs de Scheuchzer, Tournefort, Saussure, Ramond, Townson, et les calculs de Kirwan déterminèrent, au moyen du baromètre et des observations faites, depuis le cap Nord jusqu'à l'extrémité sud de l'Europe, comme sur les hauteurs de la zone de l'équateur, le lieu précis où cesse toute végétation; ils prouvèrent que la ligne des neiges éternelles est la limite de toute création vivante.

Nous devions indiquer ici l'influence des recherches dues au baromètre qui, comme un bâton de voyage, conduit le savant au milieu du monde confus des phénomènes. Le baromètre est comme l'âme de toute la disposition de cet ouvrage. Le premier désir qu'il a éveillé, le désir tout matériel d'arriver au but le plus rapproché de la science, c'est-à-dire à la connaissance de la météorologie pratique, n'a pas encore été complétement satisfait, il n'a pas encore répondu à ce que l'homme lui demendait sur ce point. Mais toute *prognose* est par elle-même stérile pour la science; elle semble plus relever de la curiosité égoïste que d'une aspiration généreuse et purement humaine à la vérité, parce qu'il lui manque résignation et confiance en la Providence divine : aussi les efforts qui partent seulement de ce mobile ne reçoivent aucune récompense dans l'étude du monde. La tendance désintéressée vers la vérité a déjà été couronnée, au contraire, dans plusieurs branches, d'une magnifique récompense; car elle a souvent ramené l'observateur au centre vivant et fécond de la science.

Sans nous étendre davantage sur les sources, il résulte déjà, de ce qui précède, l'influence des résultats que nous avons conquis, sur l'intelligence du rapport géographique de toute la nature vivante. Si la disposition de cet ouvrage conduit çà et là à un point de vue intéressant, l'auteur en est redevable au commerce savant, et il peut le dire avec fierté, à ses relations amicales avec un grand homme, Th. Sommering, qu'on peut appeler la gloire de son pays et de son siècle; il a déjà éveillé en d'autres le pressentiment des mystères de la nature que son génie a pénétrés dans leurs plus secrètes profondeurs.

D. *Action des forces souterraines.*

Passons maintenant au domaine du troisième élément et aux effets de ses forces cyclopéennes. La longue querelle des Neptunistes et des Vulcanistes a donné une activité plus grande au désir passionné de détruire des opinions anciennes ou de créer de nouveaux systèmes; elle a augmenté la force des recherches, et si elle n'est pas arrivée à des résultats satisfaisans pour elle-même, la géographie comparée, témoin de la lutte, y a gagné du moins une masse de faits non contestés, sur les phénomènes souterrains et sous-marins considérés isolément ou dans toute leur étendue.

Les temps modernes ont fait des pas importans pour concilier l'antique différent; déjà cependant la vieille sagesse de l'Inde avait présenté les deux principes dans leur primitive harmonie; c'est le symbole de la fleur du lotus portant un enfant dans son sein et dont des flammes embrassent le calice et la corolle. La mythologie grecque renouvelle la querelle; ce sont ses dieux nationaux, *Athéné* dans l'Attique, *Hélios* à Corinthe, *Héré* à Argos en guerre avec *Poseidôn*. Le divin Platon, par son mythe du Tartare, dans le Phédon, attisa la chaleur du débat parmi les mortels. La conciliation définitive de la lutte prouva, malgré tout, la justesse de cette sentence antique, que l'erreur aussi bien que la vérité servent également à instruire l'homme.

Les habitans de la Campanie et de la Sicile, au sud, ceux de l'Islande, au nord, conservèrent avec soin, dans leurs annales, l'histoire des volcans qui les avoisinent. P. Bouguer, La Condamine, Ulloa expliquèrent ensuite leur structure gigantesque, et firent connaître les activités volcaniques, moins interrompues dans leur action, que l'on rencontre au milieu du nouveau monde. Le tremblement du 1er novembre 1755 jeta, dans toute l'Europe, la consternation et l'effroi. La secousse la plus violente se fit sentir à l'extrémité sud-ouest de l'Europe, depuis les murs de l'Escurial jusqu'à Lisbonne. Toutes les côtes de la mer Atlantique furent ébranlées; le tremblement se prolongea de Madère, par Maroc et Alger, jusqu'à Tunis; tous les lacs, depuis Zurich jusqu'au milieu de l'Europe, tout le cours du Rhin jusqu'aux Pays-Bas, furent agités, le contre-coup se fit sentir de l'autre côté, de la mer, à travers la Grande-Bretagne jusqu'au Loch-Nefs dans la Scandinavie, jusqu'à Falun et jusqu'à Abo en Finlande. Mais bientôt arrivèrent de tous côtés les documens de Wolfall, Sachetti, Ulloa, Stoqueler, Fowke, Heberdeen, etc. On sut que, dans le même temps, la mer avait été agitée de secousses violentes aux Antilles, que deux jours après, des tremblemens de terre épouvantables avaient ébranlé les îles du Sund. Un volume entier fut rempli par les mémoires auxquels donnèrent lieu ces faits étranges. Revenus de leur premier étonnement, les savans bâtirent hypothèse sur hypothèse, et expliquèrent ces phénomènes, les uns par la physique, les autres physico-théologiquement. Stuckeley le premier, après lui, Vivenzio et Dolomieu, observant les secousses éprouvées en Italie; Michell, Franklin, William, celles qui se firent sentir dans le nord de l'Amérique, tentèrent d'élever ces faits à la théorie et déterminèrent la loi périodique et l'étendue des tremblemens de terre.

Hamilton décrivit les éruptions des volcans; Dolomieu et Ferrara les observèrent, comme naturalistes, dans leurs effets; Breislack, dans leurs produits et leurs causes chimiques : de leurs recherches jaillirent de curieuses hypothèses.

Léopold de Buch sépara ce qu'il y a de fortuit de ce qu'il y a d'essentiel dans la variété des accidens, il donna la mesure des grandes périodes du phénomène, et indiqua les quatre momens principaux de chaque période, les tremblemens de terre précurseurs, l'éjection de la lave, l'éruption de la fumée et des cendres, l'exhalaison des moffettes. Dans les nombreux voyages qu'il entreprit en Italie, il détermina l'idée du volcan, tant à l'extérieur qu'à l'intérieur, sa structure, ses produits; il montra son étendue sous-marine dans les couches de tuf de l'Epoméo et sur le sol classique de la ville aux sept collines. Il émit, sur la formation de l'Auvergne, une hypothèse hardie, qui déjà n'en est plus une aujourd'hui; car Weiss lui donna la confirmation la plus entière, par ses recherches dans le Vivarais. Buch eut encore la gloire de trouver une langue générale et précise pour cette partie de la science.

Les découvertes, les suppositions de ce grand homme sur ce cône volcanique isolé, si bien placé pour l'étude, le Vésuve, toujours en travail, qui s'élève au-dessus de la vivante Parthénope, furent confirmées de l'autre côté de la terre, dans l'Océan indien, et étendues à des groupes entiers de volcans par les observations de Bory Saint-Vincent, à l'île de Bourbon et à l'île de France.

Les naturalistes écossais appuyèrent, à son insu, les idées qu'il avait soulevées. La fameuse hypothèse sur les filons de granit de la Cornouaille, émise par Hutton et poursuivie avec plus de sagacité, plus de méthode et une meilleure observation des faits par Playfair, confirmée par les recherches chimiques de Hall sur les produits volcaniques, enrichirent la géographie physique de vues et de suppositions nouvelles. Elles furent non seulement justifiées en Islande par Olassen et de nouveau par Mackenzie, mais elles le sont encore aujourd'hui dans toutes les formations volcaniques de l'Océan-Atlantique.

Alex. de Humboldt ne se contenta pas d'enrichir cette partie de la science d'un trésor merveilleux d'appréciations et de faits qu'il tira lui-même de l'observation de la nature, il mit en comparaison les accidens connus de l'ancien monde avec des accidens analogues ou différens du nouveau monde, et jeta ainsi de lumineuses clartés sur l'harmonie générale du monde. Buch transporta, avec le coup d'œil du génie, ces phénomènes qui ne semblaient appartenir qu'au continent, dans le monde des formations océaniques; il parcourt les mers dans ce seul but, et tout à coup, comme par amour pour lui, des îles s'élevèrent, presque sous ses yeux, du sein des eaux, dans l'Océan-Atlantique et dans le grand Océan.

Le temps n'est pas éloigné peut-être où se résoudra l'énigme que présente cette suite de murs gigantesques de roches basaltiques qui pénètrent le milieu du continent de l'Afrique et de l'Europe, bordent toutes leurs côtes jusque dans la profondeur de la mer et se creusent en grottes, s'élèvent en colonnes, sur toute la ligne qui les entoure.

Un homme seul, initié dans les mystères de la nature, pourra faire cette difficile et importante découverte qui ne doit être que le prélude d'une plus grande. Les formes magiques, si long-temps usitées, de lignes imaginaires, d'équateurs et de méridiens, introduits de la partie mathématique du globe dans la partie physique, ne sont pas plus faites pour enchaîner l'esprit de l'homme que pour détourner les étoiles du ciel de leur cours.

E. *Le règne végétal.*

L'étude de la botanique, après la résurrection opérée par Tournefort, Jussieu et Linnée, se répandit dans toutes les parties du monde, et eut bientôt partout une foule de zélés disciples. Nous pourrions citer une longue liste de noms fameux, dont les travaux ont enrichi la science de faits nouveaux.

Mais ceux-là seuls seront une source féconde pour la géographie générale comparée, qui, planant au-dessus de leur science, en ont considéré l'ensemble du point de vue de la nature ou en ont étudié des parties isolées, dans leur rapport spécial avec la surface de la terre.

Nous consulterons, par exemple, les travaux de Gmelin, de Pallas et Willdenow, entrepris, d'après les indications de Linnée, parce qu'ils attirèrent l'attention sur les flores des montagnes dans leur opposition à celles des plaines. Pallas rechercha les limites de la flore de l'orient de l'Europe, de celle de la Sibérie, de la Daurie. Haller, Scopoli, Wulfen, Roemer, Hoppe, Suter, contribuèrent à compléter celles des Alpes.

Desfontaines composa la flore littorale de la mer Méditerranée; il étudia lui-même les plantes des rivages de l'Atlantique; Cavanilles, celles des côtes de l'Espagne; Decandolle, celles des côtes de la

France, comme ayant toutes de grandes analogies entre elles.

Willdenow appela le premier l'attention sur les caractères généraux de toutes les flores des différentes parties de la terre. Il établit en Europe une flore du Nord, une flore helvétique, une flore des Pyrénées, une flore des Apennins. Lamark, cherchant pour chaque genre de plantes une sorte de point central, crut reconnaître huit flores principales sur la terre : la flore de Virginie, la flore des Indes occidentales, celle des Indes orientales, la flore africaine, la flore austrasienne, la flore antarctique, la flore du Nord et celle de l'Orient. Il divisa, d'après la même classification, chacune de ces grandes sections en flores particulières. Il enrichit ainsi la géographie physique de tous les faits que lui offrit le système naturel de groupemens des botanistes français. Decandolle établit, avec la plus grande exactitude, l'idée des flores spéciales pour la France; d'après toutes les espèces de plantes, il trouva dans cette contrée cinq grandes régions botaniques; ces régions caractérisent encore toute la nature physique du pays.

Forster le premier avait jeté un regard pénétrant sur la nature même des végétaux. Alex. de Humboldt, dans ses idées sur la physionomie des plantes, établit seize formes caractéristiques pour les zones chaudes de la terre; il éclaira la nature de la végétation des tropiques, par une merveilleuse richesse de faits, qu'il sut classer avec art. Wahlenberg, par ses observations pleines d'exactitude, jeta une nouvelle lumière sur les flores polaires et sur celle de l'Helvétie. Il enrichit la science de la flore la plus caractéristique, celle des monts Carpathes, merveilleux anneau qui unit les flores de l'Europe à celles de l'Asie, ou plutôt à celles du Caucase; elle a été une source de résultats féconds pour la géographie comparée. Wahlenberg détermina le premier, avec la plus grande précision, l'influence du climat continental sur la végétation, par opposition au climat océanique. Il indiqua, dans les flores du continent, comment les différentes sphères de la végétation se pénètrent réciproquement entre elles. Déjà Aubert du Petit Thouars avait montré l'analogie des flores sauvages de deux continens, de l'Amérique et de l'Afrique, et les avait trouvées réunies dans l'île de Tristan d'Acunha, sous les tropiques. Zoega, Mohr, Hooker et Mackenzie dans les zones glacées, constatèrent la pauvreté de la flore insulaire de l'Islande, en comparaison de la flore continentale des zones polaires.

Tournefort, en s'élevant sur le haut plateau de l'Arménie, conçut, il y a plus d'un siècle, l'opinion que la végétation devait décroître à mesure qu'augmente l'élévation des hauteurs absolues; il eut l'idée de comparer les flores de ces hauteurs avec celles des plaines, dans des zones connues, où la température est plus froide encore.

Les travaux, partie pratiques, partie historiques de Linnée, Arthur Young, Georgi, Michaux, Buch, Wahlenberg, Heyne, Sprengel, Dureau de la Malle, Pallas et autres nous apprirent quelle était l'étendue des plantes cultivées, dans les temps anciens et modernes, au nord de la terre. Les Forster, le père et le fils, donnèrent des renseignemens curieux sur celles des îles de la mer du Sud. Raynal, Sprengel, Edwards traitèrent, dans leurs travaux historiques, de la culture des plantes des colonies; Bory et le Dru, avant eux les botanistes espagnols, saisirent l'idée d'une flore universelle pour le climat des îles situées à l'orient et à l'occident de l'Afrique. Bernier, à Cachemire, Reineggs, Gueldenstædt et Biberstein, au Caucase, les missionnaires portugais et Poncet, en Abyssinie, les Espagnols, dans le nouveau monde, indiquèrent la richesse végétale du climat d'une terrasse; mais Alex. de Humboldt l'exposa et la classa le premier, dans toute sa féconde variété. Link expliqua par là la géographie de la péninsule espagnole. Forskal, Browne, Girard, montrèrent par l'exemple de la vallée du Nil, comment une flore étrangère apportée par la culture pouvait faire disparaître presque entièrement les plantes indigènes.

Les Chinois, les plus grands maîtres en agriculture, ont établi, depuis long-temps, des règles pratiques sur l'influence de la localité du sol sur les plantes. Les agronomes anglais, allemands et français essayèrent d'en tirer les principaux faits de leurs propres expériences. De Saussure voulut prouver, par la chimie, le rapport de la nature animée à la nature inanimée. Leslie montra l'influence variée de la force par laquelle le sol absorbe l'humidité de l'atmosphère sur la végétation. Pallas appela l'attention sur la flore des steppes salins, Alex. de Humboldt sur les plantes des sols sablonneux, sur celles qui croissent isolées ou en groupes, dans le même lieu. L'étude des cryptogames, dans leur rapport avec le tout, ouvrit un nouveau champ à la science de la végétation et permit de caractériser plus exactement le nord de la terre. Les lichens, placés au dernier degré de la puissance végétale, se développant d'après la loi de l'attraction centrale et dont les propriétés résultent de la nature du sol et de l'état d'agrégation du substratum, révélèrent à Hausmann que les formations inorganiques favorisent les formations organiques, et que les formations organiques détruisent les formations inorganiques. Neeb montra que la force attractive par laquelle les plantes s'approprient les élémens nutritifs, remplace la faculté locomotrice dans la vie végétale. Floerke compara les flores cryptogames du Kamtschatka avec celles de l'Europe, et il en résulta l'uniformité de ces végétaux dans tout l'hémisphère septentrional de la terre. On compara ensuite la flore cryptogame de l'île Bourbon et de l'île de France; il en résulta que la flore cryptogame du Nord est analogue à la flore des hauteurs de ces îles, exception merveilleuse aux autres plantes plus organisées du monde végétal, qui n'ont entre elles aucune analogie dans ces contrées. Ainsi fut établie l'uniformité de l'hémisphère septentrional et méridional du globe dans leurs plantes cryptogames. Les formes si prodigieusement diversifiées, dans la même espèce, prouvèrent encore la variété infinie de la nature.

F. *Le Règne animal.*

Les rapports géographiques des animaux ont été, dès l'antiquité, découverts et enseignés; ils touchent l'homme de plus près, car ils peuvent le servir ou lui nuire; leurs formes sont faciles à saisir, et, comme comme la zoologie est le centre de l'histoire naturelle, on les esquissa de bonne heure dans leurs traits les plus remarquables et les plus saillans. Chaque écrivain de l'antiquité peut fournir des documens. Les chefs-d'œuvre de Buffon, Zimmermann, Blumenbach, Cuvier, Treviranus nous apprennent ce que les modernes ont ajouté à la science, et leurs travaux nous peuvent servir de sources précieuses pour l'étude de la terre et de l'homme.

Seulement il faudrait éclairer et examiner, avec exactitude, les rapports généraux des classes d'animaux moins observés encore dans leur ensemble avec la nature et avec l'homme.

Les résultats obtenus par l'activité du comte Hoffmannsegg, à qui la géographie physique est déjà si redevable, nous donneraient des éclaircissemens tout nouveaux, sur le rapport de la végétion du climat avec les formes et la vie des organisations animales, des oiseaux et des insectes, dans leur étendue géographique. Ces résultats sont tirés d'un nombre infini de faits, fruits de ses observations et de ses comparaisons de tous les jours, et consignés dans des collections classées systématiquement et géographiquement. Nous citerons en lieu convenable quelques-uns de ces faits qui nous ont été communiqués pour l'avantage de la géographie comparée.

Le coup d'œil historique d'un vétéran de la science dans le champ de la nature vivante, Blumenbach, donna sa signification à l'étude des débris d'un passé autrefois vivant, et enfoui aujourd'hui dans les entrailles de la terre. Il classa le nombre infini de ces espèces, soit connues, soit inconnues encore, dont les myriades d'individus ont fait l'étonnement de l'antiquité comme des temps modernes. Lui et Kant introduisirent, dans la géographie physique, l'idée d'une archéologie de la terre qui ramène maintenant à une première création toute nouvelle pour nous. On s'étonna long-temps du grand nombre d'ossemens gigantesques et de même espèce, que le nord de la terre cachait sous la couche supérieure de la croûte du globe; mais on fut stupéfait d'étonnement lorsqu'on découvrit les espèces les plus variées d'un règne animal détruit, réunies sur le même point de la terre, dans les carrières de gypse de Montmartre. L'étude plus exacte des testacés fit découvrir les formations d'eau douce du monde primitif, étendues au loin sur la couche supérieure de la croûte du globe. Dans les espaces très resserrés on en découvrit plus de cent espèces différentes, comme, par exemple, celles qui furent trouvées aux portes de Paris, près de Berlin et en d'autres lieux.

Les observations, les découvertes contenues dans

les travaux de Cuvier, Brongniart, Parkinson, Daudebard, Schlottheim, Merk, Sœmmering, Pallas, Fortis, Faujas, Peale, Jefferson, Torrubia, Alex. de Humboldt, Link, nous firent plonger les regards dans les profondeurs vertigineuses du passé de l'histoire de la terre.

Autres Matériaux. — CONCLUSION.

Nous sommes arrivés maintenant, dans notre indication sommaire des sources, à la conclusion de celles qui sont la règle des autres, qui doivent servir non seulement de matériaux, mais de modèle, et pour ainsi dire de moule à tout l'ouvrage, et qui ont été comme les instrumens organisateurs à l'aide desquels l'œuvre s'est accomplie.

Aristote et ses successeurs de l'école d'Alexandrie, Ératosthènes, Hipparque et d'autres, tirèrent du ciel une sorte de filet immense tout autour de la terre, et donnèrent ainsi une base solide à la géographie mathématique. Chaque point du monde déjà connu ou à découvrir encore devait correspondre en longueur et en largeur avec la plus grande précision, dans le plus grand ordre, à des degrés et minutes de l'enveloppe imaginée, afin qu'on pût trouver toujours le rapport de ce point avec l'espace, et assurer, pour le présent et pour l'avenir, tous les faits qui en dépendent.

Les savans illustres du siècle dernier, et surtout du dernier quart de siècle, unissant, dans les sciences, l'intuition de la nature à la méthode mathématique pour s'élever à une conscience claire de ses effets, découvrirent un réseau invisible, tissu d'après les lois de la nature et entourant tout le globe de la terre. La nature en indique elle-même les points principaux, dans les entrailles de la terre, dans les agitations des élémens, dans la vie du monde organique. L'homme au regard si borné, à l'aide des lignes qui conduisent de ces points à d'autres points donnés par la comparaison et qui leur ressemblent, peut se reconnaître ainsi au milieu de la diversité et de la grandeur infinie de la nature.

Après l'école d'Alexandrie, on découvrit encore plusieurs planètes dans les cieux, mais le fondement de la division, donné par la nature elle-même, n'en demeure pas moins inébranlable pour l'éternité. Nous ne connaissons encore aujourd'hui qu'un bien petit nombre de points principaux de la vie physique de la surface de la terre, et de la vie plus organique de tout le globe comme planète; avant d'en avoir la complète intelligence, il faudra que bien des astres, bien des planètes encore montent sur l'horizon physique; comme toutes appartiennent au même grand système solaire, les lois principales de ce système une fois reconnues, il pourra être, à la vérité, rectifié sans cesse, mais jamais détruit dans sa nature.

Si les lignes du réseau qui enveloppe la terre sont tirées avec exactitude, tous les faits de la géographie physique trouveront sur la terre leur place naturelle, pourvu toutefois que l'on comprenne le système de la formation de ce réseau.

C'est pour conduire à son intelligence que nous avons dit ce qui précède; c'est pour réunir les matériaux dans un tel système, que nous avons osé entreprendre cet essai dont les défauts trouveront bientôt, j'espère, leur rectification.

Il serait impossible de citer ici toutes les sources des matériaux que l'on a fait entrer dans la formation de ce réseau; mais elles seront indiquées en leur lieu. Quel que soit notre désir d'être complet et quoique nous espérions l'être dans quelques parties, nous ne nous servirons pas de tous les matériaux existans, seulement il ne doit manquer ici aucun des points importans qui appartiennent au tout.

Nous n'avons pas même indiqué ce que nous devons aux systèmes géographiques des Grecs, des Romains, des Arabes, ni aux savans du moyen-âge et des temps plus modernes; nous n'avons pas nommé non plus les relations des voyageurs qui, depuis Ulysse jusqu'à nos jours, ont enrichi l'étude des contrées et des peuples. Plusieurs de ces relations sont très importantes; nous en avons fait usage après les avoir consultées dans les langues originales et non dans des traductions si souvent mutilées, où l'on omet, comme trop sérieux, comme trop peu intéressant, ce qu'il y a de plus instructif pour la science.

Nous n'avons pas parlé non plus de la part qu'ont aux sources, des corporations entières, comme les sociétés de commerce et les missions, les instituts scientifiques, comme la société africaine en Angleterre : nous avons omis aussi d'indiquer ce que des princes, entre autres, Alexandre-le-Grand, Timour-Beck, ou les empereurs de Russie et de la Chine, ont fait pour la découverte de l'intérieur de l'Asie. Des peuples aussi ont contribué, pendant des siècles entiers, à éclairer dans une seule et même direction, les rapports généraux et physiques du monde; nous n'avons pas parlé de ce que nous ont appris, par exemple, le mouvement des peuples barbares vers l'ouest, la descente des Montagnards dans les plaines, les armées des Croisés en Orient, les flottes des Portugais le long des côtes, celles des Espagnols entre les moussons, et les efforts des Anglais pour s'emparer de l'Indoustan.

Un voyageur unique dans son genre, fera seul exception ici, et le nom d'Alex. de Humboldt sera cité encore une fois avec reconnaissance, à la fin de l'indication des sources. Unissant la science d'une académie à une haute intelligence, il vit la raison et la cause de tous les phénomènes; c'est par lui que cet ouvrage a pu arriver à un ensemble harmonique, et ses travaux seuls en ont rendu l'exécution possible.

Les propres ouvrages d'Alex. de Humboldt, comme les idées qu'il a répandues dans le monde, les réfutations, l'assentiment qu'elles ont soulevés, on fait faire au système de la Géographie générale comparée de merveilleux progrès; c'est que cet homme, formé par l'esprit de l'antiquité, possédait la méthode mathématique que le dernier siècle avait créée pour observer la nature : il l'appliqua de la physique jusqu'à l'astronomie, de la géologie jusqu'à la physiologie; il la portait toujours en lui et l'adoptait avec conscience au monde de l'observation. C'est que ce grand homme soupçonna la nature sous son autre face, moins susceptible d'être mesurée, dans sa vie plus élevée, sa vie organique, qui est encore pour nous un mystère, et dans son ensemble historique et universel : son ensemble cosmique était déjà depuis long-temps découvert. Il alla étudier ses phénomènes, ses monumens dans ses plus grands laboratoires et il chercha à pénétrer son centre comme ses limites dans toutes les directions.

Cette solidarité harmonieuse, cette alliance de tous les domaines de la science avec la nature, d'après l'essence même de la double direction de la science pour l'homme, agrandit du double son étendue, et fit rayonner une nouvelle gloire autour de sa beauté.

Cet homme qui, comme il le dit lui-même, ne travailla pas isolé, mais au milieu du cercle savant de ses contemporains, ne nous apparaît ici que comme un des représentans de l'état où est arrivée la science moderne qui doit se transmettre au siècle suivant, comme un immense héritage.

Autrefois on s'occupait plus des formes, des phénomènes, des faits situés dans les sphères générales ou particulières de chacun des domaines de la science ou dans des branches isolées : ce qui caractérise aujourd'hui l'époque présente, c'est qu'elle aspire plus à l'universalité, à rechercher les limites extérieures, les rapports et les influences de tous ses domaines entre eux, d'après les dimensions physiques, organiques et intellectuelles, et à retourner ensuite à un centre complet et vivant.

Tout ce que nous avons dit précédemment, comme ce que nous dirons dans la suite, devait nous conduire à ce résultat qui nous fait connaître la direction diverse du travail de l'homme et de la nature, si féconde pour l'élévation de la science. Cette direction repose sur le contraste de la manière dont agissent l'homme et la nature, et il peut être clairement exprimé ainsi : la nature *est*, l'homme *tend* et *marche*.

L'homme, dans sa sphère, à l'aide de l'idée qui s'élève de sa nature intime, et, avant même qu'elle soit réalisée, subordonne à elle l'action extérieure, va étendant çà et là, et seulement comme par secousse, le domaine de ses connaissances; à des époques extraordinaires, des génies extraordinaires avancent pour tous par un élan immense; la nature au contraire agit du centre aux extrémités, des extrémités au centre, comme nous le voyons partout où son voile se soulève à nos regards, non d'un seul point vivant, mais dans tous les espaces remplis de création et de vie; son action ne s'exerce pas en des momens interrompus, prononcés, elle marche régulière et majestueuse, avec une puissance égale, une force toujours la même, à travers tous les temps.

Ainsi, Dieu a placé la nature aux côtés de l'homme comme une amie qui reste toujours près de lui pour le guider et le consoler dans la vie, comme un génie protecteur qui conduit l'individu, ainsi que toute l'espèce, à une harmonieuse unité avec soi-même. La terre, comme planète, est le sein maternel qui porte toute la race; la nature doit éveiller l'homme du sommeil où il reposerait, sans conscience de lui-même, le guider et l'instruire, et donner ainsi à l'humanité et la force et la vie!

FIN DE L'INTRODUCTION.

LES CONTINENS

DE L'ANCIEN MONDE.

OBSERVATIONS PRÉLIMINAIRES

SUR LES FORMES SOLIDES DE LA TERRE.

§ 1.

L'AIR, LA MER, LA TERRE.

L'air entoure le globe de toutes parts; les eaux en couvrent une partie; l'autre qui présente à l'air une surface sèche s'appelle *continent.*

Par opposition aux deux formes fluides, l'air et l'eau, que l'on désigne sous les noms d'*atmosphère* et de *mer* ou d'*océan*, nous appelons la partie solide, *terre.*

L'air, la mer, la terre sont composés d'une infinité d'élémens, de parties que nous n'étudierons individuellement ni comme masses, d'après leur grandeur et leur étendue, ni comme substances d'après leurs propriétés; car c'est la tâche d'autres sciences. La nôtre est de considérer les formes que prennent ces trois grandes parties sur le globe, et leurs dépendances. Nous étudierons les formes plus en particulier, c'est-à-dire dans leurs parties, et la place qu'elles occupent vis-à-vis l'une de l'autre; nous étudierons leurs dépendances plus en général, d'après leur essence et leurs rapports réciproques. Nous supposons comme admise, dans nos études, la forme commune de ces trois parties, c'est-à-dire la *globosité* de la terre, parce qu'elle ne peut se prouver que par l'astronomie. Si nous voulions suivre leurs dépendances dans leurs raisons et leurs causes, ces recherches nous conduiraient dans le domaine de la mécanique, de la physique, de la chimie, de la physiologie et d'autres sciences. Nous supposerons comme admises les vérités de ces sciences, qui sont déjà prouvées, et nous nous en servirons comme d'utiles auxiliaires; mais nous ne les emploierons que dans leurs résultats, sans vouloir les rechercher nous-mêmes.

Ces trois parties du globe nous apparaissent sous une forme matérielle; or, la matière ne peut subsister sans propriétés actives; donc l'air, la mer, la terre ne peuvent subsister sans exercer réciproquement une action l'un sur l'autre. Cette action réciproque a pour cause le jeu continuel des forces créatrices et destructives de la nature; elle se manifeste par les changemens, les mutations les plus variées, en révolutions courtes et périodiques ou en une suite d'effets qui s'étendent toujours de plus en plus et entre lesquels semblent s'interposer certains momens d'équilibre.

Nous ne poursuivrons pas l'histoire de ces mutations, de ces changemens, c'est la tâche de la physique et de l'archéologie de la terre; nous ne rechercherons pas non plus leurs lois. Nos yeux seront fixés sur les phénomènes extérieurs, sur leurs résultats dans les momens d'équilibre ou au moins sur leur tendance à approcher d'une pondération parfaite; car nous cherchons les rapports *présens* des formes sur la surface de la terre, et dans leurs changemens, ce qui existe *à présent*, d'après une loi constante.

Dans l'état imparfait encore et toujours en progrès de cette science, il sera indispensable d'appeler quelquefois le passé à notre secours pour l'intelligence du *présent* et d'accorder à la *genèse* de la terre une place dans ce travail. Nous renfermerons dans le *présent* tout cet espace de temps dont l'histoire des peuples nous donne connaissance, par opposition au temps primitif de la création de la terre et des révolutions de sa surface. On ne peut parler historiquement que de ce qui existe depuis l'homme; la théorie au contraire nous ramène à la création même de ce qui *est*.

Nous ne parlerons ici que des changemens, des mouvemens et des révolutions qui ont leur cause dans la diversité de ces trois formes, dans leur rapport avec l'espace, suivant la dimension horizontale et verticale, et dans leur action réciproque l'une sur l'autre.

On peut prendre plusieurs chemins différens dans la recherche des rapports présens de ces trois formes. Nous avons dit plus haut pourquoi, dans notre méthode, nous allons des formes solides aux formes fluides. Cette route nous semble plus naturelle, parce que l'homme, d'où partent toutes nos observations, s'est uni plus intimement à la forme solide, parce qu'elle est plus mathématiquement limitée, et que c'est elle qui nous donne le rapport des autres avec l'espace.

Dans des recherches historiques, la méthode chimique qui va des formes fluides aux formes solides ou solidifiées, serait la plus convenable; car toute *genèse* commence nécessairement par les formes fluides. Dans la seconde section de ce travail, où nous traiterons des élémens, cette partie historique de la terre sera plus souvent indiquée, que dans la première, qui s'occupe uniquement des formes solidifiées.

§ 2.

LA TERRE.

Dans l'antiquité, les hommes éclairés se représentaient la terre comme un seul continent entouré d'un grand nombre d'îles. Depuis trois siècles nous sommes arrivés, par Christophe Colomb, à la connaissance certaine d'un grand continent occidental opposé à notre monde oriental.

On supposa bientôt qu'il faudrait découvrir aussi un grand continent austral faisant contre-poids au monde septentrional; mais Cook, dans la seconde moitié du dernier siècle, montra le peu de fondement de cette opinion : cependant il détermina les bornes de plusieurs terres australes, d'un grand nombre d'îles et de côtes auxquelles semblent appartenir les nouvelles terres que Smith découvrit en Février 1819. (La nouvelle Ecosse entre le 55° et le 65° de longitude occidentale du méridien de Greenwich et le 62° et le 63° de latitude méridionale.)

La supposition de l'existence d'un grand continent au pôle austral du globe était la conséquence d'une observation très juste en soi. On avait remarqué que dans l'hémisphère boréal, c'est au pôle que les deux continens, le nouveau et l'ancien, présentent une masse plus grande, et que leurs membres et leurs promontoires se touchent, à quelques milles près. Au sud, au contraire, leurs corps s'alongent et se rétrécissent toujours ; séparés entre eux par des mers immenses, ils se prolongent en pointes cunéiformes, jusqu'à ce qu'enfin la terre ferme ne soit plus représentée, au pôle austral, que par trois grands promontoires perdus au milieu des vagues sans bornes de l'océan du sud.

Il a été facile ainsi de limiter l'étendue des continens au sud; mais au nord de grandes difficultés s'opposent à la découverte, à la détermination précise de leurs limites, de sorte qu'on n'a pu encore en faire le tour jusqu'aujourd'hui.

Sans nous arrêter ici à l'hypothèse de la génération de ces formes, à dénombrer leurs parties, à désigner leurs limites, à indiquer l'étendue de leur surface, nous jetterons immédiatement un coup d'œil général sur les formes elles-mêmes, et d'après les raisons que nous avons données dans l'introduction, sur celles de l'ancien monde.

L'ancien monde.

Un simple regard jeté sur le globe de la terre suffit pour nous faire connaître les limites mathématiques de l'ancien monde dans la dimension horizontale; il se présente comme une grande masse de terre continue et cohérente, qui se divise en trois parties principales. La division inégale de ces parties ne donne pas une idée de leur étendue: aussi on leur a conservé, avec raison, le nom très indéfini de *parties* du monde. Cependant, si nous observons de plus près, nous verrons que cette expression nous est donnée historiquement et psychologiquement par toute l'histoire de l'humanité et qu'elle est aussi fondée physiquement sur la forme caractéristique de leur surface.

L'Afrique, entourée de tous côtés par la mer, se présente comme un tout isolé, comme une forme de la terre complétement séparée des autres et n'existant pour ainsi dire que par elle-même.

L'Asie, bornée exactement de trois côtés par la mer, fait, pour ainsi dire, un seul corps avec l'Europe, qui en est beaucoup moins séparée que l'Afrique.

L'Europe, découpée sur ses côtes par une infinité de golfes et de baies, est la plus divisée, la plus variée de toutes les parties du monde. Cette diversité se montre de plus en plus prononcée, à mesure qu'elle s'éloigne de sa cohésion avec l'Asie.

L'Afrique se présente comme un tronc sans branches; l'Asie est ramifiée de trois côtés; mais le corps domine toujours sur les membres; l'Europe est coupée, divisée, dans toutes les directions, et la masse des membres y prédomine sur le corps.

Les trois parties du monde sont caractérisées d'une manière également variée dans leurs formes principales, par rapport à la dimension physique.

L'Afrique est divisée en deux moitiés presque égales en étendue : celle du sud en forme la partie haute, le *plateau* ; celle du nord, la partie basse, les *basses-terres*. Ces deux formes importantes se rencontrent sur leurs limites, en une ligne droite de l'est à l'ouest. C'est à cette ligne frontière, quelques points isolés et les côtes exceptés, que se bornent les seuls contrastes, toute la diversité, toute la combinaison et la réciprocité des rapports de l'homme et de la nature, dans cette partie du monde. Nous ne connaissons pas d'endroit sur la terre où les deux formes se rencontrent dans une plus grande uniformité.

L'Asie n'est pas si exactement divisée en deux moitiés égales. Elle se distingue par un grand plateau qui la domine et qui est bordé par deux terrasses de nature différente, l'une haute, l'autre basse. Le plateau n'est pas situé ici à l'extrémité, mais au centre même du grand corps oriental ; il s'abaisse avec la plus grande variété jusqu'à ses basses-terres qui s'étendent, vastes et diversifiées, sous mille formes, autour de leur centre élevé, tandis que l'Afrique n'a qu'une seule partie plane, au nord. Au milieu de ces basses-terres s'élèvent plusieurs groupes de petits plateaux dans différentes directions ; l'Afrique n'en offre qu'un exemple au nord de ses basses-terres. Les combinaisons de ces rapports si divers donnent naissance aux phénomènes les plus variés, aux contrastes les plus frappans, comme aussi l'unité du plateau donne naissance, en Afrique, à la plus monotone uniformité. Il n'y a aucune partie du monde où ces grands rapports généraux se montrent dans une proportion aussi grandiose que dans l'orient de l'ancien monde.

Cette forme caractéristique du plateau, qui domine

dans les deux autres parties du monde, ne se répète qu'une seule fois en Europe, à son extrémité occidentale, en Espagne, et sur une échelle très réduite. Le centre de cette partie du monde présente, par rapport à ses extrémités, une masse beaucoup moins grande que dans les deux autres ; il est coupé, démembré dans tous les sens par des mers intérieures, des océans qui le baignent et le diversifient. On ne rencontre pas la forme continue et impénétrable du plateau, à peine s'en montre-t-il quelques images isolées. La masse puissante qui a produit ces grands tous continus avec leurs hautes plaines, disparaît presque entièrement ici. Au lieu de s'étendre en largeur dans la dimension horizontale, elle ne présente pour ainsi dire que des points élevés vers le ciel, qui offrant la plus grande variété de pentes et de faces. Ainsi, la grande contrée alpine est la forme caractéristique de l'Europe centrale. Profondément baignée dans l'éther, présentant sur le plus petit espace la plus grande variété des phénomènes de tout genre, ouverte et pénétrée de tous côtés par des eaux courantes et des vallées, elle présente encore un passage facile de la pente sud à la pente nord, comme on ne le rencontre dans aucune autre partie du monde. Elle s'abaisse de tous côtés au nord, au sud, à l'est, à l'ouest, jusqu'aux terres-basses, qui sont de nouveau séparées par des mers intérieures, d'autres plateaux plus petits groupés entre eux de la manière la plus variée.

La division si complète de cette partie du monde, sur un petit espace, le développement plus parfait de ses formes solides et fluides, la facilité avec laquelle on y embrasse d'un coup d'œil tous les rapports de la nature et des peuples, relatifs à la révolution périodique de l'année, nous donnent le caractère propre de cette partie de l'ancien monde que nous appelons l'Europe : considérée du côté de la nature, d'après son caractère, elle nous semblera, dès le principe, appelée à une autre destination que les deux précédentes, vis-à-vis desquelles elle est placée d'une manière toute particulière.

Pour indiquer en grand, dans la nature, ces thèses générales, pour les appliquer à chaque point donné, d'une manière utile à la science et à la vie, il est indispensable d'entrer dans des recherches profondes sur les plus petites particularités de chaque individu de la terre. Ces recherches formeront la première partie de notre travail.

Mais nous devons, avant tout, expliquer les expressions dont on se sert pour désigner la structure du globe. Leur sens complet ne peut résulter que de la vue même des choses, ou du moins de l'exposition des faits qui va suivre : nous ne voulons donc pas exposer ici de théorie, mais dire seulement ce qui est indispensable pour comprendre ce qu'il y a de vrai dans les opinions et les idées dominantes.

1er Eclaircissement.

Surface de la Terre : Montagnes, Plaines.

La surface du globe s'élève sous les formes les plus diverses au-dessus du niveau de la mer, et arrive ainsi à l'état de terre ; puis elle s'étend d'une côte à l'autre en un nombre infini d'élévations et d'abaissemens. Le mode de succession de ces élévations et de ces abaissemens donne aux plus grands continens, comme aux plus petites étendues de terre, leurs limites, leur espace et leur forme.

Toutes les élévations que l'on aperçoit d'un point de vue inférieur sont communément appelées *collines* et *montagnes*, et l'on désigne les enfoncemens qui les séparent sous le nom général de *vallées*.

D'un autre côté, on donne aussi le nom de *montagnes* à toutes les terres élevées d'une hauteur considérable au-dessus du niveau de la mer, quoiqu'on ne puisse les apercevoir d'aucun point inférieur.

Ainsi la même expression désigne deux rapports entièrement différens, c'est-à-dire l'élévation absolue et en même temps le contraste entre un lieu élevé et un lieu inférieur. Cette double acception du mot *montagne* a jeté dans la géographie la plus grande confusion, et a donné lieu jusqu'ici aux erreurs les plus grossières; nous devons, dès le principe, nous garder d'un pareil danger. Celui qui sait quelle influence les forces de la nature exercent sur la surface des corps en général, celui-là verra clairement qu'il n'est pas indifférent, pour connaître la structure d'une partie de la terre, de savoir si elle plonge, ne fût-ce que d'une centaine de pieds plus qu'une autre, dans les flots de l'atmosphère qui la baigne.

D'après cette expression vague, les montagnes sont regardées tantôt comme gigantesques, tantôt comme des élévations peu importantes; et les vallées, les plaines, observées d'un faux point de vue, sont presque toujours considérées absolument comme des enfoncemens.

Voulant préciser avec le plus grand soin ces deux accidens, nous considérerons d'abord le rapport relatif des élévations et des enfoncemens avec leurs alentours, puis leur rapport absolu résultant de la comparaison avec le niveau de la mer. Une application exacte et critique de ces deux rapports à toute l'étendue des continens peut seule nous en donner une connaissance précise, et nous conduire à l'intelligence entière de leurs formes considérées comme bas-reliefs sur la terre; cette intelligence nous permettra de chercher l'unité du tout au moyen de l'ensemble qui se manifeste dans la variété des phénomènes.

Quelle que soit la relation des montagnes et des plaines entre elles, qu'elles soient hautes ou peu élevées, il nous sera toujours possible de les comparer d'après une même mesure absolue. Nous supposons un niveau de la mer étendu sur toute la sphère du globe et également éloigné du centre sur tous les points, et nous le prenons comme l'horizon général des eaux. Il nous donne le fondement de la division naturelle, le zéro de l'échelle qui doit nous servir à mesurer, à comparer les élévations et les abaissemens de la surface de la terre. De là résulte la première loi, à l'aide de laquelle nous classerons toutes les élévations, tous les enfoncemens, comme surfaces correspondantes à ce niveau, ou surfaces plus élevées ou plus basses que ce niveau.

Il en résulte encore la seconde loi, à l'aide de laquelle nous pourrons classer les points particuliers, relativement aux parties du monde prises isolément, ou, comme nous les avons appelées, aux individus de la terre, d'après leur tronc et leurs membres.

Notre tâche ultérieure sera de rechercher ces deux rapports constans des élévations et des abaissemens dans leurs deux grandes formes ou leurs types principaux, les plateaux et les basses terres du globe, et dans toutes leurs modifications.

Quand nous saurons où et comment ces deux formes confinent entre elles, ce qui les avoisine ou les touche, alors leur combinaison nous fera voir immédiatement comment la variété de la nature se développe toujours progressivement dans son ensemble organique.

2e Eclaircissement.

Idée des montagnes.

Si, considérant les montagnes comme le contraste des élévations avec les abaissemens de la terre, on entend par ce mot, dans le sens orographique, une réunion d'éminences groupées entre elles dans un certain ordre, d'après certaines lois, avec certaines limites, il nous faut, dès le principe, prévenir dans la géographie quelques malentendus, quelques erreurs universellement adoptées. On réunit presque généralement, sous le mot *montagnes*, les accidens les plus divers, comme quelque chose d'homogène ; mais si on veut par là exprimer un tout commun, ce tout n'a pu tirer son caractère que de la particularité, de l'individualité. De même que l'enfant se représente toutes les montagnes semblables à la colline qui s'élève près de l'endroit où il joue, la géographie s'est représenté, jusqu'à ce jour, le rapport des montagnes aux terres planes, avec la même uniformité, et les a toujours considérées ainsi d'un point de vue exclusif. Avant de parler de classifications générales, l'individualité qui se manifeste dans les formes de la terre doit trouver sa place dans la science, comme résultant, non de l'idée, mais bien de la vue, de l'intuition même des choses (1).

A. *Montagnes marines.*

L'idée des montagnes marines a été introduite dans la géographie, depuis que Buache (2) a publié un système de planisphère physique (1752) et un mémoire sur les chaînes de montagnes du globe terrestre. Dans ce travail, il considère les chaînes de montagnes comme des suites non interrompues de hauteurs qui divisent les continens en certaines parties. Il voit la continuation de ces chaînes à travers les mers les plus éloignées, les océans les plus profonds, dans les îles, les vigies, les rochers « *que je regarde*, dit-il, *comme les sommets de la suite des montagnes marines.* » Mais les raisons sur lesquelles il s'appuie ne reposent pas sur l'observation, comme nous le voyons par la nature des îles volcaniques semées dans l'Océan

(1) L'auteur explique ici les différentes acceptions du mot *Gebirg;* comme le mot *montagne* n'a pas la même extension en français, nous omettrons ici quelques développemens. (*Note du traducteur.*)

(2) Histoire de l'Académie des Sciences, A, 1752, p. 118. Essai de géographie physique, p. 399-416.

Atlantique, et qui s'élèvent subitement du milieu de l'abîme. Aujourd'hui, elles ne nous offrent aucune preuve, mais seulement de faibles suppositions d'un continent (l'*Atlantide*) qui se serait abîmé. Les bas-fonds, si toutefois ceux qu'on suppose existent réellement, les îles découvertes çà et là au milieu des mers, ne nous donnent pas plus le droit d'admettre cette hypothèse que Gatterer et Zimmermann (1) ont aussi défendue. La division de l'Océan en grands bassins par ces montagnes marines (2) n'a pas de fondemens suffisans dans la nature. Ce n'est qu'une opinion intéressante prise d'un point de vue hypothétique.

Cependant on reconnaît, en quelques endroits, des continuations de montagnes sous la mer, par exemple dans les mers intérieures. Mais alors l'hypothèse est confirmée par des preuves décisives, comme aux îles Aléoutes, dans celles de l'archipel grec, et dans le détroit de la Sicile (3).

De même aussi les systèmes de réseaux de montagnes, d'équateurs de montagnes, de méridiens, ne sont, pour la plupart, que des opinions introduites forcément dans la nature, mais qui ne ressortent pas d'elle (4).

B. *Partage des eaux.*

Il en est autrement des montagnes terrestres de Buache (5), qui, selon lui, sont limitées par les sources des fleuves, la pente des terrains ou le cours des eaux.

S'il existe réellement un tel point de partage, une telle

(1) Zimmermann, zu Malte-Brun, I, p. 313.

(2) Otto, Naturgeschichte des Meeres, II, p. 155.

(3) Athanas. Kircher, Mundus subterran., I, fol. 99.

(4) Fr. Schulz, Uber den allgemeinen Zusammenhang der Hœhen. Weimar, 1803, p. 62.

(5) Buache, Essai, p. 402.

séparation des eaux (*divortia aquarum*) (1), comme nous le montre l'ouvrage classique de Schulz sur la continuité des hauteurs, cela nous fournit une division exacte pour toute la surface de la terre, et peut donner lieu aux considérations les plus intéressantes (2). Mais cette division, bien qu'elle embrasse toutes les contrées du globe (3), ne peut nous représenter la nature même de la formation des individus de la terre. Celle-ci résulte uniquement de l'élévation, de la saillie de l'ensemble de la masse. Indépendante du cours des fleuves actuels qui n'ont exercé leur influence que sur la surface, elle ne peut être observée et comprise que par le contraste des enfoncemens et des élévations absolus, comparés à toute la masse des continens. Il fallait que la forme saillante et primitive de la masse existât déjà avant que la loi de l'irrigation des eaux pût modeler sa surface. La surface a pu être baignée antérieurement par la mer, postérieurement par les eaux des fleuves; par conséquent, l'inondation aurait été double. Ainsi le réseau des partages d'eaux actuels ne serait qu'une modification récente et tertiaire de la surface de la terre ; sans nous donner la clef de toutes les divisions de la structure des grands individus de la terre, il peut être un sujet important à étudier. Les rapports variés, qui en résultent, demandent à être observés, mesurés avec la plus grande exactitude sur tout le globe ; leur confusion a donné lieu, dès les premiers temps, à un grand nombre de fausses conséquences, qui ont pénétré dans beaucoup de systèmes de géographie générale. La première conséquence erronée est l'opinion que le partage des eaux coïncide toujours avec les montagnes, et ne fait qu'un

---

(1) Tite-Live, XXXVIII, ch. 45.

(2) Dante, Prose. Venez., 1793, II, p. 24. — Schulz, p. 69.

(3) Rhode, Recension im Wiener Jahrbuch der Lit., 1820, XI, p. 138.

avec elles. La seconde, beaucoup plus fausse, est que, là où est un partage d'eaux, là doivent être aussi des montagnes.

Cette opinion séduisante a envahi la nouvelle géographie, et, au lieu d'une ligne continue de hauteurs, elle a surchargé tous les continens de chaînes de montagnes qui n'existent que dans l'imagination des cartographes et des auteurs de manuels de géographie.

Il a donc été nécessaire de remonter toujours aux sources premières, aux opinions, aux rapports primitifs d'où découlent et auxquels se rattachent toutes les idées suivantes.

D'abord, souvent une montagne réelle, s'élevant de vastes et profondes plaines, ne donne naissance à aucune ligne de partage : par exemple, le Harz, situé comme une île au milieu de terres planes : toute la chaîne est ici en dehors des premiers partages d'eaux ; et si l'on regarde les partages comme la base du système des montagnes, celles qui n'y sont pas comprises n'en seront que comme des accessoires tout-à-fait fortuits.

Secondement : quand on rencontre ensemble un partage d'eaux et une chaîne de montagnes, souvent le cours du partage est différent de celui des montagnes : c'est ce qui a lieu dans les montagnes des Pyrénées et des Alpes (1). Souvent les plus hautes cimes d'une chaîne de montagnes sont tout-à-fait en dehors de la ligne de partage, qui ne passe que sur une élévation moyenne de cette chaîne. C'est ainsi que le Mont-Perdu des Pyrénées est situé au sud du partage des eaux de la chaîne des Pyrénées et non en dedans de son cours (2). Souvent encore la ligne de partage passe tout près d'une haute chaîne de montagnes, dans

(1) Ebel, Geognostische Karte der Alpen, von Bau der Erde. — Ramond, Carte des Hautes-Pyrénées.

(2) Ramond, Voyage au Mont-Perdu. Paris, 1801, p. 117.

une plaine, par exemple, au sud des monts Carpathes entre l'Hernad et le Poprad, où les eaux de la mer Baltique et de la mer Noire se partagent dans la plaine sans collines de Teplicz et de Ganocz (1860 pieds au-dessus de la mer), et non sur la haute crète des Carpathes (1).

Troisièmement : on voit de grandes étendues sur la surface de la terre, où il y a des lignes de partage, sans qu'on y trouve des chaînes de montagnes ; ce sont souvent des hauteurs absolues considérables, qui ont la forme de plaines, mais où il ne se rencontre que des élévations relatives, presque imperceptibles ; et cela peut arriver entre de grandes montagnes et de grands fleuves. Ainsi la ligne de partage des eaux du Rhin et du Danube, au nord du lac de Constance, n'est ni une montagne considérable, ni une suite de sommités, comme cependant on l'appelle partout. Ainsi les hautes plaines (*Uwalli*), longues de cent milles, en Pologne et en Russie, qui s'étendent du golfe de Bothnie à la mer Glaciale (2), le plus grand nombre des partages d'eaux du nord de l'Amérique, du nord et de l'est de la Sibérie, sont représentés dans nos cartes et nos géographies, comme des suites de montagnes d'une étendue de plusieurs centaines de milles, comme des chaînes alpines, qui n'existent nullement dans la nature.

Enfin, on rencontre quelquefois une combinaison toute particulière de partages d'eaux et de chaînes de montagnes ; il en résulte alors un système compliqué, comme en Espagne. Le phénomène des partages d'eaux est ici tout-à-fait séparé des chaînes de montagnes. Depuis le traité de 1660, ce n'est pas la chaîne des Pyrénées, mais la principale ligne du partage des eaux qui est devenue la frontière politique de la Péninsule vis-à-vis le continent européen ; en effet, la ligne du partage des eaux est une ligne ima-

(1) Wahlenberg, Flora carpathica, p. XXXIII.
(2) Léopold v. Buch, Reise nach Norwegen, II, p. 201.

ginaire, et la chaîne de montagnes au contraire forme une ceinture de plus de vingt milles de largeur. La division des provinces est presque toujours basée sur les lignes de partage (*Vertientes*), et ces lignes passent dans les plaines. C'est ce qui a donné lieu à ces prodigieux circuits que l'on fait faire aux montagnes, sur les cartes d'Espagne, et cependant leur cours, tant qu'elles se présentent comme des montagnes et des vallées réelles, forme un parallélisme de l'est à l'ouest, presque toujours indépendant de ces circuits imaginaires. De là encore l'opinion que les fleuves longent toujours les montagnes, quoique, même en Espagne, et sur toute la terre, ils les coupent directement (1). Ainsi l'Euphrate, qui prend sa source dans les hautes plaines de l'Arménie, coupe, au sud, la haute chaîne transversale du Taurus. Cette circonstance, qui a pu induire en erreur même un Rennell, est très importante dans la géographie ancienne et moderne (2).

C. *Les montagnes sous le rapport géognostique.*

Si l'on regarde les montagnes comme les membres d'un grand corps, ou comme appartenant à un système, il sera indispensable de les considérer dans leur structure intérieure. La géographie, qui ne voit que la surface de la terre, n'en a pas parlé encore ; cependant si elle veut avoir

---

(1) C.-S. Weiss, Uber die Rheindurchbrüche in der Zeitschrift für die neueste Geschichte, Staaten und Völkerkunde. Berlin, 1814, Avril, p. 363.

(2) Nous omettons le paragraphe suivant, qui n'a rapport qu'à une acception particulière du mot *Gebirg* (montagnes), en allemand. Les mines où se trouvent les métaux s'appellent *Gebirge*, *Erzgebirge*. Ritter prévient ici contre la confusion que ce mot a pu jeter dans la géographie, en faisant toujours supposer des élévations là où se rencontrent des mines, qu'elles fussent, comme il le dit, dans des plaines, dans un pays de collines ou de montagnes.

(*Note du traducteur.*)

une véritable tendance scientifique, elle ne doit pas mettre la forme extérieure en contradiction avec la forme intérieure.

Par exemple, on a considéré avec quelque raison les montagnes neptuniennes et le cap Peloro, en Sicile, comme une continuation des Apennins, car elles ont la même direction que celles de la Calabre, les mêmes couhes, et elles sont composées des mêmes élémens (de granit et de gneiss) (1). Mais ce serait une opinion tout-à-fait arbitraire, résultant de la simple vue des cartes et non de l'observation de la nature, que de considérer les montagnes de la Corse et de la Sardaigne comme une prolongation de celles de Gênes. Dire que le cap Corte, à base de granit, est une prolongation du cap Génois delle Malle, composé de calcaire noire de transition, serait, comme l'a dit un grand orographe (2), aussi absurde que de prétendre que les Vosges sont une prolongation de la chaîne du Jura.

Séparer au contraire ce qui, par toute sa masse, constitue un tout, comme la Haute-Asie et la Haute-Afrique, serait, d'un autre côté, tout aussi arbitraire, tout aussi erroné et, comme la supposition précédente, ne conduirait à aucun résultat. Il est vrai que la connaissance de ces grandes parties de la terre ne nous est parvenue que progressivement; les peuplades ennemies qui les habitent ou les parcourent, les ont de tout temps désignées comme quelque chose de très divers; mais cela n'a pas empêché les vrais observateurs de trouver l'élément commun au milieu des variétés.

---

(1) Ferrara, Storia generale dell' Etna. Catania, 1793, in-8°, p. 369, et Dolomieu, Voyage pittoresque de Naples, IV, p. 390.

(2) L. v. Buch, Uber den Gabbro im berlinischen Magazin für Naturwissenschaften, 1810, p. 142.

D. *Montagnes dans l'acception ordinaire.*

L'usage ordinaire de nommer *montagnes* de simples élévations et des collines, de confondre comme synonymes, *monts* et *chaînes de montagnes*, de tracer, dans les pays montueux, des chaînes alpines, comme dans la Hesse et dans la Transylvanie; tous ces abus ont introduit une foule d'erreurs dans la géographie; la plus dangereuse, sans contredit, est l'opinion que toutes les hautes chaînes de montagnes de la terre ou d'une partie du monde forment un ensemble cohérent.

C'est ainsi qu'on croit généralement que la haute chaîne alpine des Carpathes entoure toute la Hongrie, depuis les monts Sudètes, dans un grand arc de plus de 100 milles, tandis qu'elle ne s'étend réellement (1) qu'à 15 lieues de l'est à l'ouest; le reste n'est qu'une contrée montueuse dont les élévations les plus grandes ne s'appelleraient, en Suisse, que des collines. Townson (2) fut induit en erreur, en Hongrie, par le mot montagnes (*Berg*), que l'on emploie trop indéfiniment en Allemagne.

C'est aussi arbitrairement (3) qu'au moyen de rangées de coteaux et de collines, on a voulu réunir, au sud de la France, en une seule grande continuité de montagnes, les chaînes des Alpes et des Pyrénées, tandis que cette réunion est contradictoire au vrai caractère de ces deux espèces de montagnes.

L'usage vulgaire d'appeler plaines et de considérer comme telles les surfaces unies, qu'elles soient au-dessous ou au-dessus du niveau de la mer, a induit à séparer ce qui, par sa formation, est cohérent en soi, et a fait perdre

---

(1) Wahlenberg, Flora carpatica, p. xxx.

(2) Townson, Travels, p. 250.

(3) Passinges, Histoire naturelle du département de la Loire, dans e Journal des Mines, VI, p. 813.

de vue la cohésion qui prédomine cependant sur les interruptions apparentes. Ainsi, en Espagne, on a considéré les hautes terrasses qui unissent la masse en un tout, comme des vallées qui la séparent (1), et en Allemagne, on a regardé le nombre infini de petites montagnes, les suites de collines les moins importantes comme des parties qui coupent et isolent l'ensemble, sans voir le rapport constant de la base qui maintient l'union au milieu des dégradations relatives.

Cette considération importante, excepté certains phénomènes tout-à-fait frappans au milieu de quelques parties du monde, n'a jamais été appréciée, ou du moins, si on en a fait mention, elle n'a eté que superficiellement indiquée dans la géographie; si elle a été reconnue par quelques géographes, comme un fait important (2), on l'a laissé subsister, sans s'enquérir davantage de son influence sur le tout; dans la géographie spéciale, on ne trouve pas une seule trace de la connaissance de ce fait important. Quoique Alexandre de Humboldt eût déjà depuis long-temps appelé l'attention sur ce phénomène caractéristique, il n'a encore eu jusqu'à ce jour aucune heureuse influence sur l'étude générale de la terre.

3e Eclaircissement.

Explication des termes désignant l'élévation de la terre.

Il importe bien de saisir la nature des deux formes principales, le plateau (*Hochland*) et les basses-terres (*Flachland*), de les considérer en elles-mêmes et dans leurs rapports réciproques les plus importans.

---

(1) Bowles, Storia nat. de Espan. — Al. de Humboldt, dans la Description itinéraire de l'Espagne, par Laborde. Paris, 1808, I, p. CXIV.

(2) Malte-Brun, Géographie universelle.

Nous appelons *massifs, plateaux*, les assemblages d'élévations cohérentes, massives, qui ne sont pénétrées et coupées par le lit d'aucun fleuve et s'étendent au loin, dans toutes les directions, au-dessus des terres-basses qui les avoisinent, ou du niveau de la mer : ces massifs nous apparaissent comme des plates-formes, des terrasses, ou comme des gibbosités, sur la terre : ils s'élèvent à des hauteurs absolues très variées, portent quelquefois d'autres montagnes, ou présentent de hautes plaines parfaitement unies. Nous appelons *grandes chaînes de montagnes du globe*, les montagnes qui ont une grande dimension en longueur et en hauteur avec une largeur proportionnellement très faible, et qui suivent un cours régulier. Elles nous apparaissent comme les ceintures de la terre, les bordures des plateaux, et, considérées isolément, comme pays de montagnes, *pays d'Alpes*.

Celles qui, par rapport à leur largeur, ont peu d'étendue, les montagnes isolées, réunies en tas, seront appelées *groupes, masses de montagnes*, suivant les termes dont se sert l'orographie. Ce n'est qu'après avoir étudié de plus près leur individualité, que nous pourrons donner des détails plus complets sur leurs formes, leurs rapports caractéristiques et prodigieusement variés, qui, jusqu'à présent, n'ont pas encore été appréciés dans la géographie. Ce que nous venons de dire suffit bien pour faire comprendre les faits principaux des recherches qui vont suivre: d'ailleurs, ces premières-notions recevront en chaque lieu les développemens nécessaires. La hauteur absolue de toutes ces formes au-dessus du niveau de la mer étant la base de notre échelle de comparaison, doit nous servir encore à préciser nos termes généraux.

Nous appelons *plateaux ou plates-formes de la première classe*, les plateaux de plus de 4,000 pieds au-dessus du niveau de la mer; ceux qui sont moins élevés seront appelés *plateaux de la seconde espèce*, et les transitions de ceux de la première à ceux de la seconde seront nommés *degrés intermédiaires*, *terrasses*.

Les élévations isolées de 1,000 à 2,000 pieds, nous les appelons *coteaux*, *collines*; de 2,000 à 4,000 pieds, *montagnes basses*, *basses chaînes de montagnes*. Une exactitude très précise n'est pas de rigueur pour des élévations si peu importantes. Les chaînes de montagnes de seconde classe atteignent jusqu'à 6,000 pieds; au-dessus s'élèvent les *chaînes alpines*; et au-dessus de 10,000 pieds, sont les *montagnes géantes* de la terre.

On voit ainsi facilement ce qu'il faut entendre par les mots de *pays de collines*, *pays de montagnes*, *pays d'Alpes*; cependant cette classification ne part pas d'une échelle mathématique précise, parce que souvent elle ne pourrait être appliquée dans toute sa précision sur les plus grands espaces de la terre dont les exhaussemens n'ont pas été mesurés.

Remarque. — *Charpente du globe.*

Si nous employons quelquefois l'expression de *charpente de la terre*, nous n'entendons pas indiquer, par là, la solidité, la cohésion supposées du globe; nous voulons seulement faire entendre que la forme extérieure a pour base une construction intérieure.

Buache avait déjà introduit cette expression (*charpente du globe*) dans la géographie; Desmarets la remplaça par celle d'*ossature du globe*. Scheuchzer nomma les montagnes, en général, l'*édifice de la terre*, et appela de bonne heure l'attention sur leur architecture (1). L'expression de *montagnes de la terre* ne représente que l'idée restreinte de la forme extérieure; celle de *charpente du globe* indique en même temps la forme extérieure et la structure intérieure, et c'est dans ce sens qu'Alexandre de Humboldt a de nouveau employé ce mot. C'est dans la géologie seule qu'il doit être question de la structure du globe; cependant Ebel a parfois introduit cette expression dans la géographie.

---

(1) Helvetiæ Historia natural., I, p. 116.

Après avoir exposé notre méthode dans l'introduction, après avoir fixé les termes dans ces observations préliminaires, nous pouvons de suite passer aux détails: ils nous fourniront une somme d'observations plus grande et plus riche, et le résultat général nous ramènera plus tard, avec d'autant plus de succès, à l'ensemble systématique que nous poursuivons. En attendant, convaincus de notre insuffisance et de notre ignorance dans le domaine de la formation géographique de notre planète, nous nous plongeons au milieu de l'immensité de ses propriétés et de ses formes, afin de nous élever de la particularité et de la comparaison à la vue générale de l'ensemble; si c'est possible, un jour, nous nous élèverons aussi à l'exposition scientifique de la formation de notre terre, tentative qui, si elle n'était précédée d'autres travaux, serait à présent trop exclusive et sortirait du développement historique de notre sujet.

Les eaux courantes.

Partout, et d'après la même loi, les eaux courantes se fraient leur route des terres élevées dans les terres inférieures; mais les effets de leur chute sont très variés. Cette chute correspond à toutes les combinaisons qui résultent de la quantité de l'eau, de la durée de son influence sur le sol; et d'autre part, du nombre et de la grandeur des obstacles qui s'opposent à son écoulement; elle est d'autant plus importante, qu'elle change la surface inorganique de la terre en unités locales que nous appelons dans leur ensemble *pays*, *contrées*; ces lieux, ainsi individualisés par les eaux, exercent partout sur l'homme qui y vit un charme secret et mystérieux, et sont la base de toute vie organique.

Au lieu d'envisager la formation des fleuves dans leur

développement toujours actif et progressif, on la considère à tort comme achevée et partout également perfectionnée; de même aussi, on ne regarde ordinairement la terre que comme un tout uniforme, on se la représente comme une œuvre faite de main d'homme, qui, dès que l'artiste l'abandonne, peut être mesurée et jugée, parce qu'elle est accomplie, finie, arrêtée.

Mais la nature s'oppose partout à une pareille supposition. Il sera prouvé plus tard que les systèmes de fleuves ne sont pas tous également développés, ni également partagés sur la surface de la terre, et que plusieurs d'entre eux présentent même un caractère tout particulier.

Souvent le domaine des sources d'un fleuve est si peu individualisé, que le partage des eaux disparaît entièrement et que le cours supérieur du fleuve se confond avec d'autres eaux qui coulent dans des directions tout opposées. C'est ce qu'on voit dans le nord de la terre, et, une partie de l'année, pendant la saison des pluies, sous les tropiques; le même phénomène se répète très vraisemblablement aux sources du Nil et du Niger, en Afrique.

Ce qui prouve en outre que la formation des vallées n'est rien moins que développée, c'est le cours des fleuves à travers les pays de montagnes. En Afrique, les vallées ne sont en partie que des déserts, des lits de cailloux; en d'autres endroits, des rangées de lacs, de vraies extensions de fleuves, qui ne correspondent encore entre elles que par des torrens, des cataractes, des chaînes de rochers, comme cela se remarque dans les basses-terres des contrées polaires et dans les plus hautes montagnes de l'hémisphère méridional, où se formèrent des lacs alpins, qui manquent absolument à d'autres contrées. Cette forme non développée se manifeste aussi dans le cours des fleuves, quand, à leur sortie des montagnes, ils entrent dans les régions marécageuses situées à la limite des systèmes de montagnes.

Dans le cours inférieur des fleuves, la formation des

vallées est parfaitement développée ; cependant les uns, comme le Nil, le Gange, l'Euphrate, encombrent leur lit, tandis que ce phénomène se remarque moins dans d'autres, par exemple dans les fleuves de la Sibérie et de l'Amérique. Souvent même il peut se former, entre deux systèmes, des fleuves qui appartiennent à l'un et à l'autre (*Zwitterstrœme*), comme le Cassiquiare dans l'Amérique du sud, comme cela se trouve encore près du lac au-dessus de Martaban, entre l'Ava et le Pégou ; près d'Annam, entre les fleuves de Siam et de Camboja ; comme encore la Tærando-Elf, entre l'elf Tornea et l'elf Calix, en Laponie.

Ier Eclaircissement.

Domaines des fleuves. — Systèmes d'eaux.

Si les hauteurs cohérentes (1) sur lesquelles se tire la la ligne mathématique du partage des eaux désignent en même temps la ligne initiale d'où part toute l'impulsion des eaux courantes, il faut admettre que le lit inférieur, dans la vallée, est la ligne finale ; la pente de cette ligne finale cesse à son embouchure dans la mer, parce que c'est ici que se rétablit l'équilibre des eaux avec le niveau de la mer.

La ligne finale, lorsqu'on la considère comme le dernier lit, s'appelle *fleuve*, dans le sens restreint. La ligne initiale est alors le *domaine des sources*, et l'espace qu'elle renferme, *le pays des sources* ou le *berceau du fleuve*. Les affluens (*contributary-streams*) de droite et de gauche forment cet embranchement de bassins qui ressemble aux ramifications des veines.

---

(1) Fr. Schulz, Uber den Zusammenhang der Hœhen, p. 5.

On appelle *domaine du fleuve* (1) l'espace qui, avec la région des sources et le fleuve, forme comme la circonférence et le centre, un seul et même tout; les formes solides et fluides, considérées comme unités dans leurs rapports réciproques, seront appelées *systèmes d'eaux*.

La largeur et la capacité du lit des fleuves en constituent le *calibre*; leur longueur et leurs ramifications, le développement (2).

Il serait inutile d'établir de nouvelles règles pour la dénomination des diverses espèces d'eaux courantes, car les mots de rivières, de fleuves, changent toujours de signification, selon qu'on les emploie dans leurs rapports avec toutes les eaux courantes de la terre ou seulement avec celles d'un seul pays. Il existe, dans certaines contrées, des noms très caractéristiques pour les différens petits courans d'eaux, comme les *Wed* dans la Barbarie, les *Wadis* en Arabie, les *Oulastous* dans les steppes des Kalmoucks, les *Barrancos* dans toutes les possessions des Portugais, les *Creeks* dans l'Amérique du Nord, les *Elf* en Suède, les *Gangas* dans l'Hindoustan. Vouloir les ordonner d'après un principe mathématique, serait chose aussi inutile que la nomenclature géographique des Chinois (3), où les provinces, les villes, les montagnes ont toutes des noms particuliers, selon leur grandeur.

Nous diviserons les eaux courantes, d'après la longueur de leur cours et l'espace qu'elles occupent, y compris le domaine des sources (4), en systèmes du premier, du

---

(1) Gatterer und Otto, System einer allgemeinen Hydrographie. Berlin, 1800, p. 138.

(2) Buache, Essai d'un parallèle des fleuves de l'Europe, Mém. de l'Académie, A, 1752.

(3) Amiot, Mémoires concernant l'histoire des Chinois, XIV, p. 176.

(4) Rennell, Appendix, dans Mungo-Park's Travels, p. 17. — Philosophical Transactions, 1781, p. 51, et le major Müller, dans Otto, p. 139.

second et du troisième ordre, soit que nous les considérions dans leurs rapports avec toute la terre, ou seulement avec une partie du monde.

Le moindre fleuve est souvent de la plus haute importance pour la contrée à laquelle il appartient (1). Par exemple, la petite Isar, en Bavière, reçoit, depuis sa source jusqu'à son confluent, 860 rivières sur la rive gauche, dont 44 arrivent directement jusqu'à elle; sur la droite, 433 en 59 lits. Elle est en tout alimentée par 136 lacs et 1,293 rivières, qui s'y jettent en 103 lits (2). Et cependant l'Isar n'est qu'un des 34 affluens du Danube (3), qui lui-même n'occupe que le troisième rang parmi les grands fleuves de la terre.

Ce n'est pas seulement la grandeur, mais surtout la variété (4), dans les systèmes d'eaux, qui en constitue l'individualité (5) caractéristique. Toute individualité a pour base une unité physique, dont le principe peut se représenter mathématiquement (6) et qu'on embrasse facilement d'un coup d'œil, comme dans les grands fleuves de l'Orient, le Gange et l'Indus. *Mæbar* (7), c'est-à-dire *le grand gué*, désigne dans l'Inde tout le pays le long du Gange, depuis le golfe du Bengale jusqu'à la grande chaîne de l'Himalaja, et correspond parfaitement à notre idée de système d'eaux. Les Américains du Nord ont saisi aussi, avec autant de sagacité, l'importance historique de leurs systèmes d'eaux.

---

(1) Scheuchzer, Helvet. Hist. naturalis, II, p. 4.

(2) V. Riedl, Hydrographische Karte von Baiern.

(3) Al.-F. Marsili, Danubius. Amstelod, 1726, in-fol., VI.—Mapp. potamographica, fol. 59.

(4) Rennell, Ganges, in Mem. of a Map. of Hindostan, 3e édit., p. 308.

(5) Playfair, Illustrations of the Huttonian theory of the earth. Edinburgh, 1802, in-8°, p. 367.

(6) Playfair, p. 102.

(7) Th. Maurice, Indian antiquities. London, 1806, I, p. 230.

Remarque. — *Les partages d'eaux comme transports.*

Le partage des eaux, comme nous l'avons vu plus haut, désigne partout l'origine d'un système d'eaux : c'est de lui que partent les vallées des rivières et des fleuves. A ce point, les eaux qui se dirigent vers des mers opposées, sont encore voisines. Sur le partage des monts rocheux, dans l'Amérique septentrionale, les sources du Missouri et du fleuve de Colombie ne sont éloignées que d'un quart de lieue (1) l'une de l'autre, et cependant ces fleuves s'embouchent, l'un dans la mer Atlantique, l'autre dans l'océan Pacifique.

La plaine des Carpathes, entre Teplicz et Ganocz, forme le partage entre les eaux de la mer Baltique et de la mer Noire (2). Les habitans du Caucase donnent le nom de *Rioni* aux fleuves qui coulent dans une direction opposée; les Bourêtes, en Sibérie, les appellent *Dogno* (3); ainsi tous les fleuves qui partent du partage, entre la mer Baltique et la mer Glaciale, sont des *Dogno ;* ils nomment, en particulier, *Arou-Dogno* les fleuves du Nord, qui se dirigent vers le Lena, *Ourbou-Dogno*, ceux qui appartiennent au berceau de l'Amour. Les Mongols adorent les montagnes de partage; ils y élèvent des masses de pierres sur lesquelles ils plantent une bannière, comme signe religieux (4); les *Tongous* ne passent jamais à côté de ces tas de pierres sans y jeter une branche de cèdre, afin, disent-ils, que les saintes montagnes de partage ne diminuent pas, mais qu'au contraire, elles augmentent toujours. Cette superstition est fondée sur une idée très juste en soi, c'est qu'on ne doit pas considérer les partages d'eaux comme des frontières absolues, et que les fleuves ne coulent pas seulement en avant, mais aussi en arrière de leur source. Nous voyons, en effet, que les sources de toutes les rivières et de tous les fleuves reculent quelquefois (5); ils causent alors les plus affreux ravages sur les hautes montagnes.

Ces partages, considérés comme *transports*, *portages* (les Russes les appellent *Wolocks*, de *woloczit*, qui signifie *traîner*, *porter*), sont devenus très importans, pour les grandes plaines septentrionales de la terre, et, en particulier, de l'Amérique ; ils ont même servi à qualifier

---

(1) Lewis et Clarke, Voyages, p. 188.

(2) Wahlenberg, Flora carpat., p. XXXIII.

(3) Pallas, Russische Reise, III, p. 189.

(4) Neue Nordische Beitræge, II, p. 95.

(5) Journal de Physique, 1810.—Pasumot, Voyage physique dans les Pyrénées, p. 245.

des peuples, par exemple, les *Tschoudi transvolokani* (1). On ne connaît, en Russie, que deux wolocks, entre la mer Noire et la mer Glaciale; l'un se trouve entre le Don et le Wolga, près de Zarizyn; l'autre, au-delà de Tscherdin, entre la Kolwa et la Petschora. Les Hongrois les appellent *Kœz*, comme le *Themeskœz*, entre la Themesch et le Marosch.

Ces transports ne sont pas également distribués dans les différentes parties du monde, ni partout d'une égale importance. L'Amérique en a neuf, entre l'Océan oriental et l'Océan (2) occidental; l'Europe en a dix très remarquables, entre ses différentes mers; elle est aussi, par cette raison, plus praticable que les autres parties du monde. Charlemagne avait déjà compris toute l'importance des portages. L'Asie et l'Afrique, au contraire, sont très pauvres sous le rapport de cette forme de partages, que l'on peut regarder comme une condition essentielle de communication de l'intérieur des parties du monde avec leurs bords.

Les principaux partages d'eaux divisent la surface de la terre en cinq bassins de mer du premier ordre, seize du second ordre et vingt-six du troisième ordre, que nous considérerons tous dans leurs différens rapports en d'autres endroits.

2e Eclaircissement.

Direction, pente, cours supérieur, moyen et inférieur des fleuves.

La principale direction (3) ou la direction normale des fleuves dépend en partie de la direction des affluens de droite et de gauche, du volume réciproque de leurs eaux et de la force de leur courant; en partie aussi de la structure des masses de montagnes et de terre, qui les traversent dans leur cours.

La loi du parallélogramme des forces se manifeste souvent très clairement dans la direction des fleuves; mais

(1) Schlœzer, Nordische Geschichte, p. 392, et Schlœzer, Nestor, II, p. 41.

(2) Alex. de Humboldt, Essai politique sur le royaume de la Nouvelle-Espagne, I, ch. 2.

(3) Haussmann, Scandinavische Reise, IV, p. 324.

rarement ou presque jamais le cours des fleuves ne dépend uniquement de la force avec laquelle les eaux se rencontrent sous un certain angle. Souvent la force hétérogène et répulsive du lit influe aussi sur la direction du fleuve. Les petites déviations de la direction du fleuve sont quelquefois causées uniquement par la résistance des masses de montagnes comme on le voit facilement aux sinuosités du Rhin, entre Bingen et Kaub, au Tessin supérieur, et à la Dal-Elbe en Suède, etc.

Si le fleuve sort d'une chaîne anguleuse, présentant des vallées, tantôt transversales, tantôt longitudinales, composée de couches solides, stratifiées et cristallines, ses sinuosités deviennent douces et presque insensibles, dès qu'il entre dans des roches moins solides, ou dans des terres friables et d'alluvion. Au moyen d'un tracé exact du cours du fleuve, l'œil exercé peut alors juger avec assez de certitude de la capacité de son lit.

Les fleuves percent les masses de montagnes, lorsque d'autres forces ne contrarient pas leur action, dans les directions où ils trouvent le moins de résistance (1); dans les roches à couches verticales, et lorsque les vallées sont d'une certaine longueur, ils les percent toujours parallèlement à ces couches; dans les masses stratifiées horizontalement, ils suivent la direction des principales coupures. Là où des couches de différente nature se rencontrent, ils préfèrent se frayer leur cours sur la limite des deux (comme on le voit aux vallées longitudinales des Alpes et des Pyrénées), plutôt que de les couper transversalement; et c'est là sans doute aussi ce qui fait que beaucoup de fleuves se courbent soudainement en sortant des montagnes (*l'attraction des fleuves par les montagnes, d'après Heim*). Les fleuves du Harz nous en fournissent un exemple frappant. Le même phénomène se répète en-

(1) Haussmann, Skandin. Reise, IV, p. 324.

core sur une échelle bien plus grande dans tous les principaux fleuves de l'Asie, à leur sortie du plateau. Voy. l'Indus, le Gange et les systèmes d'eaux de la Chine. Peu importe que les fleuves se soient formé (1) eux-mêmes, dès le commencement, leurs vallées, ou qu'ils aient pris possession (2) de celles que la nature avait préparées, alors qu'elles étaient encore *res nullius*.

La rapidité (3) des fleuves dépend, ou de la quantité d'eau et de l'inclinaison du sol, ou de leur pression et de leur pente; elle est par conséquent très variée.

Sur les montagnes, la pente est plus prononcée, la pression moins sensible; dans les vallées, au contraire, la pression des masses d'eau prédomine sur la pente. La rapidité des fleuves est domptée par l'accumulation des eaux des montagnes dans les lacs, ainsi que par l'horizontalité du sol; elle est, au contraire, accélérée par les affluens. Il est des torrens qui parcourent, dans une seconde, un espace de 3 à 7 pieds.

A. *Cours supérieur des fleuves.*

Dans les hautes montagnes, les eaux se précipitent plutôt qu'elles ne coulent; de là les noms de *nants*, *torrens*, *giessbœche*, *gaves*, *elbes*, etc. Dans les Pyrénées (4), la pente des gaves est généralement d'un pouce par pied; on rencontre, en outre, d'espace en espace, des pentes de 2 à 3 pieds et même davantage; cette rapidité extraordinaire des gaves les entretient dans un bruissement continuel, et la grande quantité d'air que les eaux absorbent alors les couvre d'une écume argentée. La même

---

(1) Playfair, Illustration, note XVI, p. 354.

(2) Parrot, Grundriss der Physik der Erde, Riga, 1815, p. 327.

(3) Wiebeking, Allgemeine Wasserbaukunst, I, p. 413.—Brahm, Anfangsgründe der Wasserbaukunst, § 208.

(4) Pasumot, Voyage physique, p. 153.

chose a lieu dans toutes les montagnes alpines, sur tous les plateaux et sur une foule de côtes escarpées des terres polaires (1). Les lacs mêmes des Alpes ont encore une pente considérable. Le comte Morozzo (2) a trouvé que le lac Majeur, au-dessus de Milan, entre Mogadin et Arona, est, à l'une de ses extrémités, de 32 pieds plus élevé qu'à l'autre, quoique cependant il n'ait pas une très grande étendue.

B. *Cours moyen des fleuves.*

Les pentes sont beaucoup moins considérables au-dessous des chutes d'eau et des lacs alpins, ou dans les fleuves qui ne descendent que de hauteurs moyennes, comme par exemple le Necker (3) qui n'a que 32 pieds de pente depuis sa source jusqu'à Heilbronn (sur une étendue de 32 lieues); ce qui ne fait qu'un pouce sur 32 pieds.

L'Oder (4) présente une pente bien moindre en Silésie, et celle du Danube est encore plus faible; il n'a, depuis sa source jusqu'à Presbourg, c'est-à-dire sur une distance horizontale de 9 degrés de longitude, que 1,700 pieds de pente. Cette pente presque généralement insensible des fleuves ayant déjà souvent attiré l'attention des savans (5),

---

(1) Wahlenberg, de Altitudine montium Helvetiæ, dans la partie intitulée : De Vegetatione et climate in Helvetia septentrion. Turic., 1813, p. 8.

(2) Nivellement depuis Turin, etc., tab. III, dans les Mémoires de l'Académie de Turin, A, 1788, p. 3.

(3) Bohnenberger, Barometr. trigon. gemessene Hœhen im Tübinger Blatt für Naturw. und Arzneikunde. Ier Band, 3er Theil, p. 330.

(4) Charpentier, Flussprofil von Schlesien. Breslau, 1812, p. 106.

(5) Otto, Hydrographie.—Parrot, Phys. der Erde, p. 228.—S.-F. Lacroix, Introduction à la Géographie mathématique et crit., etc. Paris, 2e éd., 1811, p. 332.

nous ne la perdrons jamais de vue dans nos observations suivantes.

On entend par *lit du fleuve* son étendue en largeur : elle peut être très diverse, suivant la hauteur de l'eau ; le Missisipi qui, dans le pays des Natchez, a à peine une demi-lieue de large (un mille anglais) dans les basses eaux, parvient quelquefois jusqu'à une largeur de six milles géographiques (30 *miles*) (1) ; suivant Dupons et autres (2), l'Orénoque, large de 3|4 de mille (3050 toises) près de Saint-Thomas, acquiert une étendue de 15 milles géographiques, au temps des grandes eaux.

Bien différent du lit est le *chenal* (3), cette partie du fleuve qui lui donne proprement le mouvement et la vie, et en est, pour ainsi dire, l'artère pulsative. Dans le cours supérieur du fleuve, le chenal se confond presque toujours avec son lit ; il est plus prononcé dans le cours moyen, et c'est lui qui détermine alors la direction, la pente et la rapidité du fleuve ; quoique suivant toujours la pente générale des eaux, il n'est pas ordinairement situé au milieu du fleuve ; il s'étend au contraire le long de la contrepente, là où le fleuve est plus profond. Dans les terres planes, il élargit les sinuosités qui embarrassent sa marche. De cette manière il donne naissance aux *méandres*, c'est-à-dire à la marche sinueuse des eaux, et devient ainsi une forme caractéristique (4) du cours moyen des fleuves. Il se forme, entre les méandres, des îles et des basses, et, en quelques endroits, des lacs ; ces derniers caractérisent plus particulièrement le cours supérieur des fleuves. Il est prouvé maintenant qu'un grand nombre des vallées, que suit le

(1) W. Dunbar, Transactions of the American society at Philadelphia, 1804, VI, p. 165.

(2) Dupons, Voyage à la terre ferme, III, p. 255.

(3) Wiebekink, Allg. Wasserbaukunst, I, p. 430.—Rennell, Mem., 3ᵉ éd., p. 340.

(4) Rennell, Mem. ibid

fleuve dans son cours moyen, étaient autrefois des lacs. La vallée du Rhin, depuis Schaffouse jusqu'au Bastberg, au-dessous de Strasbourg (1), et plus loin, depuis Ladenbourg jusqu'à Bingen (2) nous en présente un témoignage frappant. On peut encore citer le Danube, dans son cours moyen, depuis Ulm jusqu'aux étranglemens du couvent de Neubourg (3), au-dessus de Vienne; ce phénomène se répète aussi plusieurs fois au-dessus de Pesth, et au-dessous de Semlin, dans les détroits d'Orsowa (4), etc. Il en est de même du Gange, de l'Indus, de l'Euphrate et des fleuves de l'Amérique. Dans le système peu développé des eaux du fleuve Saint-Laurent, on voit encore les rangées de lacs formant aujourd'hui autant de bassins qui se déchargent l'un dans l'autre et constituent ainsi le fleuve; c'est ici qu'on a pu observer, dans les derniers siècles, les progrès de la formation des fleuves, sur une échelle plus colossale que partout ailleurs (5).

On voit encore aujourd'hui, presque dans tous les fleuves, les traces du passage des eaux des lacs supérieurs dans les lacs inférieurs. Ces passages sont plus ou moins caractérisés par des défilés, des étranglemens, souvent par des débris d'antiques bancs de rochers, des écueils, des gradins et des abîmes qui, coupant transversalement le lit du fleuve, y forment les *rapides* et les *sauts* que les Anglais appellent *whirlpools*, *rapids;* les Espagnols, *saltos* et *raudale*; les Allemands, *strudel* et *stromschnel-*

(1) Hammer, sur le Bastberg, dans les Annales du Muséum d'hist. nat., VI, p. 356.

(2) Wiebeking, I, p. 447.

(3) Bory-Saint-Vincent, dans le Berlin. Magazin für Naturwissenschaft. 1808, p. 295.

(4) Marsilii, Mappa Gen. Danubii, tab. 16 et 40, et Popowitsch, Untersuchungen von Meere, p. 244.

(5) A. Ellicot, dans les Transactions of the American Society, IV, p. 228.

len; les Sibériens, *scheweren*. Souvent aussi on leur donne le nom de cataractes, par exemple, dans l'Amérique du Nord. L'Europe nous présente plusieurs phénomènes de cette nature, les *Saltos de Lobo* de la Guadiane, les *sauts* du Douro, au-dessus de Monte Corvo, ceux de l'Ebre (1) au-dessous de Saragosse, près de Sastago; les *rapides* du Rhône, entre les bancs de granit de Pierre-Encise, au-dessous de Lyon (2); les bancs de rochers de la Loire, au-dessous de Roanne (3), près d'Iguérando; ceux du Rhin, au-dessous de Strasbourg, prés de Bingen (le *Binger-loch*), près de Saint-Goar, au-dessous d'Andernach (4); ceux de l'Elbe, près de Leitmeritz, d'Aussig, de Rauhe-Furth, de la Klingler et de la Merschützer-Furth au-dessous de Meissen (5); les entonnoirs (6) du Danube près de Grein, les étranglemens du cloître de Neubourg et les passes de rochers près de Tachtali, Demirkapi, Orsowa; et enfin les quinze *porogs* du Dnieper au-dessous de Catharinoslaw (7).

Les mêmes phénomènes se rencontrent aussi dans tous les fleuves des autres parties du monde. C'est en les examinant de près qu'on pourra arriver à des résultats très importans pour l'étude de leur formation commune. Ils entravent partout la navigation et quelquefois même la rendent impossible; cependant il ne faut pas les confondre avec les hautes chutes d'eau, cascades proprement dites, les catadoupes, les cataractes, etc., qui sont avec les rivages escarpés et les lacs d'alpes une marque caractéristi-

---

(1) Townsend, Trav., III, p. 45.

(2) Journal des Mines, IV, p. 41.

(3) Passinges, dans le Journal des Mines, VI, p. 817.

(4) J.-F. Ockhart, Der Rheinstrom. Mainz. 1816.

(5) Marperger, Elbstrom. Dresde, in-4°, p. 7.

(6) Nachrichten von den im Strudel der Donau vorgenommenen Arbeiten durch. die KK. Navigations-Direction. Wien., 1781; p. 1.

(7) Güldenstadt, Russische Reise, II, p. 108.

que du cours supérieur des fleuves à travers les hautes montagnes; les rapides, les vastes terrains horizontaux, les méandres, caractérisent toujours le cours moyen à travers les gradins. Après avoir franchi les derniers rapides, les fleuves entrent dans les plaines horizontales et basses, où ils prennent leur troisième forme caractéristique.

C. *Cours inférieur.*

Les lits du cours supérieur et du cours moyen durent nécessairement être mis à sec (1), à mesure que les masses d'eau s'écoulèrent. Quand les digues furent brisées dans les gradins supérieurs, les gradins inférieurs en reçurent toutes les eaux. C'est ce que nous apprend aujourd'hui l'histoire du lit de tous les fleuves (2).

La pente du cours inférieur est souvent presque insensible, comme celle du Sénégal qui, d'après Adanson, n'a que 2 pieds et 1|2 depuis Podor jusqu'à l'Océan, sur une étendue de 60 lieues; d'après La Condamine, le fleuve des Amazones n'a que 10 pieds et 1|2 de pente sur 200 milles marins, ce qui fait à peine 2 lignes par 1,000 pieds.

La pression des masses d'eau très considérable dans le cours inférieur, la contre-pression de flux et reflux, la période annuelle des gonflemens du fleuve, occasionent ici, même avant le rétablissement de l'équilibre, une lutte continuelle des élémens dont les résultats sont très différens selon les localités (3).

La bifluence est produite par l'action des eaux du fleuve qui tendent sans cesse à l'uniformité de niveau (4),

---

(1) Ebel, Vom Bau der Erde im Alpengebirge, Th. I.

(2) Playfair, Illustrations, p. 257. — Wrede, Geologische Betrachtungen über einen Theil der Südbaltischen Lander. Halle, 1754, p. 56.

(3) Playfair, Illustrations, note XVI, p. 351.

(4) Wiebeking, Allgemeine Wasserbaukunst, I, p. 445.

comme le Nil nous en offre un exemple près du Caire; l'action du fleuve contre ses bords et la résistance de la mer produisent le dépôt du fleuve (*alluvial detritus*) : ce dépôt forme sous l'eau des bas-fonds et des basses, au-dessus de sa surface des attérissemens ou Deltas (1); c'est ce qui arrive au Gange, à l'Indus, à l'Euphrate, au Nil, au Rhin et à quatorze des principaux fleuves de la terre. Nous remarquons le contraire, c'est-à-dire des espaces non comblés encore, de larges embouchures, des Deltas négatifs (2) (*Negative Delta, Inlet of the Ocean*), à neuf grands fleuves, l'Ob, le Jenisei, le fleuve Saint-Laurent, le fleuve de Colombie et même aux petits Creeks et Elfes.

Une autre propriété du cours inférieur, c'est l'inconstance du chenal (3) qui transporte le lit du fleuve d'une extrémité de la plaine à l'autre. Cette inconstance est souvent frappante lorsqu'on la poursuit historiquement, surtout au Gange, à l'Indus, à l'Euphrate et au Nil.

Sous les tropiques, le débordement annuel des fleuves commence au cours inférieur et règle ainsi le résultat de l'action du fleuve (ποταμὸς ἐργατικὸς), suivant l'expression d'Hérodote (4), c'est-à-dire le nouveau dépôt qui va couvrir le sol de la plaine.

Le cours inférieur prend un caractère tout particulier, suivant que les fleuves s'embouchent dans une mer intérieure ou un océan qui a flux et reflux; c'est ce qu'on observe facilement au Nil, au Danube et au Volga, les trois grands fleuves qu'on appelle *non océaniques*, par opposition à ceux qui vont se mêler directement aux eaux

---

(1) Andréossy, Mém. sur l'Egypte, I, p. 190.

(2) Playfair, Illustrations, p. 430. — Dunbar, Descriptions of Mississipi and its Delta; Transactions of the American Society at Philadelphia, 1804, VI, p. 165.

(3) Rennell, Mémoires, 3e édit., p. 340. — Elphinstone, Cabul, p. 26 et 654.

(4) Hérodote, II, c. 2.

des océans, comme les grands fleuves de la Chine, de l'Inde et de l'Amérique de l'est, et, par opposition à d'autres qui, quoique s'embouchant dans l'Océan, sont moins immédiatement soumis à l'influence de ses flots, par exemple tous ceux qui se dirigent plus à l'est et au sud qu'à l'ouest et au nord.

3e Eclaircissement.

Les gradins de la terre.

En comparant les systèmes d'eaux entre eux, en les considérant dans leurs rapports avec les hauteurs et les basses terres, on voit qu'ils présentent trois formes principales qui se développent toujours dans la même succession depuis les hauteurs jusqu'à la mer.

Nous les désignons, par rapport au fleuve, sous les mots de *cours supérieur, moyen et inférieur*. Par rapport à tout le système d'eaux, nous pouvons les appeler les trois *degrés*, et les contrées qui se présentent dans la même succession, les grands *gradins* (*steps*) de la terre.

Les mêmes lois qui se manifestent dans le courant principal se répètent, sur une plus petite échelle, dans les bras et les ramifications de chaque affluent. Ce n'est pas ici comme dans la végétation où la force créatrice, partant des racines, s'exerce de bas en haut; l'action s'exerce ici au contraire de haut en bas : elle a pour cause le séjour antérieur des eaux. Cette inondation générale est plus qu'une simple hypothèse; c'est un fait réel, et de là résulte la formation uniforme des systèmes d'eaux sur toute la terre. C'est là comme la racine d'après l'action de laquelle les ramifications de chaque arbre se développent de jour en jour.

Un principe de vie, une force végétale donnent naissance dans l'arbre à un système de branches : de même un séjour antérieur des eaux a donné naissance à un système de vallées, de rivières, de fleuves, dans la direction de *haut en bas*. Les bras, les affluens isolés ne viennent pas d'ici, de là, au hasard, ne s'embouchent pas l'un dans l'autre au hasard; ils suivent toujours une loi invariable qui nous étonne (1), et tendent toujours à un niveau uniforme. Ainsi la ressemblance des effets nous a permis de remonter à des causes communes.

Cette régularité dans les effets justifie la division naturelle de ces trois *gradins*, dont les caractères essentiels semblent être tels que nous les avons indiqués plus haut. Nous ne parlerons pas ici des exceptions particulières (2).

Les monographies des systèmes d'eaux seront plus développées dans la suite. Nous pourrons y faire entrer alors les différentes subdivisions naturelles, et montrer comment elles modifient la propriété de chaque grand système d'eaux.

Ces observations auront dans la géographie générale une grande importance, si l'on considère que certains peuples ont dû leur civilisation à l'heureuse influence de leur situation dans les contrées parcourues par les grands fleuves. Les systèmes d'eaux, qui sont comme les pulsations des artères de la terre, ont servi à l'humanité d'excitation puissante pour la faire sortir de la masse confuse où elle gisait sans caractère, et l'élever à la personnalité d'un peuple et d'un état.

---

(1) Playfair, Illustrations of the Hutton theory, p. 102.
(2) Playfair, Illustrations of the Hutton theory, III, p. 402.

FIN DES OBSERVATIONS PRÉLIMINAIRES.

L'AFRIQUE.

PREMIÈRE PARTIE.

LE PLATEAU

OU

LA HAUTE-AFRIQUE.

APERÇU GÉNÉRAL.

§ 3.

Toute l'Afrique méridionale, depuis la côte sud du cap de Bonne-Espérance jusqu'à l'équateur, et même jusqu'au 8° et 10° lat. nord (1), forme un grand plateau continu, plateau immense qui s'abaisse des deux côtés en plusieurs terrasses échelonnées, à l'est vers l'océan Indien, à l'ouest vers l'océan Ethiopique ou du sud. Les sources du Bahr-el-Abiad, ou autrement les sources les plus méridionales du Nil, situées du 7° au 8° lat. nord, celles du Joliba et du Sénégal, situées entre le 10° et le 11° lat. nord (2), déterminent l'étendue du plateau au nord.

Le long des côtes, les terrasses sont plus ou moins bor-

---

(1) W.-G. Browne, Map. of the route of the Soudan caravan, from Assiùt to Darfûr. 1799.

(2) J. Rennell, A Map shewing the progress of discovery and improvement in the Geogr. of N. Africa. 1798, corrected 1802.

dées de chaînes de montagnes qui toutes se dirigent du sud au nord.

Le plateau d'Afrique, autant que nous pouvons l'induire de nos connaissances, n'est traversé, ni dans sa largeur ni dans sa longueur, par aucun fleuve, et n'est, par conséquent, nulle part divisé.

Vainement on a essayé, jusqu'à ce jour, de pénétrer dans l'intérieur du plateau; à peine quelques voyageurs furent-ils assez heureux pour arriver jusqu'à ses bornes. Néanmoins nous devons à l'antiquité et aux temps modernes plusieurs renseignemens dont quelques-uns sont très positifs, notamment sur la bordure du plateau.

Au sud, c'est la mer qui en forme la limite; au nord, nous ne connaissons ses limites que dans les Alpes du Habech et dans les montagnes de Kong du côté opposé.

A l'est et à l'ouest, le plateau est borné par des chaînes de montagnes intérieures, formant un parallélisme avec les chaînes de montagnes des côtes. Il est habité au sud par des peuples paisibles et heureux, entre autres les Beetjuanes; son intérieur ne nous est connu que par les incursions désastreuses des Giaguas ou Schaggas vers le milieu du seizième siècle; il paraît que depuis lors il est entièrement inaccessible.

Au nord, les guerres annuelles de ses habitans, les expéditions des Abyssiniens contre les Galla, des Dar-Fours et d'autres peuplades contre les montagnards de Donga, près des sources de l'Abawi, le rendent entièrement inabordable. En d'autres endroits, sous la ligne par exemple, la nature et le climat des pentes opposent encore d'autres obstacles insurmontables (1) à toutes les recherches, ainsi

(1) J.-S. Vater, Uber Africanische Vœlkerkunde im Kœnigsberg. Archiv. 1812, p. 572.

que l'ont prouvé les dernières et malheureuses tentatives de Nichol (1) et du capitaine Tuckey (2).

De même que la Haute-Asie s'abaisse en se prolongeant à l'ouest dans les plaines de la mer Aral, de la mer Caspienne, et les steppes voisines, le plateau d'Afrique se dégrade au nord dans les profondes plaines de Darkoulla, Melli, Wangara, Gana et Baghermé. La nature de cette pente nous est inconnue : nous ne savons si elle se précipite soudainement ou si elle ne descend que graduellement; ce qui est certain, c'est que, comparée à l'Afrique méridionale, l'Afrique septentrionale est, par sa forme prédominante, une véritable terre plane tant du côté de la Méditerranée que du côté de l'Océan Atlantique.

Le plateau donne à toute l'Afrique méridionale sa forme caractéristique; une côte, en forme de terrasse, l'entoure de tous côtés. Nous ne lui connaissons de prolongations qu'au nord-est et au nord-ouest. Ces membres du grand corps ont leur direction principale dans les chaînes de montagnes de Habech, Dar-Four et Bornou au nord, et dans le pays des Mandingos, à l'ouest et au nord-ouest.

Des plaines de sable, dont un grand nombre sont fertiles et peuplées, d'autres, au contraire, stériles et désertes, entourent la bordure du plateau. Les fleuves qui la traversent sont en très petit nombre, eu égard à son immense étendue. Il paraît même que le plateau n'alimente, dans l'intérieur de ses hauteurs, que les sources de deux grands fleuves, le Nil et le Joliba ou Niger; les autres, du troisième et même du second ordre, ne prennent leur origine que dans les chaînes de montagnes qui le bordent, ou dans ses terrasses latérales.

---

(1) Proced. Afric. society, II vol.

(2) Narrative of an expedition to explore the river Zaire, usually called the *Congo* in South Africa, in 1816, under the direction of Capt. J.-K. Tuckey etb. London, 1818, in-4°.

Cependant ces deux fleuves, les plus considérables de l'Afrique, ne sont rien en comparaison des grands fleuves de l'Asie; c'est une preuve que la nature elle-même s'est refusée à rendre accessible l'intérieur de la Haute-Afrique.

Ce défaut de grands cours d'eaux, dans une région située sous les tropiques et entre deux océans, doit nous faire supposer qu'il y tombe très peu de neige et de pluie, ou qu'il y a, sur les hauteurs, de grands lacs qui absorbent les eaux courantes. Dans le premier cas, l'élévation absolue du plateau et de ses plus hautes cimes ne devrait jamais être aussi considérable que dans la Haute-Asie; ils n'atteindraient pas la hauteur qui paraît nécessaire dans la zone torride pour rafraîchir les couches d'air et les vapeurs, et les précipiter en pluies abondantes dans toutes les saisons.

Remarque. — *Opinion de Lacépède.*

Lacépède a essayé de prouver que le plateau d'Afrique (1) s'étend du 10° latitude nord au 20° latitude sud; il compte de neuf à dix chaînes de montagnes qui, dit-il, s'en détachent dans toutes les directions. D'après notre système, nous considérons ces chaînes de montagnes comme des parties intégrantes du plateau, et non pas comme des branches indépendantes qui en seraient l'élément constituant. Les terres situées entre ces chaînes de montagnes et le plateau intérieur, doivent nécessairement être plus élevées que celles qui se trouvent à leur bord extérieur, vers la mer. D'ailleurs, les masses de ces soi-disant principales chaînes de montagnes ne sont, quant à la hauteur et à la largeur, que très peu importantes, dans la description physique de la terre, en comparaison de la masse et du type du plateau et de ses terrasses; les chaînes de montagnes ne paraissent sur le plateau que comme ses éminences.

Nous observerons ici, en passant, et une fois pour toutes, que la manière ordinaire de traiter la géographie mérite le même reproche que bien d'autres sciences. On néglige souvent le cœur pour ne s'oc-

---

(1) Lacépède, Mémoire sur le grand plateau de l'intérieur de l'Afrique, dans les Annales du Muséum d'hist. nat., VI, p. 284.

cuper que de la tête, qui frappe davantage; on oublie le peuple pour ne songer qu'au prince. De même, dans la géographie, les hautes cimes des montagnes nous font oublier leur base essentielle, le sol qui les unit et les porte.

Il n'existe aucun motif pour placer l'extrémité méridionale du plateau au 20° latitude sud. Il est certain qu'il ne commence à décliner que dans les hautes steppes des Beetjuanes, du fleuve d'Orange et des Karrous ; il se prolonge ainsi, en se dégradant, jusqu'à la terrasse littorale de la colonie du Cap ; par conséquent, jusqu'au-dessous du 34° latitude sud, où il s'abaisse dans la mer (voyez l'excellente carte de H. Lichtenstein, dessinée par Gottholdt, 1811). Plusieurs autres hypothèses de Lacépède seront prises en considération dans la suite de cet ouvrage.

I.

BORD MÉRIDIONAL DE LA HAUTE-AFRIQUE.

§ 4.

Voulant embrasser d'un coup d'œil toute la variété qu'offre la structure du Plateau, nous commencerons par examiner ses bords d'après les quatre points cardinaux ; premièrement les limites qui avoisinent l'Océan, c'est-à-dire le bord méridional, oriental et occidental. Nous passerons ensuite à la pente septentrionale, que nous tâcherons d'exposer aussi exactement que possible, en faisant usage des meilleures sources.

Les nouvelles recherches, les observations astronomiques et les meilleures cartes (1) ont démontré toute la fausseté de l'ancienne opinion, qui prétendait qu'au sud, l'Afrique se termine en pointe. Cette assertion est tout aussi fausse que si l'on disait, que l'Europe se termine en pointe sur la côte espagnole-portugaise, depuis le cap Finistère jusqu'au cap Saint-Vincent. La côte méridionale de l'Afrique présente au contraire la forme d'un parallélogramme irrégulier (2). Cette prétendue pointe méridionale s'étend dans la direction de l'ouest à l'est (3), du 35° au 45° de longitude orient. de l'île de Fer ; elle comprend par

---

(1) J. Barrow, General chart of the colony of the Cape of Good Hope, 1791. — G. Lichtenstein, Karte des Europaeischen Gebiets am Vorgebirge der guten Hoffnung, von G. Gottholdt. 1811.

(2) J. Barrow, Account of travels into the Interior of South-Africa. Lond., 1804, II, p. 326.

(3) Barrow, Trav., II, p. 18.

conséquent une étendue de 10°, ou 150 milles géographiques en largeur. Sa déviation vers le nord n'est que de 14 milles géographiques.

Elle est en outre traversée, dans la même direction, par plusieurs chaînes de montagnes qu'on peut considérer comme les *lisières des terrasses*. Les terrasses (*steps, terraces*) (1) augmentent en hauteur à mesure qu'elles avancent dans l'intérieur du pays, où elles se trouvent placées sur un triple niveau.

Il en résulte un système de chaînes de montagnes et de hautes vallées coupées par des vallées transversales. Ce système, au bord méridional de la Haute-Afrique, mérite peut-être avec autant de raison le nom de *pays d'Alpes*, que le Thibet et la Daurie, avec leurs terrasses échelonnées au bord méridional et septentrional de la Haute-Asie. Cependant l'aride nature africaine prédomine toujours ici dans les hautes vallées; si l'eau se trouvait plus uniformément répartie dans ces terres méridionales de l'Afrique, elles seraient en tout cas préférables aux pays de l'Asie que nous venons de citer, attendu qu'à d'autres avantages, elles réuniraient encore celui d'une terrasse littorale.

CHAPITRE PREMIER.

HAUTE TERRASSE DU FLEUVE D'ORANGE, PLATEAU DES BEETJUANES, CORANAS ET BOSJESMANS.

L'étendue de cette terrasse vers le nord est inconnue; d'après nos renseignemens, il paraît qu'elle se prolonge jusqu'au tropique, où elle se confond très probablement avec le Plateau même de l'Afrique, car il n'est plus ici question de montagnes, et tous les petits fleuves connus

---

(1) Barrow, Trav., I, p. 10.

coulent à l'est, avec une légère déviation vers le nord (1). Barrow place cependant à 700 *miles*, dans cette direction, les habitations des Barolous (2); mais suivant Truter, ils n'ont jamais existé comme une race particulière; peut-être Barrow a-t-il voulu désigner la race Beetjuane des Mourouhlongs?

La terrasse n'est pas plus connue à l'ouest et à l'est qu'au nord. Vers le sud, elle s'étend jusqu'aux possessions les plus reculées de la colonie européenne du Cap, où elle se trouve bordée par une grande chaîne de montagnes qui traverse, entre le 31° et le 32° de latitude sud, dans la direction de l'ouest à l'est, la plus grande largeur de l'Afrique méridionale. Cette chaîne nous est connue sous les différens noms de montagnes de *Roggeveld* (champ de seigle), montagnes de *Nieuweveld* (nouveau champ), de *Sneeuw-Berge*, *Winter-Berge* (montagnes de Neige et d'Hiver), qui sont comme les principaux étages de tout le front des montagnes.

Les voyageurs qui découvrirent ces contrées, mirent trente-trois jours pour aller de la limite méridionale de cette terrasse (du *Karree-Rivier* qui se jette dans le *Sack-Rivier*) à Litakou (*Leetakoo*), principale habitation des Beetjuanes, située au 26° 30' latitude sud, et au 27° longitude orientale du méridien de Greenwich; ils la traversèrent ainsi, dans toute sa largeur, du sud au nord (3). Lichtenstein, à qui nous sommes redevables des renseignemens les plus exacts, mit dix-sept jours pour s'en retourner, de la résidence du roi Moulihawang (trois journées au sud-ouest de Litakou), au Sackrivier (4), ce

(1) Lichtenstein, manuscr.

(2) J. Barrow, Trav., II, p. 118.

(3) Truter and Sommerville, Account of a journey to Leetakoo, 1801. — Barrow, Voy. to Cochinchina. Lond., 1806.

(4) G.-K. Lichteinstein, Reisen im südlichen Africa. Berlin, 1812, II, p. 544.

qui peut faire, en comptant huit lieues par jour, un chemin de 60 à 70 milles géographiques, et une largeur directe d'à peu près 50 milles.

Cette haute terrasse du fleuve d'Orange se compose presque entièrement de grandes plaines, que parcourent avec une pente très douce et presque imperceptible, de l'est à l'ouest, le fleuve d'Orange et plusieurs de ses bras; ce sont en partie des steppes couvertes d'herbe, en partie des déserts arides dont l'uniformité n'est interrompue çà et là que par des marais salans.

La terrasse elle-même ne porte que deux chaînes de montagnes, les *Karri* et les *Magaaga* (montagnes de Fer), qui s'élèvent tout au plus de 800 à 1,000 pieds au-dessus des plaines que nous devons considérer comme leur base; mais, en supposant cette base élevée de 5,500 pieds au-dessus de la surface de la mer, puisqu'elle paraît au même niveau que la cime de la montagne de Kom (1), on peut admettre que les Karri ont de 6,000 à 6,300 pieds de hauteur absolue.

1er Eclaircissement.

Bordure de la terrasse du fleuve d'Orange.—Montagnes isolées.

La bordure méridionale de cette terrasse est formée par de hautes chaînes de montagnes. Des voyageurs, venant des vastes plaines des Karrous, parvinrent à en atteindre le sommet à travers les gorges que l'on rencontre de distance en distance. Parmi les montagnes formant le passage entre la première et la seconde terrasse, nous distinguons :

1. *La chaîne de montagnes de Roggeveld*, à l'ouest (2).

(1) Lichtenstein, II, p. 336.
(2) Ibid., I, p. 148, 158; et II, p. 9.

Elle se compose d'une quantité de montagnes isolées, qui s'élevant d'espace en espace, du milieu de la plaine, présentent les formes les plus diverses ; elles atteignent toutes à peu près la même hauteur et sont couvertes à leur cime d'une forte couche horizontale, coupée à pic de tous côtés, ce qui leur donne une certaine surface uniforme, qu'on a comparée tantôt à des tables et tantôt à des mamelles, lorsqu'elles sont en cône comme le mont Pramme.

En montant du côté où la chaîne du Roggeveld est moins coupée, par exemple à travers les défilés près d'Eland's-Fontein, ou près de la montagne de Roggeveld, on arrive au haut de l'*Onder et Middel-Roggeveld* (Roggeveld inférieur et moyen), dans d'immenses plaines de 2,000 à 2,500 pieds au-dessus de la terrasse des Karrous (1) ; une vue immense s'ouvre ici au voyageur jusqu'à la limite du sud. La principale élévation de cette haute plaine est au-dessus de la passe du Komberg, près de Tondeldoos-Fontein, 5,300 pieds au-dessus de la mer (2). On descend par ce défilé, dans la plaine, comme par un escalier et sur des bancs de pierre superposés, ce qui rend le voyage très pénible pour les chars attelés de bœufs. Il faut deux jours pour atteindre la plaine du petit Roggeveld.

2. *La chaîne de montagnes de Nieuweveld* (3) confine, à l'ouest, à la plaine du petit Roggeveld ; elle a reçu son nom de la plaine des Karrous, située au bas, et appelée la Nouvelle Campagne, parce qu'elle est une des dernières colonisations. Le Nieuweveld passe pour une des plus hautes chaînes de l'Afrique méridionale. Il s'étend en ligne droite de l'ouest à l'est, jusqu'au groupe des montagnes

(1) Paterson, Narrative of four journeys, into the country of the Hottentots and Caffraria. London, 1789, in-4°, p. 50.

(2) Lichtenstein, I, p. 176.

(3) Ibid., p. 59.

de Neige. Barrow (1), qui l'estime à 10,000 pieds de hauteur absolue, dit qu'il est couvert de neiges pendant cinq à six mois de l'année. Jusqu'à présent, aucun voyageur n'a encore visité le sommet de cette chaîne : nous ne connaissons que ses parois escarpées au sud. Barrow les regarde comme les plus hautes cimes de l'Afrique méridionale.

3. *Les montagnes de Neige* (*Sneeuw-Berge*) confinent, à l'ouest, au Nieuwveld ; leur plus haute cime, le *Compassberg* (montagne de la Boussole) (2) a, d'après le colonel Gordon, 5,500 pieds de hauteur absolue ; ce voyageur y monta en 1778 pour y lever la carte de la contrée. La pente méridionale de la haute terrasse est ici beaucoup plus douce (voir le bord oriental) que du côté de l'ouest; on en descend par des chemins très commodes, et l'on arrive, après quelques jours de voyage, à la terrasse inférieure des montagnes de Neige, dans le district de *Graaf-Reynett.* La transition de la première à la seconde terrasse n'offre donc ici qu'une très douce gradation, tandis qu'à l'ouest, elle est partout escarpée et inabordable. Vers le nord-est, on remarque encore une suite de hauteurs qui n'est connue aujourd'hui que par le seul rapport du général Janssens (3). Ce voyageur le parcourut jusqu'au cours supérieur du *Seekuh-Rivier* (rivière de la Vache-Marine) et du fleuve d'Orange qui a ses sources sur la plus haute élévation de la première terrasse, et se dirige d'abord au nord, entre de hauts et énormes rochers, ensuite à l'ouest à travers de grandes plaines de verdure. Ici commence la pente commune et très graduée de la haute terrasse vers l'ouest, dans la direction du fleuve d'Orange.

4. *Les monts Karri* (Karree). Au milieu de la haute terrasse, nous remarquons deux rangées de montagnes,

---

(1) Barrow, Trav., I, p. 101.
(2) Lichtenstein, II, p. 4 et 30.
(3) Ibid., p. 65.

l'une sur la rive septentrionale, l'autre sur la rive méridionale du fleuve d'Orange; quoiqu'on ne nous les représente nulle part comme les pentes de plaines plus élevées situées au nord, il est cependant probable que c'est là leur caractère, car elles s'étendent parallèlement à toutes les autres chaînes de montagnes, de l'ouest à l'est. Truter (1) appelle les Karri *une rangée de collines*; Lichtenstein dit qu'elles s'élèvent de 800 à 1000 pieds dans la plaine et que leurs cimes plates (*tables*) sont les plus hautes crêtes de la partie occidentale de l'Afrique méridionale. Des voyageurs les aperçurent déjà du *Sack-Rivier* (30° 16' latitude sud). Elles occupaient, dans la direction de l'ouest nord-ouest à l'est sud-est, tout l'horizon, sur une étendue de six journées au moins.

Toutes les cimes ont la même hauteur relative (à peu près 6,300 pieds de hauteur absolue); vues d'en bas, elles ressemblent toutes à des pyramides, à des cônes ou à des tables dont les sommets présentent quelquefois une surface de plusieurs lieues carrées (2).

Séparées par des vallées et de larges et arides coupures, les Karri n'ont ni arbres ni buissons, ni rivières ni lacs; ce sont des cônes, des tours et des plateaux; et à les voir, on dirait une mer orageuse glacée au milieu d'une tempête. La vue se perd le long de leurs pentes, dans d'immenses vallées tortueuses sans plantes, sans buissons, sans arbres, où l'on n'aperçoit aucune trace de la présence de l'homme. Les enfoncemens entre les différens groupes, sont encombrés d'énormes fragmens de grès; leurs sommets présentent tous des couches horizontales.

5. *Les Magaaga ou montagnes de Fer* (3) sont une rangée de collines au nord du fleuve d'Orange, sur la fron-

---

(1) Truter, Account, p. 367.
(2) Lichtenstein, II, p. 336.
(3) Truter, Account, p. 385.

tière méridionale du pays des Beetjuanes. On y trouve des masses de pierres ferrugineuses et magnétiques; non loin de là est situé le *Brauneisensteinberg*, montagne de pierre ferrugineuse, près de *Jan-Blom's-Fontein* (26° 27'); c'est dans les antres de cette montagne (1) que les Beetjuanes vont chercher les couleurs de bronze avec lesquelles ils se tatouent.

Les Magaaga courent parallèlement avec les montagnes de Karri et tout le système de terrasses.

2e Eclaircissement.

Surface de la terrasse. — Bosjesmans, Coranas et Beetjuanes.

La surface de cette haute terrasse est vraisemblablement une plaine régulière, coupée seulement par quelques petites rangées de collines. Au sud des montagnes de Karri, le sol se compose d'une argile dure et desséchée, parsemée de débris de roches; à l'exception de quelques plantes épineuses et juteuses, on n'y aperçoit aucune végétation. Au nord des montagnes de Karri, au contraire, et vers le fleuve d'Orange, toute la surface de la terrasse est tapissée de prairies, et la rive septentrionale couverte de petits arbustes que nourrit l'alluvion du fleuve. Cette alluvion est cependant mélangée de sables et de cailloux parmi lesquels on trouve les plus belles agates, des onyx, des sardoines, des calcédoines et autres pierres précieuses (2).

Un désert aride, interrompu alternativement par des steppes couvertes de verdure, de broussailles et d'arbres, s'étend depuis le nord des montagnes de Fer jusqu'au lit

---

(1) Lichtenstein, II, p. 448.

(2) Truter, Account, p. 376. — Lichtenstein, II, p. 89.

du fleuve des Beetjuanes, appelé aussi *Courouhman*. En d'autres endroits, le sol de la terrasse (1) n'offre aucune trace de végétation : c'est un immense rocher de quartz, absolument nu et disposé en couches horizontales.

On trouve dans les steppes de verdure, près du fleuve des Beetjuanes, quelques sources agréables et abondantes, vraies merveilles dans cette partie de l'Afrique (2). La plus remarquable alimente le fleuve Couroubman.

Le pays des Beetjuanes se distingue par une abondance extraordinaire de gibier. On y rencontre des buffles sauvages, des quaggas, des antilopes; les autruches y sont par troupes, tandis que, dans les terres plus basses, on a peine à en trouver quelques-unes isolées; c'est aussi la patrie des girafes qui semblent encore n'être jamais descendues dans les terrasses inférieures (3); tous les voyageurs, entre autres Paterson, Truter, Lichtenstein (4) ne les ont trouvées en grand nombre que lorsqu'ils approchaient du pays des Beetjuanes.

L'arbre des girafes (*Mimosa Camelopardalis*, selon Truter, *Acacia Giraffæ Willden.*), dont se nourrissent ces animaux, et qu'on peut considérer comme un des végétaux caractéristiques (5) de cette haute terrasse, ne croît dans les forêts qu'au-delà de la rive septentrionale du fleuve d'Orange. On ne le rencontre jamais dans les contrées plus basses. Les Beetjuanes construisent leurs habitations à l'ombre de cet arbre et son feuillage leur est sacré.

Toute cette haute terrasse, libre encore de l'influence européenne, est la propriété de races africaines pures; la

---

(1) Lichtenstein, II, p. 449.
(2) Truter, Account, p. 388. — Lichtenstein, II, p. 525.
(3) Lichtenstein, II, p. 410.
(4) Paterson, Narrat., p. 127. — Truter, p. 285.
(5) Voyez les planches, dans Paterson, tab. 4.

manière dont elles se propagent est un fait très remarquable. On y compte jusqu'à trois races indigènes : les *Bosjesmans*, les *Coranas* et les *Beetjuanes*.

Les *Bosjesmans* ou *Saabs*, comme ils s'appellent eux-mêmes, sont une race petite, maigre, rude et barbare. Ils habitent la partie la plus élevée et la plus aride de la terrasse, les hauteurs glacées et neigeuses qui forment la prolongation septentrionale des montagnes de Neige, et sont devenus par leurs incursions la terreur des Hottentots et des colons. Outre les Bosjesmans, on ne rencontre absolument que des bêtes sauvages et féroces dans ces contrées. L'hiver, la faim, les querelles intestines et le manque complet de culture poussent ces malheureux sauvages au brigandage. Ils parcourent les déserts de la pente méridionale du côté de l'ouest : quelquefois aussi ils se dirigent contre les demeures isolées des colons, où ils éprouvent souvent le même sort que les bêtes féroces.

Les *Coranas* (1), appartenant à la race des Hottentots, sont bons et hospitaliers ; ils habitent le milieu de la terrasse, sur les bords du fleuve d'Orange, là où il traverse les larges et vertes plaines, entre le 25° et le 29° de latitude sud ; ce peuple est parvenu à un degré de civilisation bien plus élevé que tous ses voisins du sud (2), les habitans des terrasses inférieures.

Les immenses steppes arides, au sud de leur pays, les ont garantis jusqu'à présent de la tyrannie des colons. Ils ont les traits plus nobles que les autres peuples de la terrasse ; leurs nombreux troupeaux et le bien-être qu'ils leur procurent suffisent pour assurer leur indépendance. Ils vivent sur leur plateau fertile, en bonne intelligence avec leurs voisins du nord, les Beetjuanes.

---

(1) Lichtenstein, II, p. 411.

(2) Truter, Account, p. 373.

Les *Beetjuanes* sont séparés des Coranas par les montagnes de Fer (voy. pag. 132) et par un large et aride désert de plusieurs journées de marche.

Cette tribu cafre, connue des Européens (1), seulement depuis l'an 1801, observée et décrite avec talent et complaisance par Lichtenstein, est un des peuples les plus remarquables de l'Afrique. Eloigné de la mer de 178 milles géographiques (2), il se distingue de tous ses voisins par sa richesse, son industrie, sa civilisation, par la douceur de son caractère et sa probité. Les femmes y sont plus belles que chez les autres peuplades.

Ils nourrissent de nombreux troupeaux, s'occupent d'agriculture, et savent travailler très habilement le fer, le cuivre et l'ivoire. Une constitution populaire et libre garantit à ce peuple remarquable l'indépendance et la paix, et lui fournit, lorsque le besoin l'exige, les moyens de défendre sa liberté.

Les Beetjuanes ne forment qu'une seule des neuf tribus parentes qui habitent ces contrées de la Haute-Afrique, et sont les plus rapprochés des pays fréquentés par les Européens. La tradition place à dix journées plus loin dans l'intérieur, sur les bords du fleuve Courouhman, les Barolous, peuple qui n'a jamais existé, mais qu'on a peut-être confondu avec les Mourouhlongs. Suivant Lichtenstein, il existe, en effet, d'autres races dans cette direction. Les Macquini (3) (nom qui vient peut-être de l'arabe *Ka'na*, qui signifie *forgeron*), la neuvième et la plus nombreuse de ces tribus, habitent à une distance de trente à quarante journées de marche plus loin, au nord-est,

(1) Truter et Sommerville, Account. — Barrow, Trav., II, p. 114.

(2) Geographische Ephemeriden, 1807, Mai, p. 10. — Ethnograph. linguist. Archiv., I, p. 300.

(3) Lichtenstein, II, p. 411.

près d'une chaîne de montagnes, d'où ils tirent du fer et du cuivre, qu'ils préparent avec beaucoup d'art.

REMARQUE.

Ces Macquini confinent très probablement, à l'est, aux possessions portugaises de la côte de Sofala et de Monomotapa. Les Beetjuanes, leurs parens de race, avaient déjà entendu parler d'hommes blancs avant l'arrivée des colons hollandais; mais ils doutaient encore de la réalité de leur existence.

La manière dont ce peuple actif, agriculteur et industrieux, s'est répandu vers le nord-est, nous fait supposer que la haute terrasse, qui, selon toute probabilité, n'est coupée transversalement par aucune chaîne de montagnes, se prolonge au loin dans la même direction. Elle n'est habitée, à ce qu'il paraît, que par des peuples actifs, libres et heureux (1), chez lesquels l'esclavage, qui afflige presque partout ce grand continent, n'est pas répandu.

Cependant, Lichtenstein suppose que la servitude n'est pas absolument inconnue et inusitée parmi eux (2).

Déjà les Européens se sont avancés jusqu'au bord méridional de cette terrasse, sous le beau nom de colons (dans le Roggeveld), de missionnaires (au-delà du fleuve d'Orange), d'amis et d'alliés; puissent-ils ne pas s'attirer la malédiction des générations suivantes, comme leurs prédécesseurs, qui, sous le même prétexte, cherchèrent à pénétrer dans l'intérieur des côtes de Congo, de la Mosambique, sur le Tacazzé, le Sénégal et la Gambie.

CHAPITRE SECOND.

DEUXIÈME TERRASSE : LES KARROUS.

§ 5.

Il suffit de jeter un coup d'œil sur la carte que nous a donnée Lichtenstein des possessions européennes au cap de Bonne-Espérance, pour s'apercevoir qu'à l'ouest et au

(1) Barrow, Trav., II, p. 404.

(2) Lichtenstein, II, p. 516.

sud, la pente de la haute terrasse est immédiatement entourée d'une seconde terrasse plus basse, que les habitans indigènes et étrangers appellent les *Karrous*. Elle sépare la haute terrasse de la terrasse inférieure des côtes, et en est elle-même séparée par de hautes chaînes de montagnes parallèles, que nous avons déjà en partie décrites p. 129. La terrasse des Karrous entoure le plateau, sur une largeur de 20 à 30 milles géographiques; sa plus grande étendue en longueur est de l'est à l'ouet; il faut seize journées pour la parcourir du Hexriviers-Kloof (ravin de la rivière des Sorcières) jusqu'à Graf-Reynett.

Un phénomène particulier à cette seconde terrasse, c'est que sa pente à l'ouest et au sud n'est pas formée par une seule, mais par plusieurs chaînes de montagnes parallèles. Les vallées longitudinales entre les montagnes ne sont souvent éloignées l'une de l'autre que d'une lieue, quelquefois même d'une demi-lieue, à peu près comme dans le Valais. La bordure de ces chaînes et vallées parallèles est surtout fertile, parce qu'elle est mieux arrosée; elle est partout plus élevée que les Karrous mêmes; mais près de la mer, c'est-à-dire vers l'extérieur, là où se trouvent les plus hautes crêtes (2,300 pieds au-dessus de la mer), elle se dégrade tout à coup en arides escarpemens dans les terres inférieures; c'est dans les ravins de ces falaises que croissent les plus hauts arbres de l'Afrique; les premiers gradins sont fertiles et couverts de verdure.

Le même accident se répète au bord méridional de la Haute-Asie, du côté de la plaine indienne, mais avec cette différence qu'en Asie cette pente rapide confine à une grande plaine, tandis qu'ici elle touche immédiatement à la mer, et que l'aride nature africaine y prédomine toujours.

Cette seconde terrasse se divise en trois parties principales :

1° *Les plaines*, au sol d'argile durcie, appelées *Kar-*

vous, dans le sens restreint. Les trois plus étendues sont situées : au pied des montagnes de Nieuwveld, au pied du Roggeveld, et enfin dans le Bokkeveld et le Roggeveld, qui forment une partie du district de Tulbagh. Là où des sources ou des rivières fertilisent ces plaines, le triste nom de Karrou se change en celui de contrées cultivées, et devient le district de Tulbagh, de Graaf-Reynett, etc.

2° *Les chaînes parallèles qui forment la bordure :* elles commencent vraisemblablement aux montagnes de Chamies, de Hantam et à l'Onder-Bokkeveld, et confinent, au sud, à la Bergvalley et à l'Olifantsrivier (fleuve des Eléphans), qui coule dans cette étroite vallée, du sud au nord. Viennent ensuite les hautes vallées du Bokkeveld froid et chaud, et la haute plaine de Roodezand ou Wavern, avec le Breederivier, qui coule au sud.

3° *Les chaînes parallèles des Zwarteberge* (montagnes Noires) *qui s'étendent de l'ouest à l'est.* La chaîne moyenne et celle du nord encaissent la vallée la plus septentrionale du district de Zwellendam, au nord de l'endroit du même nom; la chaîne moyenne et méridionale encaissent la vallée longitudinale de Lange-Kloof. Tout ce qui est au nord de ces chaînes et à l'est, jusqu'à Graaf-Reynett et Camdebou, est sol de Karrou. Les Zwarteberge forment une partie de la haute muraille qui enclot les Karrous et leur donne la forme de bassin. Elles comprennent à peu près une étendue de 10 à 12 milles géographiques en largeur.

Les fleuves de la haute terrasse coupent ces chaînes de montagnes dans des ravins étroits et profonds, à travers lesquels ils vont se jeter dans la mer; mais ces sortes de coupures ne sont pas très nombreuses, les terres supérieures étant presque entièrement dénuées d'eau (1). Plus

---

(1) Lichtenstein, I, p. 165.

des trois quarts de tous les fleuves de l'Afrique méridionale sont à sec, pendant l'été.

On appelle *Kloof* les ravins à travers lesquels on parvient, comme par des détroits, de la terrasse littorale à la seconde terrasse et aux Karrous. Leur nombre est très petit, et de là vient que la communication, entre la terrasse littorale et l'intérieur, est toujours difficile et fatigante.

1er Eclaircissement.

Pente occidentale. — A. *Montagnes de Chamies.*

Les Chamies ou Camis, situées au 30° de latitude sud n'ont été que très peu visitées, ainsi que leurs prolongations au nord, les montagnes de Cuivre (*Koperberge*). Gordon et Paterson (1) furent les premiers qui, en 1777 et 1778, les firent connaître aux Européens. Chamies signifie, dans la langue des Namaaquas, *groupes de montagnes.* Elles s'élèvent jusqu'à 4,000 pieds au-dessus de la terrasse littorale (2). A leur base, les colonies les plus septentrionales du Cap confinent aux habitations des Hottentots-Namaaquas. Elles correspondent, au sud, avec le Hantam, table isolée, s'élevant à 1,500 pieds au-dessus de la terrasse littorale, avec le *Rauhe Bokkeveld* (Bokkeveld rude), et la *Bergvalley* que les bras de l'Eléphant traversent au 31° de latitude sud.

Les Chamies présentent souvent des masses isolées qui s'élèvent en forme de cônes grotesques, de colonnes, de pyramides, etc., semblables aux fantastiques *Stonehenge* d'Angleterre, mais beaucoup plus colossales (3). Le sol

(1) Paterson, Narrat., p. 57.
(2) Barrow, Trav., I, p. 385.
(3) Ibid., I, p. 372.

est parsemé, à l'entour, de débris sur lesquels croissent différentes plantes juteuses et tubéreuses, des buissons de mimosas et le colossal aloès. (*Al. dichotoma*) (1).

Du rivage de la mer on s'élève jusqu'à ces chaînes de montagnes pour ainsi dire de degré en degré (2); elles s'étendent jusqu'à 3 milles de la mer, et ne forment ici que des masses isolées. Plus on avance à l'est, plus elles se rapprochent, jusqu'à ce qu'elles se réunissent enfin dans la terrasse des Karrous. Paterson nous rapporte qu'elles se composent de masses de granit; mais, d'après Lichtenstein, c'est plutôt du grès à gros grains mêlé de parties de quartz.

Elles sont, dit Paterson, riches en airain, et forment le commencement des montagnes de cuivre. Ce voyageur trouva aussi du cuivre et du minerai de fer en grande quantité au nord du fleuve d'Orange.

Selon Barrow (3), la plus grande partie de la pente occidentale de cette deuxième terrasse est de grès. D'immenses bancs horizontaux, avec des fissures perpendiculaires et d'énormes blocs cubiques donnent aux masses, lorsqu'elles sont cohérentes, la forme de tables (*Table mountains*), et, lorsqu'elles sont isolées, la forme de cônes et de tours.

Barrow suppose que cette pente littorale, en se prolongeant le long de la côte, sur une largeur de plusieurs milles, s'étend, au nord, jusqu'au golfe de Guinée, où ses débris auraient couvert tout le littoral de l'Afrique septentrionale et formé ainsi les déserts de sables que nous y rencontrons. Nous verrons par la suite que cette même chaîne de montagnes se poursuit sans interruption

---

(1) Paterson, Narrat., p. 56.
(2) Ibid., p. 126.
(3) Barrow, Trav., I, p. 372.

jusqu'au cap le plus méridional, près de la False-Bay (fausse baie).

B. *Pikenierskloof*, *Roodezandkloof* (ravin de sable rouge).

Le Pikenierskloof (1), défilé rendu praticable, s'élève de 2,000 à 2,500 au-dessus de la terrasse littorale et de 3,000 à 3,500 au-dessus du niveau de la mer. Il conduit le voyageur par-dessus les montagnes de Chamies, dans la Bergvalley (2), qui n'est séparée des Karrous que par quelques basses chaînes de montagnes.

La plupart de ces gorges serpentent en mille détours, de rochers en rochers disposés en couches horizontales, jusqu'au sommet; l'œil s'étonne, à les voir, qu'on puisse gravir avec des fardeaux ces parois de rochers à pic, suspendus à une hauteur effrayante au-dessus d'abîmes où la vue ne peut plonger sans vertige. De tous côtés s'élèvent d'énormes masses de grès, s'inclinant pour la plupart en couches parallèles vers le sud, quelquefois aussi interrompant la régularité de l'ensemble par des éboulemens (3).

Le Roodezandkloof, ou le défilé à travers les montagnes de grès rouge (au 33° de latitude sud), conduit également de la terrasse littorale à la seconde terrasse, dans la haute vallée de Roodezand. Quoique rempli de décombres de grès, c'est le défilé le plus commode de toute la côte occidentale. Il se dirige de l'ouest à l'est, et ne s'élève qu'à 500 pieds au-dessus de la terrasse littorale. Arrivé à la vallée de Roodezand, on ne descend plus; cette vallée n'est pour ainsi dire qu'un large gradin terminé à l'est par une seconde chaîne de montagnes bien

(1) Lichtenstein, I, p. 116, et la table de la p. 102.
(2) Barrow, Trav., I, p. 377.
(3) Ibid., Account of Trav., I, p. 70.

plus haute qu'à l'ouest. Le défilé de Witsemberg (1), élevé de 1,900 pieds au-dessus de la surface de la vallée, et par conséquent de 2,400 pieds au-dessus de la terrasse littorale, conduit, à travers cette chaîne, dans le Bokkeveld chaud situé à l'est, à peu près à 1,500 pieds au-dessus de Tulbagh, et de là dans la plaine de Roodezand. Au-dessus du défilé se trouve placée la plus haute cime de cette chaîne de montagnes, le mont *Winterhoeck*, appelé ainsi parce que son sommet est couvert de neige pendant toute la saison pluvieuse. Le Winterhoeck n'est qu'à 150 pieds au-dessus du défilé de Witsemberg.

C. *Bokkeveld froid* (champ des boucs), *Hexrivierkloof* (ravin de la rivière des Sorcières).

Au nord de la petite vallée du Bokkeveld chaud (il est plus chaud, par la raison qu'il est moins haut), s'élève le Bokkeveld froid, vallée située à quelques cents pieds au-dessus de la précédente (2), et ainsi appelée parce que le froid y est en effet plus grand. Un défilé étroit, le *Bokkeveldspoort* (porte du Bokkeveld), conduit dans le grand désert des Karrous, qui est dominé par la haute vallée du Bokkeveld (3), de la même manière qu'à l'est, une partie de la terrasse l'est par la contrée qui avoisine immédiatement les montagnes de Neige. Des renseignemens positifs nous apprennent que ces hautes plaines se composent de granit recouvert de couches de grès; elles sont toutes également bien arrosées.

Un autre défilé moins difficile même, du Breederivier (fleuve large), à travers le Hexrivierskloof, situé au 33° 30' latitude sud, dans une vallée du même nom, longue de

(1) Lichtenstein, I, p. 232.
(2) Voy. Lichtenstein.
(3) Lichtenstein, I, p. 208.

3 milles géographiques, très étroite et élevée de 200 pieds. Au nord-est de cette vallée se présente un troisième défilé à gravir, qui conduit par-dessus des rochers stratifiés horizontalement jusqu'à une hauteur de 1,500 pieds. D'ici l'on entre, sans plus descendre, dans le grand désert de Karrou (1), qui s'étend vers l'est, plaine immense et aride, de plus de seize journées de marche, jusqu'à Graaf-Reynett.

2e Eclaircissement.

Pente méridionale.

La bordure méridionale de la seconde terrasse s'étend, 80 milles géographiques, dans la direction de l'ouest à l'est, depuis la vallée de Roodezand jusqu'à la baie d'Algoa, près de la limite orientale de la colonie du Cap. Elle s'abaisse très brusquement en plusieurs vallées parallèles et en autant de gradins vers les terres littorales, et forme ainsi une vraie chaîne de montagnes de 4 à 5,000 pieds de hauteur absolue (2).

Cette bordure de chaînes parallèles porte, dans toute son étendue, le nom de *Zwarte-Berge*, montagnes noires. Quelques parties prennent des noms particuliers, comme le *Kockmannskloof*, le *Thango* et le *Lange-Kloof* (long ravin).

D'après Lichtenstein, il est probable que cette chaîne de montagnes, qui coupe presque entièrement la communication des Karrous, atteint dans ses plus hauts sommets la même hauteur que les montagnes de neige (4 à 5,000 pieds). Le passage en est des plus pénibles.

Principaux défilés : le *Plattekloaf*, au nord-est de

(1) Barrow, Account of Trav., I, p. 86.

(2) Lichtenstein, I, p. 310.

Zwellendamm (1); le *Hattaquakloof* (*Atqua*, selon Paterson) à l'est de l'Eléphant (2); et à l'est, le défilé qui conduit de la baie de *Plettenberg* à la vallée du Langekloof.

Du *Langekloof*, le voyageur aperçoit, au-dessus de la plaine, des crêtes de montagnes larges d'abord, courant parallèlement de l'ouest à l'est et séparées par de spacieuses vallées. Ces rangées parallèles s'élèvent ensuite les unes au-dessus des autres, comme échelonnées d'après leur hauteur, et les vallées deviennent à proportion de plus en plus escarpées et étroites (3). Les chemins formés par les saillies des rochers tournent prudemment sous le couronnement des montagnes, et de là l'œil plonge épouvanté dans des abîmes où les torrens se précipitent à grand bruit. Un cheval a peine à pénétrer à travers ces défilés; dans la saison pluvieuse, ils sont tout-à-fait impraticables. Le premier jour, on parvient quelquefois à gravir jusqu'à cinq différentes élévations; le second jour, la chaîne s'élève déjà plus rapide; et, à mesure que l'on approche de la dernière crête, tout l'ensemble des montagnes devient plus gigantesque, les pentes plus escarpées, les vallées plus sauvages; enfin l'on arrive à la vallée de Langekloof (4), immense *Quebrado* de 30 à 40 milles géographiques de longueur, dans la direction de l'ouest à l'est, et, en plusieurs endroits, de plus d'une lieue de largeur.

Jusqu'à présent les voyageurs n'ont pas encore traversé, pour arriver aux Karrous, la chaîne de montagnes située au nord du Langekloof et parallèle à la chaîne littorale. Les colons, au contraire, prennent souvent cette route.

---

(1) Paterson, Narrat., p. 22, 78.

(2) J. v. Reenen, Journal of journey from the Cap of G. Hope, by E. Riou. Lond., 1791, in-4°, p. 16.

(3) Lichtenstein, I, p. 333.

(4) Barrow, Account of Travels, II, p. 71.

Le chemin conduit d'abord dans la vallée de l'Eléphant, et de là dans les Karrous (1).

2e Eclaircissement.

Les Karrous.

Après avoir traversé toute la bordure de chaînes de montagnes et de vallées parallèles, on entre, sans plus descendre, dans les plaines de Karrou, dont l'horizon se dérobe à la vue, et que le voyageur comme le colon évitent autant que possible de traverser dans toute leur étendue; aussi n'en connaissons-nous jusqu'à présent que les limites cultivées, et, en quelques endroits seulement, la largeur.

A. *Etendue.*

La largeur moyenne de la grande Karrou (2) est de 15 à 20 milles géographiques du sud au nord; son étendue en longueur de 60 milles géographiques de l'ouest à l'est, ce qui fait une surface d'à peu près 1,000 milles carrés. Entourée de toutes parts des pentes de montagnes parallèles que nous venons de caractériser, elle est encore bordée à l'est par les montagnes de Neige et par des plaines et des hauteurs couvertes d'herbes et de verdure, appelées *Camdebou* (3), nom hottentot correspondant aux prairies d'Alpes européennes ou aux Paropamises asiatiques.

Les Camdebous sont une prolongation (4) de la Karrou fermée à l'ouest par les montagnes du Bokkeveld.

La hauteur moyenne absolue de la plaine de Karrou est de 3,000 pieds; elle s'incline tant soit peu vers le sud

---

(1) Lichtenstein, manuscr.
(2) Lichtenstein, I, p. 196.—Barrow, Account of Trav., II, p. 328.
(3) Barrow, Trav., I, p. 115.
(4) Ibid., II, p. 374.

ainsi que vers le nord-ouest, du côté de la mer Ethiopique, comme on s'en aperçoit à la pente douce des fleuves qui pénètrent à travers les chaînes de la bordure. Au milieu de la plaine s'élèvent des rangées de collines nues d'argile schisteuse et de fer argileux.

Nous remarquons en outre, aux deux côtés de la grande Karrou, plusieurs étendues de terrain de 30 à 40 milles carrés, présentant une surface horizontale très analogue aux Karrous.

B. *Surface.*

Le sol de ces plaines est composé de sable et d'argile plus ou moins mêlés de fer : de là vient que, dans la colonie, on appelle partout *terre de Karrou* le mélange couleur d'ocre de l'argile avec du sable ferrugineux. L'été, la chaleur rend cette argile presque aussi dure que de la tuile (*Karrou*, dans la langue des Hottentots, signifie *dur*); en creusant quelques pieds, on trouve partout des couches de roches solides (1). Peut-être ce sol n'est-il qu'un sédiment de formation récente, provenant d'un temps où la plaine, couverte d'eau douce, formait de grands lacs (2) entourés de plus petits au sud, alors que les vallées longitudinales de la bordure, maintenant desséchées, étaient encore des lacs alpins. Cette opinion s'appuie d'une quantité de faits plus ou moins concluans.

Le petit nombre de fleuves qu'on trouve dans ces plaines sont à sec pendant neuf mois de l'année; la végétation y est par conséquent très pauvre, et, dans quelques parties, entièrement nulle. Le voyageur, placé sur les hauteurs, reconnaît à peine, dans les déserts noirâtres, les ramifications et les lits des fleuves, à quelques sombres buissons de mimosas qui les entourent.

---

(1) Lichtenstein, II, p. 33.

(2) Ibid., I, p. 151. — Barrow, Trav., I, p. 76.

Au contraire, là où le sol est arrosé, il étonne par sa fertilité (1) : on la remarque au premier coup d'œil dans les différentes colonies situées près des sources (2), et qui, comme d'heureuses oasis, s'élèvent au milieu du désert, couvertes de blé, de vignes et d'orangers, et aussi dans les grands districts abondamment arrosés du petit Bokkeveld et autres, tous également riches en productions.

En été, toute végétation est morte dans les plaines des Karrous : la saison des pluies ramène seule un peu de verdure dans ces déserts auparavant arides, et y réunit ainsi pour quelque temps les hommes et les animaux, les colons comme les sauvages, les troupeaux de bestiaux et le gibier. Mais bientôt, souvent même avant un mois, le soleil brûlant a déjà dévoré toute végétation, et les hommes et les animaux quittent ce sol qui ne peut plus les nourrir. On ne rencontre alors dans ces plaines que des antilopes, des autruches et quelques Bosjesmans, parfois aussi des voyageurs qui, ne pouvant les éviter, ont toujours soin de choisir les chemins qui les y retiennent le moins long-temps possible.

Des colons européens se sont établis sur leurs bords; et partout où le terrain est quelque peu arrosé, ils sont largement récompensés de leurs labeurs, par un climat semblable en tout à celui de l'Italie méridionale. De petites hordes de Hottentots parcourent les plaines de verdure, et, sur la limite orientale, errent çà et là quelques tribus de Cafres.

---

(1) Barrow, Trav., II, p. 329.
(2) Lichtenstein, II, p. 29.

CHAPITRE TROISIÈME.

TROISIÈME TERRASSE. — LA CÔTE.

§ 6.

Cette région, qu'habitent les Européens, située entre l'Océan et le Plateau, est la partie la plus cultivée de l'Afrique méridionale. Les Hottentots, qui en étaient jadis en possession, y avaient été refoulés, selon toute apparence, par des peuples nomades du plateau (1). Depuis l'établissement des Européens (1500 ans après J.-C.), ils perdirent peu à peu toute indépendance, à l'exception de quelques tribus, telles que les *Namaaquas*, les *Dammaras*, les *Coranas* (voy. ci-dessus, p. 135), et d'autres qui se retirèrent de nouveau dans les terres élevées, d'où leurs ancêtres étaient descendus. Ils abandonnèrent pour la plupart leurs mœurs et leurs usages. Plusieurs tribus hottentotes de la côte, comme les Kochoquas, les Sonquas, les Hessoquas, les Attaquas, les Houteniquas que les Portugais et d'autres voyageurs postérieurs avaient connus, ont entièrement disparu.

Cette côte, arrosée par les fleuves de l'intérieur, donne elle-même naissance à une quantité de rivières qui la sillonnent en tous sens, et souvent même la rendent impraticable (2).

Au lieu des campagnes fertiles qui, à la pente méridionale de la Haute-Asie, se prolongent au loin dans les plaines de la Chine, de l'Inde et de la Mésopotamie, l'Océan étend ici son empire jusqu'au bord du Plateau, ne

(1) Lichtenstein, im Ethnograph. ling. Archiv., I, p. 262. — Vater, im Mithridates, III, p. 29?.

(2) Barrow, Trav., II, p. 336.

laissant à sec qu'une étendue de terrain très bornée, qui devient toujours plus étroite à mesure qu'on avance vers l'est. Encore est-ce moins une plaine horizontale qu'une continuation du Plateau.

Ier Eclaircissement.

Baies et promontoires.

La côte méridionale est échancrée par une rangée de baies qui se prolongent du sud-est au nord-ouest : la baie *Struys*, la baie *Sébastien*, la baie *Mossel*, la baie *Plettenberg*, la baie *Kromme-Rivier*, la baie d'*Algoa* et autres qui offrent toutes une frappante uniformité; elles sont formées à l'ouest par un promontoire qui s'avance dans la mer, et se continue encore sous sa surface en bancs étroits et saillans, rempart solide et inébranlable contre la puissance des vagues (1). Tous ces promontoires, depuis le plus occidental jusqu'au plus oriental, le cap des Récifs (*Rocks-point*), sont les dernières extrémités de montagnes parallèles qui coupent la côte méridionale à angles aigus : c'est ainsi que le cap des Récifs est la prolongation orientale de la chaîne la plus septentrionale des Zwartebergc.

A l'ouest, au contraire, le Plateau s'abaisse brusquement et se continue en une plaine littorale, uniforme, également large et sablonneuse, qui, comme nous l'avons vu plus haut, occupe toute la côte, depuis l'embouchure du fleuve d'Orange jusqu'aux contrées les plus cultivées du cap de Bonne-Espérance.

Ce haut promontoire est situé à l'extrémité sud-ouest de la seconde terrasse; la bordure escarpée de la chaîne limitrophe se prolonge en hautes et puissantes chaînes de montagnes, qui forment à leurs extrémités les deux pro-

(1) Lichtenstein, I, p. 356.

montoires de la False-Bay à l'est et à l'ouest, et séparent ainsi la terrasse littorale de l'ouest de celle de l'est.

Un seul défilé conduit à travers ces chaînes de montagnes qui s'étendent du nord au sud; c'est le Hottentottsch-Holland-Kloof (le ravin hottentot-hollandais), que l'on a tâché de rendre dans ces derniers temps plus commode et moins dangereux au moyen d'un nouveau chemin latéral, le Nieuwe-Kloof (nouveau ravin). Le Hottentottsch-Holland-Kloof est pour ainsi dire la seule voie de communication entre les différens points de la colonie (1); il conduit de la terrasse ouest à la terrasse est, de la ville du Cap à Zwellendam, et il est surtout fréquenté par les colons du Cap qui sont d'excellens conducteurs de chars (2) : les difficutés et les dangers qu'ils ont à surmonter à chaque instant leur donnent une habilité prodigieuse.

La chaîne de montagnes à l'ouest de la False-Bay, séparée de la terrasse Est par un grand désert, forme la soi-disant péninsule du Cap; elle s'étend du nord au sud, et est bornée au sud par le cap de Bonne-Espérance, au nord, par la montagne de la Table, la montagne du Lion et la montagne du Diable; c'est à la base septentrionale de ces montagnes qu'est située la ville du Cap, exactement au centre du grand demi-cercle qu'elles forment au sud,

La montagne du Lion, dont le sommet (*la tête du lion*) s'élève, suivant Barrow, à 2,160 pieds au-dessus du niveau de la mer, se termine au nord par une saillie de 1,143 pieds de hauteur, appelé *la croupe du lion*; elle forme ici une terrasse de 1,000 pieds à peu près, et est séparée de la montagne de la Table située à l'est, par une fondrière de 1,500 pieds de profondeur, 2,000 au-dessous du niveau de la Table. Celle-ci tire son nom de la grande surface

(1) Barrow, Account, II, p. 39.
(2) Lichtenstein, I, p. 48.

plane et horizontale (d'une demi-lieue de long et 3,000 pieds de large) qui couvre sa cime ; Barrow en évalue la hauteur à 3,582 pieds, Bailly à 3,072 pieds (1). De semblables plateaux, également séparés par de profonds ravins, prolongent encore la chaîne au sud. La montagne du Diable a 3,315 pieds de haut.

La chaîne de montagnes à l'est de la False-Bay présente à peu près les mêmes formes ; elle renferme une large et haute vallée, arrosée dans la saison des pluies par le fleuve des Palmes qui coule au sud ; le Hottentottsch-Holland-Kloof, qui la coupe s'élève ici à 2,000 pieds au-dessus de de la mer (2), et offre la vue la plus pittoresque sur la Table-Bay et la False-Bay. Cette chaîne de montagnes se termine au sud par le False-Cap, appelé ainsi parce que c'est le premier que les vaisseaux qui reviennent de l'Océan indien aperçoivent en doublant le cap des Aiguilles (*cap Agulhas*) ; et, comme il se trouve dans la même direction que le cap de Bonne-Espérance, il arrive souvent que les voyageurs le confondent avec ce dernier (3).

La plaine de sable qui unit entre elles les deux chaînes est parfaitement plane, entre les deux caps ; mais au nord, il s'en élève plusieurs montagnes de grès isolées, parmi lesquelles nous distinguons les montagnes du *Piquet* (4), à 20 milles géographiques de la ville du Cap ; on leur a donné ce nom parce qu'elles forment, pour ainsi dire, l'avant-poste des grandes montagnes cohérentes. Les montagnes du Piquet courent du nord au sud parallèlement à la chaîne de montagnes occidentale ; leur plus haute cime est fortement crénelée et équarrie des deux côtés. Quelques

(1) Barrow, Trav., I, p. 34. — Bailly, dans Milbert, Voyage pittoresque, II, p. 374.

(2) Barrow, II, p. 42.

(3) Lichtenstein, II, p. 173.

(4) Lichtenstein, I, p. 88. — Barrow, Account of Trav., I, p. 371.

colonnes gigantesques, entremêlées de quartz et de filons ferrugineux du bas en haut, et par conséquent moins sujettes à s'effleurir, nous font supposer que jadis elles étaient toutes adhérentes entre elles. A les voir, on dirait des monumens élevés par la main des hommes, des tours, des pyramides, des colonnes. Ces formations bizarres s'étendent au-delà de trois journées de marche, au nord, vers l'Eléphant, et même jusqu'à l'endroit où la chaîne du Piquet s'unit aux plaines de sable supérieures. Cette prolongation présente, le long de toute la chaîne limitrophe de l'ouest, une immense rangée de sommités à formes analogues, semblables à celles qui surgissent des plaines de sable, au nord de l'Eléphant (1). (Voy. p. 141).

2e Eclaircissement.

Aperçu géognostique et hydrographique.

Il ne sera pas inutile de résumer ici, sous quelques points de vue généraux, quelques faits remarquables qui pourront nous donner une idée de la structure de cette partie de la Haute-Afrique. Nous espérons que les Anglais, maintenant en possession de la colonie du Cap, ne tarderont pas à nous fournir des renseignemens plus détaillés et plus exacts que ceux que nous possédons jusqu'à présent.

A. *Aperçu géognostique.*

« L'extrémité de l'Afrique méridionale, a dit Forster (2), est une énorme masse de granit primitif, très « escarpée du côté de la mer. La Table est aussi un bloc de

---

(1) Barrow, Account of Trav., II, p. 373.

(2) J.-R. Forster, Beobachtungen und Wahrheiten zur Entwerfung einer neuen Theorie der Erde. Leipz., 1798, p. 29.

« granit primitif, qui s'élève à quelques mille pieds au-« dessus de la mer. Le long de toute la côte occidentale « de l'Afrique, jusqu'à la côte de la Guinée, s'étendent « des chaînes granitiques qui s'élèvent quelquefois jusqu'à « la ligne des neiges. »

Cette hypothèse du savant voyageur est maintenant confirmée, sinon en tous points, du moins en grande partie : les montagnes de Chamies (1), les montagnes du Bokkeveld froid (2) se composent en effet de granit, la base de la Table et des montagnes situées entre le Hottentotsch-Holland-Kloof et Fransche-Hoeck est de granit (3), et les promontoires des baies sur la côte méridionale ont tous une base granitique (4).

Mais les voyageurs n'ont pas encore découvert de masses primitives, sur les hauteurs du plateau intérieur. Ces rochers ou aiguilles isolées qui surgissent partout des roches plus récentes, et qui, dit-on, se composent de masses primitives, ne se trouvent qu'à la bordure extérieure, près de la côte. Les sommets de ces rochers ou aiguilles sont d'ailleurs toujours couverts de roches stratiformes et horizontales, qui sont quelquefois de l'argile schisteuse, comme dans les Karrous, quelquefois aussi de l'amygdaloïde, comme dans les montagnes de Nieuweveld, où les amygdales sont entremêlées de chlorit et où tout le conglomérat est semblable au *toadstone* de Derbyshire (5). Cependant le plus souvent ce sont, de l'aveu de tous les observateurs, d'énormes masses de grès. Les montagnes même de Kourhouman, dans le pays des Beetjuanes, sont de grès, ainsi que les plus hautes couches des Karrous; la couche su-

---

(1) Barrow, Trav., I, p. 384.

(2) Lichtenstein, I, p. 205.

(3) Labillardière, Voyage à la recherche de La Peyrouse, in 4°, I, p. 82 et 95.

(4) Lichtenstein et Barrow, ibid.

(5) Barrow, Trav., I, p. 101.

périeure des montagnes de Neige n'est autre chose que du grès à gros grains (1).

La masse de granit de la Table s'élève jusqu'aux deux tiers de la hauteur ; ce qui est au-dessus se compose de couches horizontales et parallèles de grès quartzeux (2).

Près de Fransche-Hoeck, les montagnes de granit de la chaîne de Hottentotsch-Holland sont couvertes de couches de grès (3), qui paraissent être tantôt du vrai grès, tantôt un agglomérat de cailloux, tantôt enfin de la brêche (4). Ces couches sont pour la plupart horizontales ; en quelques endroits, elles s'inclinent en angles de 20° à 40° vers le sud-est, par exemple à Roodezand (5) et près du Pikeniers-Kloof (6) où d'énormes masses de grès entassées par la nature, sont inclinées du nord au sud, la plupart en couches régulières et parallèles.

Ces couches horizontales et continues, quoique étendues sur un espace immense, constituent la forme caractéristique des tables. Cette formation, qu'on rencontre dans beaucoup de parties de l'Afrique, prédomine surtout au midi. Mais là où les éboulemens n'ont laissé que de petites masses de dimensions égales, on remarque très souvent les formes de colonne et de tour, par exemple, dans les *Schornsteenberge* (montagnes de cheminée) les montagnes de Pramme, etc. Ces deux formes sont coupées à pic de tous côtés, et leurs décombres ont partout changé les plaines en déserts.

La base de granit de toute cette partie de l'Afrique

---

(1) Lichtenstein, II, p. 558, 473.

(2) Bailly, dans Milbert, Voyage pittoresque à l'île de France. Paris, 1812, II, p. 374.

(3) Labillardière, ibid.

(4) Barrow, Trav., I, p. 36.

(5) Ibid. I, , p. 71 et 73.

(6) Lichtenstein, I, p. 114.

méridionale (1) indique une pente considérable vers l'est. La limite de granit qu'on trouve à la Table, à la hauteur de 1,500 pieds (2) (d'après Barrow de 500 pieds, suivant d'autres à deux tiers de la hauteur), n'est élevée à la Mosselbay que de 50 pieds au-dessus du niveau de la mer. Plus à l'est, depuis la baie de Plettenberg et d'Algoa jusqu'au grand Poisson (3) (*Groote Vischrivier*), nous voyons se prolonger dans la mer, les mêmes couches de grès, qui paraissent près de la ville du Cap, à la hauteur de 2,500 pieds.

Le sable de l'Afrique méridionale contient presque toujours du fer, et souvent même en grande quantité; il est généralement rouge, couleur qui lui vient de l'oxyde de fer; mais on n'y a encore trouvé aucune trace d'or (4), et c'est en cela que la pente méridionale de la Haute-Afrique se distingue de la pente septentrionale.

B. *La presque île du Cap.*

Jusqu'à présent la presque île du Cap a seule pu être examinée de plus près, dans ses rapports géognostiques, car elle s'élève de tous côtés en parois escarpées, et ses couches au nord, vers la baie de la Table, et au sud vers la False-Baie, sont pour la plupart à découvert. Bien que ne formant que l'extrémité isolée du sud-ouest de l'Afrique, son sol nous offre cependant en petit, une image du grand tout et doit par conséquent être pour nous d'un haut et général intérêt. En partant de la plage de la Table-Baie et du vaste amphithéâtre au milieu duquel est située la ville du Cap, on arrive à la Table, à travers un ravin

(1) Lichtenstein, I, p. 137.
(2) Barrow, Trav., I, p. 36.
(3) Ibid., I, p. 187.
(4) Ibid., II, p. 227.

profond et escarpé, qui souvent n'a que 10 à 100 pieds de largeur. On aperçoit déjà au pied de la montagne, d'innombrables blocs de granit détachés qui encombrent également le côté oriental et le côté occidental de la Tête du Lion. Il paraît qu'ils ne se sont détachés que plus tard, puisque, d'après l'observation de Hess (1), ils sont effleuris et dentelés de tous côtés, et même à leur base, tout comme les plus hautes cimes des rochers. Un peu plus loin, on trouve des traces évidentes de cette masse que nous avons appelée jusqu'à présent argile schisteuse. Mais des voyageurs anglais, par exemple Davy (2), l'ayant comparée au *Killas* de Cornouailles, nous l'appellerons *grauwacke schisteuse*. Les couches sont ici ou verticales ou fortement inclinées. On entre ensuite dans la région du granit où l'on aperçoit très distinctement le contact des deux différentes roches, à un grand nombre de filons de granit (3) qui ont de six pieds jusqu'à quelques pouces et même quelques lignes d'épaisseur. S'étendant en innombrables ramifications, ces filons traversent et pénètrent en tous sens les couches de grauwacke. Beaucoup de masses de grauwacke isolées, sont supportées par des filons de granit, surtout dans la proximité de la ligne générale de contact, où les couches de grauwacke paraissent partout brisées, irrégulières et déplacées.

Ces filons de granit épars s'accumulent en masses plus considérables vers la hauteur; à 900 pieds du contact, la Table ne présente que des masses solides de granit également partagées partout. Si l'on monte encore 900

(1) F. Hess, Anm. zu C.-J. Latrobe, Tagebuch einer Besuchreise nach Süd-Africa (1815-16). Halle, 1820, p. 166.

(2) J. Davy, dans Gilbert, Annales, 1820, n° 10, p. 129.

(3) Capt. Basil Hall, Account of the structure of the Table Mountain and other parts of the Peninsula of the Cape, in Edinburg Transact. of the Roy. Soc., 1815, VII, part. II, p. 273, avec des dessins de filons de granit, tab. XIV.

pieds, le granit disparaît soudainement ; il est recouvert immédiatement par les couches horizontales de grès qui, uniformes partout et sans aucun signe de bouleversement, semblent avoir été étendues dans un profond repos, par-dessus le cahos des masses primitives. Jusqu'à la hauteur de 200 pieds, le grès est rouge, puis il devient blanc et toujours plus dur à mesure qu'il approche du sommet; on le trouve aussi mélangé avec des cailloux de quartz, de la grosseur d'un pois jusqu'à la grosseur d'un œuf. L'alliage du grès s'effleurit bien plus facilement que les masses qu'il unit; de là vient que sa surface est toujours recouverte de cailloux. C'est la couche horizontale qui donne à la Table sa forme plate; la surface de cette montagne est tapissée des plus belles bruyères australes (*erica*), de tous les genres et de toutes les espèces. De ce point de vue magnifique, où le regard se perd sur l'océan immense, un coup d'œil jeté vers le milieu du demi-cercle amphithéâtral, suffit pour nous convaincre que, malgré les interruptions, la ligne horizontale des couches de grès s'étend uniformément dans toutes les directions, ce qui nous fait supposer que la force qui a formé toutes ces masses a agi partout de la même manière.

La construction de la montagne du Lion (1) ne diffère pas de celle de la Table; le sommet en est de grès; vient ensuite le granit qui surgit de la grauwacke; toute la masse de granit est en outre traversée par un filon de basalte.

La même formation se manifeste aussi plus ou moins visiblement dans les autres montagnes, et s'étend en général dans toute la presque île du Cap (2); tout le rivage du côté de la False-Bay se compose égalcment de granit

(1) Clarke Abel, Narrative of a Journey, etc., in the interior of China. London, 1818, in-4°, chap. XI, p. 285.
(2) Basil Hall, Account, p. 276.

qui cependant ne dépasse pas la hauteur de 20 pieds au-dessus du niveau de la mer, par la raison qu'ici les couches de grès s'inclinent davantage, quoiqu'elles aient la même épaisseur que sur les hauteurs de la Table. Cette élévation moindre s'accorde très bien avec l'abaissement général des couches vers le sud-est, abaissement qui se manifeste dans toute l'Afrique méridionale; on aperçoit aussi des filons de basalte à l'entrée de la petite *Simonsbay* (baie de Simon), dans le rocher qu'on appelle *arche de Noé*; B. Hall en vit deux d'un pied d'épaisseur qui traversent le rocher de granit de bas en haut.

Playfair considère ces faits remarquables (1) comme une confirmation très importante de la théorie de Hutton, sur la formation postérieure des masses de granit qui surgirent des profondeurs de la terre. Les filons de granit n'ont pas seulement pénétré à travers la grauwacke, mais ils ont encore enlevé à cette masse des parties qui s'élèvent, comme des îles, au-dessus du granit. Cette organisation serait une preuve évidente que les couches de grauwacke existaient déjà lorsque le granit s'élevant tout à coup, vint la traverser comme une lave souterraine (*subterraneous lava*). Cette grande révolution de la nature a dû nécessairement s'opérer sous la surface des eaux; car le grès qui couvre le granit jusqu'à la hauteur de 1,500 pieds n'est autre chose qu'un dépôt de la mer. En conséquence, toutes ces masses n'ont pu s'élever qu'après que ce dépôt se fut formé au milieu d'un repos et avec une régularité parfaits. Il résulte de ce système, que le granit est postérieur dans sa formation à la grauwacke qu'il traverse et sur laquelle il s'étend en masses très considérables; mais il est antérieur au grès qui le recouvre. Il est rare de trouver un semblable exemple, où le double rapport de masses déposées et de masses soulevées, avec des masses déjà exis-

(1) Playfair, dans Basil Hall, Account, p. 277.

tantes antérieurement, soit exprimé si clairement qu'ici. La similitude de ces rapports sur toute la presque île et même plus au nord, par exemple au Jungerhook, à 8 milles de là, ainsi que la grande extension des masses de grès, nous autorisent à croire que ces formations sont, en petit, l'image de celles que nous supposons répandues dans toute cette partie du monde.

C. *Aperçu hydrographique.*

L'uniformité surprenante qui règne dans la constitution de ce pays nous en explique en quelque façon l'irrigation et la culture qui coïncident étroitement avec sa structure.

Partout où la base de granit perce les masses de grès et s'élève au-dessus d'elles, son sol est riche en sources et très propre à l'agriculture, comme sur tous les terrains primitifs (1). De là, la fertilité des environs de la Table, la surabondance et la richesse de la végétation sur toute la terrasse littorale du sud. A l'extrémité orientale de cette terrasse, sont situées les superbes futaies de la colonie du Cap, qui commencent à la Mosselbay et s'étendent à l'est jusqu'à Sitsikamma (2), où elles sont surtout favorisées par les vents humides du sud-est.

Il y a, au contraire, disette d'eau partout où des masses de grès couvrent la surface du pays ; l'eau des sources, des fleuves et de l'atmosphère filtre à travers le sable, jusqu'aux couches de schiste, ou jusqu'à ce qu'elle arrive à la base de granit, d'où elle jaillit d'autant plus abondante, en tous les endroits où celle-ci est à découvert. Cela nous explique la grande disette d'eau de la première et de la seconde terrasse ainsi que de la côte occidentale couverte de sable. Non seulement on n'y trouve que très peu de

(1) Barrow, Trav., II, p. 60 et 74.

(2) Paterson, Narrat., p. 35.

sources, mais ce qui est encore un des grands maux de ces contrées, ce qui entrave le plus la colonisation, c'est que des sources, après avoir coulé pendant plusieurs années, tarissent soudainement; ces exemples sont encore assez fréquens; il est naturel que dès le moment, toute végétation soit détruite (1). Les fleuves mêmes qui enflent dans la saison pluvieuse, perdent souvent la plus grande partie de leurs eaux, qui s'infiltre dans les masses de sable et disparaît sans rentrer dans aucun autre lit sur la surface.

Les fleuves disparaissent ainsi sur toute la côte, depuis la baie de Saldanha (2) (*subterraneous streams*). Il en est de même de toutes les eaux des Karrous et de la plupart des fleuves de ces contrées. Le Sackrivier, affluent gauche du fleuve d'Orange, était absolument desséché lorsque Lichtenstein le visita (3); il n'avait pas eu d'eau depuis six ans. Le fleuve d'Orange, le plus grand de l'Afrique méridionale, n'atteint pas la mer, mais il disparaît près de la côte, et comme nous l'avons dit ailleurs, plus des trois quarts de tous les fleuves de l'Afrique méridionale sont absolument privés d'eau, dans la saison brûlante.

Souvent on voit dans les lits de fleuves desséchés, du gibier, des gazelles, des Hottentots, des Européens tourmentés par la soif, creuser des trous dans le sable où quelquefois ils trouvent encore un peu d'eau bourbeuse qui les préserve de la mort.

On ne rencontre des marais que dans les ravins étroits, comme le Roodezand et le Langekloof. Ils produisent quelques végétaux, entre autres du riz, des bambous et autres plantes qui ne croissent que dans les terres humides.

---

(1) Lichtenstein, II, p. 31.
(2) Barrow, Trav., I, p. 365.
(3) Lichtenstein, II, p. 67 et 331.

Cette constitution remarquable de la nature, dans ce pays, nous explique divers phénomènes très importans. Elle nous indique d'abord quelle peut être la cause de cette plus grande abondance d'eau que nous remarquons sur toute la côte sud et sud-est, voisine de la Cafrerie; pourquoi toutes les hauteurs sont si dénuées d'eau, quoique, pendant deux tiers de l'année (1), elles soient tout aussi couvertes de nuages que d'autres pays situés sous la même latitude; pourquoi l'on trouve partout de l'eau, lorsqu'on creuse assez profondément dans la région du granit; pourquoi enfin certains districts, même sur les terrasses élevées, sont plus que d'autres susceptibles de culture. Il résulte de tout ceci qu'une vraie économie d'alpes n'existe pas sur ce plateau. En effet, les plaines de verdure (Camdebou) n'y sont qu'en très petit nombre; à peine si l'on en trouve sur les rivages de quelques fleuves abondans. Un seul été sans pluies suffit pour détruire le bétail de la plus grande partie de la colonie; pour le remplacer, on est obligé de parcourir la haute terrasse; c'est dans une circonstance semblable que Truter et Sommerville découvrirent les Beetjuanes.

Cette constitution du pays nous explique aussi comment il se fait que tous les établissemens de la colonie du Cap ne se composent, pour ainsi dire, que d'îles cultivées, isolées les unes des autres et séparées par des déserts et des plaines de sable plus ou moins spacieuses; fidèles au caractère africain, jusqu'à l'extrémité de ce pays, elles sont autant d'oasis couvertes d'un sol fertile et abondamment arrosées. On y voit prospérer tous les fruits, le blé, la vigne et les orangers, tandis que tout autour on n'aperçoit que les plus affreux déserts. C'est toujours le même aspect, depuis les célèbres plantations (2) près de la ville

---

(1) Barrow. Trav., II, p. 63.
(2) Labillardière, Voyages, I, p. 95.

du Cap jusqu'à la délicieuse oasis des Beetjuanes, où *Litakou* (1) fut découverte au milieu d'immenses plaines arides.

5e Eclaircissement.

Le banc des Aiguilles.

On pourrait être tenté d'ajouter encore une quatrième terrasse aux précédentes, terrasse qui, sous la surface de la mer, forme une prolongation de la côte méridionale de l'Afrique, au sud de la terrasse littorale; nous voulons parler du célèbre banc des Aiguilles (*Aiguillas* ou *Agulhas*) qui, partant du cap de Bonne-Espérance, entoure à l'est toute la côte méridionale de l'Afrique jusqu'à la côte de Natal, et s'étend au sud jusqu'au 37e degré de latitude sud. A en juger d'après les matières dont il se compose, il s'est formé des débris du continent.

Le grand courant, qui vient de l'Océan Indien, longe d'abord la côte de Natal; de là il vient baigner le bord extérieur du banc des Aiguilles, et c'est sur la côte de ce banc que la mer a la plus grande profondeur. La sonde tombe tout à coup de 60 et 80 à 100 et même à 200 brasses. La surface du banc des Aiguilles se compose d'un sable fin et blanc à son extrémité méridionale; de rochers et de fragmens de grès, du côté qui fait face au continent (2). Clarcke (3) y trouva aussi, jusqu'à une profondeur considérable, des débris de coquilles et un grand nombre de tubes calcaires et cylindriques, semblables à des os blanchis. Ces tubes se ramifient à l'infini et semblent être des incrustations de zestères que les courans et les vents du sud-ouest y accumulent en masses. Ils

---

(1) Truter, Account, dans Barrow, Voyage to Coch., p. 393.
(2) Barrow, Trav., II, p. 65.
(3) Abel Clarke, Narrat., p. 308.

ressemblent, quant à leur forme et aux parties chimiques dont ils se composent (de carbonate de chaux, de silice et de substances végétales), aux agglomérations que Peron et Flinder ont observées aux dunes de Bald-Head, près de la côte méridionale de la Nouvelle-Hollande. Tout le long des côtes qui touchent à ce banc de sable les brisans sont très violens; ils rendent le cabotage très dangereux, empêchent partout l'abord et ont été de tout temps un obstacle insurmontable à la culture de ce littoral si richement doté par la nature (1).

4e Eclaircissement.

La colonie du Cap.

La terrasse littorale de l'extrémité méridionale de l'Afrique contient la colonie du Cap. D'abord fondée par les Hollandais, elle n'est tombée au pouvoir des Anglais que depuis le commencement de notre siècle. Les Portugais, qui les premiers doublèrent le Cap en 1498, ne s'y établirent pas; les Hollandais y abordèrent dans leurs voyages aux Indes, depuis 1601, pour y rafraîchir. La position favorable de ce point situé à moitié chemin du trajet détermina bientôt la compagnie des Indes à en prendre possession; l'an 1652, quelques fortifications furent élevées à l'endroit où est maintenant située la ville du Cap. Depuis lors des Hollandais, des Allemands, des Français s'y sont établis et ont cultivé et peuplé un district considérable qu'on appelle le pays du Cap ou le pays de la Colonie; les colons, qui d'abord n'étaient que quelques centaines, se comptent maintenant par milliers, tous Européens. En 1795, les Anglais devinrent maîtres de la ville; ils la rendirent aux Hollandais en 1801; mais cette

(1) Lichtenstein, , p. 287.

cession ne fut pas de longue durée, car, en 1806, la colonie fut de nouveau reconquise, et, depuis, elle est restée au pouvoir des Anglais. Les fondateurs de la colonie en avaient toujours regardé la possession comme très importante. Mais elle devait surtout être inappréciable pour les Anglais, dans leur vaste système de domination maritime. En effet, cette colonie océanique est d'une importance capitale, d'abord comme relâche et comme lieu de réparation pour les vaisseaux de la compagnie des Indes, comme station pour les flottes de guerre qui dominent l'entrée de la mer des Indes, et comme point d'observation contre la colonie française de l'île Bourbon; enfin c'est un point de départ commode pour les voyages de long cours, dans toutes les parties du monde. Cette possession n'est pas moins précieuse sous le rapport du climat (1); c'est une grande maison de santé et pour les troupes anglaises qu'on destine au climat brûlant de l'Inde et pour celles qui reviennent de ces contrées insalubres. Les invalides et les malades s'y rétablissent facilement; les soldats européens s'y acclimatent sans peine et se préparent aux dangers qui les attendent dans la zone torride. Le climat du Cap est aussi très salutaire pour les marins; il est également favorable aux plantes de l'Europe et de l'Inde, et aux hommes de ces contrées si opposées, comme le prouve l'état sanitaire de la garnison anglaise du Cap.

Ces avantages, résultant de la situation de cette côte méridionale, vis-à-vis des océans, sont encore rehaussés par la grande facilité avec laquelle on peut se transporter de là, comme d'un centre commun, et par des routes commodes, dans toutes les contrées du monde les plus éloignées de l'Europe.

Un vaisseau de guerre bon voilier fait en cinquante

---

(1) Barrow, Trav., II, p. 162.

jours (1), à peu près, le trajet du Cap à Spithead ; le vaisseau de lord Amherst, l'*Alceste*, alla de Rio Janeiro à la baie de la Table, en dix-huit jours (2). Labillardière (3), mit soixante-quatre jours pour arriver du cap de Bonne-Espérance au cap Van Diemen, dans les îles australes ; ce trajet se fait même ordinairement en cinquante ou cinquante-quatre jours. Les expéditions (4) dans les Indes orientales et occidentales, dans l'Amérique méridionale, et en Egypte, au port de Suez, ne sont pas de longue durée ; on met ordinairement un mois pour atteindre les côtes du Brésil ; il faut, pour arriver à l'île de Madagascar, dix à douze jours ; aux îles de France et de Bourbon, moins d'un mois ; à la mer Rouge, cinq à six semaines ; aux ports des Indes, sept à huit semaines, selon la saison. Cette colonie est encore de la dernière importance pour le commerce de la Chine, des Indes orientales et de l'Amérique méridionale, ainsi que pour la pêche de la baleine, si lucrative dans les mers du Sud ; elle est la véritable clef de l'océan des Indes, le point capital pour la domination des mers. Par la suite et après avoir acquis plus d'indépendance, cette colonie deviendra infailliblement le grand bazar du monde (5), tant pour le commerce européen que pour celui de la Chine, des Indes et des îles australes. Aujourd'hui même elle est déjà d'un haut intérêt pour l'Afrique ; c'est pour ainsi dire le seul état chrétien de cette partie du monde, d'où l'Evangile se propage dans l'intérieur du pays.

Le gouvernement britannique ne néglige rien pour rendre le cap de Bonne-Espérance aussi florissant que possible, soit en accordant des secours particuliers pour

---

(1) Latrobe, Journal, p. 318.
(2) Abel Clarke, Narrat., p. 24.
(3) Labillardière, Voyage à la recherche de La Peyrouse, I, p. 118
(4) Barrow, Trav., II, p. 243.
(5) Ibid., p. 280.

étendre les limites de la colonie, soit en favorisant l'émigration. En 1818 et 1819 on publia, au Cap et en Angleterre, une quantité de brochures (1) pour engager les Européens à émigrer au Cap. C'est à la même époque que fut terminée (le 14 octobre 1819) la dangereuse et pénible guerre contre les Cafres; le gouvernement conquit alors une étendue considérable de pays à la frontière orientale de la colonie (2); les Européens qui s'y rendent trouvent un sol fertile et un séjour agréable.

Une nouvelle colonie anglaise s'étant ainsi formée à côté de l'ancienne, nous commencerons par jeter un coup d'œil rapide sur l'état de cette dernière, depuis sa fondation, en prenant pour autorité les rapports de J. Barrow (3), l'un de ses plus zélés partisans, ainsi que les excellentes observations dont le savant Hess, prédicateur à la ville du Cap, a enrichi sa traduction de l'ouvrage de Latrobe.

La colonie du Cap s'étendait sur la côte ouest, dans la direction du nord jusqu'au fleuve de Coussie (65 milles géographiques); sur la côte sud, dans la direction de l'est, jusqu'au grand fleuve des Poissons (116 milles géographiques, et c'est ici, à l'extrémité est, qu'elle atteint sa plus grande largeur. Toute l'étendue de la colonie est de 120,000 milles carrés anglais (22,000 milles géographiques carrés.) La moitié de cet espace (à peu près 60,000 milles carrés anglais) se compose de montagnes nues et de plaines arides; l'autre partie n'est encore qu'à moitié exploitable; deux tiers sont des pâturages; un tiers est consacré à l'agriculture. Tout cet espace, contenant ainsi 20 millions d'acres de sol exploitable, est habité par un très petit nombre de familles européennes, eu égard

(1) Quarterly Review, n° XLIII, 1819, Nov. art. x, p. 200.
(2) Hess, Anhang III, zu Latrobe, p. 378.
(3) Quarterly Review, p. 212.

à son étendue, et ne peut par conséquent pas être entièrement cultivé.

Le pays du Cap est divisé en quatre districts principaux : 1° le Cap ; 2° Stellenbosch ; 3° Zwellendam ; 4° Graaf-Reynett avec plusieurs districts particuliers. Il est gouverné par des *Landdrost*, résidant dans une ville ou un village où il y a une église et une école. En 1798, lorsque les Anglais entrèrent la première fois en possession de la colonie, la population se montait à 62,000 habitans, dont 22,000 blancs, 20,000 esclaves et 14,000 Hottentots. De nos jours, le nombre des habitans s'est élevé jusqu'à 100,000 et au-delà ; les blancs sont en proportion beaucoup plus nombreux que les noirs. Les productions indigènes du Cap ne sont pas de très haute importance ; on y trouve du sel, un peu de cuivre, du fer, des agates, des cornalines ; le sol ne produit de lui-même ni céréales, ni arbres fruitiers, ni aucune espèce de fruits. On y récolte maintenant du vin, du blé et de la laine ; et c'est d'après ces trois espèces de productions que l'on divise les colons en trois classes : les *vignerons*, les *laboureurs*, les *propriétaires de troupeaux*.

La culture de la vigne transportée au Cap, par des protestans que la révocation de l'édit de Nantes avait expulsés de France, se bornait d'abord à quelques districts dans le voisinage de la ville du Cap ; c'est encore là que croît de nos jours le meilleur vin (1), à l'exception de la contrée fertile de Zwartland (terre noire) et de Koeberg. Au-delà de Zwellendam, du côté de l'est, et au-delà de Tulbagh et du Hexrivier, on ne rencontre plus de vignes, excepté dans quelques possessions particulières. La vigne n'a pas été transportée au Cap des bords du Rhin, mais de Shiras en Perse, suivant le rapport du gouverneur de

---

(1) Hess Weinkultur am Cap, manuscrit.

Tulbagh (voyez le manuscrit de Lichtenstein); aussi la culture en est-elle encore restreinte à une très petite étendue de pays, et par conséquent peu lucrative; les différentes sortes de vin, sans excepter le célèbre vin de Constance, sont moins bonnes, qu'on serait en droit de l'attendre d'un sol aussi favorable, si l'on y consacrait plus de soins. Cependant dans ces derniers temps la culture de la vigne commence aussi à faire des progrès et à se répandre dans les autres parties de la colonie.

Les laboureurs (1), qui forment la seconde classe de la population, habitent le nord et l'est de la baie de Saldanha et une grande partie du district de Stellenbosch, sur les deux versans de la première chaîne de montagnes; chaque laboureur envoie annuellement 4 à 5,000 boisseaux de froment au marché de la ville. Ils cultivent leurs terres sans jamais les laisser reposer. Quoique ignorant entièrement les lois de l'agriculture, ils récoltent cependant toujours quinze pour un, et dans les années humides vingt et même trente pour un. Leur froment passe en outre pour le plus pesant et le meilleur du monde. La colonie du Cap est ainsi par sa fertilité un grenier d'abondance pour les autres colonies et pour la marine.

La troisième classe, celle des propriétaires de troupeaux (*Vee-Boor*), est en possession de la plus grande partie du pays. En s'emparant la première fois de la côte, la compagnie hollandaise des Indes n'avait d'autre but que d'y entretenir une station où ses vaisseaux pussent rafraîchir, à leur retour de l'Orient. Les Hottentots leur fournissaient le bétail dont ils avaient besoin. Bientôt les marchands commencèrent à élever eux-mêmes des troupeaux. Avec de l'eau-de-vie et du tabac, ils enlevèrent aux Hottentots leurs brebis et leurs chèvres, et les prirent eux-mêmes à leur service comme pasteurs. La compagnie

(1) Barrow, Trav., p. 218.

n'attachant aucun prix au sol, distribuait d'immenses espaces de terrain, surtout dans les pays situés au-delà des chaînes de montagnes (5,000 acres anglais, pour une contribution annuelle de vingt francs); elle accordait le choix libre des domaines et le droit de propriété sur tout l'espace que l'œil peut embrasser, comme autrefois les Arabes, lorsqu'ils s'emparèrent de l'Espagne. Les habitations des colons, situées ainsi à plusieurs journées les unes des autres, devaient nécessairement s'éloigner de plus en plus de la capitale. Les plus éloignés, se soustrayant facilement à l'influence du gouvernement, se rendirent souverains indépendans de leurs domaines, et ne cessèrent d'inquiéter leurs voisins, les Hottentots et les Cafres. Les suites funestes de ce genre de colonisation se firent sentir pendant tout le siècle dernier, et furent un obstacle presque insurmontable à toute espèce de progrès.

Répandus dans les immenses plaines de l'intérieur du pays, ces propriétaires de troupeaux sont assez riches pour vivre indépendans (beaucoup d'entre eux possèdent 5 à 600 bœufs et 4 à 5,000 moutons); les Hottentots qui vivent dans des *Craals*, non loin de leurs habitations, gardent leurs troupeaux et leur sont soumis comme des esclaves. Rudes et sales comme ceux-ci et à moitié sauvages, les cultivateurs de troupeaux ne connaissent ni écoles, ni églises, ni marchés, et n'ont de rapports sociaux ni entre eux, ni avec leurs voisins. Ils se transportent une fois par an, sur d'énormes chariots attelés de bœufs, à la ville du Cap, et y échangent leurs productions qui se composent d'excellente laine semblable au mérinos, de beurre, de savon, de plumes d'autruches et de peaux de léopards, contre des produits européens, surtout du tabac, de l'eau-de-vie, du café et des armes à feu. Accoutumés à la vie nomade, ils sont en même temps chasseurs et disposés à toute espèce de brigandages; aussi ils ne se contentent pas de faire la chasse au gibier, ils vont encore à la poursuite des indigènes et surtout des Bosjesmans. De là leur obstination à s'opposer à toutes les innovations du gouvernement, et leurs guerres continuelles contre leurs voisins les Cafres, comme auparavant contre les tribus des Hottentots qu'ils ont en grande partie exterminés.

Les Hottentots (1), à l'exception de quelques races habitant la haute terrasse, sont maintenant dispersés dans tout le pays de la colonie. D'après une énumération faite en 1807, ils comptaient alors 17,657 âmes; leur nombre s'est accru depuis que le gouvernement britannique les a pris sous sa protection; c'est surtout depuis l'abolition de la traite des Nègres, qu'on a su apprécier au Cap toute l'importance de ces hommes libres, quoique Hottentots d'origine. Ce peuple paisible et bon, chassé de ses anciennes possessions, eut à subir le plus triste sort, sous la domination des Hollandais. Le Vaillant prit le premier la défense de ces malheureux; il releva leurs excellentes qualités et fit sentir toute l'indignité des mauvais traitemens qu'ils avaient à supporter de la part des colons qui les tenaient dans une avilissante servitude. Après que les Anglais eurent pris possession de la colonie, le général Craig créa un corps militaire de Hottentots à l'instar des *Seapoys* et les rendit ainsi de nouveau à leur dignité dans la société humaine. Ils ne se montrèrent jamais aussi dégénérés que leurs oppresseurs se plaisaient à les représenter; ils se distinguèrent au contraire, comme toutes les autres troupes européennes, par leur bonne discipline, leur obéissance, leur docilité et leur propreté. La misère et la pauvreté étaient les seules causes de leur abrutissement; de nos jours ils échangent déjà leurs peaux de mouton contre des tissus de laine; dans les nouvelles missions (2), ils montrent même plus de dispositions pour le

(1) Quarterly Review, p. 226.
(2) Latrobe, p. 55, 239.

christianisme et la vie réglée des sociétés européennes, que les cultivateurs de troupeaux de la colonie. Les débris des tribus hottentotes sont généralement d'une grande utilité aux habitans du Cap, par les services importans qu'ils leur rendent; ils gardent leurs troupeaux, conduisent leurs chariots, et cultivent leurs jardins et leurs terres.

La colonie du Cap a ainsi repris une nouvelle vie, depuis le commencement du XIXe siècle; ses rapports, tant intérieurs, qu'extérieurs, se sont améliorés et s'améliorent encore tous les jours. Pour prévenir les révoltes des colons lointains et pour mieux tenir en bride ceux de l'intérieur, les Anglais envoyèrent également un *Landdrost* à Graaf-Reynett, pays situé au pied des montagnes de Neige, à 100 milles à peu près de la ville du Cap, dans la direction du nord-est. On lui adjoignit en même temps un prédicateur. Un détachement de troupes le suivit jusqu'à la baie d'Algoa et fut échelonné, comme ligne d'occupation, tout le long du grand fleuve des Poissons, afin de maintenir la paix avec les tribus cafres voisines. Après mille obstacles divers, on atteignit enfin le but que l'on s'était proposé; depuis lors on a élevé des églises et fondé des écoles à Graaf-Reynett; un grand marché (1), qui s'y tient tous les ans au mois d'Août, promet d'être très fréquenté; les colons, les Hottentots et les Cafres viennent de tous côtés y échanger leurs productions. Pour améliorer l'administration de la justice, les grands départemens furent divisés en plusieurs petits districts; ainsi nous avons vu se former dans la province Graaf-Reynett, les nouveaux bailliages d'Uitenhagen, Tulbagh, Caledon, Clan William Cradock et Beaufort, témoignages évidens du plus heureux progrès. Les paroisses, dont l'agrandissement n'est pas moins désirable, augmentent dans la même

(1) Hess, Nachtr., p. 385.

proportion que les bailliages (1). Il existe actuellement au Cap, onze paroisses réformées; leur étendue est souvent si considérable, que, pour visiter toutes ses ouailles, le pasteur est obligé de voyager plusieurs mois. Ce que le gouvernement n'a pu faire jusqu'aujourd'hui a été exécuté par le dévouement de pieux particuliers. Il existe déjà pour les indigènes, pour les Hottentots et pour les hommes libres d'origine hottentote, plusieurs asiles où commencent à se former des paroisses considérables dont les membres peuvent habiter ensemble des villages construits dans ce but. Trois de ces asiles ont été fondés et sont entretenus par les *frères Moraves*, à Gnadenthal (auparavant Baviaanskloof), à Grœnekloof et à Enon. Les autres asiles doivent leur existence aux sociétés des missions de Londres : *Zurebrak* près de Zwellendam, *Pacaltsdorp* près de George et *Bethelsdorp* près d'Uitenhagen. Les Anglais ont aussi beaucoup contribué à l'embellissement de la ville; ils ont construit un grand aqueduc qui y conduit l'eau pure de la Table; ils y ont bâti un hôpital, une bourse, etc.

Campbell et Latrobe (2) nous ont tous deux donné des renseignemens importans, l'un sur les colonies de la société des missions de Londres et leurs progrès dans l'intérieur du pays (voy. le système d'eaux du fleuve d'Orange), l'autre sur l'état des sociétés des frères, dans l'Afrique méridionale. Grœnekloof (3), situé à 10 lieues au nord de la Table-Bay, avait, en 1815, 300 habitans Hottentots qui tous se distinguaient par leur vie réglée, leur religiosité et leur activité. La seconde grande colonie,

(1) Hess, p. 388.

(2) C.-J. Latrobe, Journal of a visit to South-Africa in 1815 and 1816, with some account of the missionary settlements of the United Breathern, near the Cape of Good Hope. Lond., 1818, in-4°.

3) Latrobe, p. 37.

Gnadenthal (1), obtint en 1796, après plusieurs refus, la permission de bâtir une église. En 1817, elle comptait 261 maisons et 1,577 habitans, et la même année, elle avait reçu dans son sein 102 Hottentots ; on y voit maintenant des édifices publics, des écoles, des jardins ; l'agriculture y fait tous les jours des progrès et occupe un grand nombre d'hommes, sur une étendue qui auparavant n'était que la propriété inculte d'un seul individu. Bethelsdorp (2), chef-lieu de la société des missions, dans le voisinage de la baie d'Algoa, à l'est du Cap, fut fondé par le missionnaire Van der Kemp, dans une contrée aride et sur un sol des plus déserts où il ne croît ni arbres, ni aucune espèce de plantes. Comme tant d'autres, cet homme, aveuglé par une fausse humilité et un mépris coupable de la nature, crut rendre un service à Dieu en jetant ses nouveaux disciples dans la misère et la pauvreté, idée stupide qui n'a eu que trop souvent les suites les plus funestes.

Les rapports de la colonie du Cap avec ses voisins de l'est, les Cafres, peuple libre, paisible et de belle stature, ont beaucoup changé depuis peu. Les districts de Graaf-Reynett et d'Uitenhagen confinent maintenant au pays des Cafres, tandis qu'auparavant on regardait le grand fleuve des Poissons comme la limite entre les deux pays. Le roi des Cafres, Gaïka (3), ayant toujours témoigné une vive sympathie pour les Européens, les Anglais, après leur première occupation du Cap, et plus tard aussi les Hollandais, recherchèrent l'amitié de ce prince, auquel Barrow, ainsi que le général hollandais Janssens ont rendu les témoignages les plus flatteurs. Lorsque plus tard il se trouva en guerre avec d'autres tribus de cafres, ses voisins, les Anglais se hâtèrent de le secourir. Ils firent avec lui des

(1) Latrobe, ibid. — Quarterly Review, p. 228.

(2) Latrobe, ibid.

(3) Barrow, Account, p. 231. — Hess, Nachtr., p. 389.

excursions sur le territoire de ses ennemis et dispersèrent leurs troupeaux qui sont leur unique ressource.

A la même époque, les colons des bords du fleuve des Poissons furent inquiétés par les Cafres qui menaçaient de les en déloger. Les attaques réitérées de ces bandes de sauvages mirent en mouvement les troupes du Cap, et, peu de temps après, le grand fleuve des Poissons fut de nouveau fixé comme limite entre les deux peuples. Afin d'éviter toute querelle à l'avenir, il fut stipulé qu'aucun Cafre ne dépasserait les limites de la colonie, ni aucun colon celles de la Cafrerie. Les Cafres cependant alléguèrent bientôt que de bons amis devaient nécessairement se visiter de temps en temps; les Anglais échelonnèrent alors tout le régiment du Cap en détachemens, le long de la frontière, et fixèrent, sur les limites, un marché commun. Le cordon d'occupation ayant été diminué après 1815, les chefs obstinés des Cafres, T'Sambie, Lynx et Congo, commencèrent de nouveau leurs hostilités, et exigèrent du roi Gaïka, dont le territoire touche immédiatement à celui de la colonie, qu'il attaquât, de concert avec eux, le pays du Cap. Gaïka, préférant l'amitié des Européens, abandonna son pays aux ennemis et s'enfuit à la ville du Cap pour y demander du secours. Les Cafres alors firent une invasion dans la colonie, et détruisirent, au mois de Février 1819, la commune des frères d'Enon, située sur le fleuve Blanc. Les frères toutefois furent épargnés, les Cafres s'étant contentés d'enlever les troupeaux : quelques Hottentots seuls perdirent la vie dans cette affaire.

Au mois de Juillet 1819, le colonel Willshire (1) fut envoyé, avec des troupes anglaises, au secours de Gaïka. Il s'avança à la tête de trois corps, qui tous furent victorieux ; les Cafres se retirèrent derrière le fleuve des Buffles, furent battus à plusieurs reprises, et perdirent une

(1) Hess, Nachtr., p. 392.

première fois deux mille, une seconde trois mille, et la troisième enfin, treize mille têtes de bétail, dans la bataille livrée près du fleuve Kieskama, à l'est du grand fleuve des Poissons; c'est là que commence la frontière du pays des frères Hinza et Boocho, deux paisibles chefs de Cafres qui ne tardèrent pas à passer du côté des Anglais; les Cafres ennemis furent poursuivis, battus et faits prisonniers. Le gouverneur, lord Sommersett, aborda le 14 Octobre 1819, sur une chaloupe de guerre dans la baie d'Algoa. Tous les chefs se réunirent sur les bords du Gwanga, dans la Cafrerie (40 milles anglais de Grahamstown), pour y conclure la paix; Gaïka fut rétabli dans ses états, et lui seul et Hinza furent reconnus comme souverains légitimes des Cafres. Ils furent en outre déclarés amis de la colonie, et tous ceux qui s'opposeraient à eux, ennemis des Anglais. Pour assurer la tranquillité de la colonie, ils cédèrent toutes les forêts qui avoisinent le grand fleuve des Poissôns; la frontière de la colonie fut reculée jusqu'aux fleuves de Choumie, à gauche jusqu'au confluent du grand Poisson et du Kieskama, et de là jusqu'à l'embouchure de ce dernier dans la mer. Vers l'intérieur, les montagnes de Choumie et du Katrivier (*rivière des chats*) forment la limite. Les Anglais, pour maintenir l'ordre, élèvent maintenant des forts entre le Kieskama et le grand fleuve des Poissons.

La colonie du Cap conquit ainsi une nouvelle étendue de pays sur la frontière de la Cafrerie, entre les deux fleuves que nous venons de nommer (du 32° au 33° de latitude sud et du 45° au 46° de longitude est de l'île de Fer), à la même époque où le gouvernement anglais avait résolu d'organiser une nouvelle colonie. Une foule d'émigrés arrivent de nos jours de toutes les parties de l'Europe dans ces contrées fertiles. A l'invitation du roi Gaïka, des missionnaires de la communion des frères de Gnadenthal, ont déjà été envoyés, comme apôtres de la doctrine chrétienne, dans les contrées les plus lointaines de la Cafrerie.

Le gouvernement anglais, persuadé que le meilleur moyen de s'assurer la possession d'une colonie, c'est de la peupler dans le moindre délai possible, fit des offres très avantageuses aux nouveaux colons. Les personnes aisées déposent en Angleterre 10 livres sterling pour le transport d'une famille et son entretien pendant la route; tout chef de société reçoit cent acres de terrain pour chacun des membres de la famille qu'il conduit; 50,000 livres sterling sont décernées à ceux qui conduisent à la colonie dix individus aisés, âgés de plus de dix-huit ans. Le tiers de ce cautionnement est rendu aux colons, dès qu'ils abordent en Afrique, un autre tiers lorsqu'ils s'établissent, et le reste trois mois après. Pendant les dix premières années, les terres des colons sont franches de tout impôt : après ce laps de temps, elles ne paient pas au-delà de deux livres sterling. Dans le cas où des colons abandonnent leurs terres, les cent acres qu'ils possédaient reviennent au gouvernement. Pour cent familles, le gouvernement s'engage à payer un prédicateur. Les contrées du Zuureveld, le long du fleuve du Dimanche, et sur le bord de la baie d'Algoa, avaient d'abord été fixées pour la nouvelle colonie; depuis la paix avec les Cafres, on n'hésita plus à les préférer à tout autre; la civilisation de ces tribus voisines, habitant sur le grand fleuve des Poissons, promet les plus heureux succès. Les Anglais ont ainsi devancé les Américains dans l'exécution de leurs projets. Ces derniers aussi avaient formé le plan d'établir, sur les côtes de la Cafrerie, une colonie pour servir de station à leur commerce des Indes et de la Chine.

Jusqu'à ce jour, l'ancienne constitution hollandaise, garantie par le gouvernement de la Grande-Bretagne, s'est encore maintenue sous les gouverneurs anglais; la langue anglaise ne tardera pas cependant à devenir dominante. Il manque une chose à la colonie du Cap, c'est la liberté du commerce. Elle n'est traitée que comme province étrangère, et la compagnie des Indes a encore le monopole des marchandises indiennes et chinoises, ce qui lui donne une influence absolue dans tout le pays et entrave l'échange des productions indigènes ainsi que tout le système commercial de la colonie. Depuis que les Anglais sont en possession du Cap, aucune entreprise scientifique n'a encore été dirigée dans le but d'étendre la connaissance du pays. L'expédition du docteur Cowan qui, à l'instigation de lord Caledon, partit du Cap accompagné du lieutenant Donovan, est restée sans aucun résultat pour la science, ces deux voyageurs ayant tout à coup disparu; nous n'en avons rien appris autre chose, sinon qu'en 1809, ils avaient pénétré bien avant dans l'intérieur du pays et qu'on les attendait même dans les colonies des Portugais, à Tette et à Séna (1).

(1) Salt, Voyage to Abyssinia. Lond., 1814, p. 9, 25 et 505.

II.

BORD ORIENTAL DE LA HAUTE-AFRIQUE.

§ 7.

Le bord oriental de la Haute-Afrique est moins connu encore que le bord méridional. Comme la pente orientale de la Haute-Asie, il n'a été parcouru par aucun voyageur moderne. A peine pouvons-nous dire qu'il ait été vu dans ces derniers temps ; tout ce que nous en savons se borne aux récits des peuples voisins, aux inductions tirées de certains phénomènes et à quelques faits dont nous sommes redevables aux grands navigateurs et missionnaires portugais des siècles précédens. Le célèbre Joan de Barros, A. Battel, et le Portugais Joan Dos Sanctos qui, dès 1586, quitta Lisbonne pour se rendre à sa mission, sont, avec Salt, les seules autorités auxquelles nous puissions accorder quelque confiance. La terrasse littorale inférieure nous offre seule quelques points connus, d'où nous tâcherons de jeter un coup d'œil dans l'intérieur du pays.

Nous donnerons, en commençant par le sud, le peu de renseignemens incohérens que nous possédons sur ces contrées. Bien qu'ils ne nous permettent pas de déterminer mathématiquement les limites de l'intérieur du pays et le cours de ses chaînes de montagnes, comme l'a fait Lacépède, nous serons conduits cependant à admettre l'existence d'un grand plateau et d'une pente générale vers la côte est.

CHAPITRE PREMIER.

LA CÔTE DES CAFRES.

1er Eclaircissement. — *Plateau des Bosjesmans.*

D'après le rapport d'un voyageur illustre qui parcourut l'Afrique méridionale, deux chaînes de montagnes s'étendent du sud au nord, l'une parallèlement à la côte de l'ouest, l'autre parallèlement à la côte de l'est. Cette dernière cependant se dirige bientôt vers l'intérieur, avec plusieurs branches de montagnes parallèles à l'équateur; quelques ramifications seulement s'en détachent dans la direction opposée, vers la côte est (1).

Il considère, comme la plus haute élévation de la chaîne orientale, les Montagnes de Neige situées au bord méridional de la première terrasse (voy. p 151); c'est de là, et en particulier du Compass (2), la plus haute cime des Montagnes de Neige, que la chaîne orientale continue son cours vers le nord-est. La contrée forme ici une espèce de grand plateau, *un nœud de montagnes*, comme l'appelle Lichtenstein. Ce n'est plus une série de hauteurs variées, mais bien un vrai plateau (comme l'Arménie), absolument différent de toutes les montagnes de l'Afrique méridionale; il est composé de vastes plaines, de vallées spacieuses et ouvertes, sans ravins ni rochers, et, malgré sa grande élévation, des routes faciles et commodes y aboutissent de toutes parts. Il correspond de tous côtés, par des pentes douces et bien arrosées, avec les plaines inférieures; ses cimes, séjour des Bosjesmans, ne présentent que des coupoles légèrement arrondies, uniformes et nues; elles

(1) Lichtenstein, I, p. 676.
(2) Ibid., II, p. 4.

sont couvertes en hiver d'une épaisse couche de neige, mais elles n'ont ni la majesté, ni la magnificence qui distinguent ordinairement les hautes montagnes. Barrow et Janssens (1) nous rapportent que le plateau des Bosjesmans se continue au nord-est, sous la forme d'une immense haute plaine (2). Au nord-ouest, il s'incline insensiblement vers la haute terrase qui donne naissance au fleuve d'Orange et au Sackrivier; au sud-est, vers l'océan des Indes dans lequel s'embouche le grand fleuve des Poissons qui prend sa source sur les hauteurs formant le partage des eaux entre l'océan des Indes et l'océan Atlantique (3).

Si les hauteurs de ce plateau sont glacées et sauvages, sa pente douce et presque insensible vers le nord-ouest, jusqu'au-delà de la ligne du tropique, offre un aspect tout opposé; c'est un pays agréable, habité par un peuple laborieux et industrieux, les Beetjuanes; la pente opposée du sud-est est le séjour d'innombrables tribus de Cafres qui parcourent, en hordes nomades, les riches et belles prairies de cette contrée, jusqu'au rivage de la mer (4). Ces Cafres, peuple à demi-civilisé, sont les ennemis déclarés des Bosjesmans qui habitent les contrées plus élevées. Jusqu'à la route de Madagascar, la côte est entrecoupée de montagnes de granit (5) dont les pentes sont toutes abondamment arrosées, fertiles et peuplées d'hommes et d'animaux.

Non loin de la mer, les roches de granit se dégradent soudain en rochers escarpés dans la mer; à l'intérieur, au contraire, il paraît qu'elles se prolongent en hautes plaines très élevées, mais peu rapides, jusqu'au 21° de latitude sud. Le colonel Gordon assura au naturaliste Labillardière,

(1) Lichtenstein, II, p. 65.
(2) Barrow, I, p. 245.
(3) Barrow, Account of Travels, II, p. 335.
(4) Paterson, Narrative in 3 journey to Caffraria, p. 95.
(5) Forster, Bermekungen und Wahrheiten, p. 31. — Barrow, I, p. 375. — Lichtenstein, I, p. 468.

avoir pénétré jusque-là, dans ses voyages en Afrique (jusque vers le pays des Biri et Manika, au nord-ouest du cap Corrientes ?). Il était aussi monté sur le Compass et prétendait avoir poursuivi ses expériences barométriques jusqu'à 12° au nord du cap de Bonne-Espérance. Il avait été tout surpris, un jour, de se trouver à la hauteur de 6,000 pieds (deux kilomètres) au-dessus du niveau de la mer (1), car depuis long-temps il n'avait fait que parcourir de grandes et vastes plaines sans s'apercevoir le moins du monde qu'il montait. Barrow observe qu'à mesure qu'on s'élève vers l'intérieur, on trouve les animaux et les hommes plus robustes et plus beaux (2).

2e Eclaircissement.

Terrasse littorale.

Nous ne connaissons ce littoral que par les récits des tribus cafres qui l'habitent, jusqu'à Quiloa (3), sur la côte de Zanguebar. Les Cafres sont aussi étrangers aux Hottentots qu'aux Nègres et aux Maures ou Mahométans de la côte septentrionale qui les ont refoulés de plus en plus dans l'intérieur du pays (4). Les tribus les plus rapprochées de la côte sud sont les *Koussa*; viennent ensuite les *Tamboukis* (5) ou *Mathimbas*, au-delà du fleuve de Basseh, et les *Mamboukis* ou *Immbos* (Hambona); en pénétrant plus avant dans l'intérieur, on rencontre sur les deux côtés des montagnes (au nord-ouest de la baie de Da Lagoa, vers le 25° de latitude sud), les *Macquinis* qui, comme nous l'avons vu plus haut, tirent sans doute leur

---

(1) Labillardière, Voyage, I, p. 89.
(2) Barrow, Account of Trav., II, p. 123.
(3) Lichtenstein, I, p. 391.
(4) Edrisi, Africa, cura Hartmann, CXVIII, p. 95.
(5) Barrow, I, p. 201.

nom de leur habileté à travailler le cuivre et le fer de leurs montagnes. Après eux viennent probablement les *Biri* des Portugais et les habitans des montagnes de Manica, Sofala et Chicowa; tous sont également renommés pour leur habileté à préparer l'or, le cuivre et le fer (1). Les descriptions qui nous ont été données de cette belle race cafre s'accordent d'une manière étonnante (2), avec le tableau qu'on nous fait des habitans des montagnes de Foura, riches en métaux, dans le Monomotapa supérieur.

Toutes ces tribus de Cafres, sans exception, se distinguent par leur hospitalité, leur douceur et leur prudence; si parfois ils se sont montrés inhumains et cruels, c'est à leur commerce avec les Européens qu'il faut seul en attribuer la cause. Les habitans des côtes accueillent les naufragés avec une bonté compatissante, souvent même ils les accompagnent à travers une étendue de plusieurs centaines de milles, et les conduisent (3) vers le sud, au cap de Bonne-Espérance, ou vers le nord, jusqu'à Sofala (4). Les Anglais furent reçus avec la même hospitalité par les Cafres de la côte de Da Lagoa, qui ne voient que rarement des Européens (5). Les habitans des hautes plaines, dans l'intérieur du pays, firent preuve des mêmes qualités, lorsqu'ils virent pour la première fois des Européens; Barrow (6) rencontra les mêmes vertus chez les Koussa; Truter, Sommerville et Lichtenstein, chez les

(1) Truter dans Barrow, Voyage to Cochinch., p. 406.

(2) J. dos Sanctos, Æthiopia orientalis, dans Purchas, Pilgr., II, fol. 1540, 1549. — M. Thomas ehemaligen Jesuiten und Missionars in Asien und Africa, Reise und Lebensbeschreibung. Augsburg, in-8°, 1388, p. 110.

(3) Capt. Al. Hamilton, New Acount of East Indies. Edinburg., 1727, p. 5.

(4) Purchas, Pilgr., II, fol. 1535.

(5) W. White, Journal of a Voyage performed from Madras to Columbo and Da Lagoa Bay. Lond., 1800, in-4°, p. 31.

(6) Barrow, I, p. 195.

Beetjuanes; Pedro Alvarez da Anhaya, chez les Cafres de Sofala (en 1805) (1), et F. Barreto, chez les Cafres de Manica. Lorsque Vasco de Gama, après avoir longé la côte de Natal, arriva au Rio dos Reys (*le saint fleuve des trois Rois*), il y trouva, d'après le récit de Castanheda, les tribus cafres munies de pointes de lances en fer et d'anneaux en cuivre; ils étaient si prévenans, si hospitaliers et lui témoignèrent tant de confiance, qu'il appela cette côte le pays des Bonnes-Gens ou de la Paix (*Terra da boa Paz*).

3e Eclaircissement.

Côte de Natal.

Au-delà du cap Natal (*Cap de Noël*) paraît situé, au nord, un pays rocheux, avancé dans la mer et garni à l'est de côtes escarpées et de longs bancs de rochers qui se prolongent en partie dans l'océan des Indes, et rendent cette côte d'ailleurs bien arrosée, couverte de forêts et généralement fertile, très dangereuse pour la navigation (2). Au nord, elle est bornée par la baie de Da Lagoa, où une contrée fertile s'étend jusqu'à 20 milles géographiques dans l'intérieur du pays. Au nord-ouest de la baie, la contrée s'élève en quatre immenses chaînes de montagnes, qui toutes partent de la côte, et dont les sommets se perdent dans les nues (3). Sur la terrasse littorale, qui est très plane, on ne rencontre d'autres animaux domestiques que des bêtes à cornes. Des troupes d'éléphans parcourent la pente des montagnes. Les buffles et les chevaux (*quaggas*)

(1) J. dos Sanctos, Æthiopia orientalis, dans Purchas, Pilgr., II, fol. 1536 et 1542.

(2) Al. Hamilton, New Account, p. 6.

(3) W. White, Journal, p. 61.

n'ont encore été aperçus que sur les hauteurs. White, le seul témoin oculaire qui nous rapporte ces faits, montra aux Cafres une image de cheval qu'ils parurent reconnaître.

CHAPITRE SECOND.

CÔTE DE SOFALA ET DE MOZAMBIQUE.

§ 8.

Du cap Corrientes au cap Delgado, du 26° au 10° de latitude sud, la côte forme un littoral avancé à l'est, mais qu'on a cependant l'habitude d'étendre trop dans cette direction, comme nous le voyons sur les meilleures cartes portugaises (1). L'intérieur de ce littoral a été visité par les Européens jusqu'à 100 milles géographiques de Sofala, entre le 20° et le 21° latitude sud (2). Au-delà de plusieurs chaînes de montagnes parallèles, du sud-ouest au nord-est, s'élève une terrasse vers l'intérieur de l'Afrique, dont la chaîne la plus occidentale (vraisemblablement la pente orientale du haut plateau), s'étend entre le 47° et 48° de longitude est de l'île de Fer (3). D'Anville le premier a représenté cette terrasse, dans sa première carte critique de l'Ethiopie orientale, publiée en 1727; toutes celles qui ont paru depuis n'en sont que des copies plus ou moins faussement complétées. A l'ouest de cette terrasse, se trouvent probablement des hautes plaines très fertiles, habitées par

(1) Voyez la carte : Five Degrees of the coast from Mosambique to Cape Delgado laid down, from a Portuguese M. S. Map, dans H. Salt, Voyage to Abyssinia. Lond., 1814, in-4°.

(2) J. de Barros, dos fectos que os Portugueses fizeram no descobrimento y conquista dos mares y terras do Oriente. Lixboa, 1552, in-fol., I, Dec. I, lib. IX et X.

(3) Voy. d'Anville, dans Legrand, Relation du P. J. Lobo.

des peuples pasteurs, et qui furent, dans les siècles précédens, le théâtre des expéditions désastreuses des Dschaggas. L'histoire moderne ne nous dit plus rien de ces brigandages, à moins que les attaques des Galla contre le Habech ne soient une continuation de ces invasions dans le nord, suppositions que plusieurs phénomènes rendent en quelque façon vraisemblables, entre autres la direction du plateau et de ses principales vallées, d'après un axe longitudinal, du sud-ouest au nord-est (voyez plus bas les Galla). Tout ce que nous savons jusqu'à présent de cette terrasse se lie étroitement à l'histoire et à la connaissance du cours du Zambèze qui prend son origine dans l'intérieur du plateau d'Afrique. C'est le long des rivages de ce fleuve que les Portugais s'avancèrent jusqu'à cette terrasse, à la fin du XVe et au commencement du XVIe siècle.

1er ECLAIRCISSEMENT.

Première terrasse. — Les sources du Zambèze et la haute plaine de Chicowa.

Suivant les narrations des indigènes que d'Anville a comparées, un lac étroit de 20 à 30 pieds de profondeur seulement s'étend dans l'intérieur de l'Afrique sous la même latitude que la côte septentrionale de Mozambique, du nord au sud. Une infinité d'îles couvrent sa surface ; c'est à vrai dire une mer Aral africaine ou un marais où s'accumulent les eaux des pluies. Il s'appelle *Moravi*, au sud ; *Zambre* ou *Zembère* (1), au nord. Nous ne déciderons pas si ce nom est le même que celui du fleuve, ou si c'est leur ressemblance qui les a fait confondre, ou enfin si le nom de *Zambère* est une appellation commune à la fois au lac et au fleuve, comme le *Bahr* des Arabes.

---

(1) D'Anville, Ethiop. or.

Selon de Barros (1), le plus grand lac de l'Afrique est situé dans l'intérieur du pays, à l'ouest de Sofala (par conséquent au sud de la côte de Mozambique); cet auteur en fait venir, avec Ptolémée et les géographes arabes, le Nil, le Zaïre et tous les fleuves de Sofala, mais il ne le nomme pas; il nous dit seulement qu'il tient de Congo et de Sofala ces renseignemens qu'il rattache ensuite aux récits de Ptolémée sur les sources du Nil et au *Bahrsena* des Ethiopiens (c'est-à-dire au lac Tzana ou Dembea, dans le Habech). De Barros rapporte en outre que le fleuve qui sort de ce lac se dirige vers Sofala et se sépare en deux bras, dont l'un, celui qui se dirige sur Da Lagoa et qui portait autrefois le même nom, s'appelle maintenant *Spirito Santo*, et l'autre, à 105 *legoas* de Sofala (vers le nord), est le Cuama, qu'on appelle Zembère, dans l'intérieur du pays. Le Zembère a beaucoup plus d'eau que le Spirito Santo : il est navigable jusqu'à 250 *legoas* (220 milles géographiques) de la côte. Il reçoit les eaux de six grands fleuves; du Panhamas, du Luanguo, de l'Arruya Manjovo, de l'Inadire et du Ruenia qui tous appartiennent au domaine des souverains de Benemotapa ou Monomotapa, et contiennent de l'or; c'est entre le Cuama ou Zembère et le Spirito Santo qu'est situé comme une île (à peu près comme la Guiane, dans l'Amérique méridionale), le pays de Sofala, sur une circonférence de 750 *legoas*, ou 560 milles géographiques.

Le même fleuve auquel les Portugais donnèrent le nom de Zembère, est maintenant appelé par les géographes modernes, Zembèze. Les Portugais le prirent d'abord pour le lac de Ptolémée, d'où sortent le Nil et beaucoup d'autres fleuves et crurent découvrir, dans les montagnes qui l'entourent, les Montagnes de la Lune des anciens.

(1) De Barros, lib. IX, c. VII, fol. 118. a.

A. Battel (1), le premier, a contredit cette hypothèse soutenant que non seulement le grand lac est beaucoup plus à l'ouest, mais qu'il est encore séparé des montagnes de l'est par une immense plaine où se trouvent les sources du grand fleuve Magnice qui coule à l'est (sans doute le Zembèze ou un de ses bras).

Suivant des renseignemens plus exacts (2), les sources de ce lac sont si avant dans l'intérieur, que jusqu'à présent on n'a pas encore pu les découvrir; le Zembèze, qui tire son nom d'un peuple cafre, est navigable dans le pays de Chicowa; nous ne savons pas encore depuis quel point; en tout cas, il ne l'est à l'est que jusqu'à la grande cataracte de Chicoronga, dans le royaume de Sacoumba où la rapidité de son cours le ferme à toute navigation, sur une étendue de dix-huit milles géographiques (20 *legoas*). Les rochers à travers lesquels il se fraie sa route, forment sans doute la pente orientale de la première haute terrasse de la Haute-Afrique.

Cette pente de la haute terrasse porte le nom de *Plaine d'Argent de Chicowa* (3); elle contient aussi d'abondantes mines de cuivre et de fer, métaux que les Cafres travaillent avec beaucoup d'habileté, dès les temps les plus anciens. Déjà Masoudi, 967 ans après Jésus-Christ, rapporte que ces peuples savent faire de leur fer un acier des plus durs dont ils fabriquent des épées et des armes excellentes. Ils en font, dit-il, un commerce direct avec les marchands des Indes qui les achètent pour défendre leurs côtes (4). François Bareto (5), voulant s'emparer des mines

---

(1) Andr. Battel, dans Purchas, Pilgr., II, p. 1021.

(2) J. dos Sanctos, Æthiopia orientalis, in Purchas, Pilgr., II, fol. 1544.

(3) Edrisi, Africa, cura Hartmann, 1796, p. 100.

(4) Salt, Voyage to Abyssinia. Lond., 1814, in-4°, p. 56.

(5) Dos Sanctos, ibid., fol. 1549.

d'argent de ces peuples, entreprit une expédition sous le règne de Sébastien Ier, roi de Portugal, sur le fleuve Zembèze, à travers le Monomotapa; mais il ne put les découvrir, tous les Cafres s'étant réfugiés dans les montagnes, afin d'échapper à ses cruautés. Les 200 Portugais qu'il laissa dans un retranchement, sous les ordres de A. Card. d'Almeida, furent tous tués par les montagnards. On trouve aujourd'hui, ou du moins on trouvait alors (1540), au nord-ouest des mêmes montagnes, au-dessus des grandes cataractes de Chicoronga, deux tribus cafres antropophages, les *Moumbos* et les *Zimbas* (sans doute les mêmes qu'on appelle aussi Mouzimbas); ils immolaient leurs esclaves et leurs prisonniers, et les dévoraient. Les Portugais, qui entreprirent une expédition contre ces peuplades barbares, délivrèrent, à Chicoronga, beaucoup de Nègres et de Négresses destinés à la mort. La place qui entourait la demeure du chef était pavée d'ossemens humains (1).

Dans ces mêmes montagnes, au sud-ouest de Chicowa, est situé le royaume d'Aboutoua (selon de Barros, Boutoua, dans le pays de Toroa), dont le roi, appelé Bourro, est vassal du Monomotapa. Ce pays abonde en mines d'or, qui sont les plus anciennement (*mas antiguas*) connues dans ces contrées. Elles sont toutes situées dans les champs (*em campo*), à l'ouest du cap Corrientes et près de grandes plaines (*grandes campinas*), dans l'intérieur du pays (2). Suivant Dos Sanctos, les indigènes ne font aucun commerce avec les Portugais; ils s'occupent presque exclusivement de leurs troupeaux, qui suffisent à leurs besoins, et ne sont pas très avides de l'or que produit le sol qu'ils habitent (3). Selon De Barros, l'exploitation des

(1) Dos Sanctos, fol. 155 r.
(2) De Barros, Dec. I, lib. x, c. 1, fol. 118. b.
(3) Dos Sanctos, fol. 154 S. — Marmol, Africa, III, p. 116.

mines est entravée depuis long-temps par les guerres continuelles de ces peuples.

Remarque.—*Tribus cafres.*—*Le fort de Symbaoé, dans le royaume de Boutoua.* — *Passage entre Sofala et Angola.*

Nous avons déjà fait observer, plus haut, que ces peuples pasteurs que Dos Sanctos appelle Boutoua, et qui habitent les hautes plaines riches en pâturages de la Haute-Afrique, ont, ainsi que leurs voisins, les habiles forgerons de Chicowa, beaucoup d'analogie avec la race cafre des Beetjuanes, au sud de l'Afrique méridionale (1). Comme ces derniers, ils se nourrissent de lait (nourriture que beaucoup de peuples de l'Afrique ne connaissent pas), et leur seule occupation est d'élever des troupeaux. Il paraît qu'ils ne s'étendent pas très loin au nord, bien qu'ici tous les indigènes qui n'ont pas encore reconnu l'islamisme s'appellent Cafres, dès les temps les plus anciens (2). Les Mouzimbos, qu'on a représentés, dans ces derniers temps, comme une branche des Galla, ont, en tout cas, dégénéré de leur origine, si tant est qu'ils soient des Cafres. Leurs voisins du nord et de l'ouest, les Mohenemougis et les barbares Dschaggas, ne ressemblent en rien à la véritable race cafre.

Les Mouzimbos du Zambèze (3) supérieur, venant du sud-ouest, furent, pour les Portugais, de dangereux et terribles ennemis. Depuis leurs invasions sur les côtes, en 1589 et 1592, les Européens eurent contre eux de rudes combats à soutenir. En 1593, ils atteignirent les côtes de Quiloa et pénétrèrent jusqu'à Melinde, où ils furent repoussés par une autre race indigène, les Mossegueios. Les Mouzimbos ne forment très vraisemblablement qu'une seule race avec les Galla, qui, à cette époque, commencèrent leurs migrations vers le nord. Ils portent aussi le nom de Mauroucas. Leur roi s'appelait alors Gallo (*Purchas*, Pilgr., II, lib. IX, p. 1552). Une branche des Galla, près de Magadoxo, se nomme encore aujourd'hui Maracata. La description que nous ont donnée les Portugais de ce peuple, s'accorde parfaitement avec les mœurs des hordes de Galla, telles que Salt les connut en Abyssinie. D'après H. Lobo, les premiers Galla auraient été trouvés à Patta, en 1625, à l'époque où, du sud,

---

(1) Lichtenstein, Uber die Kaffern., I, p. 431.
(2) De Barros, Dec. I, lib. IV, c. 4, fol. 95.
(3) H. Salt, Voy. to Abyssinia. Lond., 1814, in-4°, p. 64.

ils firent leurs premières invasions dans l'Abyssinie, comme autrefois les Huns vinrent, de l'est, envahir l'Europe. Depuis ces deux siècles, ils n'ont pas encore cessé leurs migrations vers le nord.

Ce que nous savons de plus curieux sur cette contrée se rapporte aux monumens antiques qui se trouvent dans le royaume de Boutoua et dont de Barros nous a donné une description très exacte. Nous croyons devoir en faire mention ici, d'autant plus, qu'ils serviront de point de comparaison entre l'ancienne et la nouvelle géographie.

On aperçoit, au milieu de la plaine (1), dans le royaume de Boutoua, près des plus anciennes mines d'or, un fort (*fortaleza*) quadrilatéral, et très bien construit à l'extérieur comme à l'intérieur. Les murailles, composées d'énormes pierres (*marauilhose grandeza*), posées l'une sur l'autre, sans ciment entre leurs assises, ont une épaisseur de vingt-cinq palmes; leur hauteur n'est pas très considérable en comparaison de leur largeur. Au-dessus de la porte, est une inscription que ne purent lire ni les marchands maures, ni les autres interprètes qu'on consulta; les caractères mêmes leur étaient inconnus. De semblables monumens se voient encore sur les hauteurs qui entourent le fort; ils sont construits de grosses pierres sans ciment. On remarque, entre autres, une tour qui a plus de douze brasses de hauteur (*bracas*, à peu près 36 pieds). Tous ces édifices s'appellent, chez les indigènes, *Symbaoé*, c'est-à-dire résidence (*corte*), nom qui est commun à toutes les demeures royales du Monomotapa. La surveillance en est confiée à un gardien (*caide mor*), pris dans la noblesse; c'est le *Symbacayo*, garde ou *caide* du Symbaoé, chargé de surveiller plusieurs femmes du Benomotapa, qui habitent ce palais. Les habitans, ne sachant pas écrire, n'ont pu conserver aucun document qui pût indiquer quand et par qui tous ces édéfices ont été élevés. Ils les regardent comme une œuvre du diable, parce que, disent-ils, les hommes ne pourraient pas en construire de pareils.

Le capitaine Vic Pegado ayant fait voir à quelques Maures les murs de la forteresse de Sofala, et les fenêtres et les voûtes des édifices portugais, pour qu'ils les comparassent à leur merveilleux édifice, ils répondirent : « Le Symbaoé est trop parfait (*limpa y perfecta*), pour pouvoir être comparé à aucun édifice (2). » Le Symbaoé est situé entre le 20° et le 21° de latitude sud, à peu près à 170 *legoas* (128 milles géographiques), à l'ouest de Sofala. A l'exception de ces monumens, qui, selon l'opinion des Maures, sont très anciens,

---

(1) De Barros, Dec. I, lib. x, c. 1, fol. 18. b.

(2) Ibid. 119. a.

et auraient été élevés pour la défense des plus anciennes mines d'or du pays, on ne trouve, dans toute la contrée, aucune espèce de murailles ni anciennes ni nouvelles; toutes les habitations des indigènes sont de bois (*madeira*).

De Barros croit voir, dans le Symbaoé, l'*Agysymba* de Ptolémée, et pense que, comme les ruines de Caxum, dans le pays du prêtre Jean (Axum, dans le Habech; voyez plus bas), il a été fondé par un ancien souverain de ce pays d'or (*tracto do Ouro*), qui, par la suite, aurait été dans l'impossibilité de le défendre.

Dos Sanctos (1) nous apprend que ces édifices sont les seuls monumens de toute la Cafrerie; on empêche les Portugais de visiter les hauteurs de Foura, parce que, de là, on aperçoit tout le Monomotapa (situé à l'est, le long des fleuves, et formant la terrasse inférieure), ainsi que toutes les contrées d'où les habitans tirent leur or.

Battel (2) rapporte que le pays des Aboutoua est situé au nord-ouest du Monomotapa. « Il s'étend, dit-il, en vastes plaines, vers l'intérieur, à l'ouest de la chaîne de montagnes d'où le Zambèze et le Magnica (c'est-à-dire *Riv. de Manica*, le *Laurent Marques*, suivant d'Anville) prennent leurs cours vers l'est. » Le pays des Aboutoua traverse, dans la direction de l'est à l'ouest, toute l'Afrique, jusqu'à la limite orientale d'Angola, s'inclinant, à l'est, vers le Monomotapa; à l'ouest, vers le Massapa (3). Il occuperait ainsi une partie des hautes steppes du plateau de l'Afrique, et ce serait à leur pente orientale, au-dessous de Foura, qu'il faudrait placer le royaume de Boutoua avec le fameux Symbaoé.

Sur toute la côte orientale de l'Afrique où il y a de l'or, chez les Arabes, comme chez les Maures, la reine de Saba est représentée, par les traditions de l'antiquité, comme une grande et puissante reine; le pays de Foura, étant aussi appelé *Afoura*, ce nom rappela naturellement l'*Ofir* ou *Ophyr* des anciens, et le Symbaoé fit songer à un palais de cette reine de Saba qui aurait descendu le Zambèze avec sa flotte et emporté ses trésors en Arabie. La même histoire figure aussi dans les fastes d'Axum.

Dos Sanctos, auteur digne de foi, sous tous les rapports, nous assure qu'il existe une communication entre la pente orientale et la pente occidentale de la Haute-Afrique. Lui-même vit, à Sofala (4), où il séjourna quatre ans dans la mission, des marchandises portugaises que les Cafres d'Aboutoua avaient transportées de la côte

(1) Dos Sanctos, fol. 1549.
(2) A. Battel, dans Purchas, Pilgr., II, fol. 1022.
(3) Marmol, Africa, III, p. 116.
(4) Dos Sanctos, Æth. or., II, fol. 1548.

d'Angola, à travers l'Afrique, à Manica, où les Portugais les achetèrent de nouveau. (Voyez plus bas, les routes à travers la Haute-Afrique.)

2e Eclaircissement.

Deuxième terrasse. — Mocarangua, Monomotapa et Manica.

Au-dessous des cataractes de Chicoronga, le Zambèze s'échappe de la haute plaine de Chicowa, après avoir roulé ses eaux rapides pendant 18 milles géographiques, entre d'énormes lits de rochers, et formé une suite presque non interrompue de sauts et de rapides. Il parcourt, dans la direction de l'est, une grande plaine où il devient de nouveau navigable et continue son cours, à travers un pays fertile, non loin de la ville portugaise Tette (1), jusqu'aux montagnes de Lupata. Ces montagnes, courant du nord au sud, offrent un nouvel obstacle au fleuve qui les pénètre encore une fois à travers des coupures escarpées et se fraie ainsi une route de la terrasse moyenne aux côtes de Séna.

Le Zambèze ou le fleuve de Séna, comme on l'appelle aujourd'hui, ne forme ici qu'une suite de sauts (comme l'Indus et le Gange, près d'Attock et de Hourdwar, le Nil près d'Eléphantine, le Rhin près de Bingen et d'Andernach, le Niger près de Bammakou). A l'aide de longues barques et d'avirons, on parvient bien à franchir ces sortes de cataractes, mais non pas sans danger. Souvent les bâtimens, l'équipage et la cargaison périssent au milieu des écueils (2).

Aux deux côtés du fleuve, les montagnes s'élèvent à plusieurs endroits en énormes masses de rochers escarpés, qui s'inclinent en saillie sur le fleuve; quelquefois aussi

(1) Thomas, Reise und Lebensbeschreibung, p. 100.
(2) Dos Sanctos, fol. 1747.

elles se rapprochent de si près, qu'elles ne laissent qu'un passage très étroit à son cours.

Les Cafres appellent ces montagnes Lupata, à cause des grands rochers déchirés et escarpés qui s'étendent du nord au sud et se prolongent dans un lointain inconnu : *Lupata* signifie l'*épine dorsale de la terre* ou le *dos du monde*. Elles forment la chaîne limitrophe, du côté de la terrasse littorale. Leur prolongation au nord nous est absolument inconnue. La mission portugaise Marangue et Zimbaoé, jadis résidence des rois (Symbaoé est un nom commun à toutes les résidences de l'Afrique orientale, comme autrefois *Cambalou*, dans l'Asie orientale), est située sur le rivage septentrional du Zambèze, dans les vallées désertes de la terrasse moyenne. Sur le rivage méridional, cette chaîne de montagne était habitée, en 1600, par le peuple belliqueux des Mongas qui disputèrent aux Portugais l'entrée de la terrasse moyenne. Plus au sud, cette même chaîne sépare de Manica, célèbre pays d'or, la terrasse littorale de Sofala, et est sans doute ici la même que la montagne *Beth* (1) dont parle Marmol.

La seconde terrasse nous est partout représentée comme un pays très étendu, et surtout riche en or (*traeto do Ouro*); le climat y est des plus doux, le sol en partie aride, mais très fertile près des fleuves. Toute cette terrasse est habitée par des Cafres qui parlent l'idiome Mocarangua, la plus cultivée de toutes les langues cafres (2).

A. *Monomotapa* ou *Benomotapa*, selon de Barros.

Ce nom vient peut-être du mot arabe *Banou-Motaba*, qui signifie *soldats*, *mercenaires* (3), ou d'un autre nom

---

(1) Marmol, Africa, III, p. 113.

(2) Dos Sanctos, fol. 155o.

(3) Lichtenstein, Uber die Kaffern im Journal für Ethnographie und Linguistik, I, p. 262.

propre, avec la prothèse *Mono*, qu'on trouve devant plusieurs noms de peuple, comme par exemple, les *Mono-Emougi*.

Le nom de Monomotapa ne présente qu'une idée politique; c'est moins le nom d'un pays que celui d'une domination, comme l'Ethiopie ou jadis l'empire français. Les derniers voyageurs qui ont visité les côtes de Mozambique ont parfaitement confirmé la vérité de cette opinion (1); il paraît que cette domination était autrefois très vaste et très puissante (2); les Boutouas de la haute terrasse occidentale, ainsi que les princes de la terrasse littorale jusqu'à la mer, étaient tous tributaires du souverain du Monomotapa, connu sous le titre de *Quitève*. Autrefois le Monomotapa comprenait les états de Chicanga, Quitève et Sedanda, qui en furent séparés en 1600. Aujourd'hui la puissance du Quitève de Monomotapa est très limitée : il y a long-temps qu'il a cédé aux Portugais, pour un tribut annuel (3), toute la terrasse inférieure de Séna, et il paraît qu'il n'est plus en possession que de la terrasse moyenne de Mocaranga; c'est là que se trouve sa fameuse résidence, construite de bambous et entourée d'une magnifique haie de dents d'éléphans (4). Le pays de Manou (le *Matou* de de Barros), province qui sans doute a donné son nom à tout l'empire et d'où l'on tire l'or le plus fin (5), est situé sur la même terrasse, ainsi que Tette, dernière possession des Portugais, autrefois la plus occidentale des missions des jésuites. Tette est située à trente *legaos*, à l'ouest de la chaîne limitrophe de

---

(1) Salt, Voy. to Abyssin, p. 60.

(2) De Barros, Dec., I, lib. x, c. 1, fol. 118.—Salt, Voy. to Abyssin., p. 60.

(3) Hamilton, New Account of East India. Edimb., 1727 p. 8.

(4) Thomas, Reise und Lebensbeschreibung, p. 110.

(5) Ibid., p. 130. — De Barros, Dec., I, lib. x, c. 1, fol. 118 b.

Lupata, au milieu d'un pays fertile et très élevé; le climat y est tempéré et des plus salubres.

Le Monomotapa (dans l'acception restreinte), ou la terrasse moyenne, s'étend deux cents *legoas* en longueur et autant en largeur. On rencontre, dans ce circuit, les trois factoreries des Portugais, Luanze, Manzouo et Massapa; chacune a une église, et la dernière un marché très bien approvisionné. Cette terrasse contient beaucoup de traces de dépôts de sel, comme on en trouve dans la terrasse moyenne, à l'est de l'Abyssinie; elle renferme aussi beaucoup de lacs salans, de fleuves et de sources salés; mais le sel gemme y est tout-à-fait inconnu.

B. *Matouca et Manica.*

Le Matouca (1) confine au sud au haut Monomotapa et comprend la contrée de Manica avec les mines d'or qui faisaient autrefois partie de l'empire du Monomotapa. Ce pays est très montueux, agréablement situé (*graciosa*) et bien peuplé. Les montagnes élevées et couvertes de neiges épaisses, causent un froid si violent que l'on court souvent risque d'y périr. Le printemps, l'air est si pur, le ciel si serein, que plusieurs Portugais aperçurent la nouvelle lune en plein jour. C'est dans ces contrées que ces avides Européens entreprirent, en 1570, leur expédition, sous le commandement de F. Barreto; mais ils ne trouvèrent, au bord des montagnes, que de vastes plaines, des collines et des rochers couverts de chétives forêts (*Moungodou*); le tout dans un état d'aridité complète pendant la plus grande partie de l'année (2).

Les plaines d'or, après lesquelles soupirait leur avidité, étaient de grandes terres arides, sur lesquelles on ne trou-

(1) De Barros, Dec., I, lib. x, c. 1, fol. 118 b.

(2) Dos Sanctos, fol. 1537. — Marmol, III, p. 115.

vait de l'or que jusqu'à la profondeur de 6 à 7 palmes. Ne pouvant remplir leurs sacs aussitôt qu'ils l'avaient espéré, ils conclurent un traité de commerce avec le roi de Chicanga qui les avait accueillis amicalement, et s'en retournèrent sur leurs côtes. Le pays des mines de Manica est situé à 50 *legoas* à l'ouest de Sofala; son étendue est de 30 *legoas*; les Botangas sont connus pour le peuple qui s'occupe le plus à exploiter l'or (1).

3e Eclaircissement.

Troisième terrasse ou terrasse littorale de Séna et Sofala.

En sortant des gorges et des rapides des montagnes de Lupata, le Zambèze, devenu alors un grand fleuve, ne se contente pas d'arroser le pays plan dans lequel il entre maintenant, il l'inonde encore chaque année, aux mois de Mars et d'Avril, et en fait ainsi un delta des plus fertiles. Dans ces plaines, situées entre le Zambèze et le Spirito Santo, et auxquelles de Barros donne le nom général de Sofala, il ne pleut pas plus que dans la Basse-Egypte; les eaux du Zambèze doivent donc venir de très loin (2).

Le fleuve qui s'appelle ici Séna, du nom de la principale province des Portugais, a une quantité d'îles et de gués. Il parcourt un espace de 36 milles géographiques (60 *legoas*), et va se jeter par cinq embouchures dans la mer, après avoir sillonné un vaste delta.

La province de Séna confine, au sud, à la côte plane de Sofala; les nombreuses rivières qui sillonnent ce littoral fourmillent d'hippopotames. Ces terribles animaux, le fléau des petites barques, sont d'autant plus redoutables

(1) De Barros, Dec., I, lib. x, c. 1, fol. 118 b.
(2) Dos Sanctos, fol. 1546.

dans le Zambèze, que ce fleuve forme la seule communication avec l'intérieur du pays (1).

La nature de la terrasse littorale est bien différente de celle des terrasses supérieures. On y rencontre une végétation magnifique; le gibier, le bétail et les bêtes féroces s'y trouvent en abondance; mais, tout le long de la chaîne limitrophe, le climat est malsain, ce qui réagit d'une manière très funeste sur Séna, centre de la culture de ces contrées. Une quantité d'indigènes, d'étrangers, de Cafres, d'Européens et de Nègres en deviennent annuellement les victimes, dans la saison des débordemens. Il en est de même aux rivages de la mer; aussi cette côte est la plus redoutée de toutes celles de l'Afrique.

La terrasse littorale est le repaire des bêtes féroces de toute espèce (2); les éléphans sont rares dans les environs de la côte, mais on les trouve par troupes vers l'intérieur, dans les immenses forêts qui bordent la grande chaîne limitrophe. De même, en Asie, on ne les rencontre, en grand nombre, que dans les montagnes boisées formant la bordure du plateau, du côté de l'Inde (3). Les Cafres, à ce qu'ils disent, prennent annuellement 4 à 5,000 éléphans avec des lacets; de là, la grande quantité d'ivoire qui s'exporte annuellement aux Indes.

Remarque. — *Paillettes d'or, or massif, fer.*

Nous sommes redevables de ce que nous savons de cette côte et de l'intérieur, presque uniquement à l'or, qui, depuis la découverte de ce pays, y a attiré les Européens avec une force irrésistible, en dépit des nombreux dangers auxquels ils s'exposent; c'est aussi l'or qui a conduit les jésuites dans l'intérieur du continent de l'Afrique.

L'an 1500, les amiraux portugais, Pedro Alvarez et Abrilus Fidalcus, trouvèrent, en un endroit appelé *Zaphal* (Sofala), deux vaisseaux

---

(1) Thomas, Reise und Lebensbeschreibung, p. 123.

(2) Dos Sanctos, fol. 1544.

(3) De Barros, ibid. — Marmol, Africa, III, p. 114.

maures, chargés d'or, qui faisaient voile pour Mélinde (1). Soupçonnant de là quelle pouvait être la source des richesses immenses des Maures de Mozambique, ils s'approchèrent des côtes (2). Un vaisseau naufragé, qu'ils rencontrèrent dans ces parages, ne tarda pas à confirmer les premières suppositions (3), et bientôt la nouvelle se répandit qu'il y avait plus d'or dans ce pays que dans tout le reste de la terre (*vim auri ingentissimam esse*). De Barros (4), et, après lui, les Portugais appellent très souvent ce pays *le pays de l'Or* (*tracto do Ouro*). Selon cet auteur, il doit nécessairement y avoir une grande quantité d'or sur les bords des six affluens du Zambèze. Le dernier voyageur a pleinement confirmé cette assertion : il soutient qu'on trouverait du sable d'or dans toutes les contrées de ce pays, si l'on voulait le chercher (5). Ce qui prouve qu'il ne parlait pas sans connaissance de cause, c'est le petit sac plein de sable d'or qu'il emporta de ce pays et qu'il parvint à conserver et à transporter à Lisbonne, après l'abolition de l'ordre des jésuites, en dépit de toutes les perquisitions.

On trouve la plus grande partie de l'or dans les sables que les eaux de la seconde terrasse du Monomotapa et Manica entraînent dans leurs cours; il ne coûte que la peine de le recueillir et de le laver. Les terrains qui contiennent de l'or ne sont pas très éloignés de la surface, comme, par exemple, près de Tette; un arbre caractéristique indique, dit-on, les endroits où il faut le chercher. On choisit, pour ramasser le sable d'or, la saison des pluies, parce qu'alors seulement il y a assez d'eau pour le laver.

L'or du Monomotapa est en paillettes, suivant le rapport des anciens Portugais (6); cependant on en trouve aussi en masse et en lingots ramifiés, crénelés et poreux; dégagés de la terre rouge qui les enveloppe, ces lingots ressemblent à des rayons de cire cellulaire (7). A Manica, on trouve également de l'or massif entouré d'une forte gangue, mais il passe pour être d'une qualité inférieure, et s'appelle *matouca* (suivant de Barros, c'est là le nom de tout le pays). Les paillettes d'or, au contraire, qu'on ramasse dans le sable des rivières et des champs, ainsi que celui qu'on tire de mines de six ou sept

---

(1) Aloys. Cadamosto, Navigatio, dans Grinæus, édit. Basil, 1555, fol. 48.

(2) Edrisi, Africa, c. Hartmann, CXXI.

(3) Al. Cadamosto, fol. 63 et 94.

(4) De Barros, Dec., I, lib. x, c. 1, fol. 118 a.

(5) Thomas, Reise, p. 130.

(6) De Barros, ibid., fol. 113 a.

(7) Dos Sanctos, ibid., fol. 154.

palmes de profondeur, s'appellent *dahabo*. Ces mines s'écroulent facilement, et ensevelissent souvent les mineurs sous leurs éboulemens.

Au-delà de Manica, dans la direction du sud, on n'a encore trouvé jusqu'aujourd'hui aucune trace d'or, mais le fer y est très commun; les Cafres mêmes de la baie de da Lagoa étaient munis d'ustensiles en fer (ils avaient entre autres des pipes en fer). Plus on s'avance au sud, plus l'usage du fer devient général. De Barros déjà nous raconte que les habitans du Monomotapa savent en faire des haches très tranchantes (*machadinhas da ferro que cortam muybem*) (1).

De même que les Macquini, au sud, nous sont connus comme des peuples habiles à travailler le fer et le cuivre, de même les Cafres du Zambèze (2), au nord, se distinguent par leur habileté à travailler l'or; ils en font, nous dit-on, des instrumens de toute espèce. Les contrées dont nous parlons, appartenant ainsi au petit nombre d'endroits de l'Afrique, qui produisent en même temps de l'or en paillettes et en lingots (or primitif), elles deviennent par là un des points les plus importans de cette partie du monde pour l'histoire naturelle et l'histoire politique des peuples.

4e Eclaircissement.

Colonie portugaise de Mozambique, sur la terrasse littorale. Sa dernière situation.

Avant qu'on eût doublé l'Afrique, le côté oriental de cette partie du monde était, sauf ce que nous en lisons dans la géographie de Ptolémée, absolument inconnu aux Européens. Depuis le commencement du seizième siècle, les établissemens des Portugais nous ont fourni quelques notions incomplètes sur l'intérieur du pays. Nous résumerons ici tous les renseignemens qui nous sont parvenus sur la dernière situation des côtes de Mozambique, nous en rapportant en particulier aux observations de H. Salt qui, en 1809, fit un assez long séjour dans cette colonie. Par son talent, ainsi que par le poste qu'il occupait, et ses rapports avec le gouverneur et les plus distingués des indi-

(1) De Barros, Asia, Dec., I, lib. x, c. 1, fol. 119 b.

(2) Thomas, Reise, p. 110.

gènes, ce savant voyageur fut à même de rassembler les meilleurs documens (1).

Dans leurs premiers voyages, les Portugais trouvèrent les côtes orientales, le long de la route de Mozambique, occupées par les Arabes; l'abondance de l'or et la bonté des rades qui offraient des points d'abordages commodes pour leur commerce des Indes alors très florissant, les engagèrent à faire la conquête de ce pays. En 1505 et 1506, ils élevèrent, au mépris de leurs traités avec les Arabes, la forteresse de Sofala, conquirent Quiloa, et construisirent le fort du même nom. En 1508, ils bâtirent la forteresse de Mozambique qui, depuis lors, est devenue le centre de leurs possessions; ils cherchèrent en même temps à déloger les Mahométans de leurs anciennes possessions. Les Mahométans, comme nous l'apprennent leurs géographes, connaissaient depuis long-temps cette côte fertile en or. Le plus ancien d'entre eux, Ebn Haukal (2) (950 après J.-C.) appelle la côte, au sud de l'Arabie, vers la mer de Mozambique, *Zingbar* (*Zanguebar*, selon Bakoui (3). Après lui, Masoudi fit (967) une description plus détaillée de ce pays, jusqu'à *Sofala't-il-Dhab* qui, suivant ses propres expressions, était, de son temps, un pays riche en or, couvert de blé, de villes et de fleuves, mais sans neige, sans pluie, sans vaisseaux, et souvent visité par les Arabes. Des marchands étrangers de l'Inde venaient aussi dans le pays de ces *Zingi* (c'est-à-dire Zanguebares ou Ethiopiens, que Bakoui dépeint absolument comme les tribus nègres qui habitent aujourd'hui ces contrées) pour y acheter des enfans, comme

(1) H. Salt, A Voyage to Abyssinia and Travels into the interior of that country, executed under the orders of the British Government in 1809-10. London, 1814, in-8°, p. 12-83.

(2) Ebn Haukal, Oriental Geogr. transl. by Will. Ouseley. Lond., 1800, in-4°, p. 22.

(3) Bakui, in Notices et Extr. d. Ms., II, p. 395.

s'exprime Masoudi, et les transporter dans différentes contrées de la terre. Le commerce de l'or et des esclaves existait donc long-temps avant l'arrivée des Européens. Les coquilles qu'on ramasse dans la mer (*Kowries*) servaient déjà alors de monnaie dans l'intérieur du pays. Du temps de Masoudi, le roi des Zingi commandait à 5,000 combattans qui, tous, étaient montés sur des bœufs, comme encore de nos jours les Cafres. Ces peuples faisaient aussi un commerce avec l'ivoire, le fer et l'acier. On dit que, près de là, se trouve un pays, appelé *Doum-a-Doum*, habité par des hordes sauvages (sans doute des hordes de Galla). Ce pays est situé à l'endroit où le Nil (c'est-à-dire le grand fleuve, peut-être *Nil l'Mougdasso*, fleuve de Magadoxo) se sépare en plusieurs bras, et d'où les sauvages faisaient leurs irruptions, il y a cinq siècles, tout comme du temps des Portugais. D'après Masoudi, ces peuples sauvages jouent, parmi les noirs de l'Afrique, le même rôle que les peuples tartares en Asie; ils enlèvent et volent tout ce qu'ils rencontrent sur leur passage.

Les Portugais arrêtèrent les progrès des Mahométans d'origine arabe, et les chassèrent du Zambèze, fleuve qui conduit aux principaux marchés d'or de l'intérieur; leurs derniers débris furent indignement massacrés en 1569. Cependant les Portugais n'inspirèrent pas aux belliqueux Africains la même terreur que les Espagnols avaient inspirée aux races faibles de l'Amérique méridionale. La guerre s'alluma entre eux, et les indigènes défendirent leurs foyers avec la dernière opiniâtreté; dès qu'ils se voyaient forcés de se retirer, ils dévastaient toutes les nouvelles plantations des étrangers, afin de se préserver eux-mêmes de la ruine. Les Portugais n'entreprirent qu'une seule expédition importante dans l'intérieur du pays, l'expédition de Chicowa, en 1570, sous le règne de Sébastien Ier. Ils conquirent la ville de Zimbaoa, qu'ils détruisirent, et pénétrèrent jusqu'à Chicanga. Après des pertes considérables, ils furent forcés de se retirer sans avoir atteint les mines d'or de Manica, but de leur expédition. F. Baretto, qui commandait l'expédition, fut trop heureux de conclure un traité avec le Quitève, chef de Monomotapa, qui accorda aux Portugais l'entrée libre dans ses états, moyennant un tribut annuel de deux cents pièces de drap.

Une seconde expédition, entreprise en 1600, conduisit les Portugais pour la première fois au-delà des forêts de Lupata et jusque près des mines d'argent de Chicowa; mais elle n'eut pas plus de résultat que la première. Les Mongas, peuple très belliqueux, les forcèrent bientôt à se retirer à Séna. La garnison de 200 hommes qui resta à Tette, sous les ordres d'Ant. Cardosa d'Almeyda, fut égorgée peu après. D'après les vocabulaires de Dos Sanctos et de Salt, la langue des Mongas paraît identique avec celle des Montjous de la côte, et la même que celle qui est parlée dans tout le Monomotapa (1).

Les Portugais, forcés de recourir à d'autres mesures pour se maintenir dans leurs possessions, renoncèrent à leurs conquêtes et se contentèrent d'un commerce amical avec leurs voisins, comme l'avaient fait avant eux les Arabes. Depuis lors, ils n'habitèrent plus que les côtes de Mozambique, tâchant de soulever des dissensions entre les chefs des différentes tribus, dans l'espoir d'en tirer parti; leurs efforts pour convertir les indigènes à la religion chrétienne échouèrent comme leurs conquêtes. Leur influence ne se maintint que sur les côtes du Zambèze.

Le port de Quilimance (2), à l'embouchure du Zambèze, est le principal entrepôt du commerce portugais, le long de ce fleuve. Il serait dangereux de naviguer sur le Zambèze, ainsi que dans la baie de Sofala, sans pilote, à cause des énormes bancs de sable que les vents du sud-est et les

---

(1) Salt, Voy. to Abyss., p. 62.
(2) Ibid., p. 66.

courans du nord y accumulent sans cesse, et qui rendent ici la route de Mozambique presque aussi impraticable aux grands vaisseaux que les côtes occidentales du golfe de Bengale (1). Les baleines, la terreur des navigateurs, se trouvent par troupes dans ces écueils. Pour éviter autant que possible le danger, on décharge les marchandises des grands vaisseaux dans de petites barques capables de remonter le fleuve. Le bras du sud, le Luabo, jadis beaucoup plus fréquenté que le bras septentrional, le Cuama, est presque entièrement abandonné par les navigateurs, comme trop dangereux. Ici, comme partout sous les tropiques, les bras du fleuve se déplacent, surtout dans la saison des pluies, et causent souvent la perte des marins.

Depuis l'endroit où le fleuve se sépare en deux bras jusqu'à la ville de Séna, on compte 30 milles marins; la distance de Séna à la côte, distance qui forme le cours inférieur du fleuve, est par conséquent de 50 milles géographiques (247 milles anglais) que l'on parcourt en dix ou douze jours lorsque la saison est favorable. La rive droite du cours inférieur est habitée par les indigènes; la gauche appartient aux Portugais.

Séna, située sur la rive méridionale, compte à présent 2,000 habitans. Cette ville a un fort et un gouverneur particulier qui commande tous les petits établissemens sur le fleuve et est lui-même soumis au gouverneur général de Mozambique. Le principal marché est celui de Manica, à vingt journées au sud-ouest de Séna, hors du territoire portugais qui ne s'étend qu'à une journée de Séna dans cette direction. Il se tient à Manica, chaque année, une grande foire où tous les commerçans viennent faire l'échange de leurs marchandises. Les autres endroits de commerce sont situés dans le domaine de petits souverains que, chaque année, il faut gagner de nouveau par des

(1) Salt, Voy. to Abyss., p. 19.

présens. Les Portugais envoient annuellement un ambassadeur à Zimbaoa (ville située à quarante journées de Séna et à quinze lieues à l'ouest de Sofala) déposer le tribut stipulé au pied du trône du Quitève, souverain du Monomotapa.

Le fort de Tette (1), également situé sur le Zambèze, est à la même distance de Séna que cette ville l'est de la mer, c'est-à-dire à 30 *legoas*; mais la navigation à travers les gorges des montagnes de Lupata est bien plus pénible et plus dangereuse. Les Portugais sont maîtres, à Tette, de la rive méridionale du fleuve; mais, au nord et à l'est des montagnes de Lupata, ils ont un voisin très dangereux, le souverain du Jambara, pays riche en ivoire. A l'ouest de Tette, se trouvent les pays des *Moussangani* et des *Tipoui*, royaumes indépendans qui avoisinent immédiatement le territoire des Portugais.

La colonie de Tette passe pour la possession la plus importante des Portugais dans ce pays; elle sert d'entrepôt au commerce et est souvent la résidence du gouverneur de Séna. Après elle, le marché le plus fréquenté de l'intérieur est celui de Zumbo, à trente journées de là. Les Portugais obtinrent le privilége d'y établir une petite factorerie. Le Sacumbo n'est navigable que jusqu'à Tette à cause des cataractes; on est obligé de faire le voyage par terre jusqu'à Chicowa où l'on s'embarque sur de petits bateaux qui conduisent à Zumbo. Les commerçans envoient de là leurs commis dans toutes les directions pour échanger leurs marchandises contre l'or et l'ivoire des indigènes. Au-delà de Zumbo, l'intérieur du pays nous est encore absolument inconnu (2). Les Portugais ont essayé, dans ces derniers temps, de communiquer de ce point avec leurs colonies de la côte occidentale; mais tous leurs efforts

(1) Voy. to Abyss., p. 69.
(2) Ibid., p. 69, 86.

n'ont encore donné aucun résultat. Plusieurs voyageurs, envoyés de l'ouest dans l'intérieur, racontèrent qu'ils y avaient vu de grandes eaux couvertes de barques comme celles qu'on remarque sur la côte d'Angola. Le gouverneur de Séna fit, en 1807, un voyage de quelques cents milles anglais sur le Zambèze, mais sans découvrir aucune communication avec l'ouest. Les indigènes lui opposèrent partout une forte résistance; et il mourut sans avoir publié ses découvertes dont s'est emparé le gouvernement du Brésil.

Le commerce a trop peu à attendre de semblables expéditions pour espérer que le gouvernement de Mozambique se décide à en entreprendre de nouvelles; d'ailleurs, les principaux produits de la côte orientale et occidentale de la monotone Afrique se ressemblent trop; et, suivant l'opinion du gouverneur de Mozambique, Don Ant. Manoel de Mallo Castro et Mendoça (1809), ils ne sauraient offrir un commerce d'échange avantageux aux Portugais. Nous pensons, nous, au contraire, qu'il en résulterait des avantages immenses pour les peuples; mais la colonie portugaise est trop mal organisée dans ce moment pour favoriser d'importantes expéditions géographiques, comme celles qu'entreprend le gouvernement britannique.

La domination des Portugais, le long du fleuve Zambèze, dans la direction de l'est à l'ouest, n'existe plus maintenant; elle ne s'est conservée que dans la direction opposée du nord au sud sur plusieurs points de la côte. Au temps de leur plus grande puissance, elle s'étendait, depuis l'île Socotora au nord jusqu'au cap da Lagoa au sud, et comprenait Zanzebar, Quiloa et d'autres possessions littorales qui, maintenant, sont soumises à l'Iman de Mascate ou aux Arabes, depuis que leur marine a regagné quelque influence dans les mers des Indes. Aujourd'hui, la domination des Portugais comprend un espace de 15° de latitude, depuis le cap Delgado au nord jusqu'à

Inhambane au sud (1). Leur dernier établissement est un petit fort près du cap Corrientes : les Français le prirent en 1808; mais les indigènes et les Portugais les forcèrent bientôt à l'abandonner. Inhambane, autre fort appartenant à Sofala, est pour ainsi dire un comptoir des Portugais, dépôt où ils rassemblent les dents d'éléphans que les grandes forêts de la côte fournissent en abondance. Sofala même n'est qu'un pauvre village; mais le pays d'alentour est des plus fertiles, et produit en abondance des oranges, du riz et des fruits de toute espèce. La côte plane et marécageuse est recouverte, jusqu'à la mer, de buissons d'*avicennia tomentosa* (2) qui, comme sur les côtes de la mer Rouge en Abyssinie, sont habités par d'immenses troupeaux d'éléphans.

De Sofala au nord, jusqu'à Mozambique, on ne rencontre plus que de petits établissemens, à l'embouchure du Luabo, sur l'île de Fuogo, à Angoxa, et sur les îles de Querimbo, faibles traces de ce titre pompeux de *Dominus Orientalis Africæ*, que prennent encore les rois de Portugal. Ces possessions étaient jadis plus importantes, par la grande quantité d'or et d'ivoire dont s'enrichissent les particuliers; bien que la couronne n'en tirât pas beaucoup d'avantages pour elle-même, le pays y gagnait considérablement, par la raison que le bien-être individuel des particuliers réagit toujours avantageusement sur l'état. La grande quantité d'or a beaucoup diminué dans ces pays, depuis quelque temps (*Purchas Pilgr.* II, p. 1536); mais leur importance maritime, comme relâche dans le voyage des Indes, est encore la même qu'autrefois. Les Portugais en ont tiré, dans les trois derniers siècles, tous les esclaves dont ils avaient besoin pour leurs colonies d'Asie et d'Amérique. Mais le mauvais système de coloni-

(1) Salt, Voy. to Abyss., p. 71.

(2) Ibid., p. 13.

sation qu'ils suivirent, en subordonnant sans cesse leurs intérêts commerciaux à la soif des conquêtes et en dépensant ainsi leur sang et leur argent dans d'inutiles guerres avec les états voisins, a seul ruiné toutes leurs colonies qui cependant d'abord étaient très soumises (Voy. *Brougham*, *Colonical Policy*, vol. I, p. 466); les désordres de la mère patrie ont en outre exercé une funeste influence sur le nouvel état de Mozambique; à peine y voit-on encore une ombre de l'ancienne grandeur, tout y est dépérissement et misère; la valeur relative de son commerce y a considérablement diminué. Ses rapports avec les états voisins cessent de toutes parts, et partout son influence est détruite; en un mot, d'après l'état actuel de la colonie, il est à craindre qu'elle ne résiste pas long-temps aux invasions des Barbares; tel est du moins le résultat d'observations faites en dernier lieu à Mozambique même, le centre de la puissance portugaise sur cette côte.

La ville de Mozambique (14° 49' latitude sud et 40° 45' longitude est de Greenwich), avec un très bon port (1), est située sur une petite île en forme de demi-lune; le côté concave regarde l'océan, le côté convexe est tourné vers la côte. Au sud-ouest de l'île, se trouve le district de Saint-Coul; au nord-ouest, la péninsule du grand Cabaceiro qui approvisionne seule la ville. Le fort, de forme octogone, défendu par six bastions et quatre-vingts canons, est en très mauvais état; l'un des édifices les plus remarquables est le palais du gouverneur. La ville elle-même avec ses habitans, présente un mélange bizarre de mœurs et d'usages indiens, arabes et européens (2). Les côtes voisines de Cabaceiro, au nord-ouest de Mo-

(1) Voyez Plan of the Harbour and adjacent territories of Mosambique laid down by geometrical observations and from original Portuguese Charts, by H.-S. Salt, 1809.

(2) Salt, Voy., p. 22 à 30.

zambique (là où est située la ville portugaise Mesuril), ressemblent, quant à leur nature, aux riches mais sauvages contrées de Ceylan et de Bombay, à l'est du même océan Indien. Entre les forêts de cocos, de mangos et de kachous (*anicardium occidentale*), sont situées, çà et là, les plantations de manioc (*jatropha manihoc*), principale nourriture des habitans. La côte même est immensément riche en productions marines de toute espèce (1), elle abonde plus que toute autre mer, en plantes marines qui brillent du plus beau pourpre; les profondeurs sont pleines d'éponges et de coquilles de mer, les bas-fonds fourmillent de mollusques des espèces les plus variées, le rivage est partout couvert de crabes, de coquilles, etc. Les huîtres qu'on y trouve (*Hammermuschel*) contiennent, à ce qu'il paraît, des perles de grand prix. Dans les temps de la marée, la pêche se fait avec des nasses, absolument de la même manière qu'elle se trouve déjà décrite dans le périple de la mer Rouge, près de Rhapta. Le rivage est couvert de bandes d'oiseaux aquatiques, de flamingos, de palettes, de différentes espèces de bécaces et de grands hérons; les forêts fourmillent d'oiseaux et de gibier de la zone torride; sur le bord de la mer, croissent çà et là isolément les *malumpava*, espèce d'adansonie, dont toute la force végétale est absorbée par le tronc, qui parfois atteint une circonférence de 74 pieds, sans se ramifier.

L'administration de la colonie de Mozambique est entre les mains d'un gouverneur dont le conseil se compose de trois personnes : l'évêque, le soi-disant ministre et le commandant des troupes. Le gouverneur reçoit 12,000 cruzades d'appointement (750 livres sterling d'après le calcul de Salt); l'évêque n'a que 1,500 cruzades; les soldats portugais sont encore bien plus mal soldés, ainsi que

(1) Salt, Voy. to Abyss., p. 51.

tous les employés subalternes. Le capitaine a 720 réaux crusados, le lieutenant n'en a que 300 (18 livres sterling), de manière que les appointemens du cuisinier du gouverneur sont trois fois plus considérables que ceux du capitaine. Cette mauvaise organisation a donné naissance à une foule d'injustices et d'abus et a corrompu partout les fonctionnaires civils et militaires qui, n'ayant pas de moyens d'existence suffisans, se voient forcés de s'engager dans des spéculations avec les cultivateurs et les marchands d'esclaves. Presque tous les fonctionnaires, à l'exception du gouverneur, sont des criminels auxquels on a assigné la colonie, qui passe pour être très insalubre, comme lieu d'exil. Les cultivateurs ont dégénéré en une race avilie et méprisable; aussi les plantations sont-elles en général dans un état déplorable; au lieu de produire des objets de grand commerce comme du coton, de l'indigo, du sucre, etc., elles ne sont couvertes que de cocos et de manioc qui servent de nourriture aux esclaves et en entretiennent le commerce.

Les habitans de Mozambique se divisent en deux classes principales : les Portugais et les descendans des cultivateurs indigènes; leur nombre ne se monte qu'à 500 personnes, y compris leurs familles. On y trouve en outre des descendans des anciens Arabes qui sont presque tous marins, et des *Banianes*, c'est-à-dire des marchands et des artisans indiens; ils font le petit trafic comme les Juifs, et sont presque tous d'habiles bijoutiers. Ces deux classes comptent à peu près 800 âmes. Le reste de la population se compose de noirs affranchis et de mercenaires indigènes, en tout 1,500 hommes. Le genre de vie déréglée, auquel la plupart des Européens s'abandonnent, joint à l'insalubrité du climat, les rend bientôt incapables de servir. On peut admettre que de cent soldats européens, il n'en reste que sept après les cinq ans qu'ils doivent y séjourner; il en est de même des fonctionnaires civils.

Cela suffit pour nous donner une idée du triste état de cette colonie qui contraste singulièrement avec la prospérité toujours croissante de la colonie du Cap. L'ignorance de ses ennemis a seule maintenu jusqu'à présent l'existence politique de cette colonie portugaise ; ses rapports extérieurs (1) sont maintenant aussi défavorables que ceux de l'intérieur. En 1808, des corsaires français n'eurent pas grande peine à s'emparer de plusieurs forts et îles ; ils coupèrent facilement toute communication avec la mer. Les pirates Marati (les *Sekelaves* des Portugais), peuple guerrier, appartenant sans doute à la race des Malais et habitant le nord-est de Madagascar, menacent depuis quelque temps les restes de l'ancienne domination portugaise, du côté de l'est, tandis que les Arabes se préparent à l'envahir du côté du nord, et les races indigènes du côté de l'intérieur.

L'abolition du commerce d'esclaves (2), l'unique source des richesses de la colonie, lui a porté un nouveau coup, surtout depuis que l'entrée des esclaves dans les possessions anglaises de l'Inde est prohibée.

Les Portugais de Mozambique, quand les vaisseaux anglais qui croisent dans les parages de l'Inde font leur devoir, n'ont d'autre débouché pour le commerce d'esclaves, que leur possession de Goa ; pendant le séjour que Salt fit à Mozambique en 1809, sept vaisseaux chargés d'or, d'ivoire et de cinq cents esclaves firent voile pour Goa. Les esclaves se vendaient dix, quinze et même vingt dollars, ce qui fait un prix moyen de cinq livres sterling pour les hommes et de quatre livres pour les femmes et les enfans. Les Portugais exportaient aussi jadis beaucoup d'esclaves, de Mozambique au cap de Bonne-Espérance, à l'Ile-de-France, à Batavia et dans la plupart des ports de l'Inde.

---

(1) Salt, Voy. to Abyss., p. 76.
(2) Ibid., p. 75, 35, 36.

On en transportait aussi dans les Indes occidentales, même sous pavillon anglais et américain. Ce commerce infâme a maintenant cessé, sinon entièrement, du moins en grande partie, et les marchands d'esclaves en sont réduits aux possessions des Portugais dans les Indes, le Brésil, et à quelques contrées de l'Amérique méridionale. Dans une seule année, en 1809, cinq vaisseaux chargés chacun de trois cents à quatre cents esclaves, firent voile de Mozambique pour le Brésil; on peut admettre que sur ce nombre, soixante périssent pendant le voyage.

Les Portugais de Mozambique tirent leurs esclaves de marchands indigènes qui les leur échangent contre du sel, des coquilles, du tabac, des draps ordinaires et quelques étoffes légères. Pour des objets de la valeur de deux dollars, les marchands indigènes achètent de nos jours un esclave ou une dent d'éléphant de soixante à quatre-vingts livres; de là, les bénéfices immenses que ce commerce offre encore aujourd'hui. Le nombre des malheureux esclaves qu'on transporte de Mozambique dans les différens pays se monte encore annuellement à 4,000. Le gouvernement perçoit pour chacun d'eux un impôt de seize cruzades et demie; long-temps les marchands d'esclaves portugais ne payèrent que la moitié, maintenant ils sont soumis au même impôt que les marchands étrangers; toutes les autres marchandises sont franches de droits. Le commerce avec les Indes n'a pas cessé d'être lucratif; il arrive encore chaque année quatre à cinq vaisseaux de Diou, Demaun, Goa, avec des draps, des étoffes de coton, du thé, etc.; tous s'en retournent chargés d'or, d'ivoire et d'esclaves. Le commerce avec l'occident, surtout avec l'Amérique méridionale, se borne à celui des esclaves.

Nous terminerons cet aperçu général de la colonie de Mozambique par quelques observations sur les peuples indigènes des côtes.

Il nous est parvenu de Mozambique, dans ces derniers

temps, quelques renseignemens à la vérité très incomplets, sur deux races d'habitans indigènes de l'Afrique orientale, les Monjous et les Makouas.

Les Monjous (1), que les marchands d'esclaves transportent de l'intérieur de l'Afrique (mais non pas de l'ouest), dans les possessions portugaises, viennent d'un pays situé vraisemblablement au nord, à quarante-cinq journées de marche, ce qui peut faire une distance de cent à deux cent milles, d'après le calcul de Salt; la caravane reste ordinairement deux ou trois mois en route. Les Monjous habitent probablement la pente méridionale des montagnes de Dyre et de Tegla, qui sont la demeure des peuples Nouba. (Voy. plus bas, les sources de l'Abawi).

Suivant les descriptions de Bruce et de Salt, les Monjous ont, dans leur stature et leur genre de vie, la plus grande analogie avec les Nouba. Ils sont une des plus laides races nègres de toute l'Afrique; ils ont les pommettes saillantes, les lèvres grosses et pendantes, les cheveux courts, crépus et laineux et la peau très noire. Leurs armes, qu'ils empoisonnent, sont l'arc, la flèche et une courte lance. Chaque Monjou porte toujours sur lui de quoi faire du feu; leur appareil se compose de deux morceaux de bois noir qu'ils savent frotter de manière à les mettre en combustion en très peu de temps; Bruce observa absolument le même usage chez une tribu de Nouba, dans le Sennaar (2). Les Monjous craignent les chevaux comme des bêtes féroces.

Les Makouas (*Makooa*, d'après Salt) (3) forment la principale tribu des habitans de la côte, à l'ouest de Mozambique; ils sont répandus au nord jusqu'à Mélinde, au sud jusqu'au Zambèze; on trouve aussi des rejetons de cette grande tige au sud-ouest, jusque parmi les Cafres,

(1) Salt, Voy. to Abyss., p. 32.
(2) Bruce, Trav., 2e éd., VI, p. 345.
(3) Salt, Voy., p. 37.

dans la proximité de la haute terrasse des Beetjuanes. Les Makouas ne sont pas des Cafres, comme le suppose Barrow, qui dérive ce nom de *maquini*, qui signifie forgeron; ils appartiennent, au contraire, à la race nègre. D'après la supposition de Salt, ils font partie de cette branche éthiopique de Nègres qui s'étend au nord, comme une chaîne non interrompue de peuples, jusqu'aux limites de la Nubie et de l'Abyssinie, formant la transition entre les Cafres et les peuples septentrionaux. Comme les Cafres, ils sont un peuple fort et athlétique, toujours prêt à faire des incursions sur le domaine des Portugais contre lesquels ils nourrissent une haine implacable. Ils ont pour armes, des lances et des javelots avec des pointes empoisonnées; cependant ils commencent aussi à acheter, des Arabes et des Portugais, des mousquets et autres armes à feu. Ils s'en sont même déjà servi pour attaquer les Portugais de la péninsule de Cabaceiro qui ne purent leur résister qu'avec le secours d'autres races de Makouas de la côte et des troupes portugaises de Mozambique; celles-ci se composent elles-mêmes, en grande partie, de Makouas qui, vendus d'abord comme esclaves, passent ensuite dans les régimens. Les anciennes tribus de Makouas habitant les côtes et soumises autrefois aux Arabes forment à présent trois petits états nègres dans le voisinage de Mozambique : Quintangona, Saint-Coul et Serecma; ils sont soumis à des chefs connus sous le titre de *Scheik*, et placés sous la surintendance des Portugais. Ces trois états réunis, formant une armée de 9 à 10,000 hommes, sont assez puissans pour protéger les Portugais contre les attaques des Makouas de l'intérieur.

Les Makouas (1) ont, comme les Monjous, les lèvres grosses et pendantes et sont généralement très laids; les femmes ont l'épine du dos très courbée et le derrière sail-

---

(1) Salt, Voy. to Abyss., p. 40.

lant, semblables à peu près aux Hottentottes. Dans l'état sauvage les Makouas sont très féroces; comme esclaves au contraire ils sont très soumis, fidèles et braves lorsqu'on les emploie comme soldats. Ils se passent des anneaux dans le nez et se liment les dents de manière à les rendre aussi aiguës que de grosses dents de scie, ce qui cependant ne nuit pas à la blancheur de l'émail; ils se défigurent le visage par de larges et fortes incisions sur le front, le nez et le menton. Suivant Dos Sanctos, il paraît que la langue des Makouas se parle dans tout l'empire du Quitéve et s'étend, au nord, jusqu'aux Somaulis; leurs mots du moins s'accordent parfaitement avec le vocabulaire que Salt a composé sur la côte de Mozambique. (Voir *Salt*, p. 62 et *Append*, p. 1).

5e Eclaircissement.

Côtes inconnues jusqu'au cap Guardafui et Berbara; Somaulis.

Quoique les Européens aient souvent navigué sur les côtes de Zanguebar, de Mélinde, de Magadoxo, le continent d'Afrique, au nord de Mozambique, nous est complétement inconnu. Tout ce qu'en indiquent les cartes n'est, à l'exception de la ligne littorale, qu'une pure supposition des cartographes. Les Persans et les Arabes appellent cette côte, depuis Mozambique, *Zanguebar*, les Maures indigènes (d'après De Barros) et les anciens géographes arabes lui donnent le nom de *Zanguij*. Les Portugais comptent 550 *legoas* (412 milles géographiques), de Mozambique au cap Guardafui; ils comparent les sinuosités de la côte à la courbure d'une côte de quadrupède, et disent que tout le littoral est plan, couvert d'eaux stagnantes et d'air infect, comme la côte occidentale, dans la Guinée et le Bénin (1). Quant à l'intérieur, il n'en est pas même question.

Les montagnes de Lupata courent très probablement, toujours dans la même direction, au nord-nord-est ; peut-être correspondent-elles même, au nord de l'équateur, au pays d'Alpes du Habech. La terrasse littorale devient alors probablement plus étroite et les chaînes de montagnes se rapprochent davantage de la mer ; cependant, ni les anciens ni les nouveaux voyageurs qui ont navigué sur ces côtes ne nous donnent les moindres renseignemens sur la nature du pays. Il n'est pas étonnant que les criminels seuls soient condamnés à séjourner dans ce climat insalubre et pestilentiel qu'on pourrait appeler le Botany-Bay des Portugais (2).

Les Arabes nous ont appris qu'à trente journées de son embouchure, près de Mélinde, le fleuve de Quilimance (3) sort du pays des Abyssins ; autrefois l'on rencontrait sur ses bords des caravanes de Nègres de l'intérieur qui apportaient de l'or ; mais depuis long-temps les guerres ont détruit ces communications (4). Le Portugais G. Fonseco, ayant navigué cinq journées sur le fleuve, y trouva un pays et des montagnes fertiles.

Aujourd'hui nous savons seulement que des marchands d'esclaves se transportent de 250 à 300 milles dans l'intérieur du pays, pour y arracher les malheureux Africains à leur patrie et les vendre comme esclaves dans les contrées de l'est (5).

Le jésuite Lobo, voulant pénétrer en Abyssinie, s'em-

(1) De Barros, Dec., I, lib. IV, c. 4, fol. 95.

(2) Epidaur. Colin, dans Malte-Brun, Annales, IX, p. 304.

(3) De Barros, Asia, ed. Lixboa, 1552, vol. I, Déc. 1, c. 4, fol. 95 b.

(4) Marmol, Africa, III, p. 142.

(5) Geographische Ephemeriden, Avril, 1810.

barqua, en 1624, sur le fleuve de Jubo, sous l'équateur; mais d'insurmontables obstacles (1) le forcèrent de rebrousser chemin. Ce ne furent pas les montagnes qu'il aurait eu à traverser, qui l'empêchèrent de poursuivre sa route, mais les tribus des Galla (ou Schagga), peuplades sauvages, refoulées sur les côtes et qui ne vivant absolument que de leur bétail et de brigandage, parcourent sans cesse ces contrées et y rendent toute tentative de voyage, sinon impossible, du moins très dangereuse.

Tout près de la mer, la côte est habitée par des Maures (2) (les *Moros* des Mahométans), c'est-à-dire par les tribus arabes des Emozaydi. S'étant séparées des successeurs de Mahomet et ayant formé une secte particulière, ces tribus suivirent Zaide, petit-fils d'Ali, dans ces contrées, afin d'échapper aux persécutions des autres interprètes du Coran. Suivant la chronique des rois maures de Quiloa, que cite Barros, ils auraient été les premiers qui se seraient rendus sur cette côte orientale de l'Afrique; ils s'y établirent, s'y fortifièrent et ne tardèrent pas à s'y propager. Une autre secte les suivit, celle des Irméens (*Irmaos*), venue de Baharein, sur le golfe Persique; elle se fixa dans les environs de Magadoxo, commença le commerce de Sofala et acquit bientôt la domination de toute cette côte orientale; cependant, au sud, ils ne se sont jamais hasardés au-delà du cap Corrientes. Ils ont pour voisins les Marakattes, peuple de noble et belle stature, et au nord les Machidas; plus haut, les bords du Quilimance sont habités, selon le père Lobo, par six tribus de Galla.

Dans l'intérieur, au sud-ouest des Irméens, se trouve une peuplade de Nègres, race paisible et industrielle qui, depuis les temps les plus reculés a entretenu des relations

---

(1) H. Lobo, Reise nach Habessinien, éd. Th.-F. Ehrmann. Zurich, 1793, I, p. 85.

(2) De Barros, Dec., I, lib. IV, c. 4, fol. 95.

avec les habitans des côtes auxquels elle fournit de l'or, de l'argent, du cuivre, de l'ivoire et des esclaves. Battel (1) les appela il y a quelques siècles *Mohenemougi*; ils habitaient alors le pays situé à l'ouest de Mombaza (Mombasa), sous l'équateur, et confinaient, au sud, à la côte de Mozambique; au nord, au pays du prêtre Jean (le Habech), et à l'ouest, aux lacs du Nil. Leur pays, dit Marmol, est très montueux, très agréable, couvert de fruits de toute espèce et riche en or (2).

Dapper donne à ce peuple paisible et commerçant, le nom de *Niemiemays* (3); ils sont, dit-il, depuis longtemps en rapport de commerce avec leurs voisins de l'ouest, les Anzikoko, et établissent ainsi une seconde communication entre la côte orientale et la côte occidentale, et avec l'intérieur du Soudan. Nous regrettons que les temps modernes ne nous en aient pas appris davantage sur ce peuple intéressant.

D'après les derniers renseignemens, recueillis sur les côtes, entre Babelmandeb et le cap Felix, il paraît que ses communications paisibles s'étendent aussi au loin, au nord-est, et même jusque dans le pays des Somaulis (4), peuple commerçant et civilisé. Les Somaulis habitent une étendue de pays assez éloignée des côtes, font, au moyen de leurs caravanes, un commerce continuel et très important avec l'intérieur de l'Afrique; ils tirent, comme la côte de Guinée, toutes leurs productions du Soudan. Ce n'est donc pas la faute de la nature si ces régions intérieures sont demeurées pour les Européens une terre inconnue; l'entrée n'en est défendue ni par des montagnes inaccessibles, ni par des déserts, ni par la férocité de ses

---

(1) Battel, dans Purchas, Pilgr., II, fol. 1021.
(2) Marmol, Africa, III, p. 142.
(3) Dapper, Africa, dans Lobo, édit. Ehrmann, II, p. 55.
(4) Valentia, Travels, II, p. 375.

habitans. On ne peut attribuer le peu de connaissance que nous avons de ce haut plateau, probablement très peuplé, qu'au peu d'intérêt que prennent aux progrès de la géographie les Européens avides d'or qui ont abordé sur ces côtes, à leur conduite perfide envers les possesseurs légitimes, les enfans du sol qui, après avoir accueilli d'abord les étrangers avec hospitalité (1) en ont toujours été traités avec ingratitude et souvent même chassés à main armée de leurs foyers.

La terrasse littorale, depuis Magadoxo jusqu'au cap Guardafui (*garde à vous*, nom que Bruce, par des raisons étymologiques, a voulu changer en *Guardefan*, qui signifie *la route de l'enterrement*) (2), ou jusqu'à Fellis (*Mons Felix*), montagne saillante située à la hauteur du cap, est maintenant dans une étendue de plus de 100 milles géographiques, un désert aride où l'on ne trouve que çà et là quelques habitations (3). Tous les voyageurs, anciens et modernes, qui ont longé cette côte, l'appellent un désert aride et inhabité (4). De Barros lui-même ne parle pas de ce pays; il ne nous rapporte rien non plus du cap Guardafui qu'il se contente d'appeler le *cap Aromata* de Ptolémée; cependant l'île de Socotora, non loin de là, fut souvent le quartier d'hiver des flottes portugaises (5) qui y cherchaient un abri contre les vents du nord très redoutables dans ces parages.

Les dernières observations faites sur ces côtes, n'ont presque rien ajouté aux renseignemens que nous possédons depuis long-temps. Les dangers des côtes empêchent les vaisseaux d'y séjourner long-temps; aussi ne s'y hasar-

---

(1) Valentia, Travels, II, p. 378.
(2) Bruce, Travels, I, p. 489.
(3) Gosselin, dans Bredow, p. 319.
(4) Dos Sanctos, 1556. — Lobo, ibid., I, p. 75.
(5) De Barros, Dec., II, lib. 1, c. 4, fol. 6.

dent-ils que pendant les moussons du nord-est ou du sud-ouest. Il est très dangereux, pour ne pas dire impossible, de naviguer contre ces vents, soit qu'on veuille entrer par la route de Mozambique, dans le golfe Arabique ou aller d'Aden au cap de Bonne-Espérance. L'Amiral Blankett entreprit ce trajet en 1798. Sa flotte, qui mit à la voile aux îles Comores, le 11 Novembre, n'arriva au cap Guardafui, que le 8 Avril 1799, après avoir lutté continuellement contre les vents alisés du nord-est ; le temps qu'il mit à louvoyer et tous les détours qu'il fit en croisant de tous côtés équivalent bien à une traversée de 3,600 milles géographiques (18,029 milles anglais), ou à peu près à un voyage autour du monde. (Voy. Capt. Bissel, *Voy. to the Red Sea.*) En Juillet 1810, il fut de même impossible au vaisseau de Salt, d'aller du cap Guardafui au cap de Bonne-Espérance ; ne pouvant longer les côtes, à cause du vent, il se vit forcé de faire voile sur Bombay, traversée qu'il fit en sept jours avec la mousson sud-ouest ; arrivé là, il put enfin prendre sa direction vers l'extrémité méridionale de l'Afrique (1). Notre peu de connaissance de cette côte orientale s'explique ainsi très naturellement attendu qu'elle n'offre nulle part une rade convenable pour y séjourner. Tout ce que nous en apprendrons ne sera par conséquent que très hypothétique et ne pourra toujours reposer que sur des traditions.

Depuis le cap Delgado jusqu'à Brava et Magadoxo (*Berawa* et *Mugdasho* chez les Arabes) s'étend la longue et profonde baie de Zanzebar (Zanguebar) d'où s'élèvent, immédiatement avant la côte, les grandes îles littorales Monfia, Zanzebar, Pemba. Ces îles n'étant encore que peu connues, nous n'en dirons que peu de mots.

MONFIA est absolument inconnue. L'île de ZANZEBAR (2)

---

(1) Salt, Voy. to Abyssinia, p. 90, 499, 502, 503.

(2) Ibid., p. 91.

a une étendue de huit milles géographiques en longueur et de trois en largeur; elle se distingue par un excellent port à l'ouest de la ville, où les plus grands navires peuvent rester à l'ancre une grande partie de l'année; le courant rend l'abordage difficile, mais la marée qui monte jusqu'à douze pieds lui est très favorable. La côte orientale est abrupte, couverte de forêts et peu élevée. Les vents de mer parcourent toute l'île et y rendent ainsi le climat salubre, malgré le voisinage de l'équateur. L'île est habitée par des Mahométans, sous la domination d'un Scheik qui reconnaît pour souverain l'Iman de Maskate. L'impôt que ce dernier prélève dans cette île se monta, en 1807, à 40,000 dollars. On y fait un commerce considérable avec les îles de France, de Madagascar et les côtes arabiques; les principaux articles d'exportation sont du vitriol, de l'antimoine, de la gomme, de l'ivoire et des esclaves; on y importe des draps indiens, des métaux travaillés et des armes. On trouve à Zanzebar de très bonne eau, beaucoup de forêts et d'excellens pâturages; l'île est généralement bien cultivée; la principale nourriture des habitans est, comme chez tous les Arabes, le riz. Pemba, la troisième île, est basse, plus petite que Zanzebar et plus boisée; il paraît que les Anglais la regardent comme une possession très importante pour leurs vaisseaux.

Vue de la mer, toute la côte africaine de cette profonde baie paraît de hauteur moyenne, aride, sablonneuse et sans sommités. Brava est situé, d'après le capitaine Bissel, à son extrémité septentrionale, 1° 12' latitude nord (1). La pointe de Doaro, au nord de Magadoxo, présente une saillie en forme d'île à l'est; de ce point (4° 53' 30", latitude nord, et 49° longitude est de Gr.) la côte prend une direction plus septentrionale; au cap Bassas elle s'é-

(1) Salt, Voy., p. 92.

lève un peu plus, mais en conservant toujours sa même apparence unie, jusqu'au cap Delaqua, où elle augmente considérablement en hauteur (10° 13' 30'' latitude nord). Au nord de ce cap, on voit s'élever dans la mer, comme d'énormes montagnes, les deux extrémités les plus orientales de l'Afrique, le cap d'Orfui (le *Hafoun* des indigènes, 10° 30' 30'' latitude nord et 51° 12' longitude est de Gr.) et le cap Guardafui (11° 50' latitude nord et 51° 22' longitude est de Gr.). Dans une tempête en 1620, la baie profonde entre le cap Bassas et le cap Delaqua servit d'asile à l'amiral Beaulieu ; l'aiguille aimantée marquait 17 2|3 d'ouest, au 10° 1' latitude nord ; ce qui fait une différence de 13° à l'ouest avec ce que Salt observa un siècle plus tard. Cette même baie est maintenant habitée par la tribu des *Mijertayne Somaulis* (1) ; leur chef, appelé Sultan, en défend l'entrée aux Arabes de Maskate qui, comme autrefois les Portugais, cherchent maintenant à étendre leur domination le long de ces rivages africains.

Le cap Guardafui, avec son plateau élevé et ses pentes abruptes du côté de l'Océan (voy. la carte de Salt), est comme un grand point de partage entre la température et les vents de la côte de Magadoxo et ceux du grand golfe d'Aden formant l'*atrium* du golfe Arabique. Par les moussons du sud-ouest, les vents sud-ouest cessent dès qu'on a doublé au nord le cap Guardafui, phénomène qui s'explique par les côtes élevées situées au sud-ouest. Au nord de la côte qui s'étend à l'ouest, les courans de la mer offrent souvent de grands obstacles aux navigateurs venant de l'est ; l'air y est lourd, immobile, la chaleur augmente, et devient de plus en plus intense entre l'Arabie déserte, au nord, et les plaines arides de l'Afrique orientale. Dans le calme, les marques de terre sont toujours les mêmes, et tout à coup les vaisseaux venant du sud-ouest, s'arrêtent ici

(1) Salt, Voy., p. 95.

comme cloués, après avoir fait la course la plus rapide. De là viennent cette foule de contes arabes, de vaisseaux arrêtés par charme et attachés au fond de la mer, superstitions qu'on explique ainsi sans l'aide des rochers magnétiques.

A l'est de ces hauts promontoires, on voit s'élever du milieu de l'océan indien, en face du continent, l'île rocheuse ABD-EL-CURIA (1), et la grande île SOCOTORA; les vagues qui viennent se briser avec fureur et à grand bruit contre leurs écueils sont souvent très funestes aux navires qui sillonnent ces parages inconnus. Le promontoire FELLIS, entouré de parois encore plus escarpées et presque perpendiculaires, s'avance à l'ouest dans la mer et paraît s'étendre parallèlement à la côte, par conséquent, dans la direction de l'est à l'ouest (2); c'est le même que le *mons Felix*, le *mons Elephas* des Romains et le *Ras-el-Fil* des Arabes. *Fil* signifie éléphant dans les langues éthiopiques; de là, le nom de *Tête d'Eléphant* (3) qu'on a donné à ce promontoire.

C'est autour de ces promontoires, là où le climat change entièrement, qu'on aperçoit à l'entrée de l'Arabie, de l'Abyssinie, de la Nubie et de l'Egypte, l'oiseau *abou hannes* (4), l'ibis des Egyptiens; il semble garder ici l'entrée de la patrie qui, comme nous l'apprend déjà Strabon, s'étend au loin dans l'intérieur.

LES SOMAULIS. — Les autres promontoires orientaux de l'Afrique, jusque sur les confins de l'Abyssinie et des hordes de Galla, sont habités par les Somaulis, peuple remarquable et intéressant que l'on connaît depuis très peu de temps. Ils habitent toute la côte depuis le cap Guarda-

---

(1) Salt, Voy., p. 501.
(2) Ibid., p. 98.
(3) Bruce, Travels, VI, p. 261.
(4) Salt, Voy., p. 97.

fui jusqu'à Zeila à l'ouest, par conséquent jusqu'à la route de Bab-el-Mandeb. Berbera est la capitale; il s'y tient une foire qui dure depuis le mois d'Octobre jusqu'au mois d'Avril et où les Arabes voisins se rendent en foule, pour y acheter de la gomme arabique, de la myrrhe et de l'encens (*frankincense*). Aden et Moka où l'on a recueilli les derniers renseignemens sur lord Valentia (1) sont en rapport avec ce grand bazar de la côte orientale et en tirent beaucoup d'objets de commerce, comme des esclaves, des chameaux, des chevaux, des mulets, des ânes, etc., que les marchands arabes échangent contre des denrées indiennes. Beaucoup d'habitans de pays situés à l'intérieur de l'Afrique et qui nous sont encore absolument inconnus, en particulier les souverains de Hanim (le pays d'encens de Sason, selon Cosmas situé à 20 journées de marche à l'ouest de Berbera), y envoient des caravanes pour échanger leur or et leur ivoire contre des marchandises indiennes. Cette espèce de commerce est, ainsi qu'à Mozambique, exploité uniquement par les avides marchands indiens, les Banianes; ils pourraient y débiter beaucoup plus de marchandises s'ils voulaient se contenter d'un bénéfice moins exorbitant.

C'est par le pays des Somaulis que passe maintenant la seule route commerciale qui conduit de l'intérieur de l'Afrique à l'Arabie méridionale. Les Somaulis font par terre un commerce très important avec l'intérieur; ils ont des marchés considérables et exportent beaucoup de marchandises sur leurs propres vaisseaux. Beaucoup d'entre eux jouissant d'une grande aisance se sont établis sur la côte Arabique, par exemple à Moka où ils vivent très paisiblement. Les Somaulis ont en outre une petite factorerie sur la baie d'Hovakil à Arena (2); ils y font un com-

(1) Valentia, Travels, II, p. 375.
(2) Salt, Voy., p. 191.

merce considérable d'esclaves, de chevaux, de troupeaux, etc.

Souvent les vaisseaux indiens échouent sur leurs côtes, surtout près du Ras-el-Fil et près de Zeyla; les Somaulis ne manquent jamais de recevoir et de traiter avec hospitalité et bienveillance les naufragés qu'ils entretiennent et nourrissent jusqu'à leur départ; mais on dispose de la cargaison d'après le droit de varech. C'est toujours la faute des Européens si, dans la plupart des endroits de la côte (1), ils sont regardés par les indigènes comme leurs ennemis naturels. De Berbera et Zeyla, les deux principaux marchés des Somaulis (Zeyla est situé au 11° 18' lat. nord, et au 43° 5' long. est de Gr., suivant Stuart) (2), des routes très fréquentées conduisent les caravanes dans les pays de l'intérieur, et surtout dans le royaume de Hourrour, entre le 9° et le 10° latitude nord et le 41° et 43° longitude est de Greenw.; des relations commerciales s'étendent de ce point à l'ouest, avec les peuples qui habitent les environs des montagnes de Komri ou des montagnes de la Lune. C'est dans ces contrées qu'on a cherché le pays des fabuleux Macrobiens (3). Les voyageurs européens qui voudraient pénétrer par terre jusqu'aux sources du Nil, dans les montagnes de Komri, feraient toujours bien de choisir Berbera, pour première station. D'ici, la route commerciale ne paraît nullement impraticable; nous ferons observer seulement que les stations en ont été mal dessinées sur les dernières cartes d'Abyssinie.

Ces relations paisibles existent, à ce qu'il paraît, dans

(1) Valentia, Travels, II, 377; comparez Salt, Travels, p. 97, 174, 187.

(2) Chart of the Bay of Zeyla, from Geomatrical Observ., by Rich. Stuart, 1810, dans Salt, p. 474.

(3) Heeren, Idées, II, p. 350.

ces contrées depuis plus de mille ans ; déjà Ebn Haukal (950) en parle d'une manière très précise dans sa description de Zeyla (*Zouileh*) (1). Ce pays, dit-il, contient beaucoup de provinces ; il est très grand, mais sec et riche en toute espèce de productions, comme en général tous les pays mahométans ; ce dont il a besoin lui vient de l'ouest, parce qu'il n'est pas facilement abordable d'un autre côté. La peau de ses habitans est plus lisse et plus noire que chez les autres nations noires.

Suivant le rapport de lord Valentia, les Somaulis ne sont pas de vrais Nègres quoiqu'ils aient, comme ces derniers, les cheveux crépus, les dents très blanches, la peau très noire. Ils s'en distinguent par la douceur de leur peau, le développement plus gracieux de leurs membres et une physionomie absolument différente, surtout dans la formation du nez qui n'est nullement aplati.

---

(1) Ebn Haukal, Orient. Geogr., p. 22.

III.

BORD SEPTENTRIONAL DE LA HAUTE-AFRIQUE, DU COTÉ DE L'EST.

§ 9.

Après avoir examiné le plateau d'Afrique dans son étendue orientale, du sud au nord, nous allons passer à l'étude et à la recherche de son bord septentrional du côté de l'est. Les rapports qui peuvent exister entre cette partie orientale du bord septentrional et sa partie occidentale nous sont demeurés inconnus jusqu'à ce jour.

Non loin du domaine des sources supérieures du Nil, un vaste et large pays d'Alpes qu'on a comparé aux hautes plaines de Quito (1), s'adosse, au nord de l'équateur, au grand continent d'Afrique et se trouve ainsi placé en face du plateau, au nord, comme la haute terrasse du Tibet et du Boutan en face de la Haute-Asie, au sud.

Situé sous le méridien du lac de Tzana et des sources du Nil (54° 40' longitude est de l'île de Fer), ce pays d'Alpes s'étend, d'après Bruce et les cartes des Jésuites, du 9° au 13° latitude nord, à peu près 60 milles géographiques en largeur, dans la Colla de Tcherkin et Waldoubba, jusqu'à la pente rapide du nord. Un peu plus à l'est, près de la côte, il s'incline insensiblement en plusieurs larges gradins dans les basses-terres appelées *Mazaga*. Au nord-est, la terrase du Baharnagach forme l'extrémité la plus saillante et en même temps la plus basse

---

(1) A. de Humboldt, Ansichten der Natur., p. 112.

de ce pays d'Alpes ; elle domine toute la côte de la mer Rouge et s'abaisse avec la montagne de Taranta (la chaîne la plus septentrionale située, d'après la dernière carte de Salt (1), au 15° latitude nord) vers la province de Dobarwa et la côte plane d'Arkiko. A l'ouest des sources du Nil, ce pays s'incline dans les basses plaines du Sennaar et du Cordofan. Sa pente est ici formée par les chaînes de montagnes de Fazoglo, de Dyre et Touggoula ou Tegla selon Bruce (Deir et Touggala selon Browne), qui toutes s'étendent entre le 12° 30' et le 13° latitude nord, de l'est à l'ouest avec une légère déviation vers le sud, ou de l'est-nord-est à l'ouest-sud-ouest ; elles se trouvent ainsi placées sur la même latitude que la chaîne du Baharnagach dont nous venons de parler. Leur cours depuis Arkiko (57° longitude est de l'île de Fer) jusqu'au méridien d'Ibeit (48° longitude est) comprend une étendue de plus de 150 milles géographiques, mais il nous est absolument inconnu (2) ; il est même probable que le long de la limite méridionale du Dar-Four elles se prolongent encore plus loin dans les immenses terres de l'intérieur de l'Afrique.

A en juger d'après le cours de ses eaux, ce haut pays d'Alpes traversé par un grand nombre de vallées et de fleuves s'élève tant soit peu vers l'intérieur de l'Afrique, dans la direction du sud-ouest. A l'est-nord-est au contraire, il se dégrade en plusieurs terrases vers la côte sablonneuse (*Samchara*) du golfe Arabique et de la mer Persico-Arabique. Jusqu'à ce jour, ce pays riche, fertile et peuplé est

(1) Part. I : Chart of the Read Sea, laid down from actual survey and observ. made by Capt. Court, Vic. Valentia, Salt, etc. 1804 et 1805.—Map of Abyssinia and the adjacent districts, laid down partly from originel observations taken in the country and partly compiled from information collected there by Henry Salt, 1809-1810. London, May 1814. Cette carte servira par la suite de base à nos recherches.

(2) W.-G. Browne, Travels in Africa, Egypt and Syria from 1790 to 1798. London, in-4°, 1799, p. 461.

demeuré en somme presque inconnu aux Européens; nous ne possédons que quelques notions sur sa partie orientale et nous en sommes redevables au zèle des missionnaires portugais des siècles précédens, à la persévérance du célèbre voyageur qui découvrit les sources du Nil (1) et aux dernières entreprises des patriotes anglais (2), pour ouvrir de nouveaux débouchés au commerce de leur pays.

La partie occidentale de ce pays d'Alpes est encore pour nous ensevelie dans de profondes ténèbres; ce n'est que dans quelques pays environnans et souvent très lointains, qu'on a pu rassembler quelques récits, quelques traditions sur ces contrées qui n'ont été visitées, jusqu'à ce jour, que par des marchands d'esclaves ou d'autres aventuriers attirés seulement par la soif de l'or. Les renseignemens recueillis par Bermudez et ensuite par Bruce dans le Habech, ceux que Browne rassembla dans les basses-terres du Dar-Four, s'accordent parfaitement avec les plus anciennes données que nous possédons sur ce pays.

La difficulté de communication, jointe à la richesse naturelle du bord septentrional; dans le Habech, l'abondance de bétail, de chevaux et de plantes de toutes espèces; l'originalité des habitans de ce pays, siége d'une civilisation antique; depuis l'an 330 la propagation du christianisme au milieu de peuples idolâtres et de Mahométans fanatiques; le berceau du Nil, cette source intarissable de commerce qui se prolongeait le long du rivage de ce fleuve et s'étendait dans les plaines voisines jusqu'à la Méditerranée; l'ancienne communication de l'Inde avec l'Egypte par l'Ethiopie, — toutes ces circonstances réunies et d'autres encore, ont, depuis Cambyse le

(1) J. Bruce, 1768-1773.

(2) G. Vicomte Valentia, and Salt, 1804, 1809 et 1810.

conquérant jusqu'à nos jours attiré l'attention de tous les peuples sur ce pays d'Alpes.

Mais au-delà de ce pays d'Alpes, s'élève au sud, sur le flanc du grand plateau de l'intérieur, une terrasse très exhaussée que nous ne connaissons que par ouï-dire. Nous en exceptons toutefois le pays de Caffa et Narea qui, s'avançant comme une presqu'île, forme l'extrémité nord-est de cette terrasse. Ce pays fut visité, en 1613, par Antonio Fernandez (1), le seul Européen qui ait voyagé dans ces contrées. Nous allons rapporter en détail les observations de ce voyageur.

CHAPITRE PREMIER.

PREMIÈRE TERRASSE. — PLATEAU ÉTHIOPIQUE. — CAFFA ET NAREA.

Narea fait partie de la haute plaine de l'Ethiopie qui s'étend au nord jusqu'au 9° et 10° de latitude nord et du 42° au 53° longitude est, ou, en d'autres termes, depuis la source du Bahr-el-Abiad jusqu'à la source du Zébi, à l'est. Ces limites sont celles que nous ont indiquées Browne et le père Tellez dans son ancienne carte de l'Abyssinie (2). Ludolf et Bruce les ont entièrement conservées pour ce qui regarde le sud; ils n'ont changé que les degrés de longitude.

Narea est une haute plaine unie et très élevée ; A. Fernandez la parcourut en six journées, de la pente la plus

(1) Historia Geral de Ethiopia alta ou preste Joam e doque nella obraran os Padres de companhia de Jesus, composta, etc. pelo Padre M. d'Almeyda, abbreviada pelo P. B. Tellez. En Coimbra, 1660, in-fol., lib. IV, c. 4, fol. 313.

(2) Imperii Abassini Tabula geographica ex oculatis relationibus Patrum Soc. Jesu aliorumque, etc., a Francesco Eschinardo, dans Thévenot.

septentrionale à la capitale, c'est-à-dire de Gonca à la résidence de Benero; c'est ainsi que s'appelait alors le *Xoumo* ou gouverneur de Narea. Tous les renseignemens, tant anciens que modernes, s'accordent à dire que d'immenses plaines désertes s'étendent ici vers l'intérieur du continent; suivant les anciens (1) elles sont inhabitées et par conséquent inconnues; selon les géographes modernes (2) elles sont parcourues par des hordes sauvages de Galla. Nous ne savons pas jusqu'où la haute terrasse de Narea s'étend à l'ouest. Au sud, elle est bordée par le pays de Caffa, pays entrecoupé de montagnes très élevées; Bruce les appelle *Stupendous*, et cependant elles ne sont pas couvertes de neige. Au nord-est, la terrasse ne s'étend qu'à cinq journées du chef-lieu, résidence du roi de Narea, où elle se dégrade en se prolongeant dans le pays de Gingiro, vers le fleuve Zébi ou Kibber. On arrive à ce fleuve par un défilé rapide et escarpé (3).

Il est très probable que la pente septentrionale de cette haute terrasse s'étend, à l'ouest, jusqu'aux sources du Bahr-el-Abiad ou bras occidental du Nil; les modernes appellent cette pente *Donga* (4); les anciens, *Montes Lunæ*; les géographes arabes *Gèbel-el-Koumr*. Ces fameuses Montagnes de la Lune auxquelles se rattachent tant de fables sont par tout représentées sur les cartes comme situées au centre de l'Afrique. Comme elles jouent un rôle capital dans la géographie ancienne et moderne nous examinerons en peu de mots les documens qui les concernent et qui peuvent être regardés comme authentiques d'après l'état actuel de la science.

---

(1) J. Ludolfi, Historia Æthiopica. Francof., 1681, in-fol., lib. I, c. 16, § 52.

(2) J. Bruce, Travels to discover the source of the Nile, 2e édit. Edimburg, 1805, III, p. 237 et 325.

(3) Bruce, Trav., III, p. 329.

(4) Browne, Trav., p. 473.

1er Eclaircissement.

Montagnes de la Lune.

Browne tient les relations qu'il nous transmet de marchands qu'il rencontra dans le Dar-Four et qui lui donnèrent des renseignemens sur les voyages des caravanes aux sources du Nil (1).

Suivant ces relations, il y a dix jours de marche d'Aboutelfan, situé près du Bahr-Misselad, aux sources du Bahr-el-Abiad; de Schillouck, situé sur la même latitude que Sennaar, près du Bahr-el-Abiad inférieur, on compte trente journées de marche pour arriver au même point; du Bornou il y a vingt journées; dans ce trajet, on s'élève toujours, à travers une contrée montueuse, jusqu'aux montagnes de Donka, appelées *Dinka* dans le Habech (2), où est située la résidence d'un prince idolâtre. Ici se trouvent, dit-on, quarante différentes éminences qui toutes s'appellent *Koumri* et d'où jaillissent une quantité de sources qui réunissent leurs eaux dans l'Abiad. Les habitans du Bergou y vont comme en partie de chasse pour enlever des esclaves.

Ce bord septentrional est situé entre le 7° et le 8° de latitude nord; du moins savons-nous (3) qu'il est, ainsi que la source du Nil, au sud du 10° de latitude nord. La Haute-Afrique ne peut donc par conséquent s'étendre ici que tout au plus jusqu'au 5° ou 6°, au nord de l'équateur.

Cette contrée de Donga est précisément la même que les anciens appelaient *Montes Lunæ* (4) et à laquelle Aboulfeda et Edrisi donnent le nom d'*Al-Koumri*. Il pa-

(1) Browne, Trav., p. 473.
(2) Bruce, Trav., 2e édit., VII, Append., p. 96.
(3) Rennell, dans l'Append. à Mungo-Park, Trav., p. XIII.
(4) Ptolémée, Africa, tab. IV.

raîtrait, suivant Ptolémée, que le σελήνης ὄρος comprend tout un groupe de montagnes (*pater est mons Lunæ plurium*); Edrisi (1) nous cite en effet trois chaînes de montagnes qui courent de l'ouest à l'est. Il appelle la première, la plus rapprochée des montagnes de la Lune, *Djebel* ou *Gibbel-Heikal-Masour* ce qui signifie la *Montagne du Temple peint*. Malheureusement ces noms ont été transmis par les prêtres et non par les voyageurs. La seconde, située au nord, est le *Gibbel-Addeheb* (Montagne d'Or), nom qui lui vient des mines d'or qu'elle renferme. Suivant Hartmann, cette montagne est la même que la Montagne d'Or à Boga. La troisième s'appelle, avec la contrée qui l'entoure, le Pays des Serpens (*Mons Serpentum*). On trouve ici, dit-on, d'énormes scorpions et de grands serpens dont le regard donne la mort (2). Suivant les voyageurs modernes, les serpens sont en effet très nombreux au sud du Cordofan jusqu'à El-Ais (ou Hellet-Alleis, selon Browne). Chez les Arabes, la dénomination de *Gibbel* ne signifie pas seulement une montagne, mais aussi des groupes, des chaînes, et même des pays de montagnes. On pourrait donc considérer ces trois *Gibbel* comme trois terrasses formant la transition du plateau aux basses terres.

Une comparaison plus exacte nous fait voir que la triple disposition des terrasses abyssiniennes s'accorde parfaitement avec celles que nous supposons ici à l'ouest, près du Bahr-el-Abiad; la forme parallèle, qui est un des caractères distinctifs de l'Afrique, traverse ainsi dans une remarquable uniformité toute cette grande étendue de pays, de l'est à l'ouest.

Il est vraisemblable que le troisième rang de mon-

---

(1) Edrisi, Africa, cura Hartmann, ed. altera, 1796, p. 82.

(2) A. Murray, Dissertation on the progressive geography of the Bahr-el-Abiad and the others branches of the Nile in Bruce, Trav., 2e édit., VII, p. 389 et 96.

tagnes, le pays des serpens, des scorpions et des Shangallas forme la Colla ou le dernier gradin qui unit le plateau aux basses terres. La chaîne moyenne est le pays de l'or; car toutes les terrasses qui contiennent de l'or nous apparaissent dans le Monomotapa, le Bambouck, etc., comme terrasses moyennes et absolument dans les mêmes rapports. La première chaîne appartiendrait alors au plateau même et correspondrait aux chaînes de montagnes limitrophes qui entourent aussi Narea.

Macrizi (1) distingue deux différentes chaînes de montagnes : le *Gibbel-al-Komr*, Montagnes des Colombes, et le *Gibbel-al-Kamar*, Montagnes de la Lune. Hastings pense que *Komri* n'est que l'adjectif de *Komr*, *la lune*, et que ces deux mots ont le même sens.

Suivant de Sacy, le nom de *komr* que les anciens géographes arabes donnent à ces montagnes n'a jamais eu la signification de lune; on ne le trouve employé dans ce sens que chez les modernes, qui l'ont changé en *kamar*. Macrizi rapporte une tradition suivant laquelle les habitans de la grande île située dans la mer de Zanguebar, vis-à-vis de Ceylan (sans doute Madagascar), se trouvant trop resserrés, auraient émigré du pays de Komriyya, et se seraient établis au pied de la montagne de Komr. *Komri* aurait désigné chez eux un oiseau. L'auteur du *Kamous* fait dériver ce nom d'un adjectif qui signifie *blanc*, *verdâtre* (2). Les caravanes (3) de Tombouctou appellent aussi *Gibbel-Kumra* ou *Gibbel-Kumrie*, toute la chaîne de montagnes qui s'étend de l'est aux sources du Niger; ce nom signifie *montagne blanche*. Jackson ajoute que les Arabes donnent encore ici le nom de *couleur de lune* à

(1) Al. Macrizi, manuscr., III, fol. b. — Langlès, sur Hornemann, Voy., Paris, 1803, II, p. 238.

(2) Sylvestre de Sacy, Abd-Allatif. Paris, 1810, in-4°, p. 7.

(3) Jackson's Account of Marocco, 2e édit. Lond., 1811, p. 291.

d'autres objets blancs, par exemple à des chevaux blancs.

Murray suppose que les Arabes n'ont fait que traduire ce nom des géographes grecs, sans s'inquiéter de la nature des lieux. Nous savons cependant aujourd'hui que les habitans des contrées dont il est ici question adorent en effet la lune.

Bruce (1), qui a voulu confirmer les rapports des anciens par ses propres observations, croyait avoir retrouvé, dans le couronnement des montagnes d'Amid-Amid, les *Montes Lunæ* avec leur forme amphithéâtrale ressemblant à celle de la lune; aussi les place-t-il près des sources de son Nil, dans le pays de Saccala.

2e Eclaircissement.

Sources. — Voyage de A. Fernandez à Narea.

Le savant J. Ludolf (2) exprime ses regrets de ce que le voyage de Fernandez à la côte de Mélinde par Narea, *per avia et ignota*, ait été si indignement entravé par la méfiance et les intrigues des diplomates. Le journal publié par Tellez ne rend compte du voyage que depuis le Habech jusqu'à Narea, sans faire mention ni de la hauteur polaire ni du climat de ces pays; cependant ce voyage avait duré dix-neuf mois.

Bruce nous assure que sa carte est la première qui indique avec quelque exactitude la route de ces voyageurs (3). La province de Narea, ainsi que celle de Caffa, compte des chrétiens au nombre de ses habitans; elle est, ou du moins elle était alors (4) tributaire du souverain qui

---

(1) Bruce, Trav., V, p. 244.

(2) Ludolf, Hist. Æthiop., lib. I, c. 16, p. 52.

(3) Bruce, Trav., 2e éd., III, p. 324.

(4) Ludolf, Hist. Æthiop., I, c. 16, p. 48.

règne sur la terrasse inférieure du Habech. Il devait par conséquent exister une route de communication qui, quoique très dangereuse à cause des hordes de Galla qui la parcourent sans cesse, aurait pu donner cependant des éclaircissemens très importans sur la nature du pays.

C'est à cette voix de communication que Bruce doit les additions dont il a enrichi le récit des voyageurs et auxquelles nous reviendrons encore plusieurs fois dans nos recherches (1). Nous ferons observer toutefois que la position de Narea sur la carte tracée par cet auteur ne s'accorde pas avec la relation de Tellez ; Gonea y est placé à la limite méridionale de cette province, vers Caffa, tandis que, d'après le journal des voyageurs, Gonea est le premier village naréanien qu'ils rencontrèrent sur la frontière septentrionale.

L'empereur d'Abyssinie, Socinius ou Melec-Segued (de 1605 à 1632) résolut, après avoir embrassé le christianisme, d'envoyer une ambassade au pape Paul V et à Philippe II, roi d'Espagne ; il en chargea un Abyssinien nommé Fecur Egzie et lui ordonna de se faire accompagner par un des missionnaires qui se trouvaient dans sa résidence ; le sort tomba sur le père A. Fernandez. Le 15 Avril 1613, les deux envoyés partirent d'Oubarma (Ombrama, selon Tellez) (2), ville située sur les sources du Nil, dans les Alpes du Habech, au sud du lac de Tzana. Après de nombreux dangers, ils passèrent le Nil, au sud, près de Mine (*Mina*, selon Tellez), ce qui signifie *gué*. Sur un espace de 50 *legoas* ou 46 milles géographiques, ils ne rencontrèrent, dans la direction du sud, qu'un pays sauvage, montueux et couvert de forêts ; le huitième jour après leur départ, ils arrivèrent enfin au pied des montagnes de Narea.

---

(1) A. Murray, Appendix and detached artic. in Bruce, VII, p. 79.
(2) Tellez, Hist. Geral de Ethiop., lib. IV, p. 314.

Ils gravirent cette haute chaîne de montagnes par un défilé pénible qui aboutit à la forteresse limitrophe (*Serra forte*) de Gonca. De là, le chemin s'étend, pendant six journées dans d'immenses plaines, jusqu'à la résidence du Xoumo d'où ils mirent encore cinq journées pour atteindre le bord oriental. Du cinquième au septième jour, les voyageurs en descendirent à grand'peine par deux défilés escarpés (*alta e impinada serra*) et continuèrent leur route dans les basses terres de Gingiro. Ils arrivèrent ainsi au fleuve Zébi et à la province de Cambate, la plus reculée de celles qui payaient alors un tribut au Habech.

Les relations les plus anciennes donnent aux basses terres le nom de *Zendero*; elles appellent *Narea* ou *Enarja* tout le pays situé entre Angote et Mélinde (1), à 180 milles géographiques, 200 *legoas* de Massowa (2). Le pays de Narea, dans un sens plus restreint, ou celui qui payait alors un tribut à l'empereur d'Ethiopie, ne comprend, dit-on, que 35 milles géographiques ou 40 *legoas*.

3e ECLAIRCISSEMENT.

Narea. — Les Naréaniens.

La haute terrasse de Narea s'étend comme une péninsule du plateau africain dans la direction du nord-ouest, semblable aux Hauts-Gobi qui, dans la Haute-Asie, se prolongent de la même manière du côté du Tshan-pe-Shan et de la Corée. Elle forme le partage des eaux entre la Méditerranée et la mer des Indes; dans la première, vont s'emboucher les eaux du Nil qui descendent à travers des terrasses progressives et graduées; l'océan des Indes

(1) Tellez, Hist. Geral de Ethiop., lib. IV, p. 315.

(2) Ludolf, Hist. Æthiop., lib. I, c. 16, p. 52.

reçoit les eaux du Zébi, torrent rapide qui, au dire des marchands mahométans, les seuls qui de nos jours se rendent encore dans ces contrées, s'appelle *Kibbi* (1), et ne fait qu'un avec le cours supérieur du Quilimance (2). Ses eaux blanches, plus considérables que celles du Nil, se précipitent avec une rapidité extraordinaire. A. Fernandez (3) nous fait une longue description des dangers qu'il courut en traversant son cours sur des outres gonflées.

Le plateau s'abaisse très rapidement à l'est, du côté de la terrasse littorale vers laquelle se dirige le fleuve Quilimance. Quoiqu'elle soit très élevée, Bruce ne dit nulle part qu'elle soit couronnée de neige; d'autres au contraire prétendent que la neige y repose en masses épaisses et éternelles. La terrasse dont nous parlons abonde en troupeaux, en blé, en fruits et en denrées de toute espèce.

La pente des chaînes de montagnes qui entourent Narea est traversée par un grand nombre de petites vallées très fertiles, mais insalubres, où viennent se rendre de petites rivières qui prennent leur source au sud, entre le 4° et le 5° de latitude nord; leurs eaux, ne trouvant bientôt plus de passage, forment d'immenses marais stagnans qui s'étendent du sud-est au nord et au nord-ouest. Le bord de ces vallées, ainsi que le pied des montagnes voisines, est couvert d'épaisses forêts de caféiers de diverses espèces. Le caféier n'est pas ici le seul arbre, mais c'est le plus grand du pays (4); cependant il ne croît ordinairement qu'à une hauteur peu considérable. Ce végétal a trans-

---

(1) Bruce, Trav., III, p. 331.

(2) Tellez, Hist. G., IV, c. 7, p. 320. — Ludolf, Commentar. Hist. Æthiop., ad lib. I, c. 8, p. 10.

(3) Tellez, Hist. Ethiop., IV, c. 5 et 6, dans Ludolf, ibid., fol. 318.

(4) Appendix to Bruce, Travels, 2e édit., VII, p. 79.

porté avec lui le nom de sa patrie, le pays de Caffa situé au sud de Narea, d'abord en Arabie, et de là dans tout l'univers civilisé.

Les habitans de cette haute terrasse, les Naréaniens, ont la peau d'une couleur beaucoup plus claire que tous les autres habitans de l'Ethiopie (1). Tellez (2) les appelle un peuple excellent; ce voyageur et tous ceux qui lui ont succédé n'hésitent pas à donner aux Naréaniens la préférence sur les Abyssiniens; ils les surpassent en force et en esprit, en fidélité et en bravoure (3). Ceux d'entre eux qui ont le malheur de tomber entre les mains de leurs ennemis sont les plus estimés de tous les esclaves, et surtout les Naréaniennes qu'on dépeint partout comme très intelligentes, très actives et très fidèles. Au Caire, à Constantinople et dans les Indes, on les préfère à tous les autres esclaves. La couleur des Naréaniens n'est pas plus foncée que celle des Napolitains et des habitans de la Sicile.

Ils ont adopté le culte des chrétiens Abyssiniens depuis la seconde moitié du XVIe siècle; à l'aide des peuplades intermédiaires (4), ils font un commerce assez considérable avec Mélinde sur les bords de l'Océan Indien et avec Angola sur les bords de l'Océan Atlantique. Ils tirent du pays des Nègres à l'ouest l'or dont ils ont besoin pour payer leur tribut (1,500 onces par an) au souverain du Habech. Leur pays ne produit pas d'or; cependant on le trouve chez eux en monnaie.

Le plateau de Narea s'élève, comme un fort, au-dessus des terrasses inférieures, au nord et à l'est (*the kingdom of Narea stands like a fortified place, in the middle of a*

---

(1) Bruce, Trav., III, p. 327.
(2) Tellez, Hist. Ethiop., p. 315.
(3) Ludolf, Hist. Æthiop., lib. I, p. 14, in-8°.
(4) Bruce, III, p. 325.

plain) ; Narea et Caffa sont comme des îles libres qui résistèrent pendant des siècles aux flots toujours assaillans, *assaltos continuos*, dit Tellez, des hordes de Galla, et surent défendre et conserver leur indépendance (1). Ces Galla, race de Nègres très noire, aux cheveux crépus, venant des contrées équatoriales du sud et de l'est, ont attaqué les Naréaniens avec des forces supérieures, mais ils n'ont pu conquérir que le pied de la terrasse qui entoure le plateau de Narea à l'est et au nord ; de là, ils se sont répandus dans les forêts et les plaines septentrionales et même jusqu'en Abyssinie. Entourés des boulevarts imprenables que la nature elle-même a élevés, protégés par d'épaisses forêts et d'immenses marais, braves comme ils le sont et toujours prêts à se défendre, les Naréanniens résistent tous les ans avec un égal succès aux attaques réitérées de leurs cruels ennemis. Leur plus grand malheur, c'est que par ces invasions et les attaques continuelles auxquelles ils sont exposés, toute communication leur est coupée, à l'est et au nord, avec les autres peuples ; ceux qui hasardent des expéditions commerciales lointaines, sont souvent enlevés par les Galla et réduits à l'esclavage.

Ce peuple remarquable et civilisé de la haute terrasse éthiopique a une langue commune avec les Gongas (2) ; la langue de Narea et de Caffa n'est pas du tout un dialecte cafre. Nous déplorons bien vivement que Salt ne nous ait rien communiqué sur ce pays de Narea.

---

(1) J. Ludolfi ad suam Historiam Æthiopicam ante hâc editam Commentarius. Francof., A. 1691, in-fol., p. 87.

(2) Vater, im Mithridates, III, 1te Abth., p. 49.

CHAPITRE SECOND.

DEUXIÈME TERRASSE. — PAYS D'ALPES ABYSSINIEN.

§ 10.

Après le coup d'œil général que nous venons de jeter sur le bord septentrional de la Haute-Afrique, nous sommes forcés d'admettre une grande division entre la partie située à l'est et celle située à l'ouest du Nil : les documens que nous possédons jusqu'à présent, ne nous permettent pas encore de les considérer comme un tout cohérent, quoique cette supposition nous paraisse très vraisemblable.

Nous partirons d'abord du groupe oriental du pays d'Alpes abyssinien, à l'est du Nil, comme nous étant le mieux connu; de là, nous passerons au groupe occidental qui fait face au pays de l'intérieur et qui, pour cela, est couvert de ténèbres plus profondes. Mais il est nécessaire auparavant de nous expliquer en peu de mots sur les noms que nous emploierons et les sources que nous consulterons dans ces recherches difficiles.

1re Remarque. — *Ethiopie, Habech.*

Le nom d'Ethiopie a le même sens qu'*Ethiope* (αἰθίοψ), qui signifie un homme brûlé du soleil ou un homme de couleur foncée. Les anciens donnaient indifféremment ce nom, depuis Homère, à tous les peuples orientaux et occidentaux, et, depuis Hérodote (1), à tous les peuples à la couleur noire, aux cheveux crépus ou lisses, qui habitent depuis Cerné, dans l'Afrique occidentale, jusqu'à l'Indus, en Asie (2). C'est avec beaucoup de raison que, de nos jours, on a banni ce nom de la géographie.

---

(1) Hérodote, l. VII, c. 70.

(2) Gosselin, Recherches, dans Bredow, p. 34.

Nous n'avons appelé Plateau *Ethiopique*, le plateau situé au sud, que pour indiquer, par le vague même du nom, le peu de connaissance que nous en avons; cependant ce nom paraît s'être plus naturalisé ici que dans d'autres contrées du monde. C'est dans le même sens, qu'après la découverte des côtes d'Afrique, on fit mention d'une *Ethiopie orientale*, *occidentale*, *septentrionale* et *méridionale*.

Les habitans du pays d'Alpes Abyssinien s'appellent eux-mêmes *Itjopjawan*, et donnent à leur pays le nom de *Manghestæ Itjopja* (1); c'est assurément un nom emprunté au grec du temps de la domination d'Axum. Mais ils rejettent comme injurieux le nom de *Habech* ou *Hhabechy*, qui signifie, en arabe, *une réunion de peuples*, *convena*, ou, selon d'autres : *émigrés libres* (2); ce nom rappelle leur origine arabe et leur mélange avec les Africains, et c'est pourquoi ils le dédaignent; c'est celui que leur donnent les Arabes, au lieu de les appeler, d'après leurs provinces, *Amharéens*, *Tigréens*, ou, d'après leur religion, *Cashtam* (3), c'est-à-dire chrétiens, titre dont ils sont très fiers.

Nous appelons maintenant, avec les géographes arabes et les Portugais, *Abassia* (4), *Abyssinia*, *Habech*, *Habessinie*, *Habechy*, le pays qui est renfermé entre les limites naturelles que nous avons indiquées plus haut. Il faut faire abstraction ici de l'idée politique de l'ancien empire d'Ethiopie ou nouveau royaume abyssinien, qui, dans l'antiquité, occupait une sphère beaucoup plus étendue, et qui, maintenant, est restreint à un espace beaucoup plus étroit que ses limites naturelles.

Mais le nom de Habech semble aussi n'avoir été donné d'abord qu'à une très petite étendue de pays, près de Zeila, sur la côte de la mer Rouge. Là, était situé Abaxa, Abassia, où se faisait jadis le principal commerce entre l'Inde et le continent d'Afrique. Les anciens géographes arabes donnent encore à ce pays le nom de *Zinghi* (5). Il est probable que, par la suite, les étrangers l'appelèrent *Habech*, du nom du pays d'Abassia; de même les anciens Romains appelaient tous les habitans *Axumites*, de la province et de la ville d'Axum.

2e REMARQUE. — *Sources.* — *Bruce et Salt.*

La grande variété des sources d'où nous puisons nos données sur

---

(1) Lobo, Voyage en Abyssinie, I, p. 20.
(2) Ludolf, Hist. Æthiop., Comment., p. 61.
(3) Valentia, Trav., III, p. 242.
(4) Tellez, dans Thévenot, Recueil. Paris, 1654, in-4°, p. 3.
(5) Bakui et Ebn Haukal, Oriental Geogr., by W. Ouseley, p. 13.

ce pays d'Alpes, exige une circonspection toute particulière dans l'emploi; elles sont souvent si confuses et si contradictoires, que, malgré toutes les précautions, il est quelquefois impossible d'éviter toute erreur. Cependant, ce qui est très heureux pour la science, les anciennes relations de missionnaires ignorans et fanatiques ont été critiquées, pour la plupart, par le savant Ludolf et son ami Abba Grégorius d'Ambara, et c'est à eux que nous sommes redevables de la première bonne carte d'Abyssinie (1).

Les jésuites, au temps de leur domination sur ce pays, firent des observations astronomiques pour en déterminer la latitude; les degrés de longitude, qu'ils marquèrent par des journées de marche, furent rectifiés par Ludolf et Grégoire (2). Plus tard Poncet et après lui Bruce, nous ont donné sur ce pays des renseignemens, sinon parfaits et exacts en tous points, du moins très importans. La véracité de ce dernier voyageur, aventurier habile et audacieux, a été mise en doute et combattue pendant une longue suite d'années. Nos connaissances géographiques sur l'Abyssinie ont considérablement gagné à cette critique faite dans l'intérêt de la science, ainsi qu'aux recherches érudites de Blumenbach, Th.-Chr. Tychsen (3), Niebuhr (4), Gmelin (5), Wharton (6), W. Jones (7), Th.-F. Ehrmann (voyez son Commentaire de Lobo), et, en dernier lieu, par celles du savant A. Murray, qui, après avoir longuement étudié les ouvrages de son compatriote, en publia une seconde édition, à laquelle il ajouta de nombreuses rectifications et additions, que nous avons partout consultées. En 1804 et 1805, ces anciennes données furent de beaucoup augmentées par le premier voyage de Salt, d'Arkiko à Antalow (8); la carte du Habech surtout reçut une toute autre forme, après la détermination exacte des lieux situés le long de la côte de la mer Rouge. Dans les années 1809 et 1810, cette carte

---

(1) Ludolfi, Habessinia ad exemp. tab. chor. P.-B. Tellezii et fida relatione Gregorii Habess. A. D. 1683, ad Comment. Hist. Æthiop.

(2) Ludolf, Comment., fol. 95, de tabul. Habyss. chor.—Le même, Hist. Æthiop., lib. I, c. 4.

(3) Bruce, V, p. 230.

(4) Nord., Deutsches Museum, 1791.

(5) Anhang zu Bruce's Reisen.

(6) Wharton, Observ. on the Authenticity of Bruce's Trav. New-Castle, 1800, in-4°.

(7) Asiat. Researches, I, p. 383.

(8) Vic. Valentia, Travels to India, etc. Lond., 1809, III, in-4°, p. 443.

fut de nouveau revue (1), et admirablement perfectionnée par les observations astronomiques de Salt sur toute la côte, dans le second voyage qu'il entreprit à la cour de Tigré, en qualité d'ambassadeur de la Grande-Bretagne. Depuis lors, les données astronomiques de Bruce ont perdu toute importance.

Les relations de Salt ne confirment ni ne rejettent en rien notre hypothèse sur la direction normale de la grande chaîne de montagnes, et ses voyages se bornent uniquement au pays situé à l'est du Taccazzé; il n'est pas non plus en contradiction avec les renseignemens recueillis par Browne dans le Dar-Four, ni avec les routes de caravanes du Dar-Four à Massowah par le Sennaar, dont parle cet auteur.

Ce n'est pas ici le lieu d'indiquer les principales corrections et rectifications apportées par Salt et Valentia. Nous invitons cependant à comparer, sur Bruce : *Valentia, Travels*, II, p. 472; *Bruce, Travels*, 2e édit., IV, p. 266; *Valentia*, *Travels*, II, p. 476; *Bruce*, *Travels*, p. 267; *Valentia*, *Travels*, p. 486, et *Bruce*, *Travels*, p. 276; *Valentia*, *Travels*, III, p. 5; *Bruce*, *Travels*, IV, p. 285, etc.; voyez, en paticulier, *Salt*, *Voyage*, 1814, p. 334-44; et, dans *Clarke*, *Travels*, III, p. 58, le témoignage flatteur rendu à ce voyageur par un *Abba* éthiopien, qui reconnut à l'instant tous les dessins de plantes et d'animaux qu'on lui présenta, et les appela du même nom que Bruce.

Il est à remarquer qu'en général la carte de Bruce est beaucoup moins exacte et moins fidèle que ses descriptions, qui s'accordent d'une manière très frappante avec les récits des Portugais et avec ceux de Salt; c'est ce que prouvent les notices curieuses de Bruce sur le Sennaar, où il eut le temps d'interroger les habitans de Fazouglo, dont il obtint des renseignemens très importans; les données de Browne se trouvent aussi par là admirablement confirmées. Bruce était sans égal lorsqu'il s'agissait d'observer et de recueillir des documens, mais il ne savait pas faire usage de ses matériaux ni communiquer ses découvertes.

Le jugement sévère de Valentia sur Bruce : *On M. Bruce veracity I have lost all dependance* (2), n'est donc admissible qu'en partie, et seulement sur ses données astronomiques.

Sa vanité et la vivacité de son imagination l'entraînèrent souvent à des fables et des exagérations incroyables. Dans ses nombreuses

---

(1) A Voyage to Abyssinia and travels into the interior of that country executed under the orders of the British government, in the years 1809 and 1810, etc., by Henry Salt. Lond., 1814, in-4°, avec cartes et tables.

(2) Valentia, Trav., III, p. 294.

excursions sur l'histoire, l'antiquité et les étymologies, il tombe dans de fréquentes erreurs, parce que, comme l'a très bien remarqué Tychsen, il n'avait pas une connaissance suffisante des langues et de l'antiquité. Quoi qu'en dise son nouvel éditeur (1), pour l'excuser, son voyage imaginaire de *Kosseyr à Macowar*, et l'inscription (2) supposée d'Axum, sont plus que de *few apparent exagerations in description and some casual mistakes in matters of inferior consequence.*

Ses observations tirées de la nature, ses recherches sur les usages et les mœurs, ont, au contraire, un mérite reconnu (3). Toutes les recherches de Salt, dans les pays qu'il a parcourus, confirment la vérité des faits avancés par Bruce. Beaucoup de naturels du pays conservaient encore le souvenir de ce célèbre aventurier.

Pour tirer quelque avantage de la carte de Habech, par Bruce, et la mettre en harmonie avec ses propres récits et l'histoire en général, on n'a qu'à supprimer aux deux rives des fleuves toutes les chaînes de montagnes qui, comme sur tant d'autres cartes, n'existent que dans la tête des cartographes.

1. Groupe oriental du pays d'Alpes d'Abyssinie a l'est du Nil.

Tous les accidens naturels de ce pays prouvent que le Habech est un plateau dont nous ne connaissons que très imparfaitement l'élévation absolue : *alta est et, ut Gregorius ajebat, Africæ velut gibbus* (4). Selon Tellez (5), c'est pour cette raison qu'on l'appelle *Alberegran* ou *Haute-Ethiopie*, par opposition aux basses-terres de l'Afrique. Nous pouvons donc lui donner avec raison le nom de *pays d'Alpes*.

Le Nil descend de ce plateau élevé en formant un grand nombre de cataractes, et il parcourt un espace de plus de

---

(1) Bruce, Trav., ed. by Murray, I, Præf. VIII.

(2) Valentia, Trav., III, p. 328 et 98.

(3) F. Blumenbach et Tyschsen, dans Bruce, III, p. 296.

(4) Ludolfi Comment, fol. 79.

(5) Dans Thévenot, Rec., p. 2, Description de l'empire du prêtre Jean.

200 milles géograph. avant d'atteindre la mer. Il paraît qu'à l'ouest, à Wangara, la pente du plateau est à peu près la même, quoique occupant un espace beaucoup plus grand.

Suivant les expériences barométriques de Bruce, le mercure montait aux sources du Nil à vingt-deux pouces anglais et indiquait 1,652 toises (1), ou 9,912 pieds de hauteur absolue. Mais il faut observer que les expériences de Bruce ne sont pas toujours très exactes.

De quelque côté qu'on arrive, du nord et de l'est, ce n'est qu'à travers des gorges de montagnes qu'on peut atteindre le plateau. Jusqu'à présent la nature de ce plateau n'a pu être étudiée que sur ces routes pénibles. Nous connaissons aujourd'hui sept défilés ou coupures que nous examinerons dans leur succession de l'est à l'ouest; nous tâcherons ainsi d'arriver à une idée juste et vivante des montagnes du Habech et de leurs habitans.

DÉFILÉS CONDUISANT AU HABECH.

1er Eclaircissement.

Chemin montant conduisant d'Arkiko et d'Adoule situées sur la baie de Massowa, par le défilé de Taranta, à la terrasse de Baharnagach.

A. *principale voie de communication.*

Un chemin qui fut de tout temps la principale voie de communication entre l'Abyssinie, l'Arabie et l'Inde, part de la côte de la mer Rouge près d'Arkiko, vis-à-vis le port de Massowa ou Massoua, situé dans l'île voisine, et conduit dans l'intérieur des Alpes du Habech. Depuis des siècles, ce chemin est fréquenté par de nombreuses caravanes qui trans-

---

(1) Bruce, Travels, 2e édit., V, p. 311.

portent les marchandises de l'Orient dans l'intérieur du plateau. Les pénibles efforts de Valentia et de Salt en 1804 et 1805, le voyage que ce dernier fit à Tigré, en 1809, avaient pour but d'ouvrir, par cette voie, de nouveaux débouchés au commerce anglais dans l'intérieur de l'Afrique et dans l'Abyssinie. On pouvait espérer que ces relations, une fois entamées, deviendraient très importantes; car, au moyen de leurs factoreries indiennes, les Anglais auraient été à même d'y transporter leurs marchandises très commodément et à peu de frais.

Trois raisons font que le défilé de Taranta est la voie de communication la plus fréquentée.

D'abord toutes les autres côtes de l'Abyssinie étant au pouvoir de puissantes tribus de Mahométans, ennemis mortels des Chrétiens, leur sont plus ou moins fermées. Dans ce défilé qui est le plus court, on est moins exposé à être pillé par ces hordes barbares (1).

Secondement, on trouve ici un bon port, avantage que l'on rencontre si rarement sur la côte du golfe Arabique, et la petite île voisine de Dalac offre de l'eau douce en abondance (2).

Troisièmement, la pointe nord-est du pays d'Alpes se termine ici par une pente douce et avancée dans la mer; elle présente ainsi un passage commode pour les porteurs et les bêtes de somme, tandis que les défilés du sud, quoique toujours plus larges, sont bien moins praticables.

A Massowa la côte se coupant à pic et formant un bon mouillage, les hordes de Mahométans et autres sont moins entreprenantes, et les Abyssiniens, protégés par la nature, se défendent plus facilement; aussi loin que s'étend leur haute terrasse, ils ont su résister de tout temps aux attaques des peuplades qui habitent les basses-terres.

---

(1) Salt, Voy., p. 156.

(2) Valentia, Trav., II, p. 56 et 258.

Ce fait nous explique un phénomène très remarquable : c'est que depuis les temps les plus reculés toutes les expéditions entreprises dans l'intérieur du Habech sont parties d'Arkiko; Poncet, le seul voyageur qui ait pénétré par la route de Sennaar, a choisi aussi le défilé de Taranta pour s'en retourner (1).

Cette terrasse qui s'étend au loin le long de la côte et la domine, était autrefois le siége de la domination maritime des Abyssiniens sur le golfe Arabique. Aujourd'hui, comme autrefois, elle s'appelle encore *Midre Bahar*, c'est-à-dire la province des côtes ; le gouverneur porte le titre de *Baharnagach* (2), c'est-à-dire *souverain de la côte*. Cette terrasse est en effet la clef de la mer pour celui qui en a la possession ; le *Najeb* ou représentant du sultan Turc à Massowa est lui-même dépendant du Baharnagach ; au bord septentrional de la terrasse est situé Dixan.

Anciennement le Baharnagach résidait une partie de l'année à Massowa (3) sur la côte ; plus tard, du temps de Poncet, il habitait Dobarwa (4), passage conduisant à *Gondar* ; maintenant il a établi, selon Salt, son séjour à Dixan (5), passage qui conduit à Tigré ; tous les gouverneurs se sont ainsi retirés dans l'intérieur, à mesure que la domination abyssinienne tombait en décadence.

B. *Chemin conduisant aux hauteurs.*

En partant de la côte plane et sablonneuse d'Arkiko, on

(1) J. Poncet, Relation abrégée d'un voyage en Ethiopie, de 1698 à 1700, par Ch. le Gobien, dans les Lettres édifiantes, IVe Rec., Paris, 1713, p. 128.

(2) Historia de las Cosas d'Etiopia et segun que todo ello fue testigo de vista Fr. Alvarez Capellan del Rey D. Manuel de Portug. En Anvers, A. 1557, in-8°, p. 29.

(3) Bruce, Trav., IV, p. 443.

(4) Poncet, p. 144.

(5) Valentia, Trav., II, p. 488.

s'aperçoit déjà, dès le deuxième jour, que le pays s'élève insensiblement en collines, au sud; mais ce n'est qu'après cinq journées de marche qu'on remarque le premier gradin du pays d'Alpes abyssinien, la terrasse du Baharnagach (1). La côte elle-même n'offre qu'un sol aride et sablonneux, quelques collines desséchées avec des buissons d'acacia; aucun fleuve n'arrose cette plage brûlante; quand des citernes ne retiennent pas les eaux des pluies, il y a siccité complète dans tout le pays.

Mais la nature change subitement d'aspect dès que l'on s'élève des éminences granitiques de Toubbo à la montagne de Taranta; cette montagne, traversée par le défilé du même nom, s'étend comme une chaîne limitrophe, du sud-est au nord-ouest. Le pays devient alors montueux et se couvre de forêts et de rivières dont les eaux rappellent souvent à la vie les animaux et les hommes (2) qui ont erré long-temps dans les déserts ardens, où l'on ne rencontre que de l'eau de citerne et de rares et faibles sources dans le sable. C'est ici que commence la région des forêts de tamarins (*Tummara Hindi*) (3), qui se continue sur les hauteurs; les acacias ou mimosas, les *Gira* (4) des indigènes, plantes caractéristiques des déserts brûlans de la Nubie et de la mer Rouge, disparaissent au contraire peu à peu. Les collines et les vallées inférieures sont remplies d'antilopes, les forêts fourmillent de singes, que l'on ne rencontre plus dans les régions plus élevées (5).

Les éléphans sont ici par troupeaux; tous les voyageurs en ont remarqué de la fiente et la plupart déplorent les dégâts qu'ils causent à la végétation, mais aucun n'en mentionne au-dessus de la terrasse. C'est encore ici qu'er-

(1) Valentia, Trav., II, p. 480.
(2) Bruce, Trav., IV, p. 270.
(3) Browne, Trav., p. 255.
(4) Salt, Voyage, p. 223.
(5) Valentia, I, p. 481, et III, p. 238.

rent, le long de la bordure boisée de la pente inférieure de la chaîne limitrophe, les nombreuses hordes de peuples pasteurs, nomades et pillards que Salt nous assure être au nombre de cinquante et même au-delà. Ils passent la saison de la sécheresse dans les forêts couvertes de pâturages, et, à l'arrivée de la saison des pluies, ils se retirent, avec leurs troupeaux, dans le désert plus sec, situé près de la mer.

Près du défilé de Taranta habitent les tribus des HAZORTA qui en défendent l'entrée aux voyageurs lorsque ceux-ci se refusent à leur faire des présens, ou qu'ils ne savent leur inspirer du respect. Les chameaux ne servent que jusqu'au pied du défilé; cet animal ne peut s'élever plus haut, car il n'appartient pas à la nature des pays d'Alpes; (comparez l'entrée du Cachemire en Asie) ; on n'emploie comme bêtes de somme, dans ces régions élevées, que les bœufs et les mulets. Salt lui-même fut obligé de renvoyer trente-cinq chameaux de sa caravane, dès qu'il fut arrivé au-delà de Toubbo, là où commence le pays sauvage et montagneux, et ce ne fut qu'avec grande peine qu'il put faire usage de chevaux.

En partant de Toubbo on monte assez rapidement pendant deux jours, jusqu'au pied du Taranta qui est de granit rouge; le troisième jour seulement, on entre dans le défilé pénible et escarpé de Taranta qui, s'élevant entre des bancs de calcaire, conduit à travers des ravins et des débris de rochers, jusqu'au sommet le plus élevé, *le Sarar*, et jusqu'au marais de Tourabo où les eaux se partagent. On monte pendant trois heures.

Dans cet étroit défilé, la végétation a changé de nature. Comme les montagnards suisses, les pasteurs abyssiniens oublient leurs fatigues (1) en chantant en chœur de joyeuses mélodies. Près du sommet, se trouvent les forêts

(1) Salt, Voyage, p. 235.

de cèdres (*toud*, selon Salt, l'*arze* des Abyssiniens selon Bruce), *oxycedrus virginica* (1), espèce d'arbre au bois dur qui était en pleine floraison au mois de Mars. Sur le sol aride et sec de la terrasse Baharnagach, on voit partout le *kollquall* (2) (espèce de *cactus?*) qui ressemble à un arbre, et atteint parfois 40 pieds de hauteur; sa forme de lustre et les nombreux fruits de couleur cramoisie qui le recouvrent comme d'un voile, indiquent ici une région toute nouvelle, région qui commence avec le *kantouffa*, (*pterolobium lacerans*, selon le manuscrit de Browne), et où disparaissent les forêts d'acacias des régions inférieures. Au-dessus de la région des *kollquall* on rencontre çà et là des groupes d'un arbre inconnu jusqu'à présent et qu'on appelle *wâra*; son feuillage ressemble à celui de l'osier, ses branches sont couvertes de lichens; c'est avec le *wâra* que commence la région froide des forêts de cèdres.

Du sommet du passage du Taranta qui conduit dans le domaine du Baharnagach, l'œil découvre, dans l'intérieur, les hautes et immenses chaînes de montagnes de Tigré et d'Adowa. Pour arriver à la haute plaine où est situé Dixan, on ne descend qu'une heure, tandis qu'il faut sept journées pour monter de la côte à la terrasse. Le climat se trouve absolument changé au-delà de la bordure de montagnes (3); le même phénomène se présente à l'est et à l'ouest des Ghats, sur le plateau du Dekan. Salt trouva, au mois de Mars, l'air de la haute plaine très chaud et très sec; la plaine était aride, et tous les lits de rivières de l'ouest sans eau; d'immenses forêts de kollquall s'étendaient sur les plaines dans la direction de Dixan.

---

(1) Valentia, II, p. 186. — Bruce, IV, p. 272.
(2) Bruce, VI, p. 154, tab. 10 et 11.
(3) Salt, Voyage, p. 239.

C. *Etendue et surface de la terrasse de Baharnagach.*

La terrasse avancée du Baharnagach se prolonge au sud, dans la direction d'Antalow, comme une vaste plaine montueuse, fertile et entrecoupée seulement par quelques rangées de collines peu élevées ; elle comprend une étendue de quatre journées de marche jusqu'au défilé de Recaito qui conduit à un second gradin très escarpé, mais moins haut (1). A l'ouest elle embrasse les plaines de *Zeraï* et de *Serawe*, fameuses par la beauté des chevaux qu'on y élève et l'abondance des pâturages que Salt compare aux prairies de l'Angleterre ; elle est bornée par un affluent du Mareb (2), le fleuve *Balezar*.

Le blé et surtout le maïs (*India corn*) y sont très cultivés ; on y trouve aussi des oliviers sauvages et des *darou* (appelés suivant Bruce et Salt, *darao* dans la langue de Tigré et *werca* chez les Arabes. *Taroo* appartient au petit nombre de mots sanscrits qui ont quelque analogie avec la langue éthiopique, et signifie *arbre* ; *doure* dans l'Ambara veut dire forêt). Tout ce pays est très peuplé ; il est habité par une race de couleur très foncée (*very dark complexion*, selon Salt, et non pas de couleur cuivrée, comme le prétend Bruce), divisée en plusieurs tribus qui toutes parlent la langue *geech* et se regardent comme indépendantes de Tigré. Le ciel est plus clair, plus étoilé, et plus étincelant sur cette terrasse que dans les basses-terres (3), phénomène qui résulte de la grande élévation absolue des montagnes ; l'Européen respire ici pour la première fois un air frais et bienfaisant ; partout il rencontre des troupeaux de beaux moutons noirs (4) et une magnifique espèce de

(1) Valentia, Trav., III, p. 13.
(2) Bruce, IV, p. 285, 295.
(3) Salt, Voyage, p. 239.
(4) Valentia, II, p. 507. — Bruce, IV, p. 276.

vaches, toutes de couleur blanche et couvertes d'un poil très fin ; la hyène tachetée, *felis crocuta*, qui est très nombreuse dans ce pays fertile, en dévore malheureusement une grande partie.

Dans cette région, située entre les hauteurs et les basses terres, sur la limite de deux climats très différens, les toits plats (1) peuvent encore résister aux pluies des tropiques. Plus loin, sur la terrasse de Tigré (près de Génater selon Salt, près de Kella selon Bruce) on trouve déjà des toits à forme conique ; à Antalow on n'en rencontre plus d'autres.

Deux routes conduisent de la terrasse du Baharnagach à Gondar, aujourd'hui capitale du Habech, située sur le lac de Tzana : l'une se dirigeant vers le sud, passe par Antalow et Tigré ; l'autre tournant plus à gauche, passe par Adowa, Axum et Siré ; Salt a suivi la première jusqu'à Antalow ; Poncet et Bruce choisirent la dernière qu'ils poursuivirent jusqu'à Gondar.

Nous ferons encore observer que, depuis un certain temps, le pouvoir des Baharnagach est tellement affaibli, que chaque chef de village prend maintenant ce titre.

2e Eclaircissement.

Chemin montant conduisant de la terrasse du Baharnagach à la terrasse de Tigré.

Dans son premier voyage, Salt traversa le défilé de Recaito à quatre journées au sud de Dixan, et entra ensuite dans de larges plaines couvertes de verdure, *hadjaian*, et souvent interrompues par des collines rocheuses. Après avoir monté graduellement vers le sud pendant quatre journées, il rencontra le second défilé, qui conduit à la

(1) Valentia, II, p. 504 ; III, p. 21, 50. — Bruce, IV, p. 297.

plaine d'*Ayadde*. La route se dirige pendant cinq jours en droite ligne vers le sud; on entre ensuite, après avoir franchi le troisième défilé, celui de Chelicout, dans les hautes plaines de verdure d'Antalow (1). Dans son second voyage, Salt suivit la même direction, mais avec une légère déviation à l'ouest; jusqu'à Antalow, la route le conduisit également à travers de hautes plaines, entrecoupées quelquefois par des gorges de montagnes qu'il appelle *Ghat*, comme celles de l'Indoustan. Il traversa d'abord, près de Dixan, les plaines de Zaraï et de Serawe (2) qui s'étendent à la base occidentale du Taranta. Elles sont d'une hauteur absolue très considérable; malheureusement Salt ne put les mesurer, son baromètre s'étant brisé; le climat était déjà très tempéré au mois de Mars; la végétation, au contraire, très tardive, comparativement à celle des basses terres. Les champs étaient couverts de froment et d'orge en épis. A quelque distance, à l'est, cette haute plaine était bornée par le groupe de montagnes d'Adowa. Une seconde (3) plaine, différente de la précédente et plus ouverte, se présente ensuite au sud et sépare les montagnes d'Agamé et de Haramat situées à 4 milles géographiques à l'est du fleuve Taccazzé, à l'ouest. Elle est couverte de sable, et çà et là, on voit s'en élever en couches verticales, des rochers isolés de calcaire, de schiste et de granit. A son extrémité méridionale, un défilé conduit dans les hautes plaines plus méridionales et plus élevées de Giralta et d'Enderta, où sont situés Chelicout et Antalow. Ces deux hautes plaines diffèrent entièrement des précédentes; les mêmes roches ne sont plus ici verticales, mais au contraire inclinées, et leur surface recouverte d'un sol noir et glaiseux, très propre à la

(1) Valentia, Trav., III, p. 20.
(2) Salt, Voyage, p. 244.
(3) Ibid., p. 254, 398.

culture de l'orge. Les eaux de ces plaines élevées se dirigent à l'ouest, et viennent se réunir au Taccazzé (1), après avoir parcouru les contrées les plus fertiles et les plus riantes ; c'est dans quelques enfoncemens qu'on rencontre les seuls bosquets et les seules forêts du plateau si pauvre en bois, quoique riche en gibier et en pâturages. C'est encore ici que se trouvent bâties sur des collines, les résidences du souverain de Tigré, Antalow et Chelicout.

Les gradins des montagnes s'élèvent tout à coup plus rapides et plus prononcés au sud et à l'ouest ; au sud ils vont se confondre avec les hautes montagnes de *Salowa*, *Bora* et de *Lasta*, et à l'ouest avec les cimes neigeuses du Samen (2).

D'Antalow on aperçoit au sud (non seulement dans la direction du nord au sud, comme dit Bruce, mais aussi dans la direction de l'est au nord-ouest, à peu près au 13° 30' lat. nord, suivant la dernière carte de Salt), la haute chaîne de montagnes de Tigré (3) qui, s'élevant rapide et escarpée, se présente à l'œil comme une rangée de sommets dentelés, déchirés et en forme de tours, qui tous vont se perdre dans les nues. Cette même chaîne sépare aussi le Haut-Habech au sud-ouest, de la terrasse de Tigré au nord-est ; comme la communication entre ces deux points est très difficile, le *Ras* ou gouverneur de Tigré, *Ras Welleta Salassé*, n'a pas eu grande peine à se déclarer souverain indépendant. Déjà, du temps de Tellez, cette haute chaîne formait, près de la province d'Angote qui confine au sud-est à Tigré, la frontière entre ce royaume et les hordes de Galla qui avaient pénétré jusque-là dans le Habech oriental (4). Les mêmes rapports

(1) Salt, Voyage, p. 345 à 350.
(2) Ibid., p. 283.
(3) Valentia, Trav., tab. 24.
(4) Salt, dans Valentia, III, p. p. 50.—Bruce, IV, p. 346.—Tellez, dans Thévenot, Rec., p. 15.

politiques existent encore de nos jours, comme nous l'apprend l'histoire de la dernière guerre entre Tigré et les Galla du sud, à laquelle prit part en 1808 un Anglais nommé M. Pearce, favori du Ras de Tigré (1). Le pays de montagnes de Lasta, situé au 12° lat. nord et entre les 39° et 40° long. est de l'île de Fer, près des sources du Taccazzé, forme la province limitrophe (2) entre le domaine actuel du chef de Tigré et les possessions de Gojee, prince des Galla. Ce chef, devenu très puissant, gouverne actuellement la province d'Angote, qui confine au sud-est à Lasta. Son armée, forte de 40,000 hommes, fut défaite près de la montagne de Zingilla, par le Ras de Tigré Velleta Selassé, qui regagna par cette victoire les montagnes de Lasta; elles forment maintenant la province limitrophe de ses états, et lui servent en même temps de rempart contre Ambara, situé au sud-ouest, au-delà du Taccazzé supérieur, et appartenant encore à l'empereur d'Abyssinie. Au sud des hautes montagnes de Lasta, s'étendent jusqu'à Shoa et vraisemblablement jusqu'à Narea, les vastes hautes plaines, habitées actuellement par la race des *Edjow-Galla*, soumis au célèbre Gojee. Les montagnes de Lasta forment un rempart inexpugnable au sud; peu de troupes suffisent pour en défendre l'entrée. Les habitans de ces montagnes parlent la langue *Amhara*, et ils diffèrent déjà sensiblement des habitans de Tigré; ils ont beaucoup de jactance, et sont excellens cavaliers (3). D'un autre côté, au nord, le Ras de la terrasse de Tigré n'a pas grand'-peine à tenir en respect le *Najeb* de Massowa. Les Portugais appelèrent le Ras de Tigré, *Tigremean*, c'est-à-dire vice-roi, à cause de la grande autorité qu'il exerce dans la plus complète indépendance.

(1) Salt, Voyage, p. 288, 294.

(2) Salt, nouvelle carte d'Abyssinie.

(3) Salt, Voyage, p. 279.

Au milieu de la terrasse de Tigré (1), est située *Adowa*, résidence du Ras; sa domination s'étend sur tout le pays d'Alpes abyssinien, à l'est du Taccazzé, et comprend les provinces de Siré, Tigré, Enderta (où est située Antalow, la capitale) et les côtes de Boré et de Bahar. Toute cette étendue de pays s'appelle *Tigré*, parce que la langue de Tigré y est dominante, tandis que la langue Amhara est exclusivement parlée au sud et à l'ouest du Taccazzé (2).

La terrasse de Tigré abonde en pâturages; dans les plaines on fait annuellement deux récoltes (3) de froment, de teff (*poa abyssinica*) et de maïs; le coton dont les Abyssiniens et surtout les habitans d'Adowa font leurs vêtemens, y est en abondance: les oranges, les citrons, les grenades, les bananes, tous fruits qui y ont été transportés par les Portugais (4), ne se cultivent que dans les jardins. Le darou parvient comme dans la terrasse précédente à une grosseur et une hauteur extraordinaires. Partout on trouve des forêts et des ruisseaux; aussi les montagnards de Tigré se livrent continuellement aux plaisirs de la chasse et du bain.

Le pays qui s'élève ici graduellement est partout bordé de montagnes et de rochers stratifiés horizontalement et entrecoupés de fentes verticales qui les partagent en énormes blocs semblables à des ruines (5). Leurs parois sauvages, nues et escarpées pour la plupart, sont souvent verticales; elles présentent l'aspect de tours immenses et une foule d'autres formes singulières. Au pied de ces parois de rochers, sont partout entassés d'immenses blocs détachés qui encombrent les défilés pendant les terribles

(1) Salt, Voyage, p. 154.

(2) Bruce, Trav., IV, p. 33, et II, p. 491, dans Murray, Appendix Vocabulary.

(3) Bruce, IV, p. 315. — Salt, dans Valentia. III, p. 231.

(4) Salt, dans Valentia, III, p. 24 et 119.

(5) Ibid., p. 50, 65, 72.

pluies des tropiques, et les rendent ainsi impraticables aux voyageurs. Dans beaucoup de plaines ces décombres couvrent une grande partie, quelquefois même les trois quarts du pays, de sorte qu'un quart du terrain seulement est propre à la culture. Ces masses détachées semblent caractériser toute la terrasse de Tigré (1). Tous les voyageurs qui nous ont donné des détails géologiques nous apprennent que ces rochers ou blocs sont rarement des roches primitives (2). Ce sont, au contraire, des roches de Derbyshire (*toadstone*, c'est-à-dire des amygdaloïdes), de la brèche, du schiste, et surtout du grès ; leur forme cubique et leur fragilité le prouveraient d'ailleurs (quelquefois cependant on trouve aussi du calcaire en couches horizontales ; Salt rencontra les premières de ces montagnes à forme de tour ou de forteresse, près du défilé de Recaito et à Devra-Damo ; Bruce en vit pour la première fois sur la frontière de la plaine de Zaraï, à Addicotta (3). Elles forment souvent entre leurs parois immenses, des défilés très étroits qui servent de repaire aux voleurs. C'est de là qu'ils fondent sur les voyageurs et les pillent ; quelquefois cependant ils ne font que prélever un impôt qu'ils prétendent leur être dû par tous les passans.

Dans le Habech, beaucoup de noms de lieux se terminent (4) en *ber* ce qui indique toujours des défilés de la nature de ceux dont nous venons de parler.

1re REMARQUE. — *Roches de grès, antres, forts, Ambas.*

Alvarez (5) rencontra, dans son voyage du fleuve Taccazzé à la province d'Angote, les montagnes d'*Abrigima*, et y trouva un grand nombre d'églises taillées dans le roc.

---

(1) Salt, ibid., p. 27. 70, 74, 172.
(2) Ibid., p. 13, 96.
(3) Bruce, Trav., IV, p. 294.
(4) Ibid., p. 297.
(5) F. Alvarez, Hist. de Ethiop., fol. 70.

Salt (1), après avoir parcouru la plaine d'*Ayaddé*, arriva, entre des montagnes rocheuses, à la grande église d'*Abouhasoubha;* il prit cet édifice, taillé dans le roc et orné de colonnes et de bas-reliefs, pour une des églises que l'empereur *Lalibala* fit bâtir par des ouvriers égyptiens. Cette opinion lui valut l'estime et la bienveillance des poëtes abyssiniens, qui le vantèrent comme un grand architecte. Déjà Ludolf (2), qui nous raconte la même chose, assure que ces églises sont taillées dans des roches très tendres, comme les ermitages qu'on trouve près de Saint-Maurice, de Soleure, de Regenstein et de Goslar.

La pente septentrionale du Habech, dans le Tigré (3), est habitée, depuis les temps les plus reculés, par des peuples troglodytes; leurs cavernes sans nombre, sur les bords du Taccazzé (4), sont toutes taillées dans le grès (*soft*, *gritty*, *sandystone*); car on ne trouve ici nulle part de roches primitives : elles ne paraissent à découvert que dans les terres planes inférieures.

On sait aussi que les habitans de Doba et de Dancali vivent dans des cavernes, de même que les Troglodytes d'Agatharchide et d'Artemidor, qui, comme l'a prouvé Niebuhr, n'habitent pas les côtes, mais les montagnes de la terrasse de Tigré.

Ces faits peuvent jeter une grande lumière sur le haut pays d'Alpes du Habech. Aussi loin que l'on a parcouru la chaîne limitrophe, ainsi que ses hautes et basses plaines, on les a toujours trouvées couvertes d'énormes masses de grès stratiformes, et présentant, pour la plupart, à une certaine hauteur, des couches horizontales. De là l'uniformité remarquable des montagnes dans tout le plateau, même lorsqu'elles offrent, à l'extérieur, les formes les plus variées et les plus bizarres.

Il est impossible de déterminer jusqu'où cette forme caractéristique s'étend à l'intérieur; mais, en tout cas, l'analogie de cette formation avec celle du bord méridional de la Haute-Afrique est très remarquable. En Abyssinie, comme dans le sud de l'Afrique, on ne trouve nulle part de l'*or en grains;* mais le fer y est si abondant, surtout à Begemder, à l'est du lac des sources du Nil, qu'on n'a pas besoin de creuser pour le trouver. Dans plusieurs provinces, on se sert de petites monnaies en fer (5). (Voyez, plus haut, BORD MÉRIDIONAL, Ire *division*, *chapitre* 3, *éclaircissement* 2, *remarque* 1re.)

---

(1) Salt, dans Valentia, III, p. 29.

(2) Ludolf, Hist. Æthiop., II, c. 5, et Comment., p. 235.

(3) B.-G. Niebuhr, Über Trogloditen in Tigro, im Museum für Altherthums Wissenschaften. 2 vol., 1810.

(4) Bruce, Trav., IV, p. 32.

(5) Alvarez, Hist. de Ethiop., fol. 64.

Dans les montagnes de l'Abyssinie et dans les provinces de Samên, d'Ambara, et quelquefois même du milieu des plaines, on voit s'élever comme des tours, des pyramides ou d'énormes cubes (*metæ maximæ*, *arces quadratæ*, etc.), des rochers qui ne sont abordables que par des gradins taillés dans le roc, ou au moyen d'échelles. Leurs sommités sont planes, unies, couvertes de champs, de forêts, de sources et de rivières, tantôt de moindre, tantôt de plus grande étendue; quelquefois même elles ont plusieurs journées de longueur. Les Abyssiniens appellent ces montagnes caractéristiques *Amba* (1). De là, le nom d'*Amba*, qu'on retrouve si souvent uni à d'autres noms, comme *Amba-Geshen* (la Prison royale), *Amba-Quexen* (2), où se trouvent les plus élevés et les plus escarpés de ces rochers; *Amba-Gédéon*, ce rocher si fameux parmi les Juifs, résidence du gouverneur de Samen; *Amba-Sanat*, forteresse célèbre par la conquête qu'en fit, en 1541, Chr. de Gama; *Amba-Dorho*, *Amba-Damo*, *Amba-Danet*, etc.

Ces Ambas sont des forteresses naturelles et souvent imprenables, qui seules ont protégé, jusqu'à présent, le pays contre les hordes sauvages des Galla du sud; à l'est, elles ont servi aussi de rempart puissant aux chrétiens de l'Abyssinie contre les expéditions annuelles des fanatiques Mahométans.

Les cimes des Ambas nous offrent une ressemblance frappante avec le *Kœnigstein*, le *Sonnenstein* et le *Lilienstein*, en Saxe. Ce n'est qu'à grand'peine qu'on parvient à les gravir au moyen d'échelles. On y monte les animaux et les fardeaux avec des cordes, comme, par exemple, à Amba-Geshen. Les auteurs anciens en racontent une foule de merveilles. Salt compte aussi, au nombre des Ambas, *Devra-Damo* (3), qui s'élève de la plaine de Serawé; il fait, en même temps, remarquer la grande ressemblance de ces rochers avec les forts indiens. Nous avons déjà appelé l'attention sur cette analogie, à l'occasion de *Gwalior*.

L'air est toujours très frais sur les Ambas. Ils ne sont pas tous entièrement isolés; mais se rapprochent, se groupent, à mesure qu'on avance vers la haute terrasse; les gorges deviennent toujours plus étroites, les défilés s'élèvent plus rapides et plus escarpés, et forment des zig-zags continuels jusqu'à ce qu'ils se confondent en un seul et grand corps avec la haute terrasse. Arrivé à leur sommet, on ne descend plus ou du moins très peu; la route se prolonge pendant plusieurs journées de marche sur la surface plane du plateau. Telle

(1) Ludolf, Hist. Æthiop., lib. I, c. 6.

(2) Tellez, dans Thevenot, p. 24.

(3) Salt, Voyage, p. 244.

est du moins la forme du Lamalmon, le plus célèbre, le plus haut et le plus escarpé des passages de l'Abyssinie (1).

A mesure que les Ambas s'avancent dans les basses terres en s'éloignant de la haute terrasse, ils s'isolent davantage, et perdent de plus en plus de leur hauteur et de leur étendue ; mais leurs formes deviennent toujours plus singulières et plus bizarres; ils rappellent alors les montagnes du Piquet au cap de Bonne-Espérance, les monts des merveilles en Chine, les rochers de grès d'Adersbach en Bohême. Ils forment des espèces de murs, souvent si étroits qu'on les croirait à peine capables de résister aux vents, ou bien des masses cubiques, des tables (*in shape of a heart-stone*, comme dit Bruce), des obélisques, des pyramides, quelquefois même des cônes renversés, comme le pain de sucre d'*Adersbach* (2).

Au pied de ces Ambas et des terrasses qu'ils forment, le sol est couvert de débris de rochers; les plaines, quoique sablonneuses, sont abondamment arrosées par les pluies des tropiques, et par conséquent, couvertes d'un humus fécond et d'une riche végétation. Lorsque le humus est entraîné dans les vallées par les eaux des montagnes, il donne à la Kolla et à la Mazaga un caractère tout particulier.

2e Remarque. — *La terrasse de Tigré, siége de la civilisation; royaume d'Axum.*

La terrasse de Tigré, qui domine la mer voisine, a été tout particulièrement favorisée par la nature. C'est au milieu de cette terrasse que sont situées les ruines, à peine retrouvées encore, de villes jadis très importantes, d'où sont sorties autrefois la puissance politique et spirituelle, la langue et la civilisation, qui, de là, se sont répandues ensuite sur tout le pays d'Alpes.

A une journée de marche d'*Adowa*, près du groupe de montagnes du même nom, on rencontre, sur le Mareb supérieur, entre deux collines, à l'extrémité d'une vaste et fertile vallée, les ruines d'Axum (3), appelées *Acachum* par les Portugais. De grands degrés de pierres conduisent encore aujourd'hui au sommet de ces collines; dans l'une, on trouve des grottes profondes et de vastes salles ornées de colonnes, et taillées dans le roc. Là, était, disent les traditions du

(1) Bruce, Trav., IV, p. 371. — Ludolf, Hist. Æthiop, lib. I, c. 6, et Comment., fol. 106.

(2) Bruce, Trav., IV, p. 316.

(3) Voyez le plan d'Axum, dans Valentia, Trav., tab. VI.

pays, le tombeau de la reine de Saba (1). Selon d'autres auteurs, le corps du roi de l'Abyssinie, Caleb Negus, contemporain de l'empereur Justinien (527 après Jésus-Christ), aurait été déposé dans ce tombeau royal (2).

La vallée voisine, ombragée par quelques majestueux darou, est remplie de décombres et de grands blocs de pierre, qui sans doute appartenaient autrefois à un même et grand tout; mais parmi ces débris, très peu, comme le trône royal de granit et quelques bassins, portent encore des traces de leur ancienne destination. On distingue surtout deux groupes de 14 à 15 obélisques (3); ils sont presque tous renversés; sept sont couverts d'ornemens, et n'ont pas moins de 36 pieds de longueur. Des prêtres racontent qu'autrefois 55 obélisques s'élevaient en ce lieu, et que, l'an 1070, ils furent renversés par la reine Gadit, d'Amhara. Deux seulement sont encore debout; l'un, formé d'un seul bloc de granit et très bien proportionné, s'élève à une hauteur de 80 pieds (60 pieds, selon Salt, dans son second voyage). Ces chefs-d'œuvre de l'art (4) nous font supposer, dans ces contrées lointaines, l'existence d'une ancienne civilisation qui a disparu depuis des milliers d'années.

Une pierre avec une inscription grecque (voyez-en la copie nouvellement corrigée, dans *Salt*, *Voyage*, table, p. 411), nous apprend que là était jadis le siége du puissant empire de l'Abyssinie (5). Cet empire ne peut cependant avoir atteint une grande splendeur qu'après la décadence du royaume des Ptolémées, car nous ne savons pas que, pendant sa durée, cette partie orientale de l'Abyssinie ait été le centre ou d'un grand empire ou d'un grand commerce (6). Mais, du temps des Ptolémées, et même avant eux, florissait, dans la partie occidentale de l'Abyssinie, sur les bords du Nil ou *Astaboras-Taccazé* (7), le royaume de Méroé; peut-être la puissance d'Axum s'est-elle élevée sur ses ruines; peut-être aussi Axum existait-il déjà

---

(1) Tellez, dans Thévenot, Rec., p. 18.

(2) Ludolf, Hist. Æthiop., lib. II, c. 44. — Salt, dans Valentia, Trav., III, p. 82.

(3) Salt, dans Valentia, Trav., III, p. 87, 180.

(4) Salt, Voyage, p. 404.

(5) Inscr. Axumit., dans Valentia, tab. XVI. — Niebuhr, Über die Axumitische Inscript. im Museum für Altherthums. W. 2 vol., I et II, 1810.

(6) Agatharchides, Excerpt. ed. Hudson, p. 41, 65. — Voyez aussi Niebuhr et Salt.

(7) Salt, Voyage, p. 258.

auparavant comme colonie de Méroé (1), et n'aurait été fondé d'abord que pour servir de comptoir au commerce de ce puissant état; c'est du moins ce que peut faire supposer le genre d'architecture d'Axum. Cependant, après avoir visité ces ruines une seconde fois, Salt remarqua (2) que, par la perfection de leur travail, les morceaux conservés ressemblent plus à l'architecture grecque qu'à l'architecture égyptienne.

Le royaume d'Axum éleva sa puissance jusqu'à la domination entière de la mer Rouge; l'Yémen et Saba (3) étaient en son pouvoir, et son importance politique était si grande qu'il devint, au sud, la barrière où vinrent se briser les forces du grand empire romain et des Parthes.

Les empereurs de Byzance lui ont payé un tribut (4) jusqu'au moment où, après l'apparition de Mahomet, les Arabes étendirent leur domination sur l'Afrique.

C'est sans doute par l'empire d'Axum que les arts de la Grèce se répandirent dans les Alpes de l'Abyssinie.

Dans une inscription grecque, gravée sur une pierre, le roi *Aizanas* (333 après Jésus-Christ) se donne le titre de *fils d'Arés* et de *roi des Axumites*, *des Homérites*, *des Ræidan* (*de Rhada*, à trois journées de *Sena ?*), *des Ethiopiens*, *des Sabéens*, *de Zeyla*, *de Tiamo*, *des Bugaiens* (Boja, maintenant province, à deux journées de marche, au nord, d'Hamazen, sous la domination du Nayib de Massowa) *et de Takaé* (*Taguié ?* των Βουγαειτων et Τακαεων). Aizanas reçoit, en outre, le titre de Βασιλευς Βασιλεων, *roi des rois*, comme encore aujourd'hui l'empereur de l'Abyssinie, qui s'appelle *Negush-Negashi*. Aizanas célèbre, par ce monument, une victoire qu'il avait remportée sur les Boja rebelles, qu'il transplanta, dit-il, dans une autre province dont le nom n'est malheureusement pas lisible. Il consacra à *Arés*, en signe de reconnaissance, une statue d'or, trois statues d'argent et trois d'airain. Ebn Haukal (950) (5) et après lui Ibn-al-Wardi (1348) nous donnent quelques documens remarquables sur cette nation jadis si importante des *Boja* ou *Bouja*. Le grec était la langue des prêtres à Axum; l'arabe y fut introduit pendant la domination de deux siècles des rois axumites, à moins qu'il n'y eût été répandu plus tôt, comme le croit notre dernier voya-

---

(1) Heeren, Idées, II, p. 428.

(2) Salt, Voyage, p. 404.

(3) Voyez l'Inscript. d'Axum.

(4) Nicephor. Callim., c. XVIII. Paris, 1630.

(5) Ebn Haukal, Orient. Geogr., p. 13. — Al Wardi, dans Salt, Append., p. LXXVI.

geur (1). Les anciens auteurs ne regardent pas les Abyssiniens d'Axum comme des autochthones, mais comme des émigrés arabes (2); cette opinion, qu'a aussi défendue le grand orientaliste Murray (voyez *Bruce*, *Trav.*, 2e édit., VII, p. 435, Salt la combat de nouveau, en s'appuyant des observations et des faits recueillis par lui dans le pays.

L'opinion de Murray est fondée sur ce que la langue des habitans de ces côtes, la langue *Geez* des tribus Agaazi, qui semble dériver de l'arabe, fut pendant long-temps, à Axum, la langue de la cour et du pays; elle a dégénéré de son ancienne forme au point qu'elle est absolument méconnaissable aujourd'hui.

Salt découvrit, sur le revers de la pierre qui porte l'inscription grecque d'Axum, une seconde inscription avec d'anciens caractères éthiopiques; s'ils avaient été gravés simultanément avec l'inscription grecque, ce serait un témoignage contre l'assertion de Murray et d'autres (*Bruce*, *Trav.*, II, p. 402, note), qui prétendent que l'alphabet éthiopique est, comme celui des Cophtes, dérivé de l'alphabet grec; cette inscription nous donne ainsi le plus ancien alphabet éthiopique de la langue Geez en usage à Axum; il est par conséquent indigène, car il diffère absolument du grec. Ludolf se prononce aussi en faveur de l'ancienneté de cette langue (*Hist. Æth.*, IV, c. I). Salt trouve dans Cosmas *Indicopleustes* (1) la preuve que, de son temps (550 après Jésus-Christ), la langue Geez était déjà en usage à Axum, car, parmi les noms d'animaux que cite cet auteur, celui du rhinocéros est le même que celui qu'on lui donne encore aujourd'hui : *Arwéharis* (ἄρου ἤ ἄρισι), expression qui s'explique très bien par la langue Geez (4). Salt croit (5) par conséquent que le Geez est l'ancienne langue du pays, qu'il a un alphabet à lui propre, et ne dérive nullement de l'arabe. De là aussi son opinion que les Abyssiniens ne sont pas des descendans des Arabes; il les regarde, au contraire, comme des Africains primitifs, des Aborigènes d'Ethiopie qui se mêlèrent avec des émigrés égyptiens (par exemple, avec la caste des guerriers qui, suivant Hérodote, fut chassée au nombre de 250,000, par Psammétique); il fait descendre leur parenté avec les Arabes

---

(1) Salt, dans sa Dissertation sur l'histoire de l'Abyssinie, dans Valentia, Trav., II, p. 242.

(2) Ludolf, Hist. Æthiop., Comm., p. 200. — W. Jones, dans les Rech. Asiat., II, p. 1-34.

(3) Cosmas Indicopleustes, Opinio de mundo, lib. I. Voyez Montfaucon, Call. Patr.

(4) Salt, Voyage, p. 407.

(5) Ibid., p. 306, 448.

d'une origine commune, c'est-à-dire d'une race très ancienne, qui aurait eu encore plus de rapports avec celle des Hébreux. On trouve en effet la ressemblance la plus frappante de langue, de mœurs et de caractère entre les Abyssiniens de nos jours et les anciens Hébreux.

Les *Agaazi*, peuples pasteurs habitant les côtes, sont les seuls qui parlent encore la langue Geez, quoique dans un dialecte très corrompu; le savant Abba Grégorius l'écrivait et la lisait facilement, mais il ne savait pas la parler (1). La langue de Tigré, au contraire, qui est maintenant la plus généralement répandue dans ces contrées (depuis le Taccazzé jusqu'au golfe arabique), se rapproche beaucoup de la langue arabe, et surtout de celle de l'Arabie heureuse. Elle est actuellement, pour les Abyssiniens qui parlent l'amhara, la seule langue écrite (2), quoique peu d'entre eux la comprennent; elle ne s'écrit pas, comme l'arabe, de droite à gauche, mais au contraire comme le grec, de gauche à droite.

Le royaume d'Axum ne s'étendait vraisemblablement à l'ouest que jusqu'au passage de Lamalmon, au sud, jusqu'à Shoa (3), c'est-à-dire jusqu'aux limites actuelles de Tigré; à l'est, il communiquait avec l'Inde et l'Arabie, par Adoule (4), de sorte qu'il existait ici un commerce non interrompu entre les *Hamjares* (Ομηριται) de l'Arabie et les Axumites du Habech, nations qui appartiennent sans doute à une seule et même race très ancienne.

3e Remarque. — *La terrasse de Tigré considérée comme théâtre de la lutte entre le Christianisme et l'Islamisme.*

C'est ici que s'est opérée la grande révolution religieuse chez les Abyssiniens. Les habitans de la terrasse de Tigré furent, de tous les Ethiopiens, les premiers qui adoptèrent le christianisme; aujourd'hui encore, les Abyssiniens se donnent avec orgueil le nom de *Cashtam* (5), qui signifie chrétien.

Frumentius et Ædesius, apôtres du Habech, ayant échoué sur les côtes du golfe Arabique, furent reçus à la cour d'Axum par le roi

---

(1) Ludolf, Comment., p. 31.

(2) Murray, Append. — Bruce, Trav., dans le Vocabulary, II, p. 491. — Salt, dans Valentia, III, p. 508.

(3) Voyez Niebuhr, ibid.

(4) Monum. Adulit., dans Cosmas. — Voyez Gosselin, Recherches, dans Bredow, p. 215.

(5) Salt, dans Valentia, III, p. 243.

Aizanas (*Æizana*, *Sazana*, ou, d'après les annales de l'Abyssin ie *Abreha*, c'est-à-dire Abraham), le même dont il est question dans l'inscription mentionnée plus haut. L'Evangile ne tarda pas à se propager dans ce pays; Frumentius (1) devint premier évêque d'Axum (2) et, dans peu de temps, tout le Tigré se convertit au christianisme; les Chrétiens d'Alexandrie, principale église d'Egypte, se rendirent en foule dans ce pays d'Alpes, pour y répandre de plus en plus la nouvelle doctrine; c'est alors (de 470-480 après Jésus-Christ) que furent construites la plus grande partie de ces églises creusées dans le roc, qui jouissent encore aujourd'hui d'une si grande vénération.

Le chef de l'église, appelé *Abouna* (*Aboana*), devait toujours être un étranger; il était placé sous la suprématie du patriarche d'Alexandrie, ce qui établit des rapports continuels entre les rois de l'Abyssinie et les empereurs byzantins. Depuis Caleb-Negus (ou *Elisbaas*), qui se distingua parmi les souverains d'Axum par sa bravoure et son zèle (525 après Jésus-Christ), les Chrétiens de Tigré cherchèrent à secourir leurs frères de l'Arabie par la force des armes (3). Lorsque Mahomet parut dans l'Yémen, les rois chrétiens offrirent un asile à ses adversaires les partisans d'Abou-Taleb; cette circonstance alluma entre les *Cashtam* de Tigré et les Musulmans des pays voisins, les combats cruels et terribles qui ont ensanglanté pendant tant de siècles ces contrées, et qui se continuent encore en certains endroits avec la même opiniâtreté et un acharnement toujours égal, au grand malheur des peuples voisins. Depuis plus de mille ans, Tigré est ainsi, pour la partie septentrionale de l'Afrique, le boulevart de la foi chrétienne contre les forces bien supérieures de l'islamisme.

Les Abyssiniens continuèrent d'abord leurs attaques contre l'Yémen par la mer Rouge; mais, après que la puissance des califes se fut développée, les armées mahométanes abordèrent bientôt sur les côtes abyssiniennes. L'islamisme trouva de nombreux partisans parmi les habitans des côtes d'Adel, de Zeyla, de Dancali et de Baylour; les Mahométans éthiopiens se réunirent bientôt en confréries divisées en 24 districts, et, sous le nom de *Doba*, entreprirent annuellement de terribles excursions (4) contre les Chrétiens éthiopiens du plateau. Pour être reçu parmi les Doba, il fallait avoir tué un certain

(1) Fremona a été construit en son honneur. Voyez Tellez, dans Thévenot, Rec., p. 19.

(2) Athanasius, Arch. Alex. ad Imp. Constantin. Apol. Paris, 1627, p. 693.

(3) Salt, d'après Baronius, LVII, a. 522.

(4) Alvarez, Hist. de Ethiopia, fol. 58.

nombre de Chrétiens. Aujourd'hui, *Doba* est, suivant le dernier rapport de Pearce, le nom d'une race de Nègres, habitant les hautes montagnes (1), à la limite sud-est de Tigré. Sous le règne de Mahomet-Gragné, roi d'Adel ou d'*Adaiel* (pays situé à l'endroit où est maintenant Arar et le royaume de Hourrour, à l'est de Shoa), le plateau courut le plus grand danger de perdre son indépendance; les Abyssiniens allaient succomber aux attaques du victorieux Gragné, lorsque, sous l'empereur éthiopien David (1520) et plus tard sous Claudius (1542), les Portugais, commandés par Diégo de Gama, firent triompher leur cause, et leur conservèrent leur indépendance et leur foi. Cependant, peu de temps après (1558), Soliman Basha conquit au nord les ports de Suakim et de Massowa et l'île de Dhalac. Depuis lors, la mer fut fermée aux Abyssiniens (2). Dans le même temps, ils furent attaqués, au sud, par leurs plus terribles ennemis, les Galla. Ce n'est qu'à prix d'or qu'ils peuvent aujourd'hui communiquer avec la mer, et encore leurs communications sont-elles souvent interrompues par les querelles que leur suscitent à tout moment leurs ennemis.

La scission opérée dans l'islamisme par la réforme des Wechabites semble avoir affaibli la domination des Turcs à Idda et sur le golfe Arabique; l'entrée du Habech est aujourd'hui moins difficile aux étrangers, et la puissance du Baharnagach reprend de nouveau quelque importance.

Pendant qu'on se battait à l'extérieur de la terrasse de Tigré pour défendre l'indépendance menacée de tout le pays d'Alpes, l'intérieur était agité par plusieurs guerres de religion (3), dont nous ne poursuivrons pas l'histoire, parce que nous n'en connaissons pas exactement le théâtre.

La terrasse de Tigré contient les plus anciens monumens du christianisme en Abyssinie; on y voit les nombreuses églises taillées dans le roc, dont nous avons déjà parlé plus haut. Au milieu des ruines de l'ancien temple d'Axum, s'élève maintenant la nouvelle métropole du pays, à l'est du Taccazzé; elle fut construite, en 1657, dans un style noble et grandiose. Du temps de Tellez, on y couronnait les empereurs de l'Abyssinie (4). Les églises de Fremona, près d'Adowa, à trois lieues d'Axum, sont plus anciennes (5); jadis,

---

(1) Salt, Voyage, p. 274.

(2) Valentia, Trav., III, p. 261.

(3) Voyez l'Histoire d'Abyssinie sous Socinios ou Melec Segued, depuis 1605.

(4) Bruce, Trav., III, p. 296. — Salt, dans Valentia, III, p. 87.

(5) Tellez, dans Thévenot, p. 18.

siége des missions portugaises, elles leur servirent de dernier asile pendant les persécutions. Dans son dernier voyage au nord de Dixan, Salt eut l'occasion de voir le couvent de Bisan (1), si célèbre du temps des Portugais par ses richesses et sa sainteté; il était abandonné, en ruines, et entouré d'une affreuse solitude.

Les ermitages et les couvens sont très nombreux sur la terrasse de Tigré. On les trouve en plus grand nombre encore dans le pays d'Alpes, situé plus haut. Un seul regard jeté sur la carte nous prouve quel est le goût des habitans pour la vie monacale, car on trouve très souvent le nom *Debra*, qui signifie couvent, associé à d'autres noms, par exemple, le célèbre *Debralibranos*, à Shoa (*Xoa*). M. Pearce visita, sur les hautes montagnes de Lasta, à la frontière méridionale de Tigré, près des sources du Taccazzé, la sainte église de *Jummada-Mariam* (2), bâtie au dixième siècle par le roi Lalibala; il la trouva telle que l'ont décrite Alvarez et Ludolf, d'une architecture imposante et sévère, semblable à celle d'*Abba-os-Gouba* (Valentia, Trav., III); les prêtres lui firent voir aussi des livres latins et portugais qu'ils conservaient précieusement comme des reliques.

3e ECLAIRCISSEMENT.

Chemins montans conduisant du port de Baylour, de Bouré et de l'Amphila-Baie, à la terrasse de Tigré.

Le plus méridional de ces trois chemins ne nous est connu que par le jésuite Lobo qui le prit pour se rendre à Fremona; mais ce voyageur nous donne très peu de renseignemens sur la nature du pays.

Le port de *Baylour* (*Beloul*), situé au 13° 3' latitude nord, dans un état jadis hospitalier, le royaume de Dancali, offrit pendant un certain temps l'entrée la plus sûre dans les Alpes de Habech (3); mais du temps de Lobo, il était devenu très dangereux à cause du brigandage des Galla.

A quelques journées des côtes arides et brûlantes de

(1) Salt, p. 442.
(2) Ibid., p. 302.
(3) Ludolf, Hist. Æthiop., lib. III, c. 6.

Dancali, on rencontre les premières éminences, dans l'intérieur du pays; huit jours après, on monte par un défilé dans un pays plus élevé et plus frais, que le jésuite portugais trouva des plus agréable (1). Mais à peine les voyageurs eurent-ils traversé la bordure boisée du plateau, qu'ils entrèrent dans de vastes plaines stériles, où ils étaient brûlés par les rayons du soleil, sur un sol sans ombre, sans sources, et où on ne trouve pour se rafraîchir qu'un peu d'eau salée (2) c'est la *plaine de Sel*; quelques collines de sel indiquent seules le chemin qu'il faut suivre dans ces déserts. Après une forte journée de marche, on arrive du côté opposé, au nord-ouest de la plaine de Sel, aux premiers défilés rocheux, où l'on rencontre de nouveau des forêts et des fontaines. Pendant trois jours ils conduisent de degré en degré, de ravins en ravins, jusqu'au pied de la haute chaîne de Duan, où la fraîcheur et l'abondance des eaux raniment de nouveau les caravanes fatiguées. Arrivé au dernier défilé, on est forcé de renvoyer les chameaux, car les mulets seuls peuvent servir dans ce pays.

Après avoir gravi le défilé de Duan, Lobo arriva en cinq jours à Fremona. Salt mit juste le même temps pour aller d'Antalow à Adowa près de Fremona.

Un autre passage conduit de Bouré, situé sur la côte au 14° latitude nord, dans la direction de l'ouest, à Antalow (3). Lorsque Salt était dans cette ville, on le lui proposa comme le plus court pour aller à Bouré. On ne comptait que quatre journées d'Antalow; un seul passage est regardé comme impraticable pour les Kafilas, à cause de la siccité du sol. Jusqu'à présent nous n'en savons encore rien de positif; il paraît que les hordes de Dumhoeta

---

(1) Lobo, Voyage en Abyssinie, I, p. 44.
(2) Tellez, dans Thévenot, p. 25.
(3) Valentia, Trav., II, p. 40, et Salt, p. 137, 148.

le rendent très dangereux, car souvent on y trouve des voyageurs assassinés; la domination du Ras de Tigré ne dépasse pas la pente des montagnes à l'est; elle ne s'étend que jusqu'à la grande plaine de Sel.

La troisième route et la plus septentrionale est celle qui va de l'Amphila-Baie dans le Tigré, à l'ouest. M. Coffin (1), l'un des compagnons de voyage de Salt, la prit en 1809. Il partit le 10 Janvier de Madir, sur l'Amphila-Baie, et arriva, après huit jours de marche, le 19 du même mois à Chelicout, près d'Antalow. A une distance de trois journées de marche ou 10 milles géog. à peu près de la côte, il avait déjà franchi les montagnes arides et sauvages qui l'avoisinent. La grande plaine de Sel se déroula alors devant lui à la base occidentale des montagnes. Coffin mit cinq heures à la parcourir; de là il arriva dans le domaine du Ras de Tigré, où l'on n'a plus rien à redouter des hordes indépendantes des Danakil et des Dumhoeta.

Les habitans donnent à tous les voyageurs qui traversent la plaine de Sel, des chaussures ou sandales tressées avec des feuilles de palmier nain. Au bord occidental de cette plaine s'élève la chaîne de montagnes de Sénafé, aussi haute mais moins pénible à franchir que le défilé de Taranta; elle est habitée par les Hourtoo, qui appartiennent à la tribu des Danakil; mais ils sont depuis longtemps soumis à Tigré. Comme au Taranta, le climat change d'une manière sensible à mesure qu'on s'élève dans le défilé de Sénafé; Coffin y trouva (au mois de Janvier) au lieu des pluies et des tempêtes qui règnent sur la côte, un ciel serein et d'un bleu d'azur; les habitans étaient occupés à récolter le blé. A partir de cette chaîne de montagnes, la plaine s'étendait à l'ouest, par Hammen, Dirbé, Chelicout, dans la direction d'Antalow.

(1) M. Coffin, Journal, dans Salt, p. 199.

REMARQUE. — *Terrasse de sel.* — *Sel gemme.*

La soi-disant plaine de Sel (*terra salis*), qui apparaît ici comme la première terrasse du pays d'Alpes, est située au-dessus des côtes sablonneuses de Dancali (1), et sépare la province de Tigré de Dancali ; elle s'appelait, du temps d'Alvarez, *Balgada*, et était soumise alors au gouverneur de Tigré (2). Un siècle après, du temps de Lobo, la plaine de Sel était au pouvoir du roi mahométan de Dancali, ce qui était très malheureux pour le Habech, qui en tire tout son sel. A Gondar, capitale de l'Abyssinie, on trouve encore, de nos jours, de petites monnaies de sel gemme (3). La terrasse de Sel a quatre journées de longueur et une de largeur. On en tire une très grande quantité de sel ; de là vient le nom de *Baylour*, qu'on a donné au port et à la ville (4). (*Baylour* signifie sel gemme.)

Coffin (5) nous apprend que cette plaine unie s'étend du nord-est au sud-ouest. Ce voyageur l'a parcourue dans toute sa largeur. Le premier quart d'heure, la surface était molle, et souvent le pied enfonçait dans une boue salée. Peu à peu, elle devient plus solide, dure et fortement cristallisée. On aurait dit alors une immense plaine de glace couverte de neige. Au milieu de cette plaine blanche, d'où surgissent en forme de madrépores de nombreux cristaux de sel, on voyait s'élever deux petites collines de forme très bizarre. A la bordure occidentale de la plaine, Coffin rencontra un grand nombre d'Abyssiniens occupés à tailler des blocs de sel auxquels ils donnaient la forme de meules. Le sel, placé en couches horizontales, est très facile à détacher. Immédiatement au-dessous de la surface, il est très dur, blanc, compact et pur. A une certaine profondeur, il est grossier et mou, et ne durcit qu'après avoir été exposé un certain temps à l'air. En plusieurs endroits, il est très pur jusqu'à la profondeur de trois pieds ; si on creuse au-delà, on le trouve mêlé à beaucoup de parties de terre. Cette plaine approvisionne de sel tout le pays du Habech. Un chef, ou *shoum*, est établi près du défilé du Sénafé, à l'ouest, pour y percevoir la taxe du sel, au nom du ras de Tigré. Un chameau chargé de deux cents blocs de sel, en paie onze d'impôt ; un mulet chargé de quatre-vingts blocs, en paie neuf ; un âne en paie six ; un homme passe franc d'impôt avec sa charge (6).

---

(1) Alph. Mendez, dans Tellez et Ludolf, Comment., fol. 106.
(2) Alvarez, Hist. de Æthiop., fol. 64.
(3) Poncet, Lettres édifiantes, II, p. 79.
(4) Bruce, Trav., III, p. 111.
(5) Salt, p. 199.
(6) Ibid., p. 201.

Tous les voyageurs qui parcoururent ce pays y ont rencontré de grandes caravanes, composées de trois cents jusqu'à six cents bêtes de somme, des bœufs, des ânes, tous chargés de sel, qu'ils transportaient dans le pays d'Alpes.

Le sel se fend en tablettes (*ladrillos*) d'un pied de longueur (une palme et demie, suivant Alvarez), trois pouces de largeur et autant d'épaisseur. Du temps d'Alvarez, cent vingt à cent trente de ces blocs équivalaient, dans les carrières, à la valeur d'une drachme d'or. A une journée des carrières, à Corcora, on en donnait déjà moins pour la même somme d'or. Le prix du sel augmentait ainsi proportionnellement avec la distance. A Gondar, six ou sept blocs valaient un *dinaro*. Du temps de Poncet, dix tablettes coûtaient trois livres. Alvarez assure que, plus avant dans l'intérieur, on a un esclave pour trois ou quatre blocs de sel; enfin, à l'extrémité du pays, le sel se vend au poids de l'or.

Salt (1) rapporte qu'aux marchés d'Antalow, des blocs de sel, de deux à trois livres, valaient 1/30 de dollar.

D'après ce que nous venons de voir, il paraît que la plaine de Sel est, dans tout le Habech oriental, le seul endroit qui produise du sel gemme. Ce qui contribue encore à le rendre si cher, c'est que les Galla en ont de tout temps rendu le transport très dangereux. La route qui conduit de la plaine de Sel à Tigré passe généralement, suivant le rapport de tous les voyageurs, pour une des plus pénibles du Habech.

4e Eclaircissement.

Chemin montant conduisant de la Mazaga et de la Colla, par le Lamalmon, à la plaine de Gondar.

Les marchands prennent ordinairement cette route pour aller de la terrasse du Baharnagach à Gondar. Les Portugais, et en particulier les jésuites, l'ont de tout temps préférée. Elle s'étend sur la plaine de Dembea et est sans doute la plus courte et la plus commode, car jusqu'à présent nous n'en connaissons pas d'autre qui conduise de la terrasse de Tigré à Gondar. Alvarez seul nous fait une description très imparfaite d'un chemin allant de Fremona

(1) Valentia, Trav., p. 58.

à Angote par la chaîne de Tigré, et à Debralibanos par Ambara et Shoa; mais il est probable que les troubles politiques qui règnent dans tout le pays, rendent cette route tout-à-fait impraticable.

Dans son premier voyage, Salt ne put pénétrer plus loin qu'Antalow, à cause des querelles qui avaient éclaté entre le Ras de Gondar et le Ras de Tigré; il n'eut pas plus de succès dans son second voyage de 1809 et 1810, et fut obligé de renoncer au principal but de son expédition, qui était de s'avancer à l'ouest dans l'intérieur de l'Abyssinie; le Ras de Tigré, qui s'était déclaré son protecteur, ne put lui-même le seconder dans son entreprise.

Poncet et Bruce ont suivi la même route, l'un pour s'en retourner à la côte, l'autre pour aller de la côte à Gondar.

A. *Chaîne de montagnes limitrophe.*

Le plateau du Habech qui s'étend de l'est à l'ouest, s'incline au nord dans les basses-terres qui avoisinent la Nubie; à son extrémité orientale au contraire il semble gagner quelque extension près de la mer, non loin de la terrasse du Baharnagach. De là, il se continue, sous le nom de montagnes de *Habab*, le long de la mer Rouge dans les gorges basses et boisées de Dobarva et Harmazen, et plus loin, dans les montagnes inférieures et déchirées de la côte. A mesure que les montagnes de Habab s'avancent vers le nord, les roches primitives se montrent toujours plus à découvert.

Ce sont là sans doute les prétendues montagnes de basalte, de marbre, de porphyre et de granit, dont Bruce fait mention et qui, suivant ce voyageur, forment le partage de la température dans ce pays. Mais il est permis de mettre en doute ses assertions (1), et quant à la nature de

(1) Rozière, Description minéralogique de la vallée de Kosseyr,

ces montagnes, et quant à la prétendue influence qu'elles exercent sur l'atmosphère.

Cette prolongation du plateau dans les montagnes de Habab nous explique, en quelque sorte, l'existence d'une seconde route moins longue, conduisant également au passage du Lamalmon à travers la plaine de Dobarwa; cette route dispense de passer par le Taranta; elle s'étend à l'ouest d'Axum; de là elle conduit en descendant dans la province de Siré; d'où l'on s'élève enfin au passage du Lamalmon. Avant de se dégrader dans les basses-terres, cette magnifique province de Siré paraît former avec Waldoubba, Tcherkin, Gisana, Serke, etc., situées au nord, les vallées avancées de la terrasse d'Alpes d'Abyssinie. Le même accident géographique se rencontre à la pente méridionale de la Haute-Asie près de la plaine du Bengale, où Népal et Cachemire sont situés, devant les secondes terrasses, comme d'étroites et longues vallées avancées. (Voy. *Haute-Asie*, *pays d'Alpes de Boutan.*)

Au bord de ces vallées et parallèlement avec elles s'étendent ici, en Abyssinie, les routes commerciales; comme dans le domaine des sources du Niger, du Sénégal et de la Gambie (1), elles sont situées entre les hauteurs et les basses-terres.

Avant de se réunir dans la vallée du Nil, tous les fleuves de l'Abyssinie se fraient leur cours dans les basses-terres, à travers les montagnes limitrophes du nord, qui s'étendent vraisemblablement, sous la forme de chaînes et de vallées longitudinales, du sud-est au nord-ouest; cette supposition est fondée non seulement sur l'analogie, mais encore sur la comparaison des journaux de tous les voyageurs. Dans ces montagnes, les fleuves forment, pour en sortir, d'innombrables gouffres étroits et escarpés, des sauts affreux;

---

dans les Mémoires sur l'Egypte, II, p. 227; et Valentia, Trav., II, p. 294.

(1) Voyez les Voyages de Mungo-Park.

c'est de là que le Taccazzé, qui signifie terrible, a reçu son nom. Ils se brisent contre des écueils qui les traversent, et dans les principaux fleuves de l'Ouest, ils se précipitent de la haute terrasse d'Alpes (1) en un grand nombre de cataractes qui sont les *Catadoupes du Nil.* Ces catadoupes ont été décrites de tout temps, plutôt comme des merveilles que comme des phénomènes naturels qui se rencontrent dans tous les systèmes de fleuves à l'endroit où ils traversent la bordure des plateaux de la terre.

B. *Passage du Lamalmon.*

Arrivé au fleuve d'Anzo, un des nombreux affluens du Taccazzé, qui se fraie son cours à travers la province de Waldoubba (c'est-à-dire *la vallée des hyènes*), on s'élève des déserts de la plaine vers le passage du Lamalmon. Des rangées de montagnes connues sous le nom de *Shahagaanah* (2), s'étendent de l'est à l'ouest et s'élèvent graduellement en forme d'Amba ou tables. Le second jour, on arrive à la première terrasse du pays d'Alpes abyssinien, le *Gouca* ou *Gouza* (3) des Portugais, avec la ville appelée aujourd'hui *Ta Guzait* (Bruce). Suivant Tellez, on y monte pendant une demi-journée par un chemin escarpé et en zig-zag, à peu près comme les défilés du Boutan et du Tibet (selon Turner), et absolument comme la route qui conduit du Valais à Leukerbad, et de là au Ghemmi. Sur la hauteur, est une vaste plaine où les Kafilas font halte. On la parcourt jusqu'à la plaine de Saint-Michel, où l'on respire déjà l'air frais du pays d'Alpes, tandis qu'au pied du Gouca qui forme la base du Lamalmon, règne encore la chaleur étouffante des tropiques. De cette plaine,

(1) Rennell, Appendix à Mungo-Park, p. LXXVII.
(2) Bruce, Trav., 2e édit., V, p. 368.
(3) Ludolf, Hist. Æthiop., lib. I, c. VI.

le dernier défilé de rochers conduit, comme par degrés, sur la hauteur du Lamalmon. Quelque escarpé et terrible qu'il apparaisse du côté du nord, il s'étend à son sommet en une vaste plaine qui se prolonge pendant plusieurs journées à travers Woggara, pays fertile en blé, jusqu'au lac de Tzana, et forme ainsi la haute terrasse du pays d'Alpes abyssinien, qui se distingue de toutes les autres par ses magnifiques pâturages, par l'abondance du blé et par l'absence complète de forêts.

Du sommet du Lamalmon que les Portugais croient plus élevé que les Alpes et les Pyrénées, on aperçoit, au sud, les montagnes de Samen et d'Ambara plus élevées encore; à l'est et au nord-est, la vue se perd sur les chaînes de montagnes et les hautes plaines de Tigré qui, parce qu'elles sont situées dans un enfoncement, n'apparaissent que comme des collines par rapport à la haute élévation où l'on se trouve placé (1).

Salt, dans son dernier rapport, nous fait connaître les hautes montagnes de Samen comme la continuation sud-est de la même chaîne de montagnes que traverse la route du Lamalmon; elle se prolonge sous la forme d'un groupe de montagnes très élevé, sur la rive gauche du Taccazzé, entre le 12° et le 14° de latitude nord et le 38° et 39° de longitude est de Greenw., et forme, à l'ouest, après s'être dirigé du sud-est au nord-ouest, sur un espace de 10 milles géogr., la frontière politique de Tigré, du côté de l'empire d'Abyssinie ou du côté du royaume de Gondar. A l'est, au pied des montagnes de Samen, s'étendent les hautes plaines de Tigré dont les premières éminences sont baignées par les eaux du Taccazzé; ce fleuve coule ici dans un lit de rochers. Il a 300 *yards* (aunes) de largeur (2) à l'endroit

(1) Tellez, dans Ludolf, Comment. in Hist. Æthiop., fol. 105; et Thévenot, Rec., p. 17.

(2) Salt, p. 281, 354.

où on le traverse pour aller à Guinsa ; mais souvent il est très resserré entre les bancs des rochers, et quelquefois si peu profond, qu'en beaucoup d'endroits on le passe presque à pied sec. Ce fleuve ressemble beaucoup, par rapport à son lit, à ceux dont le cours n'est pas encore entièrement développé, comme le fleuve d'Orange, le Zaïre et d'autres. Les deux plus hautes cimes de ce groupe de montagnes, le *Beyda* situé au même degré de latitude que le Lamalmon, à l'est de ce dernier, et l'*Amba-Hai*, étaient couvertes de neige au mois d'Avril (1). Lorsque M. Pearce visita ces montagnes, au mois d'Octobre, la neige y tombait en abondance, et il trouva aussi souvent de la glace et de la neige dans les ravins. Il paraît donc que ce phénomène n'est pas si rare en Abyssinie que l'assure Bruce, quoique peut-être on le voie rarement dans certaines parties du pays. La neige ne séjourne jamais long-temps, même sur le sommet des montagnes.

Les montagnes de Samen qui ont donné le nom à toute la province limitrophe sont habitées par les *Agows*, peuple pasteur ; ils parlent une langue qui leur est propre, et vivent exclusivement du produit de leurs troupeaux.

REMARQUE. — *Hauteur des neiges.*

Les découvertes des temps modernes ont prouvé qu'on peut en quelque sorte préciser la hauteur des montagnes géantes de la terre par la ligne des neiges : l'Amérique nous offrant des points de comparaison pour cette proximité de l'équateur, nous pourrions, en admettant l'ancienne assertion que les montagnes de l'Abyssinie portent aussi de la neige dont la fonte alimenterait les eaux du Nil, préciser en quelque sorte leur élévation.

Mais une comparaison exacte des relations de tous les voyageurs nous apprend que le plateau d'Abyssinie et celui d'Ethiopie ne sont couverts nulle part de neiges éternelles, et les sommets sur lesquels on trouve accidentellement un peu de neige et de glace sont en très petit nombre.

---

(1) Salt, p. 279, 355.

Bruce combat la supposition de neiges éternelles à Narea (1); les montagnes situées autour des sources du Nil n'ont pas de neige sur leur cime; il n'y tombe jamais que de la grêle (2). Salt est le seul qui prétende en avoir vu à l'ouest du Taccazzé (3). Les annales abyssiniennes rapportent, comme un phénomène extraordinaire, qu'il tomba un jour de la neige près du lac de Dembea, et c'est de là, disent-elles, que le village de Zinzinam tient son nom (4). Abba Gregorius d'Amhara vit, pour la première fois, de la neige dans les Alpes du Tyrol; il en parut très étonné, et lui donna le nom de *Haritz*, qui, dans sa langue, signifie *farine;* les habitans du Samen l'appelle *Berrik*, selon Salt. Ce même auteur rapporte que, suivant l'expression du ras Welleta-Sallassé, le Gédéon ou le rocher des Juifs était couvert à sa cime d'une espèce de verre, lorsque ce prince en fit la conquête (5).

Les esclaves du Caire, lorsqu'on les interroge sur l'intérieur de l'Afrique, parlent souvent de la neige comme si elle était commune dans leur pays; à les en croire, il en tomberait aussi dans le Dar-Four; cependant Browne ne put en trouver nulle part la moindre trace. On devrait, en général, ajouter foi moins facilement aux relations des esclaves, dont l'imagination a toujours une réponse prête à toutes les questions qu'on leur adresse, et qui, par bonhomie, confirment tout ce que l'on désire savoir (6); cependant Ptolémée fait déjà mention de neiges sur les montagnes de la Lune.

Bruce assure que son baromètre marquait, sur le Lamalmon, 20 pouces anglais 7/8, un pouce de moins qu'aux sources du Nil; mais cette observation, pas plus que ce que nous avons rapporté plus haut de ce voyageur, ne peut nous conduire à des résultats certains.

5e Eclaircissement.

Chemin montant conduisant de la Colla de Ras-el-Fil, par Tcherkin et le défilé de Moura, à la plaine de Dembea.

Cette route conduit de Sennaar à Gondar, en longeant le ravin profond à travers lequel l'*Angrab*, affluent gauche

(1) Bruce, III, p. 327.
(2) Ibid., IV, p. 256.
(3) Ibid., III, p. 311.
(4) Ludolf, Hist. Æthiop., lib. I, c. 5, et Comment., fol. 100.
(5) Salt, dans Valentia, Trav., III, p. 59.
(6) Seetzen, dans V. Zach, Mon. Corr., 1808 et 1809.

du Taccazzé, se fraie sa route de la haute terrasse du Habech dans les basses-terres. Bruce la choisit pour s'en retourner.

Le premier jour, en partant de Gondar, la route se continue dans la plaine vers le nord ; le second jour, elle se dégrade à travers le défilé rocheux de Moura (1) ; le quatrième jour, après avoir traversé un second défilé étroit (le défilé de *Dao-Dohha*), on quitte l'air pur et frais des montagnes pour entrer dans l'atmosphère étouffante des tropiques ; on aperçoit alors les premiers champs de Doura, et les forêts sont habitées par des troupes de singes. Enfin, le sixième jour, après avoir traversé d'épaisses forêts dont on n'aperçoit aucune trace sur la hauteur, on arrive à la ville de Tcherkin, située dans une vallée élargie, près du fleuve Jibbel-Myrat, qui formait autrefois la frontière entre le Habech et le Sennaar.

Les chameaux ne peuvent monter que jusqu'à Tcherkin (2) ; là, on les échange contre les bêtes de somme du pays d'Alpes. Au-delà de cette ville, la route ne traverse que des vallées, des torrens et d'épaisses forêts d'arbres et de roseaux, où habitent d'innombrables troupes de bêtes féroces, d'éléphans, de rhinocéros, de sangliers, de buffles et de singes : après avoir parcouru ainsi un espace de six à sept journées de marche, on arrive enfin à la plaine unie de *Hor-Cacamot* (3), qui s'étend, sans interruption, jusque vers le Sennaar et la Nubie. L'eau disparaît ici de nouveau ; car le sol ne se compose en grande partie que de sel gemme ; et, sur sa surface, soufflent les vents embrasés (*Simoun*) des déserts de sable.

---

(1) Bruce, VI, p. 207.
(2) Ibid., p. 245.
(3) Ibid., p. 261.

6e Eclaircissement.

Chemin montant conduisant de la Colla de Giesim, par Serké et le défilé de Girana, à la plaine de Dembea.

Cette route, moins longue que celle de Bruce par Ras-el-Fil et Teawa, s'étend aussi plus près de la bordure inférieure de la terrasse d'Alpes ; Poncet la suivit en allant de Sennaar à Gondar. Depuis Giesim, qui est situé à moitié chemin entre Sennaar et la frontière de l'Abyssinie, le pays commence à s'élever graduellement de la plaine de Sennaar. Le voyageur vit ici pour la première fois les forêts éternellement vertes de tamarins (*Tummara Hindi*) (1), que les indigènes appellent *erdeb*; souvent elles sont si épaisses qu'aucun rayon du soleil ne pénètre à travers leur feuillage.

L'Abyssinie s'élève ici, de degré en degré, entre des montagnes à forme d'Amba, dont les surfaces sont cultivées et généralement bien peuplées; les habitations se succèdent à peu de distance, et les vallées, depuis Giesim jusqu'à Abiad, sont couvertes de plantations (comme à Adowa sur la terrasse de Tigré), dont on n'aperçoit plus de traces au-delà (2). Le cinquième jour, on rencontre le *Gandava*, torrent profond et rapide qui se précipite des montagnes. Ce fleuve est ici moins large que la Seine à Paris : non loin de là, se trouvent encore deux autres torrens. Le sixième jour, la terrasse s'élève d'une plaine couverte de grenadiers vers le défilé escarpé de *Girana*, terme où s'arrêtent les chameaux. Là commence (3) l'air frais et pur, le climat tempéré des passages alpins ; pendant deux journées de marche, le pays s'élève jusqu'à la

(1) Poncet, Lettres édifiantes, Rec., IV, p. 50.
(2) Ibid., p. 57.
(3) Bruce, III, p. 496.

plaine par des montagnes qu'on ne franchit qu'à travers des défilés pénibles et escarpés : le troisième jour enfin on arrive à Gondar.

7e Eclaircissement.

Chemin montant conduisant de Tigré, par Angote et Amhara, à la haute terrasse du pays d'Alpes abyssinien.

Cette route ne nous est connue que par la relation de F. Alvarez qui accompagna don Rodrigo de Lima, dans le voyage qu'il fit en 1520, comme ambassadeur au Habech. Cette relation n'est malheureusement pas très exacte; ce qui la rend surtout imparfaite, c'est qu'elle ne contient aucune indication des distances ni des journées de marche. Le voyageur n'avait d'attention et d'intérêt que pour les moines, les couvens et les miracles; beaucoup de ses récits ne sont fondés que sur le rapport d'autres personnes; souvent aussi ils ont été altérés par les jésuites postérieurs, de sorte que la science ne peut y puiser des documens bien importans.

En partant de la terrasse de Tigré, on traverse, près de la province de Doba (1), plusieurs défilés et chaînes de montagnes alternant avec des vallées fertiles, où les récoltes et les semailles se font sans interruption pendant toute l'année. Le fleuve de *Sabalète* forme la limite entre le Tigré et la terrasse supérieure; un défilé rapide et escarpé (2), où l'on ne peut plus faire usage de chameaux, conduit à *Corcora de Angote*. Sur la hauteur, les habitans parlent un langage tout différent de celui des autres indigènes : peut-être parlent-ils la langue d'Ambara; tandis

(1) Fr. Alvarez, Hist. de Ethiop., fol. 58.

(2) Ibid., fol. 63.

que les autres font usage de l'idiome de Tigré. La vaste plaine est couverte de champs fertiles de maïs (*mayzales*) et de teff; mais plus loin, dans les montagnes d'Amhara, ils disparaissent partout, et font place aux pâturages alpins (1), jusqu'à ce que les gorges sauvages des montagnes reconduisent de nouveau le voyageur dans les vastes hautes plaines des affluens du Nil à Shoa (*Xoa*).

CHAPITRE TROISIÈME.

PAYS D'ALPES DU HABECH PROPREMENT DIT.

§ 11.

La haute terrasse de l'Abyssinie est appelée par ses habitans *Alberegran* (2), plateau; considérée comme pays de montagnes, ils l'appellent *Daga* (3), par opposition aux terres basses auxquelles ils donnent le nom de *Colla*; elle est encore pour nous très peu connue; presque aucun voyageur ne parle de sa structure et de sa forme. La contrée des sources du Nil et la plaine du lac de *Tzana* (le *Sena* des Portugais), est le seul pays sur lequel nous possédions quelques documens précis. Nous ne connaissons les autres cantons ou districts, ordinairement appelés royaumes, que par quelques indications isolées, contenues dans l'histoire des guerres et des dissensions religieuses du peuple abyssinien, nation continuellement agitée. Nous avons à la vérité les noms de quarante (4) petites provinces particulières qui, avant les invasions des Galla, appartenaient au royaume de l'Abyssinie; mais depuis, cette division est entièrement

(1) Fr. Alvarez, Hist. de Ethiop., fol. 82.
(2) Tellez, dans Thévenot, p. 4.
(3) Bruce, Trav., III, 472.
(4) Lobo, Reise, I, p. 150.

oubliée. Les guerres du peuple belliqueux de l'Abyssinie que, dans les derniers siècles, il renouvelait chaque année contre ses ennemis indomptables au sud, et contre les Shangalla, au nord et à l'est, n'ont jamais permis aux habitans du plateau et aux étrangers qui y séjournaient de le cultiver en paix ou d'y entreprendre des voyages pour le faire connaître.

C'est donc avec beaucoup de vérité que l'Abyssinien compare sa partie entourée de tous côtés de peuplades ennemies à la belle fleur du *Denguelat* (1), plante magnifique du genre des *Cnicus*, dont la corolle est entourée d'une enveloppe épineuse.

La plus grande partie de la haute terrasse du Habech, est couverte de pâturages alpins (2), et de quelques plaines bien cultivées ; on n'y voit presque pas de forêts, mais elle est abondamment arrosée, parcourue par d'immenses troupeaux de vaches et de chevaux, et habitée par une race d'hommes vigoureuse, belle, active et intelligente, toujours en guerre avec ses voisins (*cum illis perpetuò luctant et belli quàm pacis artes magis meditantur*. Ludolf). Ils ne déposent les armes que pendant la saison des orages et des grandes pluies. Ils jouissent cependant de tous les avantages que procurent un sol fertile, un beau ciel et un printemps éternel.

La nature du plateau qui s'élève de tous côtés comme un boulevart contre ses ennemis, a seule peut-être conservé pendant tant de siècles au peuple abyssinien son indépendance et son sol. Quelques auteurs ont douté que l'Abyssinien fût un peuple primitif, mais Salt l'a victorieusement prouvé.

Depuis que les Galla éthiopiens ont pénétré plus avant dans l'Abyssinie et que les dissensions religieuses ont af-

---

(1) Ludolf, Hist. Æthiop., lib. I, c. 16.
(2) Bruce, Trav., IV, p. 26.

faibli la puissance des empereurs; depuis que la fureur guerrière et envahissante des peuples mahométans voisins s'est apaisée, que leur influence s'est accrue par le commerce et des relations amicales, et qu'une ville mahométane s'est élevée près de la résidence chrétienne; depuis lors aussi, le plateau a perdu de sa primitive impénétrabilité.

Les divisions politiques à l'intérieur du royaume, le pouvoir toujours croissant des princes tributaires, des ministres et des gouverneurs ne firent plus du *Négus*, l'empereur de l'Abyssinie si puissant naguère, qu'un petit roi de Gondar, semblable au grand Mogol de Delhi, et le jouet des partis. Depuis ce temps, le plateau semble refuser de servir comme autrefois de rempart infranchissable.

1er Eclaircissement.

Nature du pays d'Alpes central de l'Abyssinie.

De hautes chaînes de montagnes s'élèvent encore sur le plateau du Habech au-dessus des plaines qui couvrent le pays.

Les plus élevées et les plus impénétrables sont les *Samen* (1) à l'est, dont nous avons parlé plus haut, qui sont habitées par des juifs abyssiniens, les *Falashas*. Elles furent souvent l'asile des partis politiques vaincus; souvent aussi de grandes armées trouvèrent la mort (2) dans leurs défilés étroits et surtout dans celui de *Tchetchico*.

Les montagnes d'*Amhara*, au sud-est, sont les plus habitées; elles étaient autrefois au pouvoir de la caste la plus belle et la plus brave de la nation abyssinienne, la noblesse. Au centre de ces montagnes, était Tégulat, capi-

(1) Ludolf, Hist. Æthiop., I, c. 6.

(2) Bruce, Trav., III, p. 5.

tale de tout le royaume (1) ; c'est de là que sont sorties la langue et la civilisation la plus ancienne du nouveau royaume de l'Abyssinie, qui se sont répandues ensuite dans celui d'*Axum*, où régnait autrefois la langue *Geez* ou de Tigré. Ces montagnes sont aujourd'hui au pouvoir des hordes des Galla.

Les montagnes de *Gojam* (2) ou du *Gocham*, sont les plus fameuses, à cause des sources du Nil ; ouvertes et accessibles, elles contiennent de magnifiques pâturages ; elles forment un délicieux pays d'Alpes et jouissent d'un printemps éternel ; l'*ensete* (3) y croît en abondance. Dans ces montagnes, à *Saccala*, se trouvent les sources du Nil, vénérées dès la plus haute antiquité. Ce pays est le séjour de peuples autochthones qui n'en ont jamais été expulsés, et sont toujours restés sans mélange ; ils portent encore chaque année leurs offrandes (4) aux dieux du sol, à *Kri-hoha*, génie du Nil et des bois de bambous.

Les contrées d'*Angote* (5), de *Dembea*, de *Damote* (6) sont de hautes plaines immenses, ouvertes et unies; le pays des *Agows* (7), des *Woggara*, des *Foggara*, des *Bab-baha*, près du lac de Zana, est comme le grenier d'abondance du plateau.

Les alentours du lac Tzana (*Sena Barsena*, c'est-à-dire *Bahar-Sena, la mer de Sena* des Portugais), ou la contrée de Dembea, est, depuis le dernier siècle, la province la mieux cultivée et la plus peuplée du plateau ; tout s'y réunit

---

(1) Ludolf, ibid. — Bruce, Trav., III, p. 6 ; IV, p. 439. — Lobo, Reise, I, p. 150. — Vater, im Mithridates, III, p. 109.

(2) Bruce, III, p. 8 et 455.

(3) Ludolf, Hist. Æthiop., I, c. 9, et Comment., fol. 140.

(4) Bruce, V, p. 237 ; VII, p. 332.

(5) Alvarez, Hist. de Ethiop., fol. 75.

(6) Lobo, Reise, I, p. 231.

(7) Bruce, III, p. 469; IV, p. 347, 372. — Tellez, dans Thévenot, Rec., p. 20.

autour du centre du pouvoir temporel et spirituel. Quoiqu'aucun peuple ne soit moins attaché à un séjour fixe que les Abyssiniens (1), cependant tous les grands du pays se réunissent sur ce point, au moins pendant la saison des pluies, seule époque de repos que connaisse ce peuple belliqueux ; les Européens leur ont bâti dans ces lieux des demeures stables. Gondar sur le lac, nommée pour la première fois par Poncet (1700), a été élevée autour des églises et du château royal (2) bâti par les Portugais. Autour du lac, les Jésuites ont construit des palais, pour le roi à *Dancas* et *Gorgora*, pour la reine à Depsan, des châteaux pour le patriarche, et pour eux des cloîtres et des séminaires (3).

Tous ceux qui ont visité cette haute terrasse, élevée à 8,000 pieds de hauteur moyenne, comme celle de Quito, et s'étendant du 10° au 13° de latitude nord, accordent à son climat un printemps éternel que l'on compare à la température la plus douce du Portugal. Aussi, les Portugais s'y trouvèrent comme dans leur patrie (4), et crurent y rencontrer les mêmes productions, le même genre de vie. Les Abyssiniens, dit Ludolf, atteignent souvent, dans cet heureux climat, un âge qui dépasse 100 ans (5).

Cette délicieuse température n'est interrompue que par les pluies des tropiques qui versent annuellement sur la terre leurs eaux abondantes et fécondes et divisent l'année en trois saisons : la saison des débordemens et des pluies, *Kramt*, qu'Abba Grégorius appelle l'hiver du Habech ; la saison de la grande sécheresse et de la chaleur, *Hagai*; la saison des récoltes et du plaisir, *Tzadai*; cette dernière vient immédiatement après la saison des pluies.

---

(1) Lobo, Reise, I, 153 et suiv. — Bruce, III, p. 52.
(2) Salt, dans Valentia, III, p. 160.
(3) Tellez, dans Thévenot, Rec., p. 20.
(4) Lobo, Reise, I, p. 154.
(5) Ludolf, Comment.. lib. I, p. 154.

Nous ne savons que peu de choses de la végétation alpique et sans doute très riche, propre à ce plateau, car la plupart des plantes citées par Bruce et Poncet n'appartiennent pas à la haute terrasse. Nous ne connaissons de ses végétaux que des cyprès, quelques mimosas et trois espèces d'arbres qui lui sont particulières. La première est le *cantouffa*, espèce de buisson épineux (*pterolobium lacerans*, selon Browne) (1), Salt le vit pour la première fois à Axum (2); la seconde est le *kousso* (*bankessia abyssinica*); la troisième, le *wansey* (*cordia abyssinica*, selon Browne; selon Murray, le cèdre des écritures. (Voy. Salomon, Cant. des Cant., c. 5, v. 15); on l'appelle Arze dans le pays; Gondar et beaucoup d'autres villages sont bâtis à son ombre dans les bois; c'est l'arbre sacré des Galla (3). Le végétal caractéristique de ce pays des tropiques est l'*ensete*, arbre palmiforme, le bananier de l'Abyssinie (4). Toutes les espèces de blé et le *teff* qui y sont généralement cultivés y viennent en abondance, mais on ne trouve pas le teff dans la Colla (terres-basses), où croît seulement le *Tocousso* qui est aussi une espèce de blé. Cependant les fruits exquis comme les oranges et les citrons, la canne à sucre aussi, sont entièrement étrangers à la haute terrasse, quoique les géographes les donnent comme produits naturels du pays. Selon le rapport des témoins oculaires, on ne les trouve que dans les terrasses inférieures, et si on les donne comme des productions de tout le Habech (*Saccharo abundant*, dit Ludolf, d'ailleurs si exact), c'est qu'on attribue à toute la contrée ce qui n'appartient qu'à une partie (5).

---

(1) Salt, Flora Abyssinica, Append., p. LXII.

(2) Valentia, III, p. 64.

(3) Bruce, VIII, Appendix.

(4) Ludolf, Hist. Æthiop., lib. I, c. 9; et Blumenbach, Anmerk. zu Bruce Reisen, V, p. 280.

(5) Lobo, Reise, I, p. 154.

Nous avons déjà émis sur les *Agroumi* l'opinion que très probablement ces plantes ont été apportées par les Portugais sur la terrasse de Tigré, et naturalisées par la culture ; on en trouve des forêts dans la terrasse avancée de Siré (1), mais le fruit en est dégénéré : on trouve même, à Tigré, dans des endroits isolés et toujours dans des lieux autrefois consacrés par d'anciennes églises et des couvens, des groupes de dattiers, devenus sauvages (2) comme, par exemple, près de l'église Abba Garima, près du cloître Bisan. Probablement, ce sont les restes des plantations faites par les prêtres chrétiens des premiers siècles qui avaient apporté ces végétaux d'Egypte.

Il en est de même, sans doute, de la vigne ; elle a été apportée et cultivée ici par les Portugais, et elle n'est pas naturelle au pays. Les Abyssiniens ne se servent de vin que pour la communion, et n'en boivent pas ordinairement (3). On ne cultive la vigne que dans le petit district d'Emfras, et elle y produit des grappes magnifiques (4). Tellez dit expressément que, de son temps, elle n'existait pas en Abyssinie (5).

La plus grande richesse du plateau consiste en chevaux : ils forment la force principale de l'armée abyssinienne, et sont indispensables pour la chasse qui est la plus grande occupation de ce peuple ; les mulets et les ânes sont les seules bêtes de somme ; les pâturages alpins sont couverts de magnifiques troupeaux (6) qui sont la principale nourriture du peuple.

Toute cette contrée porte le caractère des pays d'Alpes : la nourriture ordinaire de ses habitans est la chair de

(1) Poncet, Voyage, p. 139.
(2) Valentia, III, p. 74 ; et Salt, p. 442.
(3) Bruce, IV, p. 21, 437.
(4) Poncet, V, p. 116.
(5) Tellez, dans Thévenot, Rec., p. 5.
(6) Bruce, III, p. 391.

vache crue (1), que l'on appelle *Brinde*; on ne la coupe pas sur l'animal vivant, quoique cela arrive quelquefois dans les cas pressans (2). On ne tue ni veaux ni agneaux.

Aucun des témoins oculaires ne rapporte avoir vu sur ce plateau des éléphans, des chameaux, des buffles sauvages, des antilopes et des rhinocéros; on n'y a trouvé aucun des animaux féroces qui peuplent les déserts. Le prétendu bœuf sauvage dont les cornes colossales servent de vases dans toutes les fêtes de l'Abyssinie, ne se trouve pas dans la contrée alpique, mais dans la Colla (3) à Walkait. Dans son second voyage (4) Salt vit lui-même ce prodigieux animal dont les cornes ont quatre pieds de longueur, et que l'on regardait auparavant comme fabuleux; il l'appelle *Sanga* ou Bœuf-Galla, parce qu'il a été amené à Tigré par les hordes de Galla.

Les hyènes, *canis crocuta*, appelées *zubbee* (5) par les habitans, sont en si grand nombre dans ce pays, que leurs hurlemens s'entendent toutes les nuits jusque dans les rues de Gondar, la capitale. Elles ne seraient pas si nombreuses si elles n'étaient attirées par les animaux qu'on tue dans les plaines et dont on abandonne les cadavres dans le voisinage des habitations. Elles sont encore protégées par la superstition des habitans; ils les prennent pour des hommes enchantés, des Falashas (6) qui ont l'habitude de descendre la nuit des montagnes; de même aussi les Cafres ne mangent pas la chair des hyènes parce qu'elles se nourrissent de cadavres humains.

Dans le lac Tzana on trouve encore des hippopotames,

---

(1) Salt, dans Valentia, III, p. 159.
(2) Bruce, IV, p. 333. — Salt, p. 295.
(3) Salt, dans Valentia, III, p. 149.
(4) Salt, p. 258
(5) Salt, dans Valentia, III, 498.
(6) Bruce, Trav., III, p. 54. — Lichtenstein, Über die Kaffern, dans les Geogr. Ephemeriden 1807.

mais pas de crocodiles (1); ces deux espèces d'animaux se rencontrent en grand nombre dans le Taccazzé (2), au pied des Samen.

Aucuns des animaux qui caractérisent les basses-terres des tropiques ne sont indigènes dans le pays d'Alpes du Habech; mais il est étonnant qu'on n'y rencontre pas les animaux caractéristiques du plateau de l'Ethiopie, la giraffe et le zèbre.

On sait que le zèbre (*zecora*), qui parcourt en troupes innombrables les plaines de la Haute-Afrique près du Congo et d'Angola (3), a été transporté dans le Habech, des forêts situées au-delà de l'Abyssinie et du pays des Galla (*ex silvis ultrà Habyssiniam et terras à Gallanis possessas adducitur*). Les rois de l'Abyssinie l'ont envoyé en présent aux monarques de l'Europe et de l'Inde (4), comme un animal précieux, très rare et amené de pays lointains.

Aucun des voyageurs qui ont parcouru l'Abyssinie ne nous parle de la giraffe (*zourafa* des Arabes), comme se trouvant sur le plateau; cependant elle a un nom abyssinien : *schirœtœkazin*, c'est-à-dire *queue mince*, suivant Ludolf, ou *gierata-cachin*, c'est-à-dire *longue queue*, suivant Bruce. On l'appelle encore, selon Salt, zeratta, dans le Tigré; *jeratta kelchin*, dans l'Amhara. Bruce, lui-même, qui s'occupait tant de chasse, ne peut rien nous en apprendre, quoiqu'il ait vu à (5) Sancabo, dans la Colla, des cornes de giraffe; Abba-Grégorius d'Amhara (6) ne nous dit pas non plus qu'il se trouve des giraffes en Abyssinie. Les peaux de giraffe et de zèbre

(1) Ludolf, Hist. Æthiop., I, c. XI, p. 4.
(2) Salt, p. 354.
(3) Labat, Æth. occident., I, p. 168.
(4) Ludolf, Hist. Æth., I, c. 10 et 38.
(5) Bruce, IV, p. 118; VI, p. 250.
(6) Ludolf, Hist. Æth., I, c. 10, 36.

sont l'ornement principal de la cavalerie abyssinienne, et forment un objet de commerce important (1).

2e Eclaircissement.

Coup d'œil sur l'état actuel du royaume de l'Abyssinie.

Nous avons jusqu'à Bruce des renseignemens historiques et géographiques sur l'intérieur de l'Abyssinie; mais ces documens sont très anciens, car, depuis ce temps, aucune source nouvelle ne s'est ouverte pour augmenter la connaissance imparfaite que nous en avions. Mais de grandes lumières ont été jetées sur la province orientale de Tigré, presque inconnue jusqu'alors, et que son souverain actuel (2) a rendue royaume indépendant. Sous le point de vue politique et naturel, elle forme la véritable transition avec le royaume propre de l'Abyssinie. Nous tirons des observations (3) de Salt les vues suivantes sur ses rapports politiques avec l'Abyssinie et avec ses voisins du sud.

L'état actuel de l'Abyssinie peut se comparer à celui de l'Angleterre avant le roi Alfred, au neuvième siècle. En Abyssinie comme alors en Angleterre, règne la féodalité; l'état est en guerre sur toutes les frontières avec ses voisins; les grands sont continuellement en dissension entre eux; quelques-uns des premiers de la noblesse ont usurpé le pouvoir. La dignité impériale n'est pas sortie de l'antique famille héréditaire, mais elle est devenue tout-à-fait insignifiante. Des invasions fréquentes et dévastatrices de peuples barbares prolongent et enveniment la lutte d'où le royaume de l'Abyssinie aura tant de peine à se tirer. Il n'en sortira jamais, pense Salt, victorieux et fort comme le fit autrefois le royaume d'Angleterre.

---

(1) Salt, Fauna Abyss., dans l'Appendix, IV.

(2) Salt, p. 485.

(3) Ibid., p. 498.

L'Abyssinie est actuellement divisée par la nature même du pays, et par l'interposition des Galla, en trois souverainetés indépendantes ou états.

La haute chaîne de Samen depuis Waldoubba, au nord, jusqu'à Lasta, au sud, forme avec la ligne du Taccazzé supérieur, la limite exacte des deux plus grandes divisions de l'Abyssinie, de *Tigré* et d'*Amhara*.

Les habitans de ces deux provinces parlent des langues différentes, sont tout-à-fait opposés de caractère, et l'on s'étonne qu'ils aient pu être jamais politiquement unis. Mais l'union ne fut jamais intime et profonde, car, entre les deux races existèrent toujours de puissantes rivalités. Depuis que les peuples Galla envahirent le royaume et en séparèrent les anciennes provinces de *Shoa* et d'*Efat*, la province orientale de Tigré arriva à une complète indépendance.

Quoique Tigré soit gouverné par un Ras ou gouverneur et vice-roi du Négus, souvent cependant il nomme et reconnaît lui-même ses souverains.

Les fortifications naturelles du pays, la bravoure des habitans, la communication avec les côtes, font aujourd'hui de Tigré le plus puissant des trois états de l'Abyssinie. Son étendue politique ne nous est encore indiquée que par la carte de Salt. Ses communications avec la côte lui donnent le monopole de toutes les marchandises importées dans le pays, par exemple, des armes de l'Europe; il a surtout celui de tout le sel dont on fait usage dans l'inrieur.

I. Le royaume de Tigré. — Il est borné politiquement au nord par les *Bekla*, les *Boja*, les *Takoué* et d'autres tribus de *Shangallas*; à l'ouest, par les hautes montagnes de Samen, à l'est et au sud par les peuplades des Danakil, des Doba et des Galla. Il forme, dans une étendue de quatre degrés de longitude et de quatre degrés de latitude, un trapèze irrégulier. Il est divisé très inégalement, suivant l'usage des Abyssiniens, en une infinité de provinces appelées *Shoummouts*, qui toutes ont dans le pays le même rang et la même importance. Elles nous apparaissent à peu près dans l'ordre suivant :

1. Celle de *Tigré*, proprement dit, à travers laquelle s'étendent les montagnes d'Adowa et d'Axum, au sud. Elle est bornée, au nord, par le fleuve Mareb, à l'est, par Agamé, à l'ouest, par Shiré, au sud, par le fleuve Warré. Ce fleuve prend sa source, à l'est, dans l'Haramat, et va se jeter dans le Taccazzé, à travers Goullibouda et Temben. Le Tigré proprement dit, contient plus de dix grandes provinces, comme celles d'*Adet*, *Adowa*, *Goundoufta*, *Kella*, *Devra-Damo*, *Haramat*, *Amba Sanet*, *Tsai*, *Tsama*, *Abba-Garma*, et beaucoup d'autres plus petites. Un grand nombre de montagnes, formant des forts naturels appelés *Ambas*, séparées par de profonds ravins et des plaines bien cultivées, donnent à ce pays son caractère distinctif.

2. A l'est de Tigré, est la province d'*Agamé*; très élevée au-dessus du niveau de la mer, elle jouit, sous le climat brûlant des tropiques, d'une température douce et fraîche. Elle est bornée, à l'est, au nord et au sud, par la chaîne du Sénafé; elle confine, au sud, à la grande plaine de Sel. Sa capitale est *Genata*.

3. Au sud d'Agamé, sont situés un grand nombre de petits districts, voisins des montagnes de Sénafé. C'est comme une bande de pays montueux qui forme la frontière orientale de Tigré et la province d'*Enderta*. La capitale de ces districts est *Antalow*, très bien située pour protéger les provinces du sud contre les Galla. Le vice-roi l'a choisie pour sa résidence. Tout près est *Chélicout*, son château de plaisance.

4. Au sud d'Enderta, est situé *Woijerat*, longue langue

de terre s'étendant de l'est à l'ouest, dont les habitans se sont couverts de gloire par leur victoire sur les tribus nègres des Doba. Ce pays doit contenir des éléphans et des rhinocéros; il est renommé pour le miel blanc qu'y produisent les abeilles. Les pluies n'y sont pas aussi périodiques que dans le reste du royaume. Entre Wojjerat et Lasta est située une petite contrée étroite et basse, appelée *Wofila*, qui confine au lac *Ashangen*. Dans ce pays, les Galla se sont mêlés aux habitans indigènes et sont devenus chrétiens.

5. La province de *Lasta* est âpre et montueuse; les Portugais l'appellent souvent *Bougné*. *Bora* et *Salowa* sont deux provinces montueuses au nord de Lasta; entre elles et le Taccazzé, sont situées les contrées basses de *Waag* et de *Gualiou*, habitées par des *Agows* chrétiens, et en rapports continuels avec elles. La province d'Avergale, plus au nord, est une étroite bande de terre de 10 milles géographiques de longueur du nord au sud, sur la rive orientale du Taccazzé. Elle est habitée par les Agows; leurs maisons ont la forme des temples égyptiens, et sont construites sans mortier.

6. Sur la rive occidentale du Taccazzé s'élève la plus haute chaîne de montagnes de l'Abyssinie, la chaîne de *Samen*. Dans la province du même nom, entre elle et le Tigré, proprement dit, est la province de *Temben*, divisée en un grand nombre de petits districts; les maisons des habitans ressemblent ici, comme dans l'*Avergale*, aux temples égyptiens.

7. La province de *Shiré*, au nord des précédentes et à l'ouest d'Axum, confine au Taccazzé, par un angle aigu, sous le 14° de latitude nord. Elle s'étend, à l'ouest, jusqu'à *Waldoubba* et *Walkait*, deux provinces tributaires du Ras de Tigré.

Ses riches prairies et ses bois sont remplis de moines et

d'ermites. L'habit de leur ordre est jaune ; une corde leur sert de ceinture. Ils mènent, dit-on, entre eux, une vie très déréglée.

Le reste du royaume de Tigré forme la souveraineté du *Baharnagach*, dont dépendent quinze petits districts gouvernés par des chefs différens qui prennent le titre de *Shoum*, *Cantiba* et *Baharnagach*.

II. Le second des trois états principaux est le ROYAUME D'AMHARA. Il est probablement ainsi appelé à cause de la langue qui y domine ; car l'ancienne province d'Amhara en est tout-à-fait séparée, et est occupée par les Galla. A cet état appartiennent les provinces : *Begemder*, *Menna*, *Belassen*, *Faggora*, *Dembea*, *Tcherkin*, *Couara*, *Tcheiga*, *Maïtcha*, *Gojam* et *Damot*. En 1814, elles étaient toutes réunies sous le commandement du chef *Gouxo*, le puissant adversaire du Ras *Welled-Selassé* de Tigré. Welled-Selassé s'était emparé de la personne de Fasil, dernier roi de Gondar, et le tenait prisonnier en son pouvoir. Fasil subit ainsi un sort semblable à celui de la postérité de Clovis, avant l'avénement des Carlovingiens, et à celui du grand Mogol au Gange. Gouxo est maître souverain sur la rive occidentale du Taccazzé. Il s'est allié avec les Galla du sud, et s'est fixé au milieu d'eux, au sud, près du lac Dembea. Sa principale force consiste en 20,000 hommes de cavalerie ; celle de Tigré, en 30,000 d'infanterie. En 1811, le roi de Tigré fit une expédition contre Gouxo, son rival.

III. Le troisième état est maintenant complétement séparé des autres ; il est au pouvoir des Galla, et contient deux grandes provinces : *Shoa* et *Efat*.

1. La province d'Efat est située entre le 9° et le 11° de latitude nord ; on la représente comme un pays élevé qui s'étend du nord au sud, et s'abaisse peu à peu des deux côtés dans la Colla ou les basses-terres. Il en descend un

grand nombre de petites rivières, dont les unes se jettent dans le Nil, les autres dans le fleuve *Hawash*. Deux bras de ce fleuve, jadis peu connu, entourent cette province. La capitale d'Efat s'appelle *Ankober*, résidence du chef Mourd Azimaï. Il est maintenant souverain indépendant, et possède une des plus riches et des plus belles contrées de l'Abyssinie. Sa puissance, aussi grande que celle du Ras de Tigré, se compose d'une excellente cavalerie. Il est allié avec Antalow, comme avec Gondar, et possède les meilleurs haras. Les communications entre ces différens royaumes sont souvent interrompues par les invasions des hordes Galla.

2. La province de Shoa, beaucoup plus basse, près du cours supérieur du Nil, est renommée pour ses magnifiques pâturages, ses vallées fécondes couvertes de grandes villes et d'un nombre infini de couvens. Dans ces deux provinces, la littérature éthiopienne est arrivée à un état plus florissant que dans les autres contrées; elles ont leurs poètes, leurs lettrés, qui ne sont pas prêtres. Les habitans sont encore attachés ici aux mœurs et aux coutumes antiques de leurs ancêtres; on trouve chez eux, autant que Salt a pu les observer, plus d'esprit, d'intelligence, de civilisation que chez les hommes les plus distingués de Tigré (1).

Quelques hordes de Galla ont pénétré au sud entre ces trois états. Dans ces derniers temps, le Ras Velleta-Selassé, héros plein de bravoure, gouverneur actif, juste et intelligent a donné au royaume de Tigré une supériorité marquée dans la politique de l'Abyssinie. Son alliance avec l'Angleterre augmentera probablement encore sa puissance. Si l'Angleterre pouvait placer un membre de l'antique famille impériale sur le trône d'*Axum* et ainsi sous l'influence de Tigré, le royaume de l'Abyssinie re-

(1) Salt, p. 332.

couvrerait peut-être son ancienne puissance, son unité et sa gloire.

Mais un grand obstacle s'oppose à la résurrection politique de ce peuple ; c'est que les ports de Massowa et de Suakim sont au pouvoir des Arabes de *Jidda* et des Turcs, ennemis jurés des Francs et des Abyssiniens. L'accès du Habech, pour les voyageurs, et l'entrée des marchandises dépendent ainsi entièrement du caprice d'un peuple étranger, et le commerce est soumis aux impôts les plus exorbitans.

La force maritime des Arabes sur la mer Rouge s'est élevée jusqu'à la possession de vaisseaux de guerre de 4 à 500 tonneaux ; le seul moyen d'y résister serait de favoriser une marine indigène qui contrebalancerait les forces ennemies, et seconderait puissamment les intérêts du christianisme et de la civilisation. Les Anglais ont déjà jeté les yeux sur l'iman de Sana, qui est lui-même menacé par les tribus de Jidda et par la puissance des Turcs. Salt pense que ses vaisseaux, placés sous la protection du pavillon anglais, domineraient bientôt sur la côte abyssinienne de la mer Rouge, et ouvriraient aux exportations des marchandises de l'Inde et de l'Angleterre un débouché immense dans l'intérieur de l'Abyssinie, et même de toute l'Afrique.

Une telle alliance, qui était l'objet de la mission de Salt, serait non seulement favorable aux intérêts du commerce de l'Angleterre ; elle aiderait encore l'Abyssinie à s'élever au bien-être que donne la civilisation, et à s'affranchir bientôt de ses éternels ennemis, les Galla. Les semences de civilisation, déjà déposées en Abyssinie, se développeraient, se propageraient bientôt ; et le christianisme, ramené à sa pureté primitive, pourrait de là pénétrer dans l'Afrique idolâtre.

3e Eclaircissement.

Abyssiniens ; coup d'œil historique.

L'Abyssinien a les yeux grands, la taille svelte, élancée, les formes belles : sa couleur va du brun foncé au brun clair ; chez les femmes, elle arrive même à la blancheur européenne (1). Quoique vivant sous le 12° de latitude nord, au centre de l'Afrique, il ne ressemble en rien à la race nègre ; il a les traits du visage, l'ovale de la tête, de l'Arabe et de l'Européen. Suivant Larrey (2), qui a observé avec attention, l'Abyssinien se distingue par de grands yeux et un noble regard ; l'angle intérieur de l'œil présente une courbe légère ; ses mâchoires se terminent par un angle aigu, et forment, avec les pommettes saillantes des joues, un triangle d'une belle régularité. Ils ont la lèvre épaisse ; mais elle n'est pas pendante et renversée comme celle des Nègres : leurs dents sont blanches comme chez les Nègres, sans être saillantes ; leur peau est cuivrée, olivâtre et foncée. Ces traits caractéristiques sont communs aux Cophtes avec des nuances peu sensibles ; on les retrouve dans les statues des anciens Egyptiens, surtout dans le Sphinx, et aussi dans la conformation du crâne des momies de *Saccarah*. Ces observations, faites sur les lieux mêmes par un médecin distingué, pendant l'expédition française en Egypte, confirment jusqu'à l'évidence l'opinion admise depuis Hérodote, que les Abyssiniens sont la tige éthiopique des anciens Egyptiens qui descendirent dans la vallée du Nil, par Méroé, Eléphantine et Thèbes ; les Cophtes nous en présentent les débris

---

(1) Tellez, dans Thévenot, Rec., p. 7. — Salt, dans Valentia, III, p. 20.

(2) Larrey, Sur la conformation physique des Egyptiens, dans la Description de l'Egypte, II, liv. II, p. 3.

vivans, mais dégénérés par l'oppression et la servitude. Les Ethiopiens, au contraire, sont restés dans leur liberté primitive avec une langue qui, aujourd'hui, semble tout-à-fait différente du cophte.

Vivant toujours à découvert sous un ciel tempéré, à la suite de ses troupeaux, à la chasse; ne reprenant jamais le même chemin dans ses excursions, toujours en guerre et toujours active, cette race polygame et d'une puberté précoce se muliplie avec une prodigieuse fécondité. Elle forme sur ce point un contraste frappant avec les habitans du plateau du Thibet. Beaucoup de contrées de ce pays d'Alpes passent pour très peuplées. La femme est nubile à dix ou douze ans : l'homme se marie à quatorze ans; le *Shoum-Woldo* que Salt connut, avait quarante femmes et plus de cent enfans (1). Il y a peu de villes dans le pays; mais toutes les vallées, toutes les montagnes sont pleines d'habitations; quoique très pauvres, l'hospitalité est chez eux nationale, comme dans tous les pays d'Alpes.

Les riches sont vêtus de tissus de coton; les pauvres ont des habits de peaux. Leur boisson est l'hydromel, espèce de bière qu'ils appellent *bouza*; elle est faite avec le teff ou le *tocousso*, qui ne croît que dans la Colla. Leur nourriture ordinaire est le lait, le beurre, le miel, la chair crue et le pain; leur pain est fait de teff en forme de minces gâteaux.

Toutes les habitations sont construites, autant qu'il est possible, sur le sommet des hauteurs, comme les châteaux des chevaliers en Allemagne; mais ici on choisit seulement cette position pour se protéger contre les inondations dans la saison des pluies. Leur industrie est presque nulle : elle se borne à la préparation du cuir, à la confection des

---

(1) Bruce, VII, Appendix, p. 68. — Salt, dans Valentia, II, p. 506; III, p. 159.

étoffes de coton, à la fabrication des lances, des couteaux et des armes.

Tous les produits fabriqués leur sont apportés de l'étranger par les caravanes; ils ne bâtissent pas eux-mêmes leurs maisons, et laissent ce soin aux Falashas (1).

Quoique toujours attachés à l'exercice de leur culte, à la célébration des fêtes, à l'observation des jeûnes, à la récitation des prières et à l'invocation des saints, ils ne semblent avoir qu'une faible idée du véritable christianisme. Le clergé et les princes sont cependant presque toujours occupés de disputes théologiques. La croix que tous les Abyssiniens portent sur le front et sur la main est ordinairement, avec le chapelet (2), le seul signe de leur foi; le nom même du christianisme semble tomber peu à peu en oubli; car, depuis la mort de Marcus, leur dernier *Aboona*, ils sont entièrement séparés du patriarche du Caire, et n'ont pu obtenir de lui qu'il nommât un chef religieux (*Aboona*) (3) pour résider au milieu d'eux.

L'intolérance opiniâtre des prêtres européens détruisit tout l'effet des efforts que les Portugais avaient si heureusement commencés pour faire prévaloir la religion catholique sur la secte cophte favorisée par Alexandrie. Mendez, chef de ces prêtres, sous le règne du roi, ou *Negus* Socinios (*Melec-Segued*, de 1605 à 1632) (4), voulait, avec l'arrogance et l'orgueil d'un prêtre intolérant, établir sa hiérarchie sur les ruines de la constitution de l'Abyssinie. La conséquence de cette conduite insensée fut la persécution des jésuites, et même de tous les Portugais qui, auparavant, étaient en grande faveur; les uns furent tués, les autres chassés, et à l'avenir le pays abyssinien demeura fermé aux étrangers.

---

(1) Salt, dans Valentia, III, p. 162.
(2) Ibid., II, p. 504.
(3) Ibid., III, p. 254.
(4) Bruce, III, p. 364.

Cependant, malgré l'éloignement des étrangers, quoique la vie religieuse fît place peu à peu à l'ignorance et à la barbarie, ce peuple conserva toujours des traces de civilisation qui, au milieu des dissensions politiques intérieures et des guerres éternelles contre les féroces Galla, doivent encore attirer l'intérêt et l'attention. C'est sur leur confiance dans ces élémens sociaux qui n'ont jamais péri, que les Anglais ont reposé l'espoir de leurs projets d'alliance avec le royaume de l'Abyssinie.

Les mœurs chevaleresques, la rare intelligence, le tact éclairé de la haute classe chez ce peuple montagnard, conduisent à admettre l'ancienne hypothèse qu'elle est formée par la postérité de la caste guerrière de l'Egypte. 650 ans avant J.-C., sous Psammétique, cette caste émigra en Ethiopie et reçut un accueil hospitalier de ses anciens compatriotes dans sa primitive patrie; elle óbtint du roi de Méroé la permission de s'établir plus haut dans une presqu'île que, suivant Hervas, on croit être le pays de *Gojam* ou *Gocham*, entouré de tous côtés par le Nil; elle se fixa dans cette contrée, après l'avoir purgée (1) des peuplades sauvages qui l'habitaient, et dont les adorateurs idolâtres des sources du Nil à Saccala sont peut-être les faibles débris.

Les documens que nous possédons sur la langue et l'origine de ce peuple remarquable sont très imparfaits encore (2). Nous avons obtenu quelques solutions importantes sur l'histoire de ce peuple fameux par la découverte et l'interprétation des inscriptions d'Axum et d'Adoule (maintenant *Zoulla* ou *Choulla*, près de la baie d'Annesley, et par l'intelligente critique des annales nationales de l'Abyssinie. Instruits par les découvertes les plus ré-

(1) Heeren, Comment. soc. Götting., XII, p. 48.

(2) Tychsen, Anmerk. zu Bruce Reise, V, p. 321. — Vater, im Mithridates, I, p. 106.

centes, faites dans le pays même, nous voulons donner ici une esquisse des faits les plus importans de son histoire; ils sont indispensables à la connaissance de ce pays et de ses habitans dans leurs rapports avec les peuples et les états voisins; ils nous serviront encore à l'appréciation des sources dont nous devons faire usage.

Le berceau et l'origine des Abyssiniens sont, comme ceux de tous les peuples primitifs du globe, couverts d'épaisses ténèbres. Les Ethiopiens de l'antiquité dont ce peuple fait partie sont depuis les temps les plus anciens, et demeurent encore jusqu'à nos jours, une nation énigmatique. Les annales des prêtres égyptiens, dit Heeren (1) dans son chef-d'œuvre, étaient remplies de détails sur ce peuple; les nations de l'intérieur de l'Asie, près de l'Euphrate et du Tigre, mêlent les traditions de leurs héros et de leurs héroïnes avec les poésies de l'Ethiopie; du temps d'Homère (*Odyssée*, I, 23), les Abyssiniens apparaissent dans la mythologie grecque avant que l'Italie et la Sicile fussent connues. Selon Hérodote (2), les peuples éthiopiens commençaient aux frontières supérieures de l'Egypte près de Syène, où sont maintenant nos Nubiens et nos Abyssiniens que l'on croyait alors réunis en un seul peuple; il n'en sépare que les habitans de Meroé et les *Macrobiens* (hommes à la longue vie). Hérodote nous fait encore connaître les émigrations de la caste guerrière de l'Egypte en Abyssinie, mais c'est à cela seulement que se bornent les renseignemens qu'il nous donne sur eux.

Ce que les auteurs grecs et romains nous apprennent depuis des peuples éthiopiques, se borne à la citation d'un grand nombre de noms et de tribus isolées (3). Strabon nomme parmi eux les Sembrites comme ayant émigré de

---

(1) Heeren, Idées, II, p. 314.
(2) Hérodote, II, 29.
(3) Heeren, Idées, II, p. 314. — Mithridates, III, p. 103 et suiv.

l'Egypte dans ce pays (Σεμβρῖται ὡς ἂν ἐπήλυδες) (1); Pline en fait mention aussi (*Insula Semberritarum*); il place près d'eux la nation des *Asachæ*, peuple montagnard composé d'un grand nombre de tribus différentes (*in ipsis verò montibus Asachæ multis nationibus* (2). On est disposé à voir avec Salt et Vincent, dans ces Asachæ les Abyssiniens Axumites, qui se nomment encore aujourd'hui *Agaasi* et parlent la langue *ghéez*. Tel est le seul faible lien à l'aide duquel on peut rattacher l'histoire ancienne de ce peuple aux temps modernes.

Nous voyons par l'inscription d'Axum que les Axumites, connus des Grecs, reçurent chez eux les dieux et les arts étrangers, et firent usage de la langue grecque sur leurs monumens nationaux. L'antiquité des Agaazi Axumites, l'ancienneté de leur langue, leur écriture, prouvent clairement qu'ils ne descendent pas, comme le croit Ludolf, d'une souche arabe, mais qu'ils sont bien d'anciens Ethiopiens. La ressemblance de leur langue avec l'arabe (3), et, comme Ludolf l'a si bien démontré, avec l'hébreu; les nombreux rapprochemens qu'offrent les mœurs et l'histoire des Abyssiniens avec les Hébreux, et qui ont fourni à Salt des preuves si intéressantes; la particularité remarquable (4) que déjà avant J.-C., du temps des Pharaons peut-être, une grande partie de l'Abyssinie était, ainsi que l'assurent les annales du pays, habitée par des Juifs (les Falashas?); toutes ces circonstances prouvent que les Abyssiniens, les Arabes et les Hébreux furent de bonne heure en contact ou plutôt, suivant l'opinion de Salt, que ces peuples ont entre eux une origine commune. La langue des Falashas parlée encore aujourd'hui dans les hau-

(1) Strabon, éd. de Tzschucke, VI, liv. XVII, p. 4.
(2) Plinius, Hist. nat., VI, c. 35.
(3) Mithridates, p. 106.
(4) Murray, Appendix to Bruce, II, 2ᵉ éd., Vocabul., p. 491.

tes montagnes de l'Abyssinie et qui n'est ni l'hébreu, ni l'arabe, mais probablement l'ancien éthiopien, nous donnerait d'importantes révélations, si elle était mieux connue.

L'antiquité de leur histoire, leur architecture, leur manière de se vêtir, leur écriture, leur conformation physique telle que nous l'avons donnée d'après Larrey, et tout ce que rapportent de cette nation les écrivains étrangers les plus anciens, prouvent que les Abyssiniens sont un peuple primitif distinct des Arabes. Les premiers germes de la civilisation leur sont venus de l'Egypte et de Meroé, ou plutôt la civilisation est revenue plus développée au point d'où elle était partie, dans sa patrie primitive, le Nil supérieur. Car c'est de là que sont sorties probablement les colonies les plus anciennes des peuples africains; elles sont descendues des hauteurs et se sont établies, comme par stations, dans la vallée de l'Ethiopie, à Méroé, à Thèbes, et enfin dans la Basse-Egypte.

Cela n'exclut pas l'émigration des races arabes en Abyssinie par la mer Rouge; mais quelle qu'ait été l'influence des Arabes, ils n'en demeurent pas moins séparés, jusqu'aujourd'hui, des Abyssiniens propres; les historiens nationaux les regardent toujours comme un peuple étranger et ennemi, et les désignent sous le surnom injurieux de *grues noires* (1).

Une particularité qui nous fait encore considérer les Abyssiniens comme aborigènes sur les bords du Nil, c'est leur vénération idolâtre pour le Nil et ses eaux, dont le culte s'est maintenu chez les Agows; c'est de plus l'architecture égyptienne de leurs habitations, la forme pyramidale de leurs tombeaux, leur habitude d'écrire de gauche à droite à l'opposé des nations orientales, avec des carac-

(1) Vincent, Peripl. I, p. 7, manuscr., nota. — Salt, p. 459. — Schultens, Histor. Joctanidar, p. 128.

tères tout-à-fait différens des caractères *coufiques*. Salt les a dessinés. Trav., p. 415-432.

Dans le *Tareck-Negushti*, ou chronique des rois de l'Abyssinie, qui remonte bien avant la naissance du Christ et contient le nom de princes tout-à-fait inconnus, le nom *Za-Hakale* (1), désigne évidemment le roi Ζωσκάλης qui régnait de 76 à 99 après J.-C. (*Za* désigne un titre, Shah). Ce prince est cité dans le *Perip. Mar. Erythr.* comme contemporain du marchand qui en est probablement l'auteur, et nous aide ainsi à fixer la date (2) de sa rédaction. Il y eut donc de bonne heure, dès le premier siècle de notre ère, des rapports commerciaux sur la mer Rouge, entre l'Egypte et l'Abyssinie.

Nous avons parlé, à propos d'Axum, de l'introduction du christianisme dans ce pays, par Frumentius (le *Fromentanos* de la chronique). Nous avons raconté aussi que les Abyssiniens avaient étendu leur domination sur l'Arabie jusqu'à l'apparition de Mahomet, et jusqu'à ce que ses sectateurs se fussent répandus sur les côtes de l'Abyssinie.

Dans les premiers siècles de notre ère, les historiens bysantins s'accordent (3) toujours avec les chroniques de l'Abyssinie; les empereurs de Constantinople envoyèrent long-temps des présens et des tribus (4) aux Ethiopiens; de là vient la connaissance qu'ils eurent de ce pays.

Dans le temps où *Cosmas Indicopl.* visita Adoule (525), peu de temps avant la conquête de l'Yémen, par *Hell'esbœus* ou *El-Esbaas* (*Hellesthœus* dans Procope), toute l'Abysssinie était chrétienne, pleine de prêtres et couverte d'églises. La domination des empereurs abyssiniens, en

(1) Salt, p. 460.
(2) Heeren, Id., I, p. 156. — Bredow, p. 718.
(3) Salt, p. 466.
(4) Procop. de Bello, Lib., c. 19 et 20.

Arabie, ne dura que 70 ans, après quoi, les Perses les repoussèrent et s'emparèrent même de quelques ports sur leurs côtes. Depuis ce temps, les Abyssiniens cessèrent de régner sur la mer, et furent réduits à une puissance seulement continentale.

Les Perses cédèrent bientôt à la puissance des Mahométans qui se répandirent aussi en Afrique. Les côtes seules embrassèrent l'Islamisme; l'Abyssinie demeura indépendante, et ses habitans, éloignés seulement de 65 milles géographiques des portes de la Mecque et de Médine, restèrent jusqu'aujourd'hui de zélés chrétiens. C'est alors que commence la période des guerres religieuses.

Depuis ce temps jusqu'à Marco Polo, qui visita l'orient au 13e siècle, nous ne savons plus rien de l'Abyssinie; la chronique du pays (1) nous donne seulement les noms des rois qui nous sont confirmés par les récits de Marco Polo, en 1290. Il nomme *Habasch* une grande province de l'Afrique, dont le roi est chrétien, et commande à trois princes chrétiens et à trois princes maures. Les habitans de ce pays, dit-il, sont les plus braves et les meilleurs soldats de l'Afrique. En 1288, un roi de l'Abyssinie, dit-il encore, voulut entreprendre un pélerinage au Saint-Sépulcre, à Jérusalem; le bruit des croisades avait probablement pénétré en Abyssinie, et chaque année un grand nombre de ses sujets faisaient ce pélerinage La haute noblesse l'ayant empêché d'accomplir son projet, il envoya à sa place un évêque qui tomba à son retour entre les mains des infidèles, et fut violemment circoncis. Pour venger cet outrage, les Abyssiniens déclarèrent la guerre au sultan d'*Adel* (*Zeyla*); tel fut probablement le commencement et la cause de la lutte terrible qui se prolongea, pendant des siècles, jusqu'à l'arrivée des Portu-

(1) Salt, p. 475, et App., dans Ramusio, lib. III, c. 33.

gais. Les rapports de Marco Polo s'accordent parfaitement avec les chroniques du pays qui nomment ce roi abyssinien *Amba-Sion* (1), à la date de 1228.

Les géographes arabes antérieurs au noble Vénitien, comme Ebn Haukal (950), et après lui Ibn-al-Wardi (1348), ne nous disent rien des Abyssiniens, sinon qu'ils sont chrétiens ; Ebn Haukal nomme *Zeila* (2) comme le lieu de passage pour se rendre dans l'Yémen, et Al Wardi l'appelle le comptoir commercial du Habech ; il est habité, dit-il, par des croyans, et là au moins, règnent la justice et l'équité. Al Wardi cite *Kaberer* comme la résidence de l'empereur ; on y trouve, dit-il, beaucoup de bananiers ; c'est assurément Ankober dans la province d'Efat, ou comme à Gondar, l'*Ensete* croît en abondance. Ces deux géographes nous donnent un peu plus de détails sur les *Boja*, moins connus aujourd'hui qu'autrefois, race nègre, la même qui est citée dans l'inscription d'Axum et avoisine l'Abyssinie au nord ; ce sont, disent-ils, des peuples idolâtres, mais d'un bon naturel, hospitaliers pour les marchands et possesseurs de riches mines d'or (3).

Depuis Marco Polo et le temps des croisades jusqu'au milieu du 15e siècle, les rois de l'Abyssinie furent toujours, comme Al Wardi nous l'apprend, en communication avec l'Europe. L'an 1445, l'empereur Zara Jacob envoya un ambassadeur au sénat de Florence, et écrivit une lettre fameuse aux prêtres, ses sujets, qui étaient à Jérusalem. (Voy. Geddes *Church history of Abyssinia*, *pag*. 27).

Les rapports avantageux que les prêtres abyssiniens (4)

---

(1) Bruce, Trav., III, p. 41.

(2) Ebn Haukal, Orient. Geogr.

(3) Ebn Haukal et Al Wardi, dans l'Appendix, dans Salt, p. LXXVI.

(4) Salt, p. 476 et suiv.

donnèrent à Jérusalem des royaumes de l'Orient et de leur commerce avec le sud, enflammèrent l'avidité des Portugais qui envoyèrent en Orient des émissaires. L'Afrique méridionale fut doublée, les Indes découvertes et l'Abyssinie mieux connue de l'Europe.

Peter Covilham est le premier qui arriva, en **1490**, à la cour de l'empereur ou *Négus* de l'Abyssinie, résidant alors à *Shoa*. Il engagea Iteghé, mère du prince, à envoyer comme ambassadeur en Portugal un Arménien appelé Matthœus, pour nouer des relations directes avec ce pays. L'arrivée de Matthœus fit grand bruit en Portugal. Par réciprocité, la cour de Lisbonne envoya à son tour un ambassadeur en Abyssinie; plusieurs autres envoyés portugais arrivèrent ensuite heureusement à Massowah, l'an **1520**; leurs descriptions (1) sont les premières sources importantes que nous possédons pour la connaissance de la géographie et de l'histoire de l'Abyssinie.

Après un séjour de six ans, Alvarez, chapelain de la mission, retourna en Europe avec ses compagnons; le père Andrada et J. Bermudez restèrent seuls en Abyssinie. Alvarez revint chargé de lettres de l'empereur David pour le roi Jean de Portugal. Dans ce même temps, la cour papale forma le projet de convertir les Abyssiniens au catholicisme, et établit à Rome le collége Saint-Stéphano dans cette intention. Mais bientôt à la frontière orientale du Habech, le mahométan Gragné, roi d'Adel, se leva contre les chrétiens (2) Ses invasions forcèrent l'empereur abyssinien Claude à envoyer Bermudez en Portugal, pour demander du secours; il promettait en retour de

---

(1) Fr. Alvarez Verdadeira Informacam das terras do preste Joam das Indias. Lisb., 1540, traduit du manuscrit portugais, avec des augmentations, dans Ramusio, lib. I, p. 189. — Legatio magni indorum presb. Joan ad Emmanuel. Lusitaniæ, 1513.

(2) Voyez plus haut, Terrasse de Tigré, théâtre de ces combats.

reconnaître le pape comme chef spirituel de l'église. En **1540**, Bermudez reçut du pape Paul III le titre de patriarche d'Ethiopie : il revint bientôt accompagné de Gama qui commandait **400** soldats, avec beaucoup d'armes et d'autres moyens de défense. Les courageux Portugais sauvèrent le royaume de sa ruine entière, mais ne purent reconquérir les possessions qu'il avait perdues. La cour dut, pour sa sûreté, changer le lieu de sa résidence et l'établir dans les montagnes de Samen. Le patriarche a raconté lui-même tous ces faits (**1**); mais bientôt sa violence et son intolérance le perdirent avec tous ses compatriotes, et l'empereur Claude lui-même ferma aux jésuites l'entrée de l'Abyssinie.

Pierre, prêtre abyssinien, vint en Europe dans le temps qu'Ignace Loyola projetait d'établir une mission pour l'Abyssinie ; le pape chargea de cette mission deux prélats, Nunez Baretto et Andrea Oviedo. Le premier mourut dans l'Inde, le second arriva seul heureusement en Abyssinie en **1557**, et y resta jusqu'à sa mort (**1577**). Il se montra toujours prudent, généreux et pieux, et se maintint en haute vénération chez les Abyssiniens (**2**).

Depuis ce temps, la possession des ports de Suakim et Massowa par les Turcs (voy. plus haut, **1558**), et les invasions des Galla rendirent l'entrée de l'Abyssinie toujours de plus en plus difficile. Cependant quelques prêtres y pénétrèrent encore. En **1599**, Melchior de Silva, moine intrépide, y entra déguisé en Faquir et resta dans le pays jusqu'à l'arrivée de Pierre Paez, en **1603**. Ce prêtre, plein d'énergie et de talent, gagna une grande influence à la

---

(1) Relacion do Embaixoda gó Joao Bermudez trouxe do emperador da Ethiopia. Lixboa, 1565, petit in-4°. — Ludolf, Hist. Æth., Comment., p. 6, extrait, d'après Purchas, II, p. 1149.

(2) P.-N. Godigno de Æthiopiæ Patriarchis, J.-N. Barreto et And. Oviedo. Lugduni, 1615.

cœur de l'Abyssinie, et atteignit le but si long-temps désiré des jésuites, la conversion solennelle de l'empereur et de sa famille à l'église catholique romaine, et sa soumission au saint-siége. Mais, par malheur, cet homme énergique mourut bientôt à *Gorgora*, en 1604, et sa mort fut amèrement pleurée par les Abyssiniens et par ses compatriotes. Il laissa des documens et des manuscrits très détaillés qui sont enfouis avec d'autres recueillis de 1555 à 1622, dans les archives secrètes de la couronne de Portugal, et sont peu consultés encore. Le père Tellez est celui qui en a fait le plus d'usage dans son rare et célèbre ouvrage d'où nous avons puisé, par exemple, tous les renseignemens que nous avons donnés sur Narea.

En 1623, le prêtre Emmanuel d'Almeyda arriva dans le Habech; il y vécut dix ans, et rassembla dans le pays les matériaux de son histoire de l'Abyssinie. Don Alfonso Mendez, le dernier patriarche envoyé de Rome en Abyssinie, arriva en 1625; à sa suite, était le père Lobo, dont le voyage est assez connu, tandis que les documens antérieurs sont pour la plupart ou peu consultés ou perdus.

Ces prêtres montrèrent beaucoup de courage et de persévérance dans leur prosélytisme; mais leur influence, quoique assez puissante, ne fut jamais salutaire. Cependant, dix-neuf prêtres jésuites s'établirent en Abyssinie. L'intolérance du patriarche et le trop grand zèle du Ras *Sela Christos*, protecteur des jésuites, firent éclater une révolution. L'empereur Socinius abjura lui-même la foi catholique, et son fils, qui lui succéda bientôt, chassa (1632) le patriarche et tous ses sectateurs, à l'exception de deux qui furent mis à mort, parce que, malgré ses ordres, ils étaient restés dans le pays (1640). D'autres émissaires de la propagande catholique abordèrent encore à Suakim, en 1648 et 1674, et y trouvèrent le martyre. La période de 114 ans, pendant laquelle les jésuites essayèrent d'établir leur pouvoir en Abyssinie, fut pour les habitans une époque (1) de décadence intérieure et de lutte entre la famille royale et le peuple qui demeura toujours hostile aux jésuites. Après leur expulsion, l'Abyssinie goûta quelque paix intérieure; la résidence qui jusque-là avait été tantôt à Coja, Ibaba, Gorgora, Ankober, Dancaz, et d'autres lieux, fut enfin fixée à Gondar, ville bâtie par l'empereur Falicidas, où elle est encore de nos jours. La cour impériale recouvra une partie de sa splendeur, comme l'atteste Poncet (2), médecin français, qui la visita en 1699. La propagande de Rome n'avait pas renoncé à ses projets de conquête spirituelle; en 1750, pénétra jusqu'à Gondar une nouvelle mission composée de trois Franciscains, le père Remedio, Martin de Bohême, et Antonio d'Aleppo. Ces missionnaires excitèrent à la cour une grande attention sous le règne de l'empereur Yasous II qui, suivant Bruce, régna de 1729 à 1753. Leur voyage, qui n'a pas encore été publié, est en manuscrit dans la bibliothèque de lord Valentia (3). En 1769, Bruce entreprit son audacieux voyage; depuis lui, jusqu'au premier voyage de Salt, en 1805, et sa seconde mission commerciale en 1809 et 1810, aucun voyageur européen n'a pénétré dans ce pays si inaccessible aux étrangers. Les présens (4) dont Salt était chargé pour l'empereur, consistaient en armes parmi lesquelles étaient deux canons, et surtout en ornemens pour l'église métropolitaine de Chélicout, en une magnifique table de marbre pour servir d'autel, des vitraux peints et un tableau représentant la vierge Marie. La consécration de ces offrandes fut solen-

(1) Voyez la Littérature, dans Salt, p. 482. — Meusel, Biblioth. histor., III, part. 1, p. 114.

(2) Poncet, Voyages, dans les Lettres édifiantes, IV. Paris, 1723, in-8°, p. 51.

(3) Salt, p. 485.

(4) Ibid., p. 266.

nellement célébrée aux sons d'un orgue de Barbarie, et les Abyssiniens étonnés et ravis s'écriaient : *Etzoub! Etzoub!* (1).

4e Eclaircissement.

Les hordes Galla.

Le pays d'Alpes du Habech est habité, dans ses vallées et ses montagnes, par diverses peuplades qui n'appartiennent pas toutes à la race dominante du peuple abyssinien; cependant ils en dépendent toujours plus ou moins, et ont, par leur langage, plus ou moins de rapport avec elles, comme par exemple les Gafat, les Agows de Damote, les Tcheret-Agows, etc. (2). Mais il en est d'autres qui en diffèrent entièrement par la langue, la religion et les mœurs, comme par exemple, dans les montagnes de Samen, les Juifs Falashas qu'on a pris pour une colonie juive (3), émigrée en Abyssinie après la destruction de Jérusalem, quoique Murray fasse remonter plus haut leur origine.

Les invasions annuelles des Galla qui se répètent périodiquement depuis des siècles après la saison des pluies, ont eu la plus grande influence sur l'histoire de l'Abyssinie. Ces inondations de barbares n'apportent pas comme les débordemens du Nil la fécondité et la vie; mais elles répandent partout où elles passent la dévastation et la mort.

Ces Galla, c'est-à-dire pasteurs, selon Bruce, sont le seul peuple de la Haute-Afrique contre lequel les Abyssiniens aient à défendre la possession de leur pays.

---

(1) Les nouvelles découvertes faites en Abyssinie par le voyageur allemand Rüpple seront consignées dans le volume supplémentaire de l'Afrique. (*N. D. T.*)

(2) Murray, Appendix Nr., III, dans le Vocabulaire pour l'ouvrage de Bruce, II, p. 491, et Vater, Mithridates, III, 1re abth., p. 122.

(3) Tyschsen in Bruce, Rec., V, p. 335.

Refoulés par ces barbares de plus de quarante provinces qu'ils possédaient, les Abyssiniens n'en ont plus que douze (1) aujourd'hui, et encore une grande partie de ces provinces a été changée en déserts. Les Galla ont détruit l'antique splendeur de l'empire de l'Abyssinie et ont changé la civilisation déjà développée de ce peuple en un état de barbarie résultant de guerres éternelles. Cette race barbare et avide de pillage soumettra un jour toute l'Abyssinie par ses excursions toujours envahissantes, si la face des choses ne change pas bientôt.

Nous ne pouvons dire d'où viennent ces hordes de Galla qu'on a déjà comparées (2) avec les Hottentots : ils assurent eux-mêmes, dit-on, qu'ils habitaient le centre du continent quand ils en sortirent pour s'avancer vers le nord. Cette tradition était déjà connue, du temps de Diodore de Sicile, des peuples troglodites de la terrasse abyssinienne, des Agows (3) : les documens les plus récens que Salt (4) nous transmet, confirment aussi qu'ils pénétrèrent du sud en Abyssinie, par Mélinde et Patta, où ils forment encore aujourd'hui, dit Salt, une chaîne non interrompue. De même que les Goths et les Vandales se répandirent sur une grande partie de l'Europe, les Galla s'étendirent successivement sur ces contrées de l'Afrique à mesure qu'ils trouvaient des lieux propres pour s'y établir : comme les Goths et les Vandales, ils se sont naturalisés en peu de temps sur le sol qu'ils avaient envahi, et ont pris la langue, les coutumes et les mœurs des peuples vaincus.

Leurs habitudes barbares, leur vie nomade, leurs brigandages, leurs superstitions et la ressemblance de leur

---

(1) Mendez, dans Thévenot, Rec., p. 9.
(2) Blumenbach, Anm. zu Bruce, V, p. 256.
(3) Heeren, Idées, II, p. 338.
(4) Salt, p. 299.

nom a fait conjecturer qu'ils formaient un seul et même peuple (1) avec les hordes des Giagga ou Schagga de Matambo et de Congo ; en effet, on les appelle indifféremment *Jaga*, *Agag*, *Agalla*, *Galla*. On les a fait descendre aussi de la Guinée, où, entre le cap Mesurado et la côte de Poivre, habite une race nègre nommée *Galla* (2); mais cette supposition ne repose ni sur l'analogie de leurs langues, ni sur d'autres preuves assez convaincantes.

Toutefois, le mouvement simultané des peuplades de pasteurs et de brigands qui, au milieu du 16e siècle, s'ébranlent à la fois de l'intérieur des steppes de la Haute-Afrique et se répandent à l'ouest, à l'est et au nord, n'en est pas moins un phénomène très remarquable. C'est la plus grande émigration connue des peuples africains, et elle nous force de remonter à une cause commune de ce grand mouvement simultané. Cette cause, soit qu'elle fût une révolution de la nature ou une révolution politique, a dû être très importante pour agir à la fois sur des espaces aussi éloignés et pendant des siècles.

Les invasions des hordes de Galla sont les premières dont les écrivains contemporains font mention ; en 1537, elles débordèrent de la province de Bali en Abyssinie. (*Pestis illa circâ ann. 1537 è regno Bali emersit.*) (3)

Les hordes de *Gaga* se précipitèrent en 1542 dans les terres de Congo et d'Angola, avec une impétuosité irrésistible, une férocité aussi terrible (4) (*Voyez* plus bas, les *Foungi*).

Les hordes de Zimba et de Mozimba fondirent, à la côte orientale, sur la terrasse du Monomotapa ; leurs bandes

(1) A. Murray, Vocabulary of the Galla linguage in Bruce, III, 2e éd., p. 420.

(2) Vater, Mithridates, III, 1re abth., p. 249.

(3) Ludolf, Hist. Æth., lib. I, c. 16, 19.

(4) A. Battel, in Purchas Pilgrims. Lond., 1625, II, fol. 977.—Cavazzi, dans Labat, Æth. occid., II, p. 88.

s'avancèrent jusqu'à Quiloa et Mombaza où les Cafres et les Portugais réunis les défirent, sous le commandement de Matth.-Mendez, et les refoulèrent dans leurs déserts. 1589 (1).

Ces hordes de Zimba et Gaga ont déjà depuis long-temps disparu de l'histoire au 17e siècle; mais le fléau des Galla, comme Ludolf les nomme avec raison, continue encore jusqu'aujourd'hui ses ravages (2); ils ont maintenant pénétré jusqu'à la résidence du roi de Gondar et à celle du Ras de Tigré à Antalow.

Ils apparaissent d'abord au nord-ouest de *Fatigor*, dans le royaume de Bali, d'où ils s'avancent sur Angote. Bientôt ils font leur première invasion dans la province de Gojam; de là, divisés en un grand nombre de bandes, ils descendent du fleuve Zébi et des hauteurs de Narea, pénètrent dans le pays d'Alpes abyssinien, et mettent tout à feu et à sang sur leur passage. Ils brûlent les bois et les habitations et égorgent les hommes, les femmes et les enfans; ils s'emparent de vingt-deux (3) contrées qui nous apparaissaient comme autant de royaumes dans l'ancienne histoire de l'Abyssinie, sous les noms de *Fatigor*, *Bali*, *Goumar*, *Bargamo*, *Jfat*, *Louzamo*, *Hadea*, *Shoa*, *Gouragne*, *Gouderou*, *Bizamo*, etc., jusqu'au pays des *Gongas* et des *Gafates* à l'ouest. Ils forment ainsi autour du Habech à l'est, au sud et à l'ouest, une ceinture terrible d'où, chaque année, leurs bandes pénètrent à travers les défilés et les ravins dans le pays d'Alpes qui s'élève, comme une presqu'île, au milieu des flots menaçans des Barbares.

Le centre des hordes Galla semble être, d'après les do-

---

(1) J. Dos Sanctos Æthiopia orientalis, dans Purchas, T. II., fol. 1552.

(2) Salt, dans Valentia, III, p. 50 et 150.

(3) Bruce, Trav., III, p. 6; IV, p. 439.

cumens les plus anciens, Bizamo (1), pays situé sur le fleuve Maleb, entre le Nil et le Bahr-el-Abiad, à travers lequel passe la route de Gondar à Narea. Séparés ainsi, ils se divisent en Galla de l'est, *Bertouma Galla* qui obéissent au chef *Mouty*, et en Galla de l'ouest, *Borem Galla*, dont le chef s'appelle *Loubo*. Les Galla de l'est se divisent en sept tribus qui ont commencé de bonne heure à s'établir à Bali et Dawaro; ceux de l'ouest se divisent également en sept tribus, et se sont établis sur la rive méridionale et occidentale du Nil. Une troisième division (2) en sept tribus, située entre les deux autres, et qui a pénétré dans les vallées de Wakara et de Shoa, semble être devenue moins redoutable; cependant elle a détruit Tegoulet, ancienne résidence impériale; mais depuis, elle a moins inquiété le pays. Ces Galla se nomment eux-mêmes *Elma* ou *Yalema-Killelou* (Elma ou Yalema, enfans); on les appelle encore *Tolouma-Galla*, et Galla des montagnes, parce qu'ils habitent les montagnes au sud d'Amhara. L'empereur Yasous-le-Grand (1680 à 1704) réussit seul, après quelques heureuses expéditions, à s'allier quelques hordes de ces belliqueux pasteurs, et à les établir le long des rives septentrionales escarpées du Nil, afin de les protéger contre les bandes féroces des Galla de Bizamo.

En vain les Portugais proposèrent aux Abyssiniens d'élever des fortifications (3) pour se protéger contre les invasions de ces Barbares, « Non, disaient-ils, nous avons des pierres pour bâtir des églises et des temples; mais pour défendre notre pays, nous avons nos bras! » Semblables aux Spartiates, ils n'opposent à leurs ennemis que les fortifications naturelles du sol et leurs bras.

---

(1) Bruce, Trav.., p. 309.

(2) Ibid., p. 237.

(3) J. de Barros, dans Marmol, Africa, III, p. 206.

Les peuples Galla qui, à l'est et à l'ouest, semblent tous parler la même langue, sont de moyenne stature ; ils ont la couleur brune, les cheveux noirs, longs ou crépus; dans les vallées, leur peau est plus foncée. A leur arrivée, leurs hordes étaient toutes à pied, mais elles s'organisèrent dans le Habech en bandes de cavaliers ; ils ne se nourrissaient que de lait, de beurre et de viande ; l'exemple des Abyssiniens leur apprit à cultiver la terre et à cuire le pain ; ils n'avaient pour armes que des lances de bois aiguisées, dont la pointe était durcie par le feu, et empoisonnée avec le suc d'un arbre vénéneux ; le fer était très rare chez eux. Leur vêtement se compose d'une peau de chèvre ou d'un autre animal, attachée autour de la ceinture : ils enduisent leurs cheveux avec de la graisse et du beurre, et les hommes s'entourent le corps de boyaux de bœuf comme les Hottentots. Leur arbre sacré (dit Bruce) est le *Wanzey*, *cordia abyssinica*, selon Browne, et ce qui paraît singulier, toutes les maisons de Gondar et d'autres villes de l'Abyssinie sont bâties à son ombre. Le nombre 7 et le nombre 3 sont pour eux des nombres sacrés. A la guerre, ils sont sanguinaires, ils mettent tout à mort, et coupent en signe de victoire les parties sexuelles de leurs ennemis égorgés. C'est peut-être d'eux (1) que les soldats abyssiniens du Ras de Tigré Velleta Sélassé, ont pris cette coutume. Les Beetjuans, ce peuple si doux du sud de l'Afrique, mangent, dans la fète qui suit la victoire, la peau du ventre et le nombril de leurs ennemis (2).

Leur célérité dans les marches est prodigieuse ; ils passent à la nage les torrens les plus rapides. Une sorte de pâte, pétrie avec du café grillé et du beurre, est la seule provision qu'ils emportent avec eux ; ils supportent la faim et toutes les privations avec une patience qui

(1) Voyez Salt, dans Valentia, Trav., III, p. 131.
(2) Lichtenstein, Reisse, II, p. 470.

étonne même les Abyssiniens. Leurs expéditions n'ont rien de régulier; ils tombent tout à coup sur une contrée et la ravagent; tout leur est permis dans ces invasions rapides; mais dans leur pays ils se soumettent avec docilité à la discipline sévère de leurs chefs. Leurs femmes sont extrêmement fécondes. Jusqu'à présent, les Mahométans seuls ont pu entretenir des relations de commerce avec eux.

M. Pearce, compatriote de Salt, qui fut en grande faveur à la cour d'Antalow, prit part à la dernière guerre que le Ras de Tigré fit en 1807 contre les Galla, et se distingua avec gloire dans l'armée de Tigré. Le Ras marchait avec trente mille hommes contre les quarante mille Galla que commandait le chef Gojee. La guerre se termina à l'avantage de Tigré par la bataille de *Zingilla* (1) dans la province de Lasta, et l'issue de cette guerre nous a fait connaître d'eux quelques nouvelles circonstances (2). La division des Galla en trois branches chacune de sept tribus, telle que nous l'avons donnée plus haut d'après Bruce, semble n'appartenir qu'aux *Maithsa-Galla* ou Galla du sud; car cette division politique n'existait pas chez les autres que M. Pearce eut occasion de connaître; ils n'avaient entre eux d'autre lien commun que la langue. On compte aujourd'hui vingt tribus différentes de Galla qui, chacune sous un chef particulier, sont en guerre continuelle les unes avec les autres. La plus grande tribu de ce peuple, celle des Edjow Galla obéit maintenant à deux chefs; l'un est le fameux Gojee qui commande aux tribus de *Djawi* et de *Toloumo* : il a un grand renom de bravoure, et c'est lui qui commanda l'expédition contre Tigré; l'autre s'appelle Liban : il porte le titre d'Iman, possède un très grand pays et commande aux tribus de *Wochali*, de *Woulo* et d'*Assowa*. Il est en rapports d'amitié et d'alliance avec

(1) Salt, p. 288 et 292.
(2) Ibid., p. 299.

le royaume de Tigré et réside à Warho-Haimanot sur le fleuve *Bashilo*. Ces Galla ont embrassé l'islamisme, et en prenant une foi nouvelle, ils ont renoncé à leur férocité et à leur antique barbarie; ils parlent la langue ambara et s'habillent aujourd'hui comme les Abyssiniens. Les autres hordes de Galla ont conservé jusqu'aujourd'hui la même rudesse et la même barbarie.

CHAPITRE QUATRIÈME.

PENTE DU PAYS D'ALPES ABYSSINIEN VERS LA MER ET LES BASSES-TERRES DU NORD DE L'AFRIQUE.

§ 12.

De la chaîne de montagnes limitrophe qui entoure le pays d'Alpes de la seconde terrasse ou toute l'Abyssinie au nord et à l'est, le voyageur descend dans les plaines de sables africaines qui s'adossent autour du plateau, à l'est, comme une étroite bordure littorale, et, au nord, comme d'horribles déserts. A sa sortie des défilés étroits et des vallées avancées des hautes montagnes, le voyageur, avant d'arriver dans les déserts de sables unis, monotones et arides, entre dans une contrée humide et boisée, couverte d'eaux courantes et de lacs, de forêts aux grandes ombres, et parcourue par des troupes innombrables de bêtes féroces qu'on ne connaît pas dans le pays d'Alpes. Un air humide, lourd, étouffant, lui souffle au visage, et il se hâte bien vite de traverser ces régions malsaines pour échapper aux fièvres malignes et aux autres maladies auxquelles ce climat donne naissance. Cependant ces forêts sont habitées par le peuple sauvage des Shangalla, race abrutie, en lutte continuelle avec les bêtes féroces, les habitans du pays d'Alpes et les peuplades arabes du désert. Cette bordure humide et boisée qui entoure le pays d'Alpes au nord et à l'ouest, dans une plus grande largeur qu'à l'est, s'appelle la basse-terre, ou, comme on dit dans le pays, la *Colla* ou *Mazaga* : la bordure littorale sèche et ardente de l'est s'appelle *Samhara*.

1er ECLAIRCISSEMENT.

La bordure ardente de la côte ou le Samhara.

Tous les voyageurs qui, de la côte de la mer Arabique, pénétrèrent dans le Habech, marchèrent d'abord pendant quelques jours à travers des déserts de sable brûlans et sans eau. Arrivés ensuite à la pente de la terrasse des montagnes, ils trouvèrent les premiers torrens qui jaillissent des défilés, et alors, pour la première fois, se montra à eux une végétation magnifique, une terre couverte de buissons et de bois. Nous pouvons appeler *région des bois* cette contrée qui s'étend le long de la côte à l'est du Habech. Cependant elle est moins caractérisée qu'au nord, parce que l'eau y manque et qu'aucun (1) des torrens des montagnes n'atteint ici la côte ; tous se perdent dans les sables avant d'arriver à la mer, et tarissent complétement pendant l'été.

A l'extrémité nord de cette région des bois, dans le district de Dobarwa, est situé, au milieu d'une contrée romantique et sauvage, le couvent de Biza (2) ou Bisan, autrefois fameux par sa richesse, dans toute l'Abyssinie, et aujourd'hui en ruines. Les hauteurs sur lesquelles il est bâti sont entourées, au nord, de marais et de petits lacs qui forment les affluens du Mareb aux eaux stagnantes. C'est là que se trouvent des troupes innombrables de bêtes

(1) Alvarez, Hist. de Ethiop., fol. 7.

(2) Tellez, dans Thévenot, p. 19. — Salt, p. 442.

féroces et les sauvages Shangallas. Au revers sud de cette montagne où est situé le couvent, on trouve un défilé nommé *Assauli*, que Salt traversa en revenant de Dixan à Arkiko. Dans ce défilé se montrent déjà les différentes espèces d'euphorbe et les bois de tamarin; l'apparition de ces plantes est un signe certain qu'on approche des plaines. C'est ici qu'on voit les derniers groupes de palmiers, phénomène très rare sur ces hauteurs (1). Au haut du défilé on rencontre des pâturages et des champs de blé magnifiques, tandis que le *Tehama*, situé au nord-est, est entièrement stérile et brûlé. En descendant le défilé on trouve jusqu'à Arkiko les buissons sauvages et épineux de l'acacia sur un sol sablonneux, sans sources ni eaux courantes. Au débouché du défilé, habite la race paisible des *Shiho*, dépendans des Hazorta qui leur ressemblent de langage et de forme. Ce défilé d'*Assauli* est le plus septentrional connu jusqu'alors qui conduise à Arkiko et Massowa. Il est situé au 15° 26' lat. nord. Un peu plus au sud, 15° lat. nord, est situé le défilé du Taranta que nous avons étudié plus haut, comme tous les autres défilés plus méridionaux, à travers lesquels on descend par le Samhara à la côte de la mer Rouge.

Cette bordure littorale où le Samhara est baigné par la mer Rouge, nous est plus connue depuis les deux dernières expéditions de Salt. Sa carte indique, avec la plus grande exactitude et d'après les données les plus récentes, les différentes baies, promontoires et îles (2).

Les points les plus importans que l'on rencontre sur la

(1) Salt, p. 442.

(2) Rich. Stuart, Chart of the Bay of Zeyla from geometrical Observations. 1810, p. 474. — H. Salt and Capt. Th. Weatherhead, Chart of Amphila Bay, surveyed and 1810, p. 146. — H. Salt, Chart of Howakil Bay. 1810.—Capt. Weatherhead, Chart of Annesley Bay 1810. — Chart of the Bay of Arkeeko and Harbour of Masuah from Observ. of Capt. Weatherhead. 1810.

route de Babel-Mandeb jusqu'à Arkiko et Massowa, au nord, le long de la côte abyssinienne qui s'étend depuis le 12° 40' jusqu'au 16° lat. nord, du sud-est au nord-ouest, sont : *l'île Perym* 12° 17' lat. nord; *Ras Beloul* 13° 15' lat. nord; la *pointe de Rackmah* 13° 43'; *la baie d'Amphila* 14° 30'; *la baie d'Howakil* (Opsianbay) 15°; *la baie d'Annesley* avec *l'île Valentia* (Orine), 15° 30'; *Arkiko*, le *port de Massowa* et *l'île Dhalak*, 15° 35'.

De Mocha dans l'Arabie-Heureuse, capitale de l'Yémen, on arrive en quelques heures, par la mer Rouge, au bas du promontoire Beloul situé vis-à-vis. Au nord de ce promontoire on trouve :

1° La baie de Rackmah (1), station peu sûre qui, dans les cas pressans, ne peut servir qu'aux petits navires. Cette baie de Rackmah est probablement le *Portus Isidis* de Pline, qui se distingue par quatre îles et où les Troglodytes, aujourd'hui les tribus de montagnards de Bedowi, apportaient autrefois la myrrhe. C'est aussi vraisemblablement le port *Beila* des Portugais, si souvent cité. Les masses de rochers apparaissent ici comme des roches arides et brûlées (2).

2° Ayth (3), sous le 14° lat. nord, village composé de quarante huttes, résidence d'un Cheik, et habité par un petit peuple fort, robuste et pauvre, qui ne cultive pas la terre et vit de poissons et du produit de ses troupeaux de chèvres; il appartient à la tribu des Danakil, appelée Adoulé.

3° La baie Amphila (4), baie profonde jusqu'alors inconnue, entourée d'une rangée d'îles avancées; elle forme un très bon port appelé *English Harbour*, et qui peut

(1) Salt, p. 138.
(2) Valentia, Trav., II, p. 22.
(3) Salt, p. 139.
(4) Ibid., p. 140, 150.

devenir très important pour la côte. Sur cette baie est situé le village de *Madir*, habité par les *Doumhœta*, sans pâturages et sans eau. C'est d'ici que part la dangereuse route des montagnes que Coffin a prise dans son voyage et qui conduit à Tigré par Madir, Bourré, la plaine de Sel et Sénafé (voyez plus haut). La baie est habitée par les tribus des Doumhœta qui se nomment les libres enfans des montagnes et règnent sur Madir et les défilés des montagnes. *Amphilabay* vient probablement par corruption de l'Αντιφίλου λιμήν de Strabon (1); elle a 16 milles anglais de longueur, 12 de profondeur et contient 3 petites îles. Ces îles sont presque toutes uniquement composées d'une conglutination de corail et de roche calcaire entremêlée d'une infinité de madrépores, d'échinites, de différentes espèces de coquillages, tels qu'on en trouve encore aujourd'hui dans la mer Rouge. La hauteur des couches de ces îles est élevée maintenant à 30 pieds au-dessus du niveau actuel de la mer. Une seule de ces îles, qui en est entièrement séparée, est composée de rochers calcaires avec des filons de calcédoine; sur le côté oriental, ces rochers présentent de grandes cavités dont les marins se servent comme de magasins. Cette île isolée, appelée *Koutto*, présente seule des traces d'anciennes habitations, des ruines de vieilles constructions, tandis que les autres semblent n'avoir jamais été habitées; elles nourrissent seulement quelques chameaux et produisent du bois à brûler, car elles sont couvertes de forêts d'*avicennia tomentosa*. Au fond de la baie, sont situés les deux villages, Madir et Douroro. Le dernier est un grand village bien placé pour le commerce, avec un bon ancrage. La contrée qui l'avoisine est une vaste plaine couverte de faibles broussailles. Au loin, dans les terres, s'élève la

---

(1) Strabon, éd. Tzchucke, lib. XVI, VI, p. 406.

chaîne de montagnes en forme d'amphithéâtre dans la direction du sud-est au nord-ouest, le front tourné vers la côte. Au nord, passe le chemin de montagnes qui conduit en Abyssinie, et au-delà, on aperçoit très bien la chaîne beaucoup plus élevée qui court depuis le Sénafé jusqu'au Taranta.

Aux mois de Décembre et de Janvier, la côte était très aride; elle ne nourrissait que peu de gibier; on n'y voyait que quelques oiseaux de proie, qui vivaient de sauterelles, et une espèce de petits lièvres semblables aux lapins. Le rivage est couvert partout d'une bordure de forêts très épaisses, formées d'*avicennia tomentosa*. Ces bois sont habités par une espèce de renards très nombreuse, que les naturels appellent *Wobit*. Ces animaux descendent régulièrement sur les bords de la mer, pendant le reflux, pour y manger les mollusques qui composent leur principale nourriture. Salt pense que cet animal et l'*avicennia tomentosa* sont le chien et l'olivier dont Pline fait mention en ce lieu. Les feuilles de l'*avicennia*, quoique très amères, sont la principale nourriture (1) des nombreuses troupes de chameaux qui parcourent la côte, et se distinguent des autres par leur force et leur longévité. Les rivages de la baie d'Amphila sont peuplés d'une infinité d'oiseaux marins, de pélicans, de flamingos, de becs à cuillère, de hérons, de glaréoles, de butors, etc.

4° LA BAIE D'HOVAKIL. — Au nord, les montagnes de la presqu'île *Sarbo* offrent un sûr abri contre les vents du sud. En gravissant le haut promontoire *Sarbo*, Salt trouva un buisson à gomme, semblable au *bedellium*, et le baume, tous deux du genre des *amyris*. Du sommet (15° 48' lat. nord), la vue s'étendait, au nord, sur toute la baie d'Howakil. Dans l'île voisine Del'gammon, doit se trouver

(1) Salt, p. 173

une pierre avec une inscription coufique (1) qui n'a pas encore été examinée.

La baie est très grande et contient beaucoup d'îles, dont deux grandes : l'île *Howakil*, qui s'élève à 650 pieds au-dessus de la mer ; l'île *Boucka*, aussi très élevée, composée de grandes roches de basalte avec des colonnes renversées les unes sur les autres, comme des murs écroulés. Les autres sont formées de roches calcaires corallines, comme les îles de la baie d'Amphila. Près de ces îles, la mer était colorée d'un rouge foncé autour du vaisseau de Salt (2), par les mollusques qui tapissaient le fond à une profondeur de 20 brasses ; tout l'équipage, étonné à la vue de ce phénomène, donna à ces parages le nom de *véritable mer Rouge*. Les montagnes de la baie intérieure offrent un coup d'œil ravissant : dans les quatre mois de la belle saison où tombent les pluies, le rivage de la baie s'étend comme un immense tapis vert, couvert de troupeaux de chèvres et de hordes de pasteurs. Des groupes d'acacias en fleurs et d'avicennia forment, le long de la côte, une bordure verdoyante et parfumée ; mais, pendant les autres huit mois de l'année, le rivage est brûlé par le soleil et désert. Quand les pluies manquent, ce qui arrive quelquefois, les peuplades et les animaux périssent. Les hommes émigrent vers Mocha, Hodeida, Suakim pour échapper à la famine et à la mort. Les femmes et les enfans qui restent dans le pays succombent presque toujours sur cette terre brûlante et desséchée.

Les habitans de la baie font partie des Doumhœta des tribus de Danakil, peuple pasteur (3) et hospitalier. Dans les terres, se montrent les hautes chaînes de la terrasse avancée qu'habitent les tribus des *Roussamo* et *Belessoua*,

(1) Salt, p. 185.
(2) Ibid., p. 196.
(3) Ibid., p. 187.

et par-dessus s'élèvent les majestueuses montagnes de Sénafé. Vincent, le premier, a pris cette baie pour le lieu où se trouve l'*obsidienne* de Pline (1) ; il se fonde sur un passage du Périple de la mer Rouge, où il est dit : A huit cents stades d'Adoule (à l'ouest de cette baie), est une seconde baie très profonde, à l'entrée de laquelle est situé un grand monceau de sable ; c'est au pied de cette éminence, et là seulement, que l'on trouve la pierre obsidienne. Salt a été assez heureux pour confirmer, sur ce lieu même, dans son second voyage, le rapport de Pline sur cette vraie *obsidienne*, pierre très estimée des Romains. L'observation du voyageur moderne nous prouve ainsi de plus en plus l'exactitude et la véracité du père de l'histoire naturelle. A l'extrémité occidentale de la baie d'Howakil, sur la route d'Arena à Zoulla, Salt (2) trouva le sol parsemé d'une grande quantité de ces pierres noires et transparentes comme le verre ; il en ramassa plusieurs, longues de deux à quatre pouces : plus bas, dans les terres, on doit en trouver encore davantage.

5° LA BAIE D'ANNESLEY. — C'est la plus septentrionale des baies de la côte abyssinienne et maintenant la plus fréquentée, parce qu'elle possède le meilleur port à son extrémité occidentale, dans l'île de Massowa. Vis-à-vis Massowa, est Arkiko, sur la grande route voisine qui conduit par le Taranta à Axum et à Tigré. Le voisinage de ces deux points donne à la baie une grande importance. Devant la baie d'Annesley, est située l'île Dhalac (3), la plus grande de toutes les autres ; elle est habitée, et possède des sources en abondance qui la fertilisent : comme la précédente, elle est composée de roche calcaire, de madrépores et de corail. Salt y a trouvé des

(1) Plin., Hist. Nat., XXXVI, 26.
(2) Salt, Trav., p. 192.
(3) Valentia, Trav., II, p. 22.

huîtres et des échinites, dont les dards avaient un pied de longueur. Massowa, port le plus voisin d'Axum, dont il n'est éloigné que de 20 milles géographiques, est aussi le plus fréquenté; c'est le meilleur port de la côte, et c'est par lui que se fait tout le commerce d'importation et d'exportation entre l'Arabie et l'Abyssinie (1). Vincent suppose que cette position, si avantageuse au commerce, n'a pu être inconnue des Romains; et il croit que Massowa est la fameuse Adoule des anciens, qui n'était éloignée que de huit jours de marche d'Axum, et que nous connaissons depuis Cosmas, par l'inscription d'Adoule (2). Cette ville fameuse a été retrouvée, pour ainsi dire, non à l'extrémité occidentale, mais à l'est de la baie d'Annesley. Derrière l'île Valentia (l'*Orine* du Périple), dans l'angle le plus intérieur de la baie au sud, est situé aujourd'hui le petit village de Zoulla ou *Thoulla*, selon la prononciation du pays. Salt, le premier, en entendit parler à Mossowa (3). Sur le rivage du port de Massowa, est une colonne d'architecture égyptienne qui, d'après la tradition du pays, a été transportée de Zoulla dans ce lieu. Salt apprit aussi des Arabes qu'on trouvait près de Zoulla beaucoup de colonnes, de débris de bassins, de ruines d'édifices bâtis avec des blocs cubiques de quatre à cinq pieds de longueur, et que l'emplacement de ces ruines, un peu éloigné du village actuel, est appelé *Azoule*. L'ancienne Adoule est donc assurément retrouvée. Malheureusement M. Stuart, qui avait été envoyé avec la mission spéciale d'explorer ces ruines, ne put pénétrer jusque-là : cependant il apporta du rivage voisin une petite urne de pierre qui aurait été trouvée

(1) Valentia, Trav., II, p. 259.

(2) Montfaucon, Nova Collectio patrum, dans Cosmas; Vincent Peripl. — Museum für Alterth. Wissenschaften. Berlin, 1810 : Uber den Thron, mit der Inscr., IIe partie.

(3) Salt, Trav., p. 451.

dans les ruines de cette ville. Espérons que, plus tard, elle deviendra le champ d'importantes découvertes.

Les Danakil, peuples pasteurs.

Toute la côte abyssinienne de *Samhara* est parcourue par cinquante différentes tribus de peuples nomades et pasteurs, connus, dès l'antiquité (1), par leurs brigandages; ils rendent presque impénétrables tout le littoral et le pays de montagnes situé derrière, depuis Bab-el-Mandeb jusqu'à Arkiko, au nord. Ce littoral était autrefois appelé le royaume de *Dancali.* Le souverain de ce pays prit part à la guerre que les Mahométans d'Hourrour et d'Adriel firent aux Abyssiniens, car ses domaines confinaient aux deux peuples avant qu'ils fussent séparés l'un de l'autre par les invasions des Galla; cependant le pays et ses habitans s'appellent encore aujourd'hui *Dancali.* Ils sont divisés en plusieurs tribus commandées par un chef particulier (*Dancali* (2) au singulier, *Danakil* au pluriel). Leurs combattans réunis se montent à 6,000 hommes. Ils se disent Mahométans; mais ils n'ont ni prêtres ni mosquées. Ils vivent dans l'indépendance la plus absolue, ne se déplaçant que pour chercher des pâturages pour leurs chameaux, et prêts à prendre part à toutes les querelles lorsqu'ils espèrent y trouver leur avantage. Ils aiment la liberté avec passion, sont très actifs, résolus, mais pauvres et sans armes pour la plupart; s'ils étaient armés, ils sauraient bientôt se rendre redoutables.

A cette race appartiennent les tribus noires des *Bajeh* d'Ebn-Haukal, qui habitent sur les frontières de la Nubie et du Habech, et les Agaazi (3) vivant dans les montagnes

(1) Heeren, Idées, II, p. 336.
(2) Salt, Trav., p. 176.
(3) Bruce, Trav., III, p. 43, 472.

de Habab, qui forment la prolongation septentrionale de la terrasse de Tigré. Ce dernier peuple porte le nom qui était commun autrefois à tous les habitans du littoral, *Agaazi* ou *Gheech*, et de là vient que l'ancienne langue du pays est appelée *Gheez*. Lorsqu'ils apparaissent sous le nom de *Doubena* (1) ou *Dobenah*, ils se sont déjà mêlés, comme au nord du Habech, avec les tribus arabes des *Béja* et des *Bélowé*. A l'est de la terrasse de Tigré, le même peuple nous apparaît également mêlé à d'autres races, et il porte les noms les plus divers, suivant l'époque où il figure et suivant son genre de vie.

Il est très important de connaître ce peuple, parce que toutes les caravanes du Habech à la mer passent sur son domaine, et qu'il dépend entièrement de lui de fermer ou d'ouvrir à l'avenir l'Abyssinie aux étrangers. De même qu'il est facile aux Hazorta de fermer le défilé de Taranta, de même les autres tribus peuvent boucher sans peine toutes les autres entrées du plateau.

Au sud des Hazorta, la puissante tribu des *Boussamou* fait paître ses troupeaux ; et, au nord, est celle des *Tecrour*. Les Hazorta s'étendent du centre du défilé de Taranta jusqu'à la baie d'Annesley, au milieu de laquelle est située l'île Valentia. Ils escortent les caravanes entre la côte et le Habech, et le commerce actif qui se fait en ce lieu est pour eux une grande source de gain. La résidence de leur chef, *Shoum*, est à Zoulla sur la côte, l'ancienne Adoule (2), vis-à-vis l'île de Valentia.

Salt nous apprend, par son dernier voyage, que les tribus les plus importantes sont : 1° celle des *Doumhæta*, qui est maîtresse de la côte de Béloul jusqu'à Aréna, et compte quelques mille guerriers ; 2° celle des *Taiemela* ; 3° celle des *Hadarem*, chacune forte de 200 guerriers qui

(1) Murray, p. 3.
(2) Valentia, Trav., III, p. 234.

dominent la plaine de Sel; près d'eux, au nord, habitent, 4° les *Belessoua* qui sont soumis aux Taieméla ; au sud, près d'*Ayth*, se trouvent, 5° les petites tribus des *Adoule*, et 6° celle des *Modéto*, tous deux peuples navigateurs; les autres tribus s'appellent, 7° *Adalhou*, 8° *Aisamathou*, 9° *Kédimto*, 10° *Weema*, 11° *Moushiek*, 12° *Assa-Mominto*, 13° *Roussamo*.

Les femmes de ces tribus ont, suivant Salt, les traits du visage très distingués, et l'entretien de la famille repose entièrement sur elles. Elles sont presque nues : leur parure consiste en bracelets d'argent et d'ivoire. Leur occupation est de moudre le blé, cuire le pain, puiser l'eau, etc. Les hommes gardent les troupeaux, et préparent le lait; mais ils ne cultivent pas la terre. Leur plus grande passion est de fumer et de priser. Ils frisent leurs cheveux, les enduisent de graisse et les poudrent avec une sorte de poussière brune ; ils couvrent les tombeaux de monumens bâtis en forme de pyramide, dont la base a jusqu'à dix pieds carrés, et qui rappellent l'architecture égyptienne.

Remarque. — *Zeila*, *Zoulla*.

Nous lisons, dans le rapport que Lobo (1) a laissé de sa mission, que, sur le désir du roi abyssinien Socinios, qui avait embrassé le catholicisme, on envoya en Abyssinie des jésuites de la mission de Goa. Lobo en faisait partie. Il essaya le premier, mais en vain, de pénétrer dans le pays d'Alpes par *Mélinde*. Deux autres jésuites, le père Maxado et Bernard Pereira, se rendirent au port de *Zeila*, situé au sud de la route de Bab-el-Mandeb, près de *Dancali*, car la lettre de l'empereur abyssinien leur indiquait d'aborder en ce lieu. Ayant obéi à cet avis, ils tombèrent dans les mains de princes mahométans, ennemis jurés des Chrétiens, et furent décapités. Les jésuites accusaient le ministre de l'empereur *Socinios* d'avoir, par perfidie, mis un faux nom dans la lettre pour les empêcher d'arriver

(1) Lobo, Voyage en Abyssinie, Ire partie, p. 70.

jusqu'au roi; mais rien ne justifie cette accusation. Il est beaucoup plus probable que ces deux hommes, devenus fameux par leur martyre, furent victimes d'une erreur géographique. Ils prirent Zeila pour Zoulla, qu'on écrit aussi quelquefois Zeila (1). Cette dernière Zeila, voisine de Massowah, est une route de caravanes, plus courte et plus fréquentée que celle qui conduit, par Arkiko, au Taranta (2) Salt nous apprend que les divers peuples pasteurs de cette côte parlent tous la même langue, appelée, même par les tribus d'*Hazorta*, langue de *Dancali* (3).

Entre ces deux *Zeila*, au sud, habitent les tribus des *Taltal*, parentes des Shiho (*tall! tall!* est chez les Arabes de l'Yémen une exclamation que poussent les pêcheurs quand ils prennent du poisson) (4); les Doba, mêlés aux Arabes comme les Dobéna, les habitans de Baylour et de Dancali jusqu'à *Dawaro* et *Zeila*. Viennent ensuite les derniers peuples qui appartiennent à cette race, les *Somaulies* s'étendant depuis la route de Bab-el-Mandeb jusqu'au mont Félis (5), près du cap Guardafui et dont nous avons parlé plus haut.

Toutes ces tribus tiennent plus ou moins à l'islamisme et occupent la bande de terre brûlante, sablonneuse et aride appelée Samhara, qui s'étend le long de la mer Rouge.

La terrasse de Tigré qui forme le côté oriental de l'Abyssinie s'abaisse dans le Samhara. Les peuples pasteurs qui habitent cette contrée brûlante se réfugient pendant l'été avec leurs troupeaux, dans la région des bois près de la terrasse des montagnes de Tigré et d'Angote. Suivant qu'ils se trouvent satisfaits ou non par les présens et les tribus avec lesquels on achète leur bienveillance, ils pro-

(1) Ebn Haukal, Or. Geogr., by W. Ousely, p. 14.
(2) Valentia, Trav., II, p. 336.
(3) Salt, dans Valentia, Trav., III, p. 234.
(4) A. Hamilton, New Account, I, p. 65.
(5) Valentia, Trav., II, p. 375.

tègent ou pillent les nombreuses cafilas (caravanes) qui qui vont de la mer dans l'intérieur des terres par *Suakim*, *Massowah*, *Zoulla*, *Bouré*, *Azab*, *Baylour*, *Dancali*, *Zeyla et Berbera.*

Unis avec les Maures et les Arabes qui se sont établis dans ce pays, ce sont eux aussi qui, sous le nom de Gibbertis, c'est-à-dire vrais croyans, se considèrent comme les maîtres des peuples pasteurs, conduisent eux-mêmes les caravanes, font le commerce, amassent de grandes richesses et acquièrent (1) ainsi une grande puissance, une grande considération, sur les côtes de la mer Rouge, et dans l'intérieur du pays d'Alpes.

Comme l'entrée de toutes les denrées commerciales dans le pays d'Alpes dépend d'eux, ils pénètrent de Dancali et Zeila, de Massowa et Arkiko dans l'intérieur du pays, et chaque Abyssinien de distinction a dans l'intérêt de son commerce un de ces Gibbertis pour commis et facteur dont il est plus ou moins dépendant. Les Gibbertis se trouvent ici à peu près dans les mêmes rapports que les Juifs en Europe, les Arméniens en Perse, les Guèbres à la côte de Mozambique.

Ils ne conduisent pas seulement les cafilas de la côte dans l'intérieur du pays, mais ils tiennent aussi des foires dans les terres où ils exposent plus ou moins long-temps leurs marchandises pour les vendre. Du temps d'Alvarez (2) il y avait un marché extraordinaire à *Manadelli* sur la frontière de Tigré et d'Angote; les *Taltal* de Dancali et Baylour amenaient toujours leur charge de sel (3) aux marchés des Gibbertis. Dans des temps plus reculés, il se tenait régulièrement des foires fameuses (4) à *Ifat*, *Koungara*, *Jadaï*, *Koubat*, *Fadise*, *Argaï et Kalise.*

---

(1) Bruce, Trav., II, p. 41.

(2) Alvarez, Hist. de Æthiop., fol. 60.

(3) Lobo, I, p. 143.

(4) Bruce, Trav., III, p. 50.

Mais les hordes des Galla orientaux ont singulièrement circonscrit la puissance jusqu'alors toujours croissante des *Gibberti*; cependant, ils sont déjà entrés en relation avec ces hordes, comme nous l'avons vu plus haut; c'est du reste ce qui résulte clairement (1) du rapport d'un Gibberti, habitant le pays d'Alpes abyssinien *Jedschou* qui nous était autrefois inconnu.

Primitivement c'était dans cette contrée du Habech que se tenaient les marchés, par exemple, ceux d'*Jfat*, *Fatigor*, *Dawaro*, *Adel et Mara*. Les rois abyssiniens y descendaient souvent à la tête de leurs armées pour faire la guerre aux Gibbertis qui devenaient toujours plus puissans dans ce pays ; à mesure qu'augmentaient leur influence politique et leur puissance dans les lieux où se tenaient les marchés, les chrétiens adoptaient leur croyance, occupaient les provinces, ou, s'ils se trouvaient encore sous l'empire de l'Abyssinie, ils cherchaient d'échapper d'une autre manière au tribut. Ainsi pendant plusieurs siècles avant la domination des Galla, ce pays est déjà le théâtre des combats dans l'histoire des Abyssiniens, et plus tard les troupes Portugaises s'y montrent avec gloire.

2e Eclaircissement.

Région humide des bois, la Colla et Mazaga.

La région qui entoure la pente septentrionale de la chaîne limitrophe de l'Abyssinie se présente à nous dans les mêmes rapports que celle que nous venons d'étudier ; seulement deux conditions différentes changent ici la nature des localités.

Au lieu de la mer qui s'étend à l'est et ne laisse entre

(1) Seetzen, Ueber das Land Jedschu, dans von Zach, monatlicher Correspondenz. 1800, November.

elle et le pays d'Alpes que la bande étroite et sablonneuse du Samhara, un désert de sable se déroule à l'infini devant l'Abyssinie au nord. Il l'isole presque entièrement du monde civilisé, tandis que cette mer, très praticable encore, loin de les arrêter, favorise, comme toutes les mers, les communications avec l'extérieur. Au nord, au contraire, ce n'est qu'à grand danger, à grande peine qu'on peut entretenir, à travers des déserts presque impénétrables, des relations avec le Dar-Four, le Sennaar, le Dongola, ou avec l'Egypte.

La seconde condition qui donne à tout ici une face différente, c'est le nombre immense des courans d'eaux qui, chose remarquable d'ailleurs, traversent tous directement la chaîne limitrophe du Habech, du sud au nord, exactement de la même manière que les fleuves du Gange et de l'Indus coupent le plateau du nord au sud. Ils forment ainsi une infinité de gouffres, de lits de torrens et de fleuves qui précipitent, à grand bruit, leurs eaux écumantes, et s'enflent extraordinairement pendant la saison des pluies périodiques. A leur entrée dans les terres basses et unies, ils débordent; et, ne trouvant en beaucoup d'endroits aucune pente, ils s'arrêtent et se répandent en marais immenses au milieu desquels croît une végétation magnifique, et d'où s'élèvent des forêts de roseaux et d'arbres; ils forment ainsi une bordure de bois marécageux qui donne naissance à plusieurs affluens orientaux du Nil, et notamment au Mareb (1). Cette bordure présente exactement les mêmes rapports que celle du Bengale à la pente sud du grand plateau asiatique. (Voir plus bas les Alpes du Thibet.)

Les provinces qui avoisinent cette bordure, sur la pente des montagnes, sont les plus fertiles et les plus riches de

---

(1) Bruce, Trav., III, p. 473, et, dans l'Appendix, VII, p. 386, dans A. Murray, Dissertation.

toutes les contrées de la terre et au-dessus de toute description par leur magnificence; mais celles qui y sont comprises sont, en même temps, les plus dangereuses pour l'homme et entièrement inhabitables pendant la saison des pluies des tropiques, quoique le séjour en paraisse enchanteur pendant la sécheresse, dans les lieux aérés. Là, entre autres, est situé le district de *Waldoubba*, fameux dans l'histoire de l'Abyssinie, parce que beaucoup d'hommes d'état, abandonnés de la fortune, allèrent s'y réfugier et passèrent, en solitaires, le reste de leur vie au milieu de ces déserts (1). Tout ce qui, encore aujourd'hui, tombe en disgrâce à la cour, va chercher un asile dans ces impénétrables vallées, habitées seulement par les hyènes et les ermites. Les solitaires qui y vivent sont auprès du peuple en grande vénération de sainteté.

C'est là la région des bois que les Abyssiniens appellent du nom commun de *Colla*, basses-terres. Le peuple des Alpes ne peut supporter (2) ici la chaleur des rayons du soleil que Bruce compare aux ardeurs de l'enfer (3). Cette bande de terre s'étend entre le 12° et le 13° lat. nord, depuis la côte près de Dobarwa, à l'est, jusqu'au pays de *Fazouklo*, à l'ouest, près du Nil supérieur, au-dessus du Sennaar.

Cette région des bois entoure le pied du pays d'Alpes abyssinien, dans une largeur de 8 milles géog. ou de 12 au plus. Bruce dit qu'en un endroit elle a 40, et en deux autres 50 et 60 milles anglais de largeur (4).

Elle forme une frontière naturelle très remarquable pour l'empire abyssinien, et a la plus grande influence sur l'histoire de ses habitans.

---

(1) Bruce, Trav., VII, Appendix, p. 62, et IV, p. 367.
(2) Ludolf, Hist. Æth., I, c. 8.
(3) Bruce, Trav., III, p. 513.
(4) Bruce, Trav., III, p. 513; IV, p. 27, et VI, p. 255.

Les quatre principaux bras du Nil égyptien, le Mareb, le Taccazzé, le Nil et le Bahr-el-Abiad (voy. plus bas, cours du Nil), qui coulent du pays d'Alpes abyssinien dans le Delta, traversent ces bois et forment, avec les nombreux affluens supérieurs de ce système d'eaux, ces humides basses-terres.

Les voyageurs nous ont fait connaître, avec plus d'exactitude, la partie de la Colla située sur les deux rives du Taccazzé, depuis Axum jusqu'à Ras-el-Fil; mais toutes les autres parties de ce pays qui ont été le théâtre de fréquens combats, sont également décrites dans l'histoire des guerres de l'Abyssinie.

A l'intérieur de cette ceinture de forêts est située la province de Siré; son sol est gras et noir (*rich black mould*), et, pendant six mois de l'année, les pluies des tropiques y tombent, en torrens, par une chaleur de 100° de *Farhenheit* (30 1|4 de Réaumur); l'autre moitié de l'année la chaleur est plus grande encore et le ciel clair et serein (1). De là la végétation la plus magnifique que l'on puisse s'imaginer, et dont le pays d'Alpes ne présente aucune trace sur ses hauteurs; c'est la nature des tropiques, partout des plantes odorantes, tous les fruits délicats en abondance, des forêts aux tiges gigantesques, aux ombres épaisses et impénétrables.

Ce sol gras, noir et partout fertile, appelé *Magaza* (2) dans la langue du pays, et qui ne désigne aucune province en particulier, caractérise toute la ceinture de la Colla. Les eaux l'entraînent des hauteurs dans les basses-terres. Il est formé des débris de végétaux qui pourrissent et renaissent sans cesse, et dont la fécondité est favorisée par l'humidité qui règne une partie de l'année, et par la grande chaleur qui la suit.

---

(1) Poncet, Voyage, p. 139. — Bruce, III, p. 500.
(2) Bruce, VII, p. 255.

La quantité des pluies tropicales qui tombent sur le plateau nous fait comprendre quelle immense masse d'eau descend dans les basses-terres, et Abba Gregorius d'Amhara (1) s'accorde bien avec le témoignage des Européens lorsqu'il dit : « De tous les endroits l'eau jaillit du sol, « toutes les vallées sont des lits de fleuves, toutes les pro- « fondeurs sont remplies d'eau ; en aucun pays l'atmosphère « ne verse tant de pluies sur la terre, nulle part ne jail- « lissent tant de sources du sol. »

Le fleuve Taccazzé, près de Siré, a 18 pieds (2) de profondeur ; Mungo-Parck a trouvé, sous la même latitude et dans les mêmes rapports, le Sénégal enflé à une hauteur de 20 pieds par les pluies des tropiques (3).

Dans un temps où la plupart des fleuves étaient à sec et ne coulaient plus, Bruce eut à passer à l'ouest du Taccazzé en neuf jours de marche, plus de dix affluens importans de ce fleuve avant d'arriver au défilé de Lamalmon.

Au-dessus d'un sol couvert d'eaux stagnantes, sous les tropiques, se forme une couche d'air humide et pesant qui devient mortel aux étrangers et aux Abyssiniens qui n'y sont pas accoutumés.

Ici règnent des maladies continuelles, et les fièvres malignes enlèvent un nombre immense d'hommes, et surtout ceux qui descendent des régions plus fraîches du pays d'Alpes. Les armées abyssiniennes trouvent souvent, dans ce climat, leur plus redoutable ennemi. (Comparez l'histoire de l'Inde.) En été la chaleur est insupportable, et pendant la saison des pluies, une seule nuit passée en plein air donne immédiatement la mort. Les habitans eux-mêmes quittent alors leur sol inondé et se réfugient dans d'autres contrées.

---

(1) Ludolf, Hist. Æthiop., lib. I, c. 5.

(2) Bruce, Trav., III, p. 348.

(3) Mungo-Park, Trav., p. 326.

Mais la végétation y est de la plus grande richesse. Là s'élèvent des forêts à l'ombre épaisse que les rayons du soleil ne pénètrent jamais, des bois toujours verts, remplis de plantes marécageuses, de roseaux, de buissons épineux, d'arbres magnifiques parmi lesquels on distingue l'ébénier, le tamarin, le citronnier, l'oranger, le limonier (1) et beaucoup d'autres espèces inconnues, propres à ce pays, presque toutes à haute tige, aux branches immenses et épandues, appelées *Gélingues*, *Deleb*, *Cami*, *Congles*, etc. (2).

Ces grands bois, ces déserts immenses sont habités par des troupes innombrables d'animaux féroces. C'est la demeure des troupeaux d'éléphans, des rhinocéros, des buffles sauvages, des sangliers, du gros gibier et de ses redoutables ennemis, la terrible panthère, le léopard, le lion et d'un nombre infini d'autres animaux de proie. Le feuillage et les branches des arbres sont peuplés de troupes de singes et de bandes d'oiseaux, les marais et les eaux stagnantes remplis de crocodiles, de serpens, de lézards et de scorpions.

Les Shangalla ou Shanhala.

Au milieu de ces bêtes féroces, habite la peuplade idolâtre et très étendue des Shangalla. Depuis deux mille ans, cette région est sa patrie, et elle ne semble pas mériter qu'on lui en envie la possession. Depuis Agatharchide et Artémidore (3) jusqu'à nos jours, ce peuple est resté au même point de développement ou plutôt de barbarie (4).

---

(1) Bruce, Trav., III, p. 356; VI, p. 218. — Poncet, Voyage, p. 139.
(2) Poncet, Voyage, p. 45.
(3) Agatharch., de Rub. Mar., dans Heeren, Idées, II, p. 330.
(4) Niebuhr im Mus. für Altherth. Wiss., 2 B., 2 St., 1810, et Vater, dans Mithridates, d'après Artemid., d'après Ptolem., 3e part., 1re div., p. 104.

Shangalla ou Shankala, c'est-à-dire les noirs dans les basses-terres, est une appellation générale de tous les nègres chez les Abyssiniens : aussi ce nom n'est connu ni des habitans du Sennaar, ni des Shangallas eux-mêmes (1). Les anciens Portugais en ont fait *Xagnenses* (2). Dans les basses terres ils ont différens noms selon les temps et les circonstances. Dans son second voyage, Salt en connut plusieurs à Tigré qui nommaient leur tribu *Dizzela* dans le pays de Dabanja, où doit habiter encore un autre peuple sauvage, les *Dippoura*. Salt donne, dans le même ouvrage, quelque renseignement sur ce peuple.

C'est une race nègre à la couleur noir foncé, aux cheveux laineux, au nez aplati et aux lèvres épaisses ; elle se compose d'un grand nombre de tribus indépendantes les unes des autres ; celles qui vivent à l'est du Nil sont connues sous le nom général de Shangalla. Celles qui habitent plus loin à l'ouest, près du Bahr-el-Abiad, jusque dans l'intérieur du pays près de Donga, portent des noms différens, cependant celui de Nouba (3) semble être le plus général. Ceux qui sont devenus mahométans, comme les habitans du Sennaar, s'appellent *Foungi*; les troupes de soldats au service du Sennaar, s'appellent *Chillouk*, et ceux qui ont conquis le pays de Dar-Four portent le nom de *Fouriens*.

Les forêts marécageuses du fleuve Mareb sont le siége de leur plus grande puissance ; dans les autres districts ils sont divisés et faibles ; cependant ils sont redevenus puissans sur la rive occidentale du Nil près de *Fazouklo*. De même que ceux qui habitent le Sennaar se firent mahomé-

---

(1) Salt, Trav., p. 378.

(2) Ludolf, Hist. Æth., I, c. 8, et Tellez, dans Thévenot, Rec., p. 16.

(3) Bruce, Trav., III, p. 3, et Murray, dans l'Appendix, VII, p. 77, 85 et 89.

tans, d'autres s'étaient déjà faits juifs auparavant et s'étaient unis aux Falashas; d'autres encore se convertirent au christianisme, par exemple, ceux qui servent encore aujourd'hui dans l'armée du roi d'Abyssinie; ceux-ci et les autres tribus citées plus haut, ne changent ainsi de religion qu'après avoir abandonné leurs forêts.

Les *Dobenah* que nous avons déjà mentionnés, peuple chasseur qui se nourrit d'éléphans et de rhinocéros, sont une des plus puissantes de ces tribus. Leur principal établissement doit être situé entre le Mareb et le Taccazzé à *Amba-Tzaada* (1). Ils se nourrissent aussi d'autruches et de lézards. Ceux qui habitent sur le Taccazzé mangent de la chair de crocodile, d'hippopotame et de poisson; ceux de Siré et de Ras-el-Fil, appelés *Baasa*, se nourrissent encore d'autres animaux (2). De là les noms que leur avaient donnés les anciens : *Hylo-Elephanto-Strouthiophages.*

Ce sont tous des peuples chasseurs ou pêcheurs qui ne connaissent ni l'agriculture ni l'éducation des troupeaux. Ils habitent les endroits les plus épais des forêts sous l'ombre des arbres : ils suspendent des peaux de bêtes aux branches et forment ainsi des espèces de huttes, à l'abri desquelles ils vivent plusieurs ensemble. Ils en sortent pour chasser le gibier et éloigner de leurs habitations les animaux féroces. A l'approche de la saison des pluies, ils font leurs provisions d'hiver; et dès que le sol de la forêt s'est changé en boue noire et en marais, ils l'abandonnent et se retirent dans les montagnes désertes; ils habitent là dans des cavernes qu'ils creusent dans les flancs escarpés des rochers, là où ils trouvent des veines de grès ou de pierre tendre. C'est pourquoi les anciens et les modernes leur donnent le nom de Troglodytes. Pendant

(1) Bruce, Trav., IV, p. 30.
(2) Ibid., III, p. 472.

l'hiver, ils vivent dans leurs antres, de viande et de poisson desséchés dont ils ont fait provision. Mais dès que le soleil s'éloigne de leurs têtes, dès que les pluies ont cessé, ils sortent en rampant de leurs cavernes et reprennent sous un ciel bleu et pur leur vie aventureuse. Lorsque le temps de la sécheresse est arrivé, ils mettent le feu au gazon, aux buissons et aux roseaux dont le sol s'est couvert pendant les pluies, puis ils suspendent de nouveau leurs tentes de peaux sous les arbres et recommencent leurs chasses.

Mais alors commence pour eux une époque de luttes et de dangers : les Shangalla et les Abyssiniens, voisins l'un de l'autre, sont, dès les temps les plus reculés, d'irréconciliables ennemis (1), et aussitôt après les pluies les Abyssiniens des provinces frontières commencent la guerre contre les Shangalla. Il est de tout temps en usage que les gouverneurs des provinces situées depuis le Baharnagach jusqu'au Nil, doivent payer leur tribut en esclaves Shangalla. Tout ce qui n'est pas emmené comme esclave dans ces expéditions est exterminé sans pitié, hommes, femmes et enfans. Les enfans qui se trouvent parmi les prisonniers sont élevés dans le christianisme, et forment ensuite la garde du corps du roi. L'histoire de l'Abyssinie nous apprend qu'après le couronnement d'un roi, l'usage était de descendre aussitôt dans la Colla et de commencer la carrière militaire du nouvel empereur par une expédition contre les Shangalla. Mais souvent ces expéditions sont très sanglantes et la fièvre fait périr les armées dans les marais (2). Après une expédition heureuse, le monarque entreprend une grande chasse aux éléphans dans ces bois; cette chasse a lieu surtout après le couronnement des rois.

Malgré ces guerres continuelles le peuple des Shangalla

(1) Bruce, IV, p. 28. — Salt, Trav., p. 307.
(2) Bruce, Trav., III, p. 455, 472; IV, p. 23, et VI, p. 245.

est resté toujours maître de la région des forêts et du pays des chasses (*hunting ground*) que les Abyssiniens lui ont disputé dans tant de sanglans combats. Mais il a été complétement exterminé (1) dans les deux grands ravins qui coupent la chaîne de montagnes limitrophe du Habech, c'est-à-dire dans les vallées de Lamalmon et de Tcherkin, afin que le commerce eût au moins deux routes libres des brigandages de ce peuple sauvage. L'une de ces routes, conduit comme nous l'avons dit, à la mer, à Massowah; l'autre en Egypte par le Sennar. Là seulement on a construit des chemins et bâti des villages. Ces villages sont visités surtout par les Gibbertis qui font le commerce entre Gondar et Sennaar. Tous les autres points de cette bordure de forêts, parcourus par les bêtes féroces et les cruels Shangalla, sont pour les Abyssiniens, comme pour les étrangers, d'impénétrables déserts.

Sur un seul point, là où les Shangalla confinent au pays de Fazouklo et aux Agows, sur la rive gauche du Nil près de la grande cataracte, ce peuple malheureux a quelques relations amicales (2) avec ses voisins.

Dans les lieux bas, on trouve de l'or en assez grande quantité (3). Les Galla l'échangent aux Agows de la haute terrasse pour du fer, du cuivre et d'autres objets de première nécessité. C'est là la voie principale, sinon la seule, par où il entre de l'or dans le pays d'Alpes abyssinien : cette haute terrasse à l'est du Nil semble ne pas produire d'or (4); il en vient encore par Narea, mais seulement de temps à autre. Tous les rapports récens sur l'abondance de l'or à Narea et dans le Habech ne sont pas confirmés par des preuves satisfaisantes.

---

(1) Bruce, Trav., III, p. 513, et VI, p. 256.

(2) Ibid., III, p. 455.

(3) Bermudez, dans Purchas, his Pilgrims, II, fol. 1168. — Bruce, Trav., VII, App., p. 60.

(4) Bruce, Trav., III, p. 325; V, p. 44.

§ 13.

II. Groupe occidental du pays d'Alpes abyssinien à l'ouest du Nil.

Allant par l'analogie du connu à l'inconnu, il nous est permis d'essayer quelques conjectures sur les pays à l'ouest du Nil, que nous ne connaissons que par des rapports fondés sur des oui-dire et des traditions. En attendant que des hommes intrépides pénètrent dans l'intérieur et nous en donnent ainsi une connaissance plus précise, nous pouvons au moins hasarder quelques suppositions.

Le pays à l'ouest du Nil semble être jusqu'au bassin de Wangara une pente de plateau en forme de terrasse, comme le Habech. C'est de là que le peuple nègre des Foungi est descendu, pour se rendre maître des basses-terres qui bordent le plateau au nord, dans les plaines, c'est-à-dire dans le Dar-Four (pays de Four), le Kordofan, le Sennaar et la Nubie. Sur les deux bords du Nil, dans le Dar-Four et la Nubie, ce peuple fut vaincu par les Berbers indigènes et des émigrés arabes, et refoulé en partie dans ses montagnes, comme les Shangalla le furent des rives du Nil à l'est. Mais, après sa victoire sur les tribus arabes (1504), il se rendit de nouveau maître du pays qui s'étend le long du Bahr-el-Abiad (le fleuve blanc), jusqu'à la plaine, et fonda même le grand royaume de Sennaar (1). Ce royaume, situé dans une presqu'île (l'ancienne Méroé), est défendu naturellement contre toutes les invasions, à l'est par le Nil bleu, à l'ouest par le Nil blanc, et au sud par la terrasse de Fazouklo qui l'unit au plateau.

(1) Murray, dans Bruce, III, p. 3 et 314, et Bruce; Trav; VI, p. 370, 445.

Dans la plaine de Sennaar, au pied du plateau, la vallée du Nil supérieur forme un pays entouré de deux fleuves (cet accident naturel est appelé *Mésopotamie* près de l'Euphrate, *Pendschab* à l'Indus, *Duab* au Gange). C'est ici que, comme dans toutes les localités semblables, s'est toujours développée primitivement la plus grande puissance, que s'est souvent manifestée la civilisation la plus haute comparativement aux contrées voisines. Dans l'antiquité, l'état de Méroé (1), situé dans l'île formée par le Nil et le Taccazzé (*Astaboras*), fut le centre de la civilisation et de la puissance; depuis 1504 le royaume de Sennaar, un peu plus haut sur le fleuve, a pris pour cette partie de l'Afrique le rôle de Méroé dans les premiers temps du monde. A défaut d'une connaissance générale du pays, nous ne pouvons que suivre isolément les routes qui nous conduisent dans l'intérieur.

1er ECLAIRCISSEMENT.

Chemin montant qui conduit du Dar-Four à la terrasse des mines de cuivre de Fertit (2).

Browne nous apprend que de Cobbé, centre du Dar-Four, on arrive en vingt-trois jours et demi de marche vers le sud, aux montagnes des mines de cuivre de Fertit. Il faut observer que *Fertit* est, chez les Arabes, une appellation commune à plusieurs pays, et que ce nom ne désigne ainsi aucune contrée déterminée (3).

Les quatre premiers jours on marche à travers des plaines de sable; les quatre jours suivans on voyage

(1) Hérodote, II, c. 29.

(2) Route from Cobbe to the coppermines of Fertit, dans Browne, p. 472.

(3) Browne, Trav., Préf., p. XXIV.

depuis la frontière méridionale du royaume de Dar-Four, à travers des forêts et sur un sol gras et argileux qu'habitent des Cafres, c'est-à-dire des peuples non mahométans ou idolâtres. Le chemin devient alors rocheux et monte pendant un jour et demi par-dessus des montagnes, jusqu'à Dar-Foungaro, qui est vraisemblablement le pays des Foungi (?). Ici, on entre dans un pays tout différent; le sol, pendant onze journées, est de couleur rouge jusqu'aux mines de cuivre.

Tel est du moins ce que rapportent les marchands d'esclaves. Ce chemin, à ce qu'il paraît, partant de la plaine de sable du Dar-Four traverse une partie de la ceinture formée par le peuple Shangalla, et conduit à la terrasse d'Alpes des Foungi qui, en cet endroit, contient des mines de cuivre.

On dit (1) que, sur cette terrasse, le Bahr-Misselad prend sa source et coule vers le nord; en montant plus haut encore on doit arriver aux sources du Bahr-el-Abiad à Donga, dans le grand plateau Ethiopique. (Voy. plus haut, § 9, chapitre 1).

2e Eclaircissement.

Chemin montant qui conduit du Cordofan à travers la chaîne de montagnes limitrophe de Deir et Touggala à la terrasse de Scheibôm (2).

Le pays de nègres, situé entre le Dar-Four et le Sennaar s'appelle Cordofan; *Ibeit* en est la résidence principale. Pendant sept ou huit jours on marche sous la même latitude que celle de Sennaar (15° lat. nord), vers l'est-sud-

(1) Browne, Appendix, p. 449.
(2) Browne, Trav., p. 459.

est, à travers un terrain sablonneux. Les quatre jours suivans on se trouve sur un sol glaiseux (*clay*) et parfois rocailleux. Là habitent des peuples idolâtres entièrement nus, des Cafres, c'est-à-dire, des Shangalla, ou plutôt peut-être des Nouba occidentaux. Au milieu de cette contrée est *Tummara*. On ne sait si c'est une ville ou un pays. Ce nom lui vient peut-être des forêts de tamarins (*Tummara-Hindi* des Arabes) qui forment le caractère propre de toute cette zone humide et boisée. Le tamarin est connu des Mahométans comme plante médicinale (1), et son suc est généralement employé comme médicament contre les fièvres malignes qui sont endémiques dans ces basses-terres, et même contre la peste.

Derrière Tummara on va pendant un jour et demi à travers des montagnes rocheuses (sans doute un défilé?) à la terrasse de *Dibou*, et de là, on arrive en un jour et quart à Scheibôm, le même lieu que Bruce appelle *Shygoum* (2), au sud du Cordofan. On trouve ici, dans une vallee, beaucoup d'or en paillettes et en poudre.

Les habitans de l'extrémité des plaines de sable sont tous noirs; ils vont entièrement nus et se couvrent seulement les parties honteuses avec des herbes tressées. Ils ramassent l'or dans des coquilles d'œufs de vautours et d'autruches. Les Mahométans qui leur font la chasse, en réduisent beaucoup à l'esclavage. La misère force souvent aussi les parens à vendre leurs enfans comme esclaves. Ces nègres vivent en tribus indépendantes et souvent en guerre entre elles.

La chaîne de montagnes qui borde au sud la plaine de sable du Cordofan, et s'étend de l'est à l'ouest, doit être située, au dire des prêtres *Nouba*, entre deux résidences,

(1) Larrey, Observations sur la peste, dans la Description de l'état moderne de l'Egypte, I, p. 3.

(2) Bruce, Trav., 2e édit., VII, Appendix, p. 97.

Deir et Touggala. Bruce (1) appelle cette chaîne les montagnes de *Dyre* et de *Tégla*; Seezen (2) la nomme *Gibel-el-Dginse*. Les Français l'entendirent appeler au Caire (3), dans les marchés où l'on vendait des esclaves de Nobâ (Nouba) amenés de ce pays, *Deleb* et *Taguéli*; on la disait éloignée de quinze jours de marche du Sennaar. Dans le voisinage est situé *Touggala*, capitale du roi de *Touclawi*.

De même que le Habech s'élève au-dessus de la bande de terre habitée par les Shangalla, de même s'élève ici au sud, au-dessus de Touggala, la terrasse d'Alpes, contenant à l'ouest les mines de cuivre, et ici les mines d'or qui sont le but de tant d'expéditions. Cette terrasse est appelée dans le pays *Sagourmè* (*Country of the mountaineers*) (4), c'est-à-dire pays d'Alpes.

Plus loin, à l'ouest sud-ouest de Scheibôm, est situé encore un autre pays d'or, appelé Louca, habité de même par des nègres indépendans.

3e Eclaircissement.

Chemin montant qui conduit du Sennaar, entre le Nil blanc et le Nil bleu, à la terrasse d'or de Fazoglo (5).

Après les dix premiers jours de marche au sud-est, dans une plaine unie, on arrive à *Gerbin*, prison d'état du Sennaar; c'est probablement une montagne inaccessible de la forme des Ambas. De là, on parvient en quatre

(1) Bruce, Trav., VI, p. 374.

(2) Von Zach, Monatliche Correspondenz, Mars 1809.

(3) Lapanouse, Mém. sur l'Egypte, IV, p. 89.

(4) Browne, Trav., p. 463, et Rennell, dans Hornemann, édit. Langlès, Voyage, II, p. 241.

(5) Browne, Trav., p. 436.

jours de marche au sud à travers des montagnes, à Fazoglo qui est encore dépendant du Sennaar (1).

Ici, est la première terrasse qui s'élève au-dessus de la plaine du Sennaar; mais il n'y a pas de route qui conduise directement à Gondar, dans le Habech. Cette terrasse de Fazoglo contient beaucoup d'or, et elle était connue avant les découvertes de Browne.

Bruce dit que les Shangalla pénètrent jusqu'ici, et viennent y ramasser de l'or (2). Il ne vit lui-même les nègres de Fazoglo que dans un seul établissement près du Sennaar; mais des prêtres du pays lui apprirent que cette chaîne de montagnes de Dyre et de Tégla est celle où sont situées les grandes cataractes du Nil; qu'elle se prolonge au loin à l'ouest dans l'intérieur de l'Afrique et que c'est de là que le roi du Sennaar tire tout son or et un grand nombre d'esclaves, car le roi de Fazoglo est tributaire de celui du Sennaar. On cherche l'or après la saison des pluies dans le lit des fleuves, et c'est l'or fin appelé *Tibbar* qui vient à Sennaar. Le royaume du Sennaar ne produit pas d'or.

Bermudez, qui résida sept mois à Gafate, dans la province de Fazoklo, limitrophe de l'Abyssinie, parle de cette terrasse sous le nom de *Couche*; peut-être la contrée située près du confluent du *Bahr-Taischa* est-elle appelée dans le pays *Cousni* (3). Nous ne savons rien de la rivière de Taischa, à moins que ce ne soit le *Maleg* de la carte de Tellez, que Bruce prit à faux pour le Bahr-el-Abiad. Il se jette, dit-on, dans le Nil à *Fascalo.*

Ce Maleg est très vraisemblablement plus bas le fleuve de Narea, qui passe à Bizamo, et coule entre le Nil bleu et le Nil blanc (4).

---

(1) Bruce, Trav., VI, p. 391, et VII, Appendix, p. 96.
(2) Ibid., V, p. 316, et VI, p. 255, 343.
(3) Browne, p. 472.
(4) Bruce, Trav., III, p. 324, et Murray, Dissertation, VII, p. 393.

Dans ce pays (1), est située sur la rive gauche du fleuve qui a 360 pieds de largeur, une grande contrée déserte dont le sol est aride et rougeâtre, et où l'on trouve beaucoup d'or; mais il faut le séparer de l'alliage par la fonte. Les Portugais se sont convaincus eux-mêmes de ce fait dans une expédition qu'ils entreprirent hors du royaume de l'Abyssinie.

Partout, disent les habitans (2), où le sol est rouge il y a de l'or, et où la terre n'est pas rouge on ne trouve jamais d'or.

REMARQUE. — *Forme de terrasse analogue.*

Tels sont les faibles documens que nous possédons sur ce pays, qui n'a pas encore été visité par les Européens. Les Mahométans de Bergou, Bornou, Dar-Four, Cordofan et Sennaar, ont seuls pénétré dans ces contrées pour y faire le commerce de l'or et y chasser aux esclaves. La chasse aux esclaves, appelée *selatea*, s'est répandue dans toute l'Afrique orientale; c'est sans doute du mot *selatea* que vient le nom de tous les marchands d'esclaves, *slati* (3). C'est à eux que nous devons le peu de connaissances que nous possédons sur ces contrées.

Mais comparons le peu que nous savons avec ce qui précède : nous verrons que, très probablement, la forme du plateau africain se continue sur la rive gauche du Nil, à l'ouest, dans le centre de l'Afrique, et est entièrement analogue à celle que nous avons vue sur la rive droite sous la même latitude.

C'est encore ici le grand plateau éthiopique, où, suivant les récits des esclaves nègres, il tombe souvent de la neige, et sur lequel le Nil blanc, le Bahr-el-Abiad, prend sa source.

Ici, est une seconde terrasse, riche en mines d'or et en mines de cuivre, qui s'abaisse aussi vers le nord, nouveau pays d'Alpes, habité par des tribus idolâtres de Noubas (Shangalla ou Foungi), et

---

(1) D.-J. Bermudez, in Purchas, Pilgrims. Lond., 1625, p. 11, fol. 1169.

(2) Bruce, Trav., VII, dans l'Appendix, et Murray, p. 95.

(3) W. Young, dans les Proceedings of African, etc., II, p. 361.

probablement coupé dans tous les sens par les innombrables affluens du Nil blanc (1).

Comme à l'est, le pied septentrional de la terrasse est borné par une région boisée, large de trois à quatre jours de marche, et couverte de tamarins; à partir de cette zone, s'étendent au loin les déserts de sable de Dar-Four, Cordofan et Sennaar, d'où s'élèvent parfois des îles de verdure, de fertiles oasis.

Cette zone marécageuse et boisée, où se précipitent d'innombrables torrens, où, à partir du mois d'avril, tombent pendant huit mois des pluies continuelles, où règnent les maladies et les fièvres, est habitée, comme à l'est, par d'innombrables troupes d'éléphans, de rhinocéros, de sangliers, et par une immense quantité de gibier. On y trouve aussi des civettes en très grand nombre, et les habitans se nourrissent de leur chair (2).

4e ECLAIRCISSEMENT.

Dar-Foungaro, pays des Foungi.

Ce pays d'Alpes occidental mérite d'autant plus d'attirer notre attention, qu'il est la patrie d'un peuple nègre conquérant, les Foungi; ce mot Foungi (3) lui-même signifie, en arabe, *vainqueur* ou *maître*; Bruce s'est trompé en disant qu'il avait aussi le sens d'*esclave*. En **1504**, ce peuple descendit de ses montagnes avec une flotte innombrable de canots sur le Nil blanc, soumit par les armes le pays qui s'étend sur ses bords, et prit possession de l'immense plaine du Sennaar. Dans les premières années, il établit sa capitale à Sennaar, et fonda un état nègre, indépendant et fort.

Leur ancien nom de Nouba est encore usité (4) dans le

---

(1) Seezen, im M. Corresp. 1819, Mars.

(2) Bruce, Trav., Appendix, dans Murray, fol. VII, p. 97.

(3) Tychsen, Anm. zu Bruce, Reisse, V, p. 355. — Vaters, Mithridates, III, 1re Abth., p. 237.

(4) Bruce, Trav., VII, dans l'Appendix, p. 96.

pays d'Alpes, où ils sont restés idolâtres. Peut-être est-ce le même peuple qui, déjà avant les invasions des Arabes, avait fondé sa puissance à Dongola, et donné anciennement son nom à toute la Nubie.

On trouve encore des traces (1) de ce peuple Nouba dans l'intérieur des montagnes de *Lebeit* et *Harraza*, situées dans le désert du Cordofan. Aujourd'hui le siége principal du peuple Nouba idolâtre est dans les montagnes de Deir et Touggala, ou dans le pays d'or de la terrasse de Fazoglo jusqu'à Dar-Foungaro. Dans la langue cophte, *Nob* (2) veut dire or, et c'est peut-être de ce mot que le peuple tient son nom.

Les Foungi vainqueurs devinrent Mahométans, et ils ont cela de commun avec beaucoup de peuples conquérans, par exemple, avec les nations germaniques qui, victorieuses, fondèrent des états chrétiens. Une tribu de ce peuple qui, débarquant de ses canots, s'empara des bords du Bahr-el-Abiad, s'est établie à *Shillouk* (3) et a conservé ce nom. Une autre qui porte le nom ancien du pays que nous avons déjà cité d'après Bermudez, *Couche*, ou *Cousni* selon Browne, nous rappelle les anciennes traditions du pays des *Couchites*. Bermudez, qui connut cette tribu dans le pays même, était dans le Habech du temps de Christophe de Gama, environ l'an 1520.

Ainsi, cette race noire connue sous les noms de Kousni, Nouba, Foungi, Shillouk, Shangalla, Troglodytes, forme au pied du plateau éthiopique depuis les côtes du golfe arabique jusqu'à Dar-Foungaro, une immense ceinture de peuples, dont on peut poursuivre l'existence jusque dans la plus haute antiquité.

N'est-il pas étonnant, d'ailleurs, que l'émigration de

(1) Browne, Trav., p. 472.
(2) Vater, Mithridates, III, 1re Abth., p. 102.
(3) Browne, Trav., p. 453.

ce peuple montagnard dans ses canots sur le fleuve blanc, coïncide avec l'époque des invasions des hordes Galla? c'est la première trace de cette grande émigration de peuples qui, depuis 1504, pendant tout un siècle, caractérise d'une manière si frappante l'intérieur de l'Afrique.

Est-ce une inondation, un déluge, qui força les peuples à quitter leur antique séjour? Nous ne trouvons la tradition d'un déluge (1) que chez les Mahométans de Bornou, qui se donnent tous les efforts possibles pour prouver par l'etymologie que leur pays appelé proprement *Ber-Noa* (montagne de Noé), est celui sur lequel l'arche de Noé s'arrêta après le déluge. Pourquoi les habitans de la vallée du Bahr-el-Abiad émigrèrent-ils les premiers sur un si grand nombre de canots?

La conformation physique toute particulière de cette race nègre, ses rapports politiques, sa constitution et tous ses traits primitifs qui n'ont pas été effacés par son mélange avec les tribus arabes et par le commerce, offrent une merveilleuse ressemblance avec les usages et les mœurs de l'intérieur de la Haute-Afrique (2).

---

(1) Proceedings, I, p. 133.

(2) Ibid., p. 374, 381, et Murray, III, p. 312.

IV.

BORD OCCIDENTAL DE LA HAUTE-AFRIQUE.

I. La côte au sud de l'équateur, Guinée méridionale.

§ 14.

Nous connaissons, pour ainsi dire, encore moins le bord occidental du grand plateau africain que le bord oriental; cependant, depuis plus de trois siècles, ses côtes ont été visitées annuellement par plusieurs centaines de vaisseaux européens, qui y font la traite des nègres. Tout ce que nous en savons est tiré des relations inexactes des premiers voyageurs, et des récits souvent insignifians des missionnaires, des marchands d'esclaves et de leurs courtiers. Ce n'est que plus au nord, et depuis le commencement de ce siècle, que nous avons obtenu quelques lumières sur l'intérieur du pays; nous en sommes uniquement redevables au dévouement et à la persévérance du voyageur écossais, l'héroïque Mungo Park; la malheureuse expédition sur le Zaïre, quoique ne nous apprenant rien sur l'Afrique centrale, n'en a cependant pas moins augmenté de beaucoup nos connaissances géographiques dans cette partie du monde.

L'extrémité saillante du grand plateau, au nord-ouest, le domaine des sources de la Gambie, du Sénégal et du Niger, sont sur ce bord occidental, le seul point qui nous présente quelque certitude géographique. Mais nous ne devons pas omettre cependant le peu que nous savons du bord inférieur du plateau, au sud de l'équateur, ou de sa prolongation occidentale. La terrasse littorale des grands Namaaquas, qui s'étend depuis la colonie du Cap jusqu'au 17° de latitude sud, nous est presque absolument inconnue; quant au pays situé plus au nord, les meilleures cartes ne peuvent être pour nous que des guides très incertains, excepté toutefois les découvertes de Tuckey sur les bords du fleuve Congo, et la rectification du tracé des côtes depuis ce fleuve jusqu'au cap Lopez (1).

CHAPITRE PREMIER.

QUELQUES DONNÉES SUR LES CÔTES DEPUIS LE CAP NEGRO JUSQU'AU CAP DE LOPEZ GONSALVEZ, DU 17° LATITUDE SUD A L'ÉQUATEUR.

A. A l'est du cap Negro, en droite ligne, sont situées, sous la même latitude que l'île de Sainte-Hélène, les montagnes froides, *monti freddi*, la *Serra-Frio* des Portugais, qui, en certains endroits, s'appellent aussi Montagnes de Neige (*monti nevosi*) (2). C'est encore là qu'on trouve les montagnes de cristal, d'où sort le Doumbea Zocche, lac inconnu jusqu'à présent et qui, à ce que l'on prétend, se décharge dans la mer près d'Angola.

B. A l'intérieur de la côte de Benguela, on rencontre de très hautes montagnes, sur lesquelles A. Battel, dans ses excursions, trouva le froid très vif. Elles sont situées à la frontière orientale de ce pays, là où il prend le nom de *Dongo* (3). Le Coanza a sa source non loin de là ; ce

(1) Capt. Tuckey, A general skecth of the coast from Cape Lopez shewing the great errors in longitude. Lond., 1818.

(2) Od. Lopez, Relatione del Reame di Congo et delle circonvicine contrade per Fil. Pigafetta. Roma, pr. Bartol. Grassi, 1591, in-4°, p. 24.

(3) A. Battel, Adventures in Purch., Pilgrim., II, fol. 975.

fleuve pénètre à l'ouest de Dongo, à travers les Serras de Plata (ou Prata, les prétendues montagnes d'argent), e forme, au 34° long. est, d'énormes cataractes, dont le bruissement se fait entendre à une distance de six milles géographiques (30 *miles*). Au-dessous de ces cataractes est situé le fort Massangano des Portugais, à 10 ou 12 milles géographiques (50—60 *miles*) de la côte (1). Le Coanza est navigable jusqu'au fort; au sud des cataractes se trouvent les hautes *Serras Caskindeabar*, qui contiennent des mines de cuivre.

C. A la frontière orientale de Congo, à 200 lieues au moins de la côte, est situé le pays montagneux de Matamba, entre le 15° et le 7° lat. sud. Ce pays, bordé à l'est par de très hautes montagnes, est très bien cultivé : l'or, l'argent et le fer s'y trouvent en abondance, et le climat y est très tempéré (2).

Les monts calcinés, les monts de salpêtre, et, au nord, les monts de cristal (*Serras de sal, de salnitre, de cristal*), etc. (3) des anciens Portugais s'étendent tous au nord de Matamba, à une distance égale de la mer, jusqu'au Zaïre, et bordent à l'est les différens royaumes de la côte.

Sur le sommet de ces montagnes est situé, au 7° et 1/2 de lat. sud, le lac Achelounda (4) (*Aquilonde, Chilande*), qui s'étend du nord au sud, et donne naissance au Barbola, affluent du Zaïre. Suivant les Portugais, il alimenterait le Nil en y versant les eaux des grandes pluies qui tombent une partie de l'année dans cette contrée; mais

(1) Cavazzi de Montecucullo, dans Labat, Relation historique de l'intérieur de l'Ethiopie occid., I, p. 60.

(2) Cavazzi, dans Labat, I, p. 54.

(3) Ibid., p. 31, et Lopez, dans Pigafetta, p. 25.

(4) Battel, dans Purchas, II, fol. 993, et Cavazzi, dans Labat, I, p. 51.

cette hypothèse n'est pas confirmée par de Barros, dont nous tenons les premiers (1) documens positifs sur ce lac remarquable, qui contient plusieurs îles fertiles, et ressemble en quelque sorte au lac Zambère à l'est. Cet auteur raconte qu'en 1490, lorsque la seconde mission portugaise, envoyée à Congo, se préparait à poser la première pierre d'une église chrétienne à *Ambasse*, le roi de Congo reçut la nouvelle que les Mundéquètes, habitant quelques îles situées dans un grand lac, d'où sort le Zaïre (*donde say o rio Zaire*), étaient en insurrection et menaçaient d'envahir son royaume. A l'instant même, le roi se fait baptiser avec les principaux de sa cour, et cent mille de ses sujets suivent son exemple. Pour la première fois, ce peuple, au nombre de 80,000 combattans, marcha à la rencontre de l'ennemi, portant la croix en tête comme un étendard. Le roi sortit victorieux du combat; de retour dans ses états, il envoya des Portugais et des indigènes pour explorer l'intérieur du pays, et c'est dans leur expédition qu'ils passèrent à côté du grand lac dont il est question ici. Ce témoignage, le plus ancien que nous possédions, est encore aujourd'hui le plus authentique.

D. Plus près de l'équateur, le pays montagneux de *Micoco* (*Macoco* et aussi *Anzico*) forme, dans la direction du Zaïre, la limite la plus orientale du Congo. Des montagnes de *Micoco* descend le Bancaor, affluent considérable du Zaïre, et qui est peut-être la véritable source de ce fleuve. Le Vambre ou Ombre, qui se jette aussi dans le Zaïre, sort du même plateau. Ses sources sont situées sur la chaîne de montagnes qui sépare les peuples montagnards de Foungono de la haute-terrasse des Niemeramai ou Mono-Emougi. Le confluent des deux fleuves est

---

(1) De Barros, Asia, etc., éd. Lixboa, 1552, in-fol., D. I., lib. III, c. 9, fol. 35 a.

situé à plus de cent milles géographiques à l'est de la côte du cap de Sainte-Catherine (1).

E. Au nord du Zaïre s'étend la longue chaîne de montagnes, la *Sierra Complida*, qui donne naissance au fleuve de la *Barreras rossas*, ainsi nommé de la couleur rougeâtre du sol qu'il traverse dans son cours. Tous ces fleuves coulent à travers des vallées fertiles très peuplées et bien cultivées. Protégées par la nature du sol qu'elles habitent, les peuplades belliqueuses de ces contrées ont su défendre jusqu'à présent leur liberté contre les attaques des souverains de la côte (2).

A la bordure occidentale de ces montagnes, le Barbola, le Coango, le Vambre et le Bancaor se réunissent en un seul fleuve qui, sous le nom indigène de Zaïre (3), traverse, à 160 lieues de la côte, la terrasse de montagnes, et, après avoir coulé ainsi pendant 40 lieues, franchit enfin la chaîne la plus occidentale, où il forme les bruyantes cataractes de Sundi (4), 34° de longit. est et 3° 30' latit. sud. On compte de là 120 lieues jusqu'à la mer : le fleuve continue alors son cours à travers un pays plan, et sa marche n'est plus entravée que par quelques rapides dont le dernier, appelé *Cachivera* par les Portugais, n'est qu'à 25 milles de la mer. Dans la saison des pluies, le Zaïre change l'eau de la mer en eau douce jusqu'à 20 *legoas* environ de son embouchure. Ses rivages sont partout très peuplés.

1er ECLAIRCISSEMENT.

Terrasses, cataractes, Loanda.

D'après ce que nous savons de la conformation physique

(1) Lopez, dans Pigafetta, p. 13.
(2) Cavazzi, dans Labat, I, p. 31.
(3) De Barros, Asia Dec., I, lib. 3, c. 6, fol. 26 a.
(4) Cavazzi, p. 46, et Lopez, p. 12.

et de l'histoire de ce pays, il paraît que le sol de ce bord présente une triple terrasse et que la haute terrasse se termine, à l'ouest, par les hautes chaînes de montagnes des *Serras de cristal, de sal, de salnitre* et *de prata* (voy. la carte de Lopez). Toutes courent du sud au nord; elles coupent par conséquent les fleuves, et ne les longent pas parallèlement de l'est à l'ouest, comme l'indiquent la plupart de nos cartes modernes.

Mais la pente occidentale de cette haute terrasse forme une bande de pays montueux de 30 à 40 milles de largeur, dont l'extrémité orientale, à en juger par analogie, coïncide avec la ligne tirée des cataractes du Coanza aux cataractes du Zaïre, laquelle court du sud au nord, parallèlement à celle des montagnes précédentes.

En sortant de ces cataractes qui, comme celles de Syène et d'autres, ne sont qu'une suite de petites cascades (1), les deux grands fleuves entrent dans le pays plan (*raso paese* (2) dans la langue de Loanda) qui forme la terrasse littorale. Tuckey et ses compagnons ne purent pénétrer, en 1816, que jusqu'à la région des cataractes.

C'est sur cette terrasse littorale plane, sablonneuse et coupée par d'innombrables cours d'eau, que règnent ces chaleurs terribles, cet air pestilentiel, que se trouvent ces marais, ces reptiles, ces bêtes féroces qui mettent si souvent en danger la santé et la vie des voyageurs. Les missionnaires ont partout grossi leurs relations des périls qu'ils coururent dans ces redoutables régions.

Bien différente de celle des côtes est la terrasse moyenne que les Congos eux-mêmes regardaient comme le paradis de la terre (3) au grand dépit des missionnaires. Très peuplée et bien cultivée, elle jouit d'un climat tempéré, et

---

(1) Cavazzi, p. 46.
(2) Lopez, dans Pigafetta, p. 10.
(3) Cavazzi, dans Labat, p. 212.

contient, d'après les rapports des anciens Portugais, les meilleures provinces du royaume de Congo. C'est là qu'est située la fameuse province de Bamba (*la chiave et lo scudo, la spada e la difesa del Re*) qui, quoique ne formant que la sixième partie du royaume, peut cependant mettre sur pied une armée de 400,000 combattans (1). Viennent ensuite la province de Sogno, qui forme un boulevart contre les Angicanas; celle de Sundi, riche et très commerçante; la province de Batta, plus riche encore; celle de Matamba, peu cultivée, mais très fertile et d'un climat tempéré (2); Oacto, couverte de fécondes collines et de plaines abondamment arrosées, etc.

Les Portugais ne connaissaient que la terrasse littorale, et leur puissance ne s'étendait que jusqu'où avait pénétré le christianisme. Il y fut introduit, d'abord par les Portugais, ensuite par la première et la seconde mission des Jésuites (3) en 1539 et 1615, et plus tard par les Franciscains (4); à l'exception de Sogno, il a fait plus de progrès dans les basses terres, où était la mission de Loanda, que dans les hautes terres (5) que nous avons appelées ici la terrasse moyenne. Saint-Salvador, où les Portugais ont exercé le plus d'influence, est devenu le centre de la religion chrétienne.

La terrasse moyenne est, selon toutes les relations, très riche en métaux; on y trouve beaucoup d'argent, de cuivre et de fer. Mais les Portugais qui furent envoyés pour y chercher de l'or n'en ont jamais trouvé la moindre parcelle, quoique, dit-on, il y en ait une mine près de Saint-

(1) Lopez, dans Pigafetta, p. 26, 34 et 37.

(2) Cavazzi, I, p. 54, 78.

(3) Cavazzi, dans Labat, II, p. 365.

(4) Pater Zuchelli, dans Kuhn, Sammlung, I, p. 8.

(5) Dans le plateau, à 100 milles de la mer, on appelle *Pauza* toute ville qui est la résidence d'un souverain (Lopez, p. 27).

Salvador; on a accusé le roi de Congo d'avoir toujours gardé (1) à dessein le secret sur ces mines d'or.

La terrasse inférieure contient beaucoup de sel gemme; souvent on le trouve à quelques pieds au-dessous de la surface du sol, comme par exemple près de *Massignano* sur le *Coanza* (2); mais la haute terrasse n'en contenait plus. Le sel gemme est le premier article de commerce dans ces contrées : les habitans des hautes terres viennent continuellement échanger pour du sel les produits de leur sel.

2e ECLAIRCISSEMENT.

Les Anziko, hordes des Giaga.

L'intérieur de l'Afrique, du côte de la terre de Congo, ne nous est connu que par l'histoire du commerce et des guerres, et encore ces sources ne nous donnent que des indices très imparfaits et très peu authentiques; nous ne possédons pas de documens plus récens qui puissent les confirmer.

On prétend (*è fama*) que tous les habitans des côtes, depuis le cap Negro jusqu'à l'équateur, appartenaient à un seul et même empire avant l'arrivée des Portugais, c'est-à-dire avant 1484, époque où Diego Cam entra pour la première fois dans le Zaïre (3); mais le souverain *Mani-Kongo* (4) ne resta pas long-temps en possession de cette vaste autocratie qui s'étendait de Loanda au sud jusqu'à Loango au nord. Les gouverneurs des provinces se proclamèrent bientôt comme autant de *Manis*, c'est-à-dire *Senhor* ou souverains. La province de Congo, située au

---

(1) Lopez, p. 61, et Cavazzi, I, p. 26, 43.

(2) Battel, dans Purchas, Pilgr., II, fol. 978.

(3) De Barros, Asia, Dec., I, lib. 3, c. 3, fol. 26.

(4) Cavazzi, dans Labat, I, p. 21.

centre, demeura seule au pouvoir de l'ancienne famille régnante.

Tous les habitans de ce vaste empire doivent avoir appartenu à une seule et même nation : ils parlaient tous une langue commune, divisée en plusieurs dialectes qui ne présentent pas plus de différence entre eux que le portugais et le castillan ; la langue d'Angola et celle de Congo (1) en sont un exemple.

Bien différente de ces langues nègres est la langue des *Moci-Congis*, nom que ces peuples se sont donné eux-mêmes (2). Ils habitent les terres élevées de l'intérieur (*terres méditerranées* d'après Labat) (3), et rendent à leurs idoles un culte très bizarre. Les témoins oculaires du seizième siècle nous ont donné quelques documens sur ce peuple. Leurs récits, quoique très fabuleux et souvent exagérés par les auteurs postérieurs, contiennent cependant quelques traits caractéristiques qui ne paraissent pas entièrement dénués de vérité : souvent les faits qu'ils rapportent se sont trouvés confirmés par des habitans du pays vendus au dix-huitième siècle sur les côtes de Congo.

Les *Anziko* (on ne sait si c'est le même peuple que les *Angeka* et les *Nteka*) (4) habitent, sur le Zaïre supérieur à l'est du fleuve Vambre, de hautes montagnes sauvages riches en mines de cuivre et couvertes de forêts de sandal (*Pterocarpus santalinus. Linn*). Le sandal est un bois gris et rouge; on le réduit en poudre et on le mêle avec de l'huile de palmier pour s'en parfumer la peau; les Congos et les Portugais s'en servent comme d'un médicament. Les Anzikos passent pour les plus adroits des peuples montagnards ; ils errent à l'aventure dans les

---

(1) Lopez, dans Pigafetta, p. 24.

(2) Lopez, p. 22.

(3) Labat, Relat., I, p. 239.

(4) Lopez, p. 14.

forêts et les montagnes, insoucieux et sans crainte comme leurs chèvres ; ils sont justes, simples et fidèles. Les Portugais leur accordaient pleine confiance et disaient d'eux qu'il ne leur manquait que d'être chrétiens. Ils sont belliqueux et braves, et leur arme est un arc très court entouré de peau de serpent, comme l'arme des Shangalla ; leur commerce avec les Congos se borne à l'échange de leurs productions contre le sel qui manque absolument à leur plateau. Tout ce que nous savons d'eux rend invraisemblable l'opinion admise qu'ils se nourrissent de chair humaine ; *historia veramente strana e quasi incredibile*, dit déjà Lopez. Tout le pays qu'ils habitent s'appelle *Mikoko*, du nom de leur chef le *Makoko* (1) ; il s'étend, dit-on, à l'est jusqu'aux limites des Niemeamais, peuple du centre de l'Afrique avec lequel ils entretiennent des relations amicales. Quelques-uns prétendent que les Portugais ont aussi entamé des relations de commerce avec ces peuples lointains, par l'intermédiaire des Anziko. Mais nous savons qu'en 1622 (2), sous le règne de don Pédro II, cinq marchands portugais qui voulurent pénétrer dans ce pays par la province d'*Occanga*, furent dévalisés dans le royaume de Mikoko et jetés dans les fers.

Selon les anciens Portugais, le pays des Anziko confine à l'est aux déserts des peuples Nouba (3) (sans doute des Nouba de Fazoglo). Les Anziko transportent dans le Congo des esclaves de leur pays et de celui de leurs voisins les Nouba, des étoffes et des fourrures (*pelli di Zibellini di martori*).

---

(1) Dapper, Africa, p. 539 et 572.
(2) Cavazzi, dans Labat, II, p. 409.
(3) Lopez, dans Pigafetta, p. 14, 16, 35.

Les hordes des Giaga ou les Schaggas, d'après les anciennes relations.

Bien différens des Anziko qui ont entretenu avec les Portugais des relations amicales, les peuples du plateau au sud et à l'est sont devenus, par leurs brigandages et leurs invasions, la terreur des Congos et des Européens. Ils se donnent le nom d'*Agag* (1); les Congos les appellent *Giachas* (*Giaghi*, *Giaki*, *Giagues*, *Schagga*); les Dahomyes, *Eyos* (2) : ce nom fait supposer que c'était le même peuple que les *Ibos*. Ils habitent les hautes terres jusqu'aux pays des Monemougi à l'est, et, suivant l'opinion du savant secrétaire (3) de la société Africaine, tout le pays qui s'étend à partir de 50 milles géographiques au sud du Niger, jusqu'à la haute terrasse des montagnes de Karri, au-dessus du cap de Bonne-Espérance. Cet auteur compare les mœurs et les usages des Giaga qui habitent le sud du Niger à ceux des nombreuses hordes de Touaricks au nord du même fleuve; il en conclut que les contrées intérieures de l'Afrique méridionale ne sont, comme celles situées au nord du Niger, que des déserts de sables et de rochers parsemés çà et là de quelques oasis fertiles. Ces déserts, ne pouvant nourrir une population nombreuse, auraient forcé les nations à mener une vie nomade et à se livrer au brigandage.

Les Galla au-dessous du Habech, les Eyos cités par Dalzel, à l'est de Dahomey, les Anziques à l'est de Loango, les Touaricks au nord, ont-ils en effet quelque chose de commun avec les Schaggas, et peut-on regarder toutes ces peuplades comme descendant d'une seule et même

(1) Lopez, dans Pigafetta, p. 59.
(2) Arch. Dalzel, History of Dahomey. Lond., 1793, p. 88.
(3) Young, dans les Proceedings, II, p. 354.

souche ? Cette question ne pourrait se résoudre que par une plus grande connaissance de leurs langues. Encore resterait-il à savoir si l'on peut admettre une nationalité commune entre des peuples qui ne nous apparaissent partout que comme des hordes isolées et vagabondes (1). Quelques usages, comme les liaisons secrètes des femmes, la coutume d'exposer les enfans, leur manière de faire la guerre, leurs traditions, permettent cependant de leur supposer une origine commune.

La simultanéité de leurs migrations, qui s'explique par une révolution générale au centre de l'Afrique, permettrait de supposer que les chefs de l'expédition étaient entre eux unis d'origine, et que les races étaient primitivement plus rapprochées.

Les Giaga, sous la conduite de Zimbo, leur terrible chef, fondirent les premiers (2), en 1542, sur la province de Batta, et inondèrent bientôt, comme un torrent dévastateur, tout l'empire du Congo. Ils n'en furent chassés que plus tard, après quatre ans de combats auxquels les Portugais prirent part. Avant cette époque, ils étaient absolument inconnus aux Congos. Battel (3), qui voyagea quelque temps avec leurs hordes vagabondes, prétend leur avoir entendu dire qu'ils étaient venus de Sierra Leona, c'est-à-dire des montagnes de Kong. En 1569, ils furent mis en déroute sur la côte orientale de Mombaza, après avoir dévasté le Monomotapa (4). De tout temps, on nous représente les Giaga comme des hordes errantes et barbares, sans agriculture, sans demeures fixes, qui, partout où ils pénètrent, abattent les forêts et en fortifient leur camp, brûlent les villes et les villages qu'ils rencon-

(1) Vater, Mithridates, p. 152, etc.
(2) Cavazzi, dans Labat, II, p. 88.
(3) Battel, dans Purchas, Pilgr., II, p. 974, 977.
(4) Dos Sanctos, Æth. or., dans Purchas, II, fol. 1552.

trent dans leur marche dévastatrice, tuent leurs ennemis et les dévorent : avec de telles données sur ce peuple, il n'est pas étonnant que leur principal séjour nous soit demeuré inconnu. Quelquefois cependant, par exemple, sous leur reine Zingha, auteur de leur code martial et des *Quixilles* ou lois qui les régissent, plusieurs de leurs tribus se sont établies dans les pays conquis, comme dans le *Matamba*, dans le grand et le petit *Ganghella* et en d'autres endroits.

Suivant Dalzel, qui compte aussi les Eyos au nombre des Giaga, ils forment encore de nos jours au nord-est de Dahomey une puissance très considérable qui est devenue, par sa cavalerie, la terreur des états nègres voisins; les Giaga prélèvent même un impôt à Dahomey. On pourrait supposer que ces Eyos (*Eyous*, *Ayos*, *I-oes*), sont les mêmes que les Eboes (1) sur lesquels un indigène nous a transmis un récit si curieux en faisant l'histoire de sa jeunesse.

1re Remarque. — *Usages propres au plateau.*

Sans vouloir rapporter toutes les fables que les voyageurs ont débitées sur les habitans du plateau, nous remarquerons seulement qu'on trouve réunies chez eux les premières traces d'une foule d'usages nationaux, qui ne se présentent qu'isolés chez les différentes races africaines.

Ils ont l'habitude de se tatouer et de s'inciser la figure, et c'est par là que les habitans des différentes provinces se distinguent les uns des autres (2). On trouve le même usage chez les esclaves des côtes de Mozambique et de Guinée. Ils se liment les dents œillères ou quelquefois les arrachent tout-à-fait, de sorte que leur denture ressemble à celle des animaux. Cet usage bizarre se rencontre souvent chez les esclaves nègres de l'intérieur de l'Afrique (3) que l'on vend

---

(1) Bruno, Afrika, V, p. 33, et Olaudah Equiano Lebensgesch., p. 21.

(2) Dalzel, History of Dahomey, p. XVIII.

(3) Rœmer, Nachrichten, p. 19.—Olaudah Equianos oder Gustave Wasa's des Africaners Lebensgeschichte. Gœtting., 1792, p. 60.

sur la côte de Guinée. Isert en vit dont les dents étaient limées en trois pointes, et sans émail; d'autres auxquels la nature avait donné des dents canines avec un bel émail (1). Chez les montagnards de Sierra-Leona, l'usage est généralement répandu de se limer les dents aussi aiguës que celles du requin (2). Un peuple de Nègres idolâtres qui habite les montagnes, au sud de Dar-Four, lime les dents des enfans en pointe, et leur comprime ensuite les gencives pour les rendre plus longues (3). Toutes les momies d'Egypte ont les dents incisives et les dents du coin plus ou moins limées (4). Edrisi, Oldendorp, Niebuhr et d'autres ont déjà remarqué ce fait (5).

On trouve encore ici, ou du moins on trouvait autrefois, l'ancien usage égyptien d'embaumer les morts, et celui des habitans de la Haute-Asie, d'enterrer les femmes avec leur mari mort. On lave le cadavre du défunt, on le couvre d'épices odoriférantes, on lui orne la tête, et on le place ainsi sur un siége, comme s'il vivait encore; puis on le descend dans la demeure souterraine de ses aïeux; deux de ses femmes, auxquelles on brise les bras, sont placées à côté de lui; on referme ensuite la fosse, et les infortunées expirent ainsi d'une mort horrible. On répand sur le tombeau des libations de sang et de vin de palmier, et, tous les mois, les parens du défunt viennent y faire entendre des chants funèbres. Les trésors et les femmes qu'on enterre avec le défunt, sont destinés à lui servir encore dans l'empire des morts.

Comme il arrive souvent que les habitans du plateau sacrifient leurs propres enfans à leurs dieux, ils reçoivent dans leurs armées les fils de leurs ennemis tués ou faits prisonniers à la guerre; mais ces guerriers n'en demeurent pas moins dans la condition d'esclaves, jusqu'à ce qu'ils se soient élevés au rang d'hommes libres par leur bravoure. Ces étrangers sont la principale force de leur armée, comme les Shangalla, qui forment la garde du corps des rois de l'Abyssinie, les Mameloucks en Egypte, et les esclaves abyssiniens chez les rois de Kaboul, en Asie, etc. Dans le combat, ils poussent des cris affreux comme les hordes des Galla, et, semblables à ces barbares, ils recommencent chaque année leurs sanglantes expéditions; du moins en était-il encore ainsi au seizième siècle. Ils passent pour très cruels, et mangent ou sacrifient tous leurs prisonniers. Les Ganga et les Singhili, leurs prêtres, passent pour de puissans magiciens; leur

---

(1) Isert, Neue Reise, p. 194.
(2) Golbery, Trav., p. 414.
(3) Browne, Trav., p. 310.
(4) Edrisi, Africa, cura Hartmann, p. 314.
(5) Battel, dans Purchas, Pilgr., II, fol. 977.

grand prêtre, le Chitome (1), entretient une hiérarchie sévère, et est pour eux une idole vivante, comme le Dalaïlama du Thibet; il demeure dans le pays saint, où brûle un feu sacré, etc. Il est le chef d'un nombre infini de jongleurs, de bateleurs des deux sexes, dont chacun exerce un pouvoir sur un certain mal, une certaine maladie, et sur une partie quelconque du corps humain dont ils sont comme les médecins. — Les anciens prêtres égyptiens traitaient de même chacun une maladie spéciale. — Les habitans du plateau sont fétichistes, et adorent tous le mauvais principe, *Devil*, selon Battel, afin de se le rendre favorable. Ils s'accordent en cela avec tous les habitans de l'intérieur de l'Afrique, autant que nous les connaissons, depuis les montagnes de Sierra-Leona et le pays du Sénégal (2) jusqu'à l'empire Naréanien de Gingiro (3), et, de l'est, près du Zebi, jusqu'au pays des Beetjuanes, peuple doux et paisible, qui habite la prolongation méridionale du plateau. — La seule fonction des prêtres beetjuanes consiste à bénir les hommes et les animaux pour les préserver des influences funestes, et à guérir les maladies.

Mais n'oublions pas que ces usages grossiers, uniformément répandus sur tout le plateau africain, ne caractérisent que les hordes sauvages du seizième siècle. Déjà, au milieu du dix-septième siècle, en 1648 (4), les mœurs avaient beaucoup changé dans le royaume de Matamba. Malheureusement, il ne nous est parvenu depuis aucunes relations positives sur ce pays, et toutes nos nouvelles données se bornent à quelques suppositions de Dalzel et d'Equiano.

2e Remarque. — *Fétichisme.*

Le mot *fétichisme*, si souvent employé par les navigateurs, les marchands d'esclaves, les Européens et les géographes, etc., lorsqu'il est question des peuples d'Afrique, n'appartient ni à la langue des Nègres, ni à celle du Congo; c'est tout simplement un mot portugais qui signifie *sorcellerie : Toda gente de Ethiopia e muy dada a feitiços, i neiles esta toda a sua crença i fé* (5). Ce mot a perdu sa signification primitive, et on ne l'emploie plus aujourd'hui que

(1) Cavazzi, dans Labat, I, p. 254, 372, etc.

(2) Golbery, Trav., p. 38.

(3) Tellez, Historia Geral de Ethiopia a Alta, etc., 1660, in-fol., p. 321.

(4) Cavazzi, dans Labat, Ethiopie occid., II, p. 149.

(5) De Barros, Asia Dec., I, lib. III, c. 10, fol. 35. — Dalzel', History of Dah., p. VI. — Vater, Mithridates, III, p. 207.

dans un sens spécial et restreint. Ainsi on dit, par exemple : le tigre est le fétiche de Dahomey, le serpent est le fétiche de Whydah, etc. Le fétichisme est répandu surtout au sud et à l'ouest de l'Afrique ; il exprime, de nos jours, la même idée que la γοητέια qui régnait au nord et à l'ouest (1), il y a deux mille ans, lorsque l'étéarque d'Hammon, parlant à Hérodote des Nègres du Niger, lui dit d'une manière si précise : γοήτας εἶναι πάντας. Tuckey nous communique une observation très remarquable, qu'il eut occasion de faire dans son voyage sur le Zaïre, c'est que tous les fétiches à face humaine, même ceux de l'intérieur de l'Afrique, avaient des physionomies européennes ; ils avaient le front haut, le nez aquilin, et étaient peints en blancs ; quoique sculptés très grossièrement, ils présentaient tant de ressemblance avec les figures égyptiennes, et plus encore avec celles des Etrusques, que le docteur Smith en fut frappé d'étonnement (2). (Voyez, plus bas, les *Ashantis*.)

CHAPITRE SECOND.

PAYS DE L'EMBOUCHURE DU FLEUVE ZAÏRE DANS LE CONGO, D'APRÈS LES DERNIERS RENSEIGNEMENS.

La seule source où nous avons puisé les documens qui suivent, est le journal laissé par les voyageurs faisant partie de l'expédition au fleuve du Congo, commandée par le capitaine Tuckey, et qui, en 1816, eut une fin si inattendue et si malheureuse. L'expédition, animée des plus belles espérances et munie de tout ce qui était nécessaire pour étendre et avancer la géographie et les sciences sur le fleuve Zaïre, quitta, le 6 Mars, les côtes d'Angleterre. Le 6 Juin, elle entra à pleines voiles dans l'embouchure du fleuve et s'avança dans les terres ; mais dès la fin de Septembre de la même année, une grande partie de l'équipage, tous les savans de l'expédition, et le capitaine lui-même, étaient devenus les victimes du climat africain et de leurs généreux efforts. Les observations et les décou-

(1) Hérodote, II, c. 33.
(2) Capt. Tuckey, Narrative, p. 267.

vertes nombreuses qu'ils firent dans un espace de trois mois sur une petite étendue de trois degrés de longitude (du 12° au 15° long. est de Greenwich) et de deux degrés de latitude (du 4° 30' au 6° 15' lat. sud), ne nous font que regretter plus vivement leur perte prématurée.

Les résultats de leurs efforts jettent une lumière intéressante sur cette partie du monde. Nous avons communiqué, dans le chapitre précédent, les résultats de tous les autres documens plus anciens en tant qu'ils forment entre eux un ensemble et un tout; nous espérons que de ce qui va suivre ressortiront avec plus de clarté qu'auparavant l'individualité de cette contrée et ses rapports avec les autres membres du corps africain (1).

A Embomma, marché d'esclaves sur la côte de Congo, les marchands d'esclaves donnèrent à Maxwell des renseignemens sur la largeur du fleuve Zaïre et sur l'immensité de son cours dans l'intérieur des terres; ces rapports éveillèrent en lui la supposition que, contre l'opinion commune, ce fleuve pourrait bien être la véritable continuation du Niger. Cette opinion était confirmée par un autre rapport des marchands qui disaient que, venant du nord-est, il est encore navigable (2) 120 milles au-dessus des cataractes, et qu'il porte là le nom d'*Enzaddi*.

Mungo Park et Barrow se déclarèrent pour cette opinion; J. Rennell la combattit. L'amirauté anglaise, voulant arriver à la certitude sur un point qui lui paraissait important, commanda deux expéditions à qui elle donna pour but de leurs travaux de confirmer ou de détruire

---

(1) Narrative of an expedition to explore the river Zaïre usually called the *Congo* in South-Africa, in 1816, under the direction of Capt. J.-K. Tuckey, to which is added the journal of professor Smith, etc., published by permission of the Lords commissionners of the admiralty. London, 1818, in-4°.

(2) Tuckey, Narrative, Introduction, p. XIV.

l'identité du Niger et de l'Enzaddi. A cette fin, Mungo-Park entreprit son second voyage dans l'intérieur de l'Afrique suivant le cours du Niger, et Tuckey se proposa de remonter le Zaïre de son embouchure à sa source. La rencontre de ces deux voyageurs dans le centre de l'Afrique aurait été le plus heureux résultat pour la science, et la géographie de l'Afrique y aurait assurément gagné une forme nouvelle. Cette découverte semblait à Mungo-Park aussi importante que le fut autrefois le Périple du cap des Tempêtes, et il entreprit son second voyage animé des plus généreuses espérances ; mais hélas ! elles furent toutes déçues, et l'Afrique demanda encore de nouvelles victimes avant de laisser soulever le voile qui couvre ses mystères.

On verra plus bas, au système des eaux du Niger, les motifs qui nous ont fourni quelques hypothèses sur le développement de son cours ; nous ne parlerons ici que de l'embouchure du Zaïre et de ses rivages. Son cours dans les terres nous est resté inconnu, et nous n'avons pas de raisons suffisantes pour le regarder comme la continuation du Niger ; il nous faut attendre de nouvelles recherches, car nous avons déjà assez d'hypothèses.

Pour remonter plus commodément le Zaïre, Jos. Banks proposa un bateau à vapeur (1) ; mais la difficulté de construire un vaisseau assez fort pour traverser l'Océan, et en même temps assez plat pour passer les cataractes du Zaïre, fit qu'on choisit un gros bâtiment, *le Congo*, pour le transport, et deux autres plus petits pour naviguer sur le fleuve. Ils avaient à peu près 55 pieds de longueur, et pouvaient porter 35 hommes d'équipage et trois mois de vivres. Un bâtiment de transport, de 350 tonneaux, amena les provisions de l'équipage à l'embouchure du

(1) Tuckey, Narrative, p. XXIV.

Zaïre. Les vaisseaux devaient entrer au mois de Juin dans le fleuve, et commencer le voyage dans l'intérieur avec la saison de la sécheresse.

L'expédition se composait en tout de 56 personnes; 49 appartenaient à l'équipage du vaisseau; les savans de l'expédition étaient : le professeur Smith, botaniste; Granch, naturaliste, Tudor, anatomiste, Lockhart, horticulteur, Galway, volontaire. Une partie de l'équipage resta sur *le Congo* près de l'embouchure du fleuve; le reste, avec les savans chargés de faire les découvertes, essaya de pénétrer plus avant de l'autre côté des cataractes. Un grand nombre tomba malade pendant ce pénible voyage; 14 seulement poursuivirent leur marche au-delà des cataractes. Épuisés de fatigues et souffrans, ils furent forcés de retourner après les plus pénibles efforts : tous étaient malades en revenant; 18 moururent de la fièvre intermittente (1) qui règne dans ce pays et ressemble beaucoup à la fièvre jaune. Quatre seulement regagnèrent le vaisseau qui les avait transportés, et le capitaine Tuckey lui-même n'acheva pas son journal.

La chaleur du climat ne fut pas cause de ce malheur; car, d'après le journal de Tuckey, elle ne dépassa pas, pendant le jour, 76° de Farhenheit. Mais les changemens subits de température auxquels les voyageurs étaient exposés, la nuit, dans leurs campemens, les fit tous tomber malades; ordinairement le thermomètre descendait la nuit 15 à 20 degrés plus bas que pendant le jour. L'abus des plaisirs sensuels chez les uns, et l'excès de travail et d'étude chez les autres, dans un climat si étranger, sous l'équateur, sont donnés, par ceux qui survécurent, comme la cause principale du malheur de l'expédition, et comme un avertissement pour des entreprises semblables à l'avenir (2).

(1) Tuckey, Narrative, p. XXIII.

(2) Ibid., p. XLIV.

Les observations de Tuckey montrèrent que, jusqu'à présent, la ligne des côtes de cette partie de l'Afrique occidentale, depuis l'équateur jusqu'à l'embouchure du Zaïre, au sud, était déplacée d'un degré de longitude sur les cartes (1). Toutes les observations faites par les voyageurs prouvèrent que la côte, depuis Loango jusqu'au Congo, est tracée trop à l'ouest sur toutes les cartes, au point que, suivant ces cartes, dit Smith, nous aurions toujours navigué dans l'intérieur même du continent. Voyez la carte rectifiée de Tuckey (2).

Tout ce littoral (3), depuis Malemba au nord de l'équateur, dans la direction du sud, est très uni, couvert d'épaisses forêts, et par conséquent frais et humide; les bois sont couronnés de vapeurs épaisses, la côte est pleine de bas-fonds, et l'air rafraîchi par le voisinage des forêts n'est pas agité alternativement par les vents de terre et les vents de mer, comme cela est naturel sur les côtes des tropiques; cela rend la navigation sur les côtes ennuyeuse, fatigante et pénible. Le rivage, vu du navire, présentait trois plaines successives, couvertes d'herbes peu épaisses, et offrait à l'œil, suivant Smith, l'aspect des côtes boisées des îles du Dannemarck (4). Le pays et ses productions présentent ici la plus monotone uniformité. A l'aide du télescope, on ne distinguait dans les bois qu'une seule couleur de feuillage; quelques arbres d'espèce différente, de rares palmiers, par exemple, se détachaient parfois des masses uniformes de verdure. Tel était l'aspect du pays depuis Malembo et Quilango jusqu'à la baie de Loango. Au sud 3° 30' de lat. sud, le rivage, jusqu'alors complétement plan, est accidenté par des hau-

(1) Tuckey, Narrative, p. 65 et 260.

(2) A general Sketch of the coast from cape Loez, etc., according to informations obtained by Capt. Tuckey, etc.....

(3) Tuckey, Narrative, p. 51, 56.

(4) Smith, Journal, dans Tuckey, Narrative, p. 261.

teurs qui récréent l'œil fatigué d'une éternelle monotonie; la végétation la plus variée couronne ces hauteurs. *Loango* est mal placé sur les cartes; la pointe *Indienne*, au sud de la baie, est située sous le 4° 31' lat. sud (1). Le seul fleuve entre elle et Cabenda est le *Loango-Louisa*, ou le *Cacongo* des cartes, qui décharge ses eaux dans la mer entre deux éminences de roche calcaire rouge, sous le 5° 17' lat. sud. Sur cette côte sont situées Malemba et Cabenda, autrefois les principales stations du commerce français, et aujourd'hui l'entrepôt du commerce d'esclaves des Portugais. Le pays de la côte obéit à plusieurs chefs tributaires du roi de Loango. Au nord, est situé *Boal* (2), puis Macongo avec le port Malemba; *Chingelé*, résidence du roi, est situé dans l'intérieur du pays. Au sud vient ensuite le royaume *N'Goy*, où se trouve le port de Cabenda : ce royaume est borné immédiatement au sud par le fleuve Zaïre et la souveraineté du Congo. Dans le port de Cabenda étaient 9 vaisseaux portugais qui faisaient la traite des noirs. Tous les habitans nègres de la côte qui visitèrent le capitaine Tuckey sur son bord, parlaient assez de français et d'anglais pour se faire comprendre. Le chef de Malemba se donnait lui-même le nom de *Tom Leverpool*, le roi marchand : Avez-vous besoin d'esclaves? fut la première question qu'il fit aux étrangers.

1er Eclaircissement.

Le Zaïre, cours inférieur.

Quoique ce fleuve paraisse assez important, il n'avait pas encore attiré jusqu'ici l'attention des géographes; les Portugais en parlèrent à peine et le nommèrent, avec

---

(1) Tuckey, Narrative, p. 59.
(2) Ibid., p. 65.

Diego Cam qui le découvrit, Congo, du nom du pays, ou Zaïre, nom commun que les habitans donnent à tous les grands cours d'eau, et qui ressemble en cela à ceux du Nil et du Gange. Le nom propre de ce fleuve est : *Moienzi-Enzaddi* (1), c'est-à-dire *le fleuve qui engloutit tous les autres*. Les chroniques portugaises l'appellent aussi *Zembere* (Zembré), nom qui signifie *mère des eaux*, et qui nous a déjà servi à expliquer le nom du lac Maravi, à l'est (voyez plus haut). Le capitaine Maxwell attira le premier l'attention sur ce fleuve, et il devint alors le sujet de graves discussions.

Plusieurs des renseignemens donnés par les Portugais sur sa largeur et son immensité étaient exagérés ou inexacts.

Ce fleuve Congo se jette dans la mer Ethiopique, sous le 6° lat. sud et le 13° long. est du méridien de Greenwich, entre le cap Padron et la *Sharkpoint* des Anglais, au sud, et la *Fathomless point*, ou pointe sans fond, au nord. Il est tellement fort (2) à son embouchure qu'il présente plus d'obstacles au vaisseau qui veut le remonter, que les courans du sud à celui qui veut doubler le cap de Bonne-Espérance. Ses eaux parcourent de 3 à 4 milles 1/2 anglais à l'heure : ce ne fut qu'après cinq jours d'efforts que les Anglais purent entrer à haute marée dans son lit en longeant le rivage. Son embouchure n'a que 3 milles anglais de large ; sa profondeur moyenne est de 240 pieds (40 *fathom*) ; mais il y a des places où il est beaucoup plus profond. En certains endroits le capitaine Tuckey ne trouva pas de fond avec une sonde de 900 pieds, et le capitaine Fitz-Maurice de 960 ; cependant les Portugais ont beaucoup exagéré la quantité d'eau qu'il porte à la mer.

La saillie méridionale de la presqu'île avec la *Sharkpoint*,

(1) Tuckey, Narrative, p. xi, et p. 119.
(2) Ibid., p. 83.

est un sol de formation postérieure, dû à l'alluvion du fleuve et de la mer; il est couvert de bois de mangroves (*rhizophora*) et de chrysobalanes, qui croissent en fourrés impénétrables dans la région marécageuse antérieure. Derrière les premières broussailles s'élève un bois de haute futaie (1) composé de palmiers, de césalpines et d'autres arbres des tropiques; végétation merveilleuse, arbres aux formes magnifiques et gigantesques dont l'imagination seule peut donner une idée à l'Européen. L'épaisseur du bois empêchait partout le botaniste de pénétrer plus avant, et il était forcé d'aller dans l'eau pour recueillir les trésors que lui offraient ces rivages. Un grand nombre de ces manifiques végétaux semblent appartenir à la flora de l'Amérique du Sud; mais, en les observant de plus près, on reconnaît qu'ils sont de vrais enfans du sol africain (2). Entre les marais d'eau stagnante se forment une infinité de canaux ou criques, et les bois de mangroves s'étendent de 1 à 1 mille 1|2 avant que s'élève le sol primitif du pays. Le fleuve forme ainsi un grand nombre de petites îles; dans les grandes eaux le courant entraîne sans cesse une partie de leurs rivages; mais les racines sont si fortement entrelacées, tiennent si fortement entre elles, que les arbres arrachés par les eaux descendent le fleuve en groupes épais, et flottent comme des îles en pleine mer, où souvent les voyageurs rapportent avoir vu avec étonnement ces îles flottantes de verdure (3). Les bois de haute futaie, à l'ombre immense, s'étendent dans les terres jusqu'au rocher fétiche : enveloppés jusqu'à la cime de lianes, de jasmins, de flagellaires et d'autres plantes grimpantes, les arbres s'élèvent en pyramides, en cônes de verdure, et présentent à l'œil le plus manifique spectacle.

---

(1) Smith, Journal, p. 273.

(2) Ibid., p. 277.

(3) Tuckey, Narrative, p. 85.

Au confluent des différens bras du fleuve, dont le plus grand et le plus au nord porte le nom de Maxwell, sont situées un grand nombre d'îles, les îles de *Monpanga*, couvertes de laiche, de bombax et de forêts de roseaux, et peuplées de hérons et d'oiseaux aquatiques; elles servent à des époques périodiques de stations pour la pêche.

Parmi les plantes du rivage, Smith en reconnut un grand nombre dans le sable de la mer, semblables par leur forme à celles du cap de Bonne-Espérance; il y vit aussi un grand nombre de nymphées, de ményanthes, et d'autres espèces plus rares; des bois de papyrus égyptien (*cyperus papyrus*) ondoyaient au vent comme des moissons; de sorte que, dans ces végétaux et dans les *Hyphœnes*, la flora de la vallée du Nil se trouvait aussi représentée sur ce point. Plus haut, sur le rivage, s'élevait la grande *adansonie* de la Gambie; des arbres à haute tige, épais et ombrageux, couronnaient les deux rives, comme dans les *Sunderbund* du Gange. Le silence majestueux de ces bois n'était interrompu que par les chants de quelques oiseaux et d'immenses volées de perroquets qui, au lever du soleil, s'élevaient des forêts de la rive septentrionale et gagnaient à tire d'aile les plantations de maïs des bords du sud, pour retourner le soir sous le feuillage épais des bois. L'adansonie (*baobab*) se montrait en grand nombre dans les bois, et partout on apercevait des traces d'antilopes, de tigres, d'éléphans et d'hippopotames; ces derniers sont en plus grand nombre à mesure qu'on remonte le fleuve. Le fleuve était couvert ici d'une multitude de canots de pêcheurs, de voyageurs et de marchands; mais ses rives, près de l'embouchure, ne présentaient aucune trace de la main de l'homme; on voit çà et là quelques huttes fixées sur des pieux, et seulement dans le temps de la pêche du poisson et des huîtres ou dans la saison de la récolte du vin de palmier.

Le Zaïre cesse de présenter une aussi grande largeur

à l'endroit où ses trois bras principaux se réunissent en un canal au premier rétrécissement du fleuve. C'est là qu'est situé le rocher fétiche, semblable à la vue à un groupe de ruines; il s'élève isolé sur un sol plan, et, de ses pics en forme de tour, commande le passage du fleuve. Ici, au pied du rocher, finit la région pittoresque des bois du *Sunderbund* du Congo (v. le Gange). La végétation y est si riche qu'une excursion de quelques heures fournit au botaniste le sujet de plusieurs semaines d'études et de recherches.

Le rocher fétiche forme la frontière naturelle, la pierre limitrophe qui sépare le Delta horizontal et le vaste *Æstuarium* du Congo, des terres plus élevées qui, de ce point, commencent à monter graduellement; au-delà du rocher apparaissent les premiers champs de maïs, les premières plantations de tabac. Le rocher est une énorme masse de granit qui s'élève comme une île au milieu d'un sol plan, et se précipite perpendiculairement dans le fleuve. Dans ce granit à gros grains se trouvent intercalées d'énormes roches de feldspath, dont quelques-unes ont, suivant Smith, plus de 100 à 200 pieds de largeur. Au pied de l'immense rocher le fleuve forme des entonnoirs, des tournans qui, dans les grandes eaux, doivent être très dangereux; du moins les Nègres en ont-ils une si grande terreur qu'ils n'en approchent jamais. C'est là que les hippopotames ont choisi leur séjour. Du sommet de ce rocher, on aperçoit au loin un grand nombre de rochers semblables, en forme de ruines, par exemple, le Taddi-Enzaddi qui s'élève comme une tour à une hauteur de 1,500 pieds. Quelques adansonies croissent encore sur ces cimes arides et nues. Les naturels le regardent comme la demeure du *Seembi*, du grand esprit qui, suivant leurs croyances superstitieuses, règne en souverain sur le fleuve (1).

---

(1) Tuckey, Narrative, p. 380.

A l'est du rocher paraissent les premières habitations; là est d'abord situé LOMBI, premier marché sur le fleuve, village de cent huttes ; puis vient EMBOMMA, résidence du *Chenou* (Tjenou) ou prince héréditaire du pays, il porte le titre de grand Mafouk (*Kings Merchant*). Dans cet endroit, les rives du Zaïre s'élèvent en collines ; c'est ici qu'est la grande limite naturelle entre les terres basses et unies du cours inférieur et le cours moyen ; le fleuve prend ici une toute autre nature, et pénètre dans le pays montueux. La contrée montueuse se termine à Embomma et de là elle se dessine aux voyageurs (1) dans le lointain à l'est, comme des montagnes bleues qui courent à l'horizon en lignes ondoyantes et présentent deux ou trois chaînes qui s'élèvent l'une au-dessus de l'autre. Le fleuve descend de montagnes aux cimes arrondies; leur pente est douce et graduée au nord, rapide et escarpée au sud, de sorte que les deux rives du fleuve présentent des talus opposés. La végétation perd ici toute sa magnificence; toutes les cimes des montagnes sont chauves et nues, elles ne portent que quelques groupes isolés d'adansonies ou baobabs, et la végétation ne se montre avec quelque richesse que dans les vallées inférieures.

EMBOMMA, quoique un pauvre village composé de 60 huttes et de 500 habitans, est la résidence du pays et le principal marché d'esclaves sur le Zaïre. Le capitaine Tuckey y trouva sept vaisseaux portugais à l'ancre. Les habitans nègres semblaient très pacifiques et allaient sans armes ; les hommes montraient dans leur extérieur la plus grande indolence; les femmes, la lubricité la plus honteuse et l'abrutissement de l'esclavage. Les matelots portugais ou les marchands d'esclaves ont introduit dans ce pays l'usage de l'eau-de-vie et la débauche. La vente des esclaves est l'occupation principale des habitans, et pendant l'au-

(1) Smith, Journal, p. 295, 305.

dience (1) que le *Chenou* leur accorda, il demanda plusieurs fois aux voyageurs : « Les Anglais viennent-ils en *marchands* ou en *ennemis* ? » — « Ni comme marchands, ni comme ennemis, » répondirent-ils, et ils s'expliquèrent : le roi prit alors une feuille d'arbre et invita le capitaine à la rompre en signe de la sincérité de ses paroles. Après cette cérémonie il lui offrit une de ses cinquante femmes pour compagne, ses courtisans suivirent son exemple et donnèrent une de leurs femmes à chacun de ceux qui l'accompagnaient. Ces propositions se faisaient avec les expressions les plus grossières usitées entre les matelots anglais, portugais et français : fruit monstrueux enfanté par la civilisation européenne jusque sur les côtes reculées de cette partie du monde!

Le Zaïre n'a plus ici à Embomma la majestueuse apparence d'un des grands fleuves de la terre que lui ont donnée les premiers voyageurs. Près de Bouka-Embomma, le Zaïre, dit Smith (2), n'est pas plus large que la rivière de Drammen, en Norwège ; tous les rapports des voyageurs précédens sont exagérés ; ses sources ne doivent pas être plus loin dans les terres que celles du Sénégal et de la Gambie, et il est à croire que l'expédition sera terminée plus tôt qu'on ne s'y attendait d'abord.

La contrée d'Embomma est peu cultivée et la nature ne l'a pas beaucoup enrichie de ses dons. Elle n'est défrichée qu'en quelques endroits ; il croît, sur les bords du fleuve, du maïs, du manioc ou cassave, mais en peu d'abondance ; plus haut, sur le fleuve, on trouve des pisangs, des oranges et d'autres fruits nutritifs qui, excepté la raphia, manquent complétement dans la région des bois (3). Le

(1) Tuckey, Narrative, p. 106.
(2) Smith, Journal, p. 284, 307.
(3) Ibid., p. 287.

pays produit en outre (1) du poivre, des noix et de l'huile de palmier, plusieurs espèces de palmiers qui donnent du vin, comme, par exemple, le *Moba* et le *Mozambie*, deux espèces de cannes à sucre; mais on n'y trouve pas de cocos, et ce fruit manque sur toute cette rive du Zaïre. Le produit indigène le plus important de la contrée d'Embomma est le coton qui y croît sans culture et en abondance; mais les habitans ne le récoltent plus depuis que les négocians de Liverpool qui y faisaient un grand commerce d'esclaves, ne visitent plus ce pays. Quoique couverte d'une riche végétation comme tous les pays voisins des fleuves, cette contrée offre à l'homme peu de moyens d'existence, et la famine n'y est pas rare. Les principales plantes nutritives ont été importées d'Amérique (2) sur les bords du Zaïre par les Portugais; par exemple, le blé de l'Inde, ou le maïs, le manioc, ou la cassave, l'igname, les patates, le mil et l'ananas, le capsicum et le tabac. La culture de ces plantes a été répandue par les habitans d'Embomma, dans l'intérieur du pays, le long du fleuve. Les cannes à sucre, les tamarins, les limoniers, les orangers et les bananiers, sont probablement, d'après les détails lumineux fournis par Browne, les végétaux primitifs et indigènes du pays. Le mois d'Août, pendant lequel l'expédition séjourna à Embomma, était l'hiver de ces contrées (3). Le thermomètre s'élevait rarement au-dessus de 76° de Farhenh., mais la nuit, il descendait jusqu'à 60°. Les vents de mer y soufflaient irrégulièrement depuis quatre heures de l'après-midi. Le ciel était toujours couvert de nuages, ce qui empêcha de faire des observations météorologiques importantes. Smith essaya d'observer la tem-

(1) Tuckey, Narrative, p. 119.

(2) Barrow, General Observations in Tuckey, Narrative, p. 366. — Rob. Browne, Observat., ibid., p. 489.

(3) Tuckey, Narrative, p. 119. — Smith, Journal, p. 305.

pérature de la terre, mais il trouva le sol argileux aussi dur que de la pierre, et il ne put creuser qu'à trois pieds. Cependant, la température de la terre lui parut être de 80° Fahr., par conséquent plus élevée que celle de l'atmosphère en hiver. Dans l'épaisseur des bois, la température tombait ordinairement à 70°, même quand il n'y avait pas de soleil; cet abaissement était probablement produit par les fortes exhalaisons végétales.

2e Eclaircissement.

Expédition sur le Zaïre, à travers la région des cataractes, depuis Embomma jusqu'à Soundy N'Sanga.

Les découvertes suivantes, faites dans l'intérieur des terres, sont un résultat beaucoup plus pénible encore de l'expédition sur le Congo; il ne nous en reste que des fragmens, mais ils sont de la plus grande importance, et la science doit les conserver avec reconnaissance. Elle chercherait en vain dans les trois derniers siècles des observations aussi précieuses que celles dont l'ont enrichie ces infortunés voyageurs, et peut-être s'écoulera-t-il encore un aussi long espace de temps avant qu'elle en reçoive de semblables!

Il ne fut donné aux voyageurs d'interroger encore l'Afrique sur ses mystères, que du 6 Août au 10 Septembre, c'est-à-dire un mois à peine, et les notices imparfaites de leur journal ne nous servent que comme un guide, à travers le labyrinthe du cours moyen du Moienzi-Enzaddi.

Au-dessus d'Embomma, l'entrepôt d'esclaves par où les marchands arrivent du plateau de l'intérieur à la terrasse des côtes, le fleuve prend tout à coup une autre nature; c'est ici qu'il traverse la bordure occidentale du grand plateau de l'Afrique par une infinité de ravins, de détours, de vallées, placés sur différens niveaux, et qui prennent souvent une très grande largeur. En partant de la mer, on entre ici dans le cours moyen du fleuve qui se caractérise par des étranglemens et des cataractes. Nous n'avons pas encore un aperçu général de l'ensemble; tout ce que nous pouvons faire, c'est de suivre fidèlement les pas des voyageurs, mais il nous faut prendre du cours du fleuve l'idée qu'ils en eurent eux-mêmes, car il a été mal tracé, jusqu'à présent, sur toutes les cartes faites d'après les indications des Portugais. Ceci nous confirme une observation qui peut nous servir de règle pour toutes les cartes anciennes des contrées inconnues de la terre. Les parties dont on avait quelque connaissance ont été étendues d'une manière disproportionnée, de sorte qu'il ne reste qu'un très petit espace de terre dans l'intérieur, pour les pays situés au-delà, et que l'on ne connaît pas. Ainsi, par exemple, ces cartes portugaises prolongent beaucoup trop avant dans les terres l'espace découvert dans cette expédition sur les bords du Zaïre, et qui ne s'étend réellement que du 13° 50' jusqu'au 15° 20' de longit. est du méridien de Greenwich.

D'Embomma, le capitaine Tuckey remonta le fleuve dans de petites embarcations. Vis-à-vis cet endroit est située l'île Bouka-Embomma; elle est formée de roche schisteuse et présentait aux voyageurs une situation magnifique pour l'établissement d'une colonie anglaise (1). Tuckey mesura, sur le rivage de cette île, une adansonie dont le tronc avait 42 pieds de pourtour près du sol, et conservait cette dimension colossale jusqu'à 31 pieds de hauteur. De ce point, le Zaïre (2) coule entre de grandes roches schisteuses qui l'encaissent dans des rives escarpées; ces roches resserrent le lit du fleuve souvent pendant un quart de lieue. Les cimes des rochers sont, pour

---

(1) Tuckey, Narrative, p. 116.
(2) Ibid., p. 129. — Smith, Journal, p. 308.

la plupart, arrondies, chauves et nues, et il y croît à peine quelques herbes rares et maigres. Sur les avancemens des montagnes, on voit s'élever quelques groupes isolés d'arbres de l'espèce du palmier, entre lesquels croît toujours une adansonie qui en semble être l'inséparable compagne. Quelques petits villages apparaissent de loin en loin, à l'embouchure des ruisseaux qui descendent des montagnes. Tous les arbres que l'on rencontre sont remplis de singes (*simia cephus*). On trouve des champs de maïs dans les endroits où le fleuve a laissé un dépôt sur ses bords. Le lit du fleuve a de 4 à 8 brasses de profondeur; il offre toujours un bon ancrage, mais il est souvent traversé par des rochers qui produisent sous l'eau beaucoup de courans.

Dans la contrée de Sondie (1), à une distance de 28 milles géog. de la mer (140 milles anglais), le lit du fleuve se rétrécit de manière que les bords se touchent presque entre eux; jusqu'à cet étranglement, la marée et le flux de la mer s'élèvent encore de 12 jusqu'à 16 pouces. Sur la rive septentrionale surgissent des roches schisteuses, que le capitaine Maxwell a appelées *Scylla*, parce que des entonnoirs et des gouffres dangereux troublent ici le cours régulier du fleuve et mettent en péril les barques qui y naviguent. Cet étranglement se prolonge depuis cette Scylla (2), pendant 8 milles géog. (40 milles anglais), jusqu'à *Ynga*, où le lit du fleuve prend la largeur d'un lac (3). C'est dans cet espace qu'est située la région des *Yellalas*, ou cataractes du Congo.

A l'entrée de l'étranglement de Sondie, on voyait aux traces laissées par l'eau sur les roches de schiste micacé qui forment les parois du fleuve, que, dans les grandes

(1) Barrow, Gen. Observ., p. 339.
(2) Ibid., p. 340, 341.
(3) Tuckey, Narrative, p. 151.

eaux, son lit s'élevait 8 à 9 pieds et demi plus haut que le niveau actuel (1).

La navigation devint alors si difficile qu'on fut obligé de laisser à l'entrée les bateaux anglais, et les voyageurs eurent ainsi à surmonter beaucoup plus de fatigues et de dangers. Les rives s'élèvent des deux côtés en montagnes de 1,300 à 1,450 pieds de hauteur absolue et en rochers escarpés; elles sont parsemées d'immenses fragmens détachés des montagnes. Au lieu du schiste qui se montrait plus bas, les roches de syénite y dominent, et on trouve beaucoup plus de sources que dans le cours inférieur.

Sur la rive méridionale du fleuve, au-delà de l'étranglement de Sondie, est situé le village *Noki* (2); il s'élève sur la pente escarpée d'une montagne que les voyageurs mirent deux heures à monter. C'est, comme Embomma, la résidence d'un chef montagnard, d'un *Chenou* qui vit dans la plus complète barbarie. Toute trace de la civilisation européenne avait presque disparu ici. Pendant l'audience qu'il accorda aux étrangers, le chef était assis sur des peaux de lion et de léopard, et ç'aurait été pour un de ses sujets un crime de lèse-majesté que de les fouler de ses pieds. Les hommes paraissaient peu nombreux en ce lieu, et pour les habitans de ces rares cabanes, le pays au-delà des cataractes était une terre complétement inconnue. Au milieu de la place du marché de ce village s'élevait un bananier (*ficus religiosa*), arbre sacré pour les habitans; c'était le premier que les voyageurs avaient vu encore.

Au sommet de la montagne le capitaine Tuckey plongea au loin ses regards (3) dans le lit supérieur du fleuve. Les eaux se brisaient à grand bruit contre des rochers où elles s'engouffraient en tournoyant. Plus haut surgissait l'*Yel-*

(1) Tuckey, Narrative, p. 135. — Smith, Journal, p. 309, 312.
(2) Ibid., p. 135.
(3) Ibid., p. 144. — Smith, Journal, p. 315.

lalla, montagne conique qui se prolongeait en une série d'écueils à travers le fleuve, et, de l'abîme, montait jusqu'au voyageur le sourd bruissement des eaux. Les riverains appellent ce lieu *Casan Yellalla*, c'est-à-dire *la Femme de l'Yellalla*, et jamais, disent-ils, un canot n'a franchi cette ligne formidable. Le naturaliste Smith compare ici le fleuve aux torrens des montagnes de la Norwège, et surtout au *Glommen*. C'est ici, disent les Nègres, la demeure du mauvais esprit, et celui qui l'a vu une fois ne le revoit jamais une seconde.

Le 13 Août, huit jours après le départ d'Embomma, les voyageurs atteignirent la ligne des rochers de la Casan Yellalla (1); elle coupe aux deux tiers le fleuve qui, large en cet endroit de 10 minutes de traversée, y brise ses eaux avec un bruit épouvantable. Sur la rive méridionale les flots trouvent un libre passage, mais la rapidité avec laquelle se précipitent les eaux rend ce bras impraticable. On fut donc forcé de renoncer ici à remonter le fleuve sur des bateaux, et il fallut visiter par terre les cataractes supérieures.

On continua le voyage par terre sur la rive septentrionale. Le 14 Août on atteignit, près de Banza Coulou, une petite Yellalla qui suffit cependant pour interrompre la navigation (2). Le bord méridional du fleuve est composé de roche schisteuse; au milieu de son cours est une île de roche schisteuse qui le sépare en deux bras. L'endroit le plus élevé de l'île était à 15 pieds au-dessus du niveau actuel du fleuve qui, dans les grandes eaux, monte 12 pieds plus haut. Le bras septentrional était presque à sec et présentait des rochers de schiste micacé, perpendiculairement stratifiés et traversés par des filons et des veines de feldspath compact et de quartz. Ces filons et ces veines

(1) Tuckey, Narrative, p. 145.

(2) Ibid. — Smith, Journal, p. 316.

résistèrent le plus long-temps à la force du fleuve (la même chose se voit à l'étranglement du Rhin, près de Bingen), et ils sont inclinés sous un angle de 45°. Ces cataractes Yellalla sont situées, selon Smith, dans la ligne de la plus haute élévation de la chaîne de montagnes, et en sont les plus profondes coupures. Sur sa pente orientale, la montagne est plus déchirée, mais pas si élevée que celle du village de Noki; les sommets sont partout d'argile durcie. Les cataractes ne répondaient pas du tout à l'attente des voyageurs; au lieu d'une nouvelle Niagara, ils ne voyaient qu'une rivière qui roulait ses flots comme un ruisseau sur des blocs de rochers et dont la masse d'eau ne s'accordait pas avec la majesté du cours inférieur. Cela fit supposer à Smith que l'eau se décharge peut-être dans le cours inférieur par un lit souterrain (comme le Rhône), car la quantité des eaux n'est grossie par aucun affluent plus grand qu'un ruisseau. Peut-être, dit Barrow, les redoutables tournans et gouffres du rocher Scylla ne sont-ils produits que par des affluens souterrains. Selon lui, l'Yellalla inférieure a une chute de trente pieds, sur une longueur de 300 *yards* (aunes), mais dans les basses eaux, au mois d'Août, il n'y avait, à proprement dire, pas de cataracte. Une lieue et demie plus haut que ces cataractes, est situé le village *Gongola*, à la frontière orientale du royaume de Congo.

Les fatigues sans nombre d'un voyage à travers des rangées de montagnes impraticables, forcèrent une partie de l'expédition à retourner, le 16 Août, à Banza-Coulou. Le reste continua la marche, par terre, le long des rochers qui bordent le fleuve, à travers les chaînes de montagnes les plus difficiles, et trouva le Zaïre, trois milles géog. au-dessus des Yellallas, près de N'Inga, n'ayant pas même 10 minutes de traversée. Ici le fleuve quitte tout à coup sa direction vers le nord et coule subitement au sud-est. L'angle formé par le fleuve présentait une grande largeur semblable à une baie. A cet endroit, 32 milles géog. (280 milles anglais) au-dessus de son embouchure dans la mer, le Zaïre prend un aspect majestueux et ressemble à la Tamise. C'est là qu'est situé N'Inga, premier village des tribus de l'intérieur, à qui leurs voisins ont donné le nom de *Bushmen*. Rien ne semblait plus s'opposer ici à la navigation du fleuve, mais on ne voyait nulle part de canots, et jusqu'alors les arbres étaient si rares sur les bords, qu'on n'aurait pu trouver assez de bois de construction pour faire une seule barque.

Les montagnes latérales de la vallée du fleuve s'élevaient en parois escarpées, et plus souvent en rochers nus; leurs sommets offraient toujours des plateaux unis dont la surface était couverte de terre végétale et portait les rares *banzas* ou villages qu'on voit dans ces lieux. Sur la rive s'étendent des roches de schiste micacé; puis viennent des collines composées de masses détachées, de silice et de quartz; au-dessus se présentent des couches d'argile ferrugineuse, et plus haut des roches d'argile jaune et de syénite. Dans la vallée on aperçoit les traces d'un second lit, qui semble avoir été l'ancien lit, lorsque l'Yellalla était encore une chute d'eau plus élevée (1). Les parois de la montagne étaient, la nuit, éclairées par les feux que les chasseurs allument pour éloigner les bêtes féroces. Quoiqu'on se trouvât dans la saison des pluies, les voyageurs manquaient souvent d'eau potable; très rarement ils trouvaient du vin de palmier, et cette liqueur alors ranimait un peu leurs forces épuisées. On ne voyait ni moutons, ni chèvres, seulement quelques buffles. Le fleuve contenait très peu de poissons et de coquillages. Les rives étaient couvertes de végétaux magnifiques et toujours verts, mais on n'y trouvait aucuns fruits, aucunes plantes nutritives. Il n'y avait d'autres arbres que le cotonnier sauvage

(1) Tuckey, Narrative, p. 154.

(*bombax*) et l'adansonie, et leur bois était si spongieux qu'il ne pouvait presque servir à aucun usage. Les montagnes présentaient des traces de minerai de fer et de cuivre.

Les voyageurs furent forcés de stationner du 17 au 22 Août, les uns étaient entièrement épuisés et se voyaient forcés de retourner, les autres, manquant de vivre et de moyens de transport, avaient besoin de quelque repos. Les habitans de N'Inga (1) n'avaient pas encore vu de blancs; on ne voyait rien d'européen chez eux, si ce n'est quelques lambeaux de vêtemens étrangers. Ils parlaient un dialecte de la langue d'Embomma, et le Chenou de ce lieu était vassal du *Benzy-N'Congo*, le roi du pays, qui doit résider à 10 jours de marche au nord-est. On ne trouvait plus ici de marchands d'esclaves qui auraient pu donner quelques renseignemens sur l'intérieur. Les habitans n'allaient pas chercher eux-mêmes des esclaves, mais ils les recevaient, selon leur propre rapport, des *Bushmen* qui vivent dans l'intérieur, sans gouvernement et sans villes. Toutes les relations s'accordaient sur ce point, que le pays est plus difficile à traverser au sud qu'au nord, car au sud il n'y a plus de missions portugaises. Le capitaine Tuckey se mit donc en marche au nord le 24 Août (2). Il passa devant deux villes, entre des plantations de manioc, où il vit un troupeau d'une vingtaine de chèvres, véritable merveille dans ces contrées. Il passa devant une montagne conique, composée de schiste micacé, appelée *Sansa Madungen Mongo*. Près du village *Mavounda-Boaya*, l'expédition atteignit de nouveau la rive du Zaïre, dans un endroit où il est encore encaissé dans des rochers; mais, au milieu, il présente une surface libre et navigable de 4,000 à 6,000 pieds de largeur, et promène paisiblement ses eaux. Le chef du lieu, le *Macaya*, reçut les étrangers avec hospitalité, leur

---

(1) Tuckey, Narrative, p. 165.
(2) Ibid., p. 178. — Smith, Journal, p. 324.

offrit du vin de palmier et leur fournit des renseignemens très importans pour leur voyage. A 4 ou 5 milles géog. au-dessus des Yellallas, le fleuve est de nouveau navigable, et dans la Banza ou village *Lavounda*, ils pourront acheter des canots. Il leur assura : « qu'après dix jours de na« vigation, en canot, on arrive à une grande île de sable « qui forme deux bras, l'un se dirigeant au nord-ouest, « l'autre au nord-est. Dans le dernier se trouve encore une « Yellalla, mais on peut la franchir facilement. 20 jours « au-dessus de l'île de sable, le fleuve sort d'un grand lac, « ou marais, en une infinité de petits bras. » Tel est le renseignement le plus important qu'ils obtinrent sur les sources du Zaïre; et après un tel document, il n'est plus permis de penser que ce fleuve puisse s'unir au grand Niger.

Un esclave nègre, mené dans ce lieu pour y être vendu, rapporta qu'il était venu en vingt-cinq jours de *Ben*, sa patrie, grand pays situé sur les rives du Zaïre supérieur; il aurait fait le voyage, tantôt par terre, tantôt par eau, et avait fait halte bien des fois. Les marchands d'esclaves qui passaient par le pays refusèrent, comme partout ailleurs où on les interroge sur ce sujet (1), de donner aucuns renseignemens sur le fleuve, parce qu'ils désirent que les Européens ne pénètrent pas plus avant dans les terres.

On s'arrêta à N'Inga, afin de se procurer les moyens de continuer le voyage, et surtout des provisions et des canots; car les renseignemens qu'on avait obtenus et la nouveauté du pays demandaient de nouveaux sacrifices et de nouveaux efforts. N'Inga est le dernier entrepôt (2) pour les marchandises européennes que les Portugais exportent à Embomma; les marchands d'esclaves, lorsqu'ils ont terminé leurs affaires avec les Européens à Embomma que l'on peut considérer comme le centre de

(1) Tuckey, Narrative, p. 162.

(2) Ibid., p. 179.

ce commerce d'hommes, les transportent de cette ville dans l'intérieur. On trouve encore à N'Inga du fer travaillé, des étoffes de coton anglaises et de l'eau-de-vie du Brésil.

Un bananier (*ficus religiosa*) (1) s'élève sur la place du marché de N'Inga et sur celle de tous les villages que l'on rencontre plus loin ; son feuillage est aussi sacré chez ces peuples que dans les Indes orientales chez les Brahmanes et les anciens Bouddhistes ; c'est sous son ombre que se tiennent les assemblées, que se décident les affaires publiques (2). Les voyageurs anglais ayant frappé avec leurs baïonnettes l'arbre dont ils ne connaissaient pas le caractère sacré, le peuple poussa aussitôt de grands cris. Nous ne pouvons nous empêcher de remarquer que, dans cette partie de l'Afrique comme sur les bords du Gange supérieur, les lieux situés sur le bord des torrens s'appellent *Gonga* ou *Ganga*, *Bamba-Yonga*, *Condo-Yonga*, etc. Chaque village a un grand *Kissey* ou dieu protecteur, appelé *Mevonga*, et qu'on représente sous la forme humaine. Chaque hutte a ses pénates, mâles ou femelles, qu'on invoque dans toutes les circonstances.

Près de N'Inga, le Zaïre coulant entre des rochers a encore trois chutes d'eau rapprochées l'une de l'autre : la plus élevée (3) est *Songa-Yellalla*, *Sangalla* selon Smith. Une excursion qu'on fit jusque-là montra que le fleuve a encore un passage libre de 50 *yards* (aunes) entre des bancs de schiste, à travers lequel il précipite avec la plus grande impétuosité ses eaux bruissantes en formant un grand nombre de tournans qui embarrassent la moitié du canal. Au-dessus de cette chute, le fleuve devient très large ; il roule ses eaux avec calme et majesté, et il est cou-

(1) Tuckey, Narrative.

(2) Barrow, Gen. Observ., p. 366.

(3) Tuckey, Narrative, p. 183. — Smith, Journal, p. 325.

vert d'îles : autour sont des bois épais, séjour de buffles et d'antilopes de plusieurs espèces. Le pays montagneux qui longe les deux bords du fleuve est complétement impraticable, et Tuckey se convainquit ici de l'impossibilité de poursuivre plus loin, par terre (1), le long des rives du fleuve, et à cause de la difficulté du voyage, et parce qu'on manquait de toute espèce de provisions.

Il lui fut impossible, malgré tous ses efforts, de se procurer des canots ; il n'y en avait en tout qu'un ou deux sur le fleuve qui servaient à le traverser les jours de marché. Le capitaine Tuckey se vit ainsi forcé de renvoyer une partie de ses compagnons déjà très malades de leurs fatigues ; et, choisissant les plus robustes, il essaya de pénétrer jusqu'à *Bamba-Yanzy*, où, suivant toutes les relations, la navigation n'était plus embarrassée par des Yellallas.

Le voyage par terre, à partir de N'Inga, du 1er au 10 Septembre, est le dernier effort de ces audacieux voyageurs ; tous y succombèrent, et nous n'avons plus que des indications sur cette partie du cours du fleuve.

A l'endroit où le Zaïre s'élargit comme un lac, la crue du fleuve se montra sensible pour la première fois, le 1er Septembre, à la fin de la saison des pluies. La richesse de la végétation offrit au botaniste de plus abondantes moissons qu'auparavant ; des essaims d'abeilles bourdonnaient autour des fleurs épanouies ; mais, la nuit, des fourmis sans nombre ne laissaient aucun repos aux voyageurs. On marchait dans des ravins formés par les eaux des pluies, et la route était fatigante et dangereuse ; dès le troisième jour, plusieurs tombèrent malades et furent forcés de s'arrêter. Sur le sommet de la *Bamba-Yanga*, ils rencontrèrent une caravane de marchands d'esclaves qui se rendaient de l'intérieur à Embomma ; elle était composée de

(1) Tuckey, Narrative, p. 196.

trente hommes, dont six avaient des mousquets ; tous les autres étaient chargés de cassave et de noix de terre, *ground nuts*. Ils donnèrent, par compassion, une partie de leurs provisions aux Européens affamés. Le troisième jour du départ de N'Inga, à midi, les Anglais atteignirent la *Sangalla* ou cataracte supérieure, entièrement semblable aux précédentes. Au-dessus de N'Inga, le Zaïre reprend bientôt une direction septentrionale (1). Au-dessus de cette Sangalla supérieure à l'endroit où le fleuve reçoit un affluent ou crique appelé *Condo-Yonga*, il tourne de nouveau au sud-est, et forme, suivant Tuckey, un grand coude ; il nous est impossible de ne pas reconnaître ici le cours en zig-zag que le Zaire est forcé de prendre pour traverser le bord occidental du plateau de la Haute-Afrique. A partir du Condo-Yonga, le Zaïre, dit Smith, prend l'aspect d'un lac scandinave (2). Les rives sont moins rocheuses et plus basses ; mais la contrée est toujours nue et sans arbres comme auparavant : le fleuve est enfermé dans des roches schisteuses. L'expédition trouva enfin deux canots pour passer le fleuve.

On reconnut que le Condo-Yonga était le vrai point de départ (3) d'où une expédition devrait poursuivre ses recherches sur le Zaïre. On trouve sur ses bords le bois nécessaire pour construire des bateaux et une position favorable pour y asseoir un camp. Ici, suivant l'observation de Smith, le sol s'étend en couches horizontales. Là commence un autre pays plus propre à la culture, mieux peuplé qu'auparavant et arrosé par un fleuve navigable.

Sur les rives s'élevaient des collines doucement inclinées ; on trouva là pour la première fois des roches cal-

(1) Tuckey, Narrative, p. 151, 203.

(2) Smith, Journal, p. 331.

(3) Tuckey, Narrative, p. 205. — Smith, Journal.

caires dont les habitans faisaient de la chaux : un grand nombre de villages étaient situés sur la pente des collines, et on n'apercevait plus, dans le lointain, de montagnes d'une grande hauteur; cependant, au nord et au nord-est, le pays était plus montueux, et s'élevait toujours de plus en plus au sud et au sud-est. Le quatrième jour du départ de N'Inga, on traversa une ville composée d'une longue rangée d'habitations situées le long du fleuve. Les habitans distingués portaient encore des vêtemens de tissus européens. Tuckey trouva les femmes aussi laides que celles de la Nouvelle-Hollande. Les voyageurs virent beaucoup de chiens (*paria dogs*), et le fleuve était rempli de poissons d'espèces entièrement inconnues. Les champs étaient ensemencés de maïs, et ils donnaient deux récoltes par an. Enfin, le 6 Septembre, on parvint à se procurer deux canots; mais chacun ne pouvait porter que huit hommes. Une partie de l'expédition fut donc forcée de voyager à pied, malgré que tous fussent accablés de fatigue. Le fleuve (1) était rempli d'alligators (de crocodiles de l'espèce de ceux du Nil, selon Barrow) (2), qui, souvent, s'élançaient après les femmes lorsqu'elles venaient puiser de l'eau. Les hippopotames y étaient en si grand nombre que les voyageurs en aperçurent dix à la fois au même endroit. Ils déchargèrent sur eux leurs armes à feu; mais les balles glissèrent sur leur peau.

Le Zaïre, large et calme comme un lac, présentait un aspect majestueux : le soir, on jeta l'ancre dans la magnifique baie de Covinda; mais on ne voyait pas encore sur le rivage des forêts d'arbres à haute tige. La pluie qui tomba pendant la nuit éleva de trois pouces le niveau du Zaïre. Le 7 Septembre, les voyageurs doublèrent une île charmante, située au milieu du fleuve et bordée de rochers

(1) Tuckey, Narrative, p. 210.
(2) Barrow, Gener. Observ., p. 359.

pittoresques de marbre cristallin; entre ces groupes de rochers, on apercevait des vallées couvertes de riches pâturages. Un canot sombra contre un écueil, et avec lui furent englouties toutes les marchandises, les ustensiles, les armes et beaucoup d'autres objets de première nécessité pour continuer le voyage. Il était impossible de se procurer de nouveaux canots.

On fut forcé de nouveau de continuer le voyage en partie par terre; on prit la route de *Masoundy*, sur la rive gauche, et pour cela il fallut passer le fleuve. Ce bord méridional du Zaïre est une contrée agréable; le sol y est beaucoup plus fertile qu'on ne l'avait trouvé jusqu'ici: cependant le pays porte en général le caractère d'un désert, et on n'y trouve pas encore d'arbres; on ne voit ici d'habitations que dans les interstices des montagnes. Le Zaïre a en cet endroit un mille géogr. de largeur, 4 à 5 milles anglais; mais les Nègres ne connaissent pas encore pour leurs canots l'usage des voiles.

En marchant sur la rive méridionale du fleuve, on rencontrait d'excellentes sources sur un terrain calcaire; le sol était fertile, couvert de plusieurs villages dont les maisons étaient plus grandes que sur le cours inférieur du fleuve. Mais on manquait toujours des choses les plus nécessaires à la vie; on ne pouvait obtenir aucun secours des naturels qui ne sont habitués à aucun travail, et à *Soundy-N'Sanga* (1) les guides refusèrent tout service. Les voyageurs désespérés montèrent sur une éminence d'où on découvrait le cours du fleuve pendant à peu près une lieue au sud-est. Aucun obstacle ne semblait plus s'opposer à la navigation et on manquait de tout pour l'entreprendre! On dressa la tente et ce fut, hélas! la dernière fois. Le 10 Septembre, les voyageurs épuisés de fatigues et d'efforts, malades de la fièvre, manquant de tout, furent forcés de

(1) Tuckey, Narrative, p. 211.

retourner promptement sur leurs pas. Très peu atteignirent l'endroit où stationnait le *Congo*, à l'entrée de l'étranglement du fleuve. La fièvre régnait en ce lieu, elle était produite par les exhalaisons des marais du Zaïre inférieur qu'apportaient les vents d'ouest. A peine survécut-il quelques témoins oculaires pour raconter la mort des infortunés et courageux voyageurs (1). Comme il ne restait presque plus de blancs, on fut obligé de louer quinze noirs pour monter le vaisseau de transport et descendre le fleuve. L'équipage du vaisseau qu'on avait laissé en arrière à l'embouchure du fleuve, se trouvant dans une toute autre température, au milieu de la région des bois où l'air est continuellement rafraîchi par les vents de mer, était resté dans un état sanitaire parfait : vivant au milieu de la plus grande abondance de fruits, de vin de palmier et de volaille, il put du moins recevoir et soulager ses infortunés compagnons.

Cependant le niveau des eaux du Zaïre s'était considérablement élevé. Le 1er Septembre il était déjà monté de quelques pouces au-dessus de N'Inga; le 17 il était monté de 7 pieds à son embouchure dans les bois de mangroves, sans que la vitesse de son cours fût pour cela augmentée. L'élévation la plus grande de ses eaux est de 8 à 9 pieds, et jamais elle ne dépasse 11 à 12 pieds (2). Comme tous les fleuves des tropiques, il a sa crue et sa décroissance, mais cette crue et cette décroissance sont très faibles comparées à celles de tous les grands fleuves. Le capitaine explique cet accroissement faible et progressif du Zaïre en supposant *qu'il est alimenté par les eaux d'un grand lac ou d'une suite de lacs situés bien loin au nord de l'équateur*. Le fait principal est probablement exact ; mais la seconde proposition « *situés bien loin au nord de l'é-*

(1) Tuckey, Narrative, p. 224.
(2) Ibid., p. 224.

quateur» que Barrow essaie d'expliquer (1), nous paraît trop hypothétique encore et elle ne peut être confirmée que par de nouvelles découvertes faites sur les lieux. Barrow voit dans cette proposition la preuve de l'union du Zaïre avec le Niger par le lac Wangara, mais on peut répondre à cette hypothèse : pourquoi le Zaïre n'aurait-il pas aussi ses propres lacs générateurs qui s'emplissent et se déchargent suivant les mêmes lois? pourquoi un fleuve de décharge qui sortirait du lac Wangara, presque égal en étendue à la mer Caspienne, serait-il ici si peu important et si faible? pourquoi ne donnerait-on pas au Zaïre un cours moins étendu qui s'accorde avec toutes les relations et les suppositions probables?

Si l'on veut poursuivre les recherches sur le Zaïre, l'expédition du capitaine Tuckey montrera qu'on n'atteindra jamais le but en partant de la mer pour remonter le fleuve. Barrow proposa de prendre au cap Vert des bêtes de sommes, des ânes et des mulets, et de transporter par terre toutes les choses nécessaires au voyage jusqu'à Condo-Yonga (2). Là, on achèterait ou on construirait une demi-douzaine de canots que les charpentiers changeraient au besoin en trois doubles barques. On poursuivrait le voyage partie par eau, partie par terre, à l'aide des bêtes de somme, et on éviterait ainsi les fatigues qui ont été la cause du malheur de cette expédition.

3e Eclaircissement.

Royaume et peuple du Congo.

Quoique les relations que nous possédons sur les habitans du Congo soient restées incomplètes, elles sont cepen-

(1) Barrow, Gen. Observ., p. 343-349.

(2) Ibid., p. 349.

dant d'une grande importance pour l'histoire des peuples africains. Le royaume de Congo n'est pas encore déterminé dans son étendue ; il est borné au nord par Loango, au sud par Angola : selon Tuckey (1), il traverse les terres le long de la côte, au-dessous de Malemba, et s'étend jusqu'à Banza-N'Inga ; mais son étendue au sud nous est demeurée inconnue. L'espace qu'il occupe dans les terres varie suivant l'issue des guerres avec les tribus voisines. Ce grand royaume est divisé en un certain nombre de petits états ou *Chenouships* ; ces états sont donnés comme en fief par un chef commun qui doit résider dans les terres, mais qui ne semble pas très connu. Ce souverain s'appelle *Lindy* ou *Blindy-N'Congo*, et il réside probablement à *Banza-Congo*, six jours de marche au sud du Zaïre inférieur. Là, dit-on, les soldats vivent avec des femmes blanches, et il y a une mission portugaise, sans doute Saint-Salvador, selon l'opinion de Barrow (2). Si l'on en croit les traditions des habitans (3) qui n'ont ni annales ni histoire, le Congo fut autrefois un puissant empire qui obéissait aux lois d'un seul chef : le souverain à sa mort partagea son royaume entre ses trois fils. L'aîné eut la partie supérieure du pays, située sur les deux rives du Zaïre jusqu'à Sangalla. Le second eut en partage la rive gauche *Blandy-N'Congo* ; l'autre la rive droite, *Banzey-N'Yonga*. Tuckey appelle ces deux états deux vice-royautés ; celui qui est situé sur la rive gauche et par conséquent au sud, est gouverné par le *N'Sandy N'Congo*, l'autre situé sur la rive droite, au nord, par le *N'Coucoula-Congo* : ces deux chefs résident tous deux dans l'intérieur du pays.

Les chefs de ces petits états, Chenou (Tjinou selon

---

(1) Tuckey, Narrative, p. 159.
(2) Barrow, Gen. Obs., p. 350.
(3) Tuckey, Narrative, p. 106.

Smith), portent à tort le titre de rois ; ce ne sont que des roitelets, *reguli*, des *caciques*, car le capitaine Tuckey traversa dans son expédition les états de six de ces princes. Leurs fiefs sont héréditaires et se transmettent par les femmes. A la mort d'un Chenou, ce n'est pas son fils, mais ses frères ou son oncle maternel qui lui succèdent. Son premier agent de commerce ou ministre s'appelle *mafouk*, c'est-à-dire marchand du roi ; le roi lui-même prend le titre de *grand-mafouk*. Les gouverneurs ou employés portent le titre de *mambella*, *mambon*, *macaya*, etc. Leurs résidences sont peu importantes ; Embomma, par exemple, n'a que 60 huttes et 500 habitans, Coulou (*Cooloo*) 100 huttes et 5 à 600 habitans, Inga 70 huttes et 300 habitans. Le Chenou d'Embomma possède 1,000 mousquets (1). Voici comment ce peuple fait la guerre. On incendie pendant la nuit les habitations de l'ennemi, on décapite les prisonniers et on brûle leurs corps ; avant les hostilités, les femmes sont envoyées dans l'intérieur des terres ; tous les hommes sont forcés de prendre les armes et ils marchent sous la conduite du frère du roi qui porte le titre de *Macaya*.

Le plus oriental de ces vassaux du Congo était le *Chenou* d'Inga. Au-delà de sa province, se trouvent les *Buschmens*, peuple que Battel, Lopez et d'autres Portugais citèrent avec horreur sous le nom de Giagga ou Schagga, comme cannibales et mangeurs d'hommes. Tuckey, dans son expédition, ne trouva aucune trace de leur barbarie. Ils ressemblent par leur caractère aux autres peuples nègres et sont généralement bons et hospitaliers.

Les habitans du Congo sont assurément, dit Tuckey, un peuple mélangé ; ils n'ont pas de physionomie nationale ; un grand nombre d'entre eux ont les traits des habitans du sud de l'Europe et descendent probablement des Por-

---

(1) Tuckey, Narrative, p. 225.

tugais. Cependant il y a peu de mulâtres parmi eux; mais ils sont moins noirs que les autres Nègres, leurs formes sont moins vigoureuses, moins accusées; ils sont de moyenne stature. On trouve encore chez eux des missions portugaises; à Noki, par exemple, situé dans les terres près des Yellallas, les Nègres ont gardé la croix, mais ils mêlent indignement ce signe sacré au culte des fétiches et forment ainsi un monstrueux assemblage d'idolâtrie et de christianisme. Au nord du fleuve (1) on ne trouve plus de missions portugaises, mais il y en a encore au sud. Presque tous les Nègres qui visitèrent les Anglais à bord de leurs vaisseaux au-dessous d'Embomma, se disaient chrétiens; ils portaient une croix suspendue au cou, savaient faire le signe de la croix et étaient couverts de reliques; leur savoir allait même jusqu'à lire les litanies et à écrire leur nom et celui de saint Antoine. Un d'eux qui se disait prêtre avait une femme et cinq concubines. Tels sont les avantages que ce peuple malheureux, corrompu par les marchands d'esclaves européens et par de grossiers matelots, abusé par les missionnaires, a retirés d'un commerce de trois siècles avec les nations civilisées. Que n'auraient pas fait dans un tel espace de temps, pour ces peuples si bien disposés et si bons, des hommes qui auraient vraiment compris la mission civilisatrice? Les habitans de ce grand marché d'esclaves avaient pris dans leurs manières la courtoisie portugaise; mais leur culture était toute extérieure; ils étaient tous adonnés au vagabondage et à l'ivrognerie, tous plongés dans la crapule et la débauche; sur les côtes du nord, au contraire, où étaient situés les comptoirs français, régnaient du moins quelque ordre et quelque moralité. La contrée située sur le Zaïre inférieur n'offrit jamais aux Anglais une image consolante sur laquelle ils pussent reposer leurs yeux avec joie.

(1) Tuckey, Narrative, p. 163.

Le commerce des esclaves apporte avec lui les semences de la plus hideuse corruption. Les plus grands obstacles qui s'opposent à la civilisation de l'Afrique, dit Tuckey, c'est la difficulté de communication qui résulte de la nature du sol et de la rareté de grands cours d'eau dans ce pays (1). La suppression du commerce d'esclaves, quoique ne changeant en rien l'état de l'esclavage domestique, aurait du moins pour résultat de rendre les communications plus sûres à l'intérieur et de préserver les étrangers et les voyageurs du danger d'être enlevés dans la route. C'est là la cause qui s'oppose encore à tout rapprochement des nations et qui produit les guerres continuelles dont ce pays est désolé, car elles ne sont entreprises que pour faire des prisonniers et par conséquent des esclaves; de là vient encore que les habitans d'un village sont inconnus aux habitans du village voisin et qu'ils ne peuvent s'unir entre eux. Les habitans du Congo ne connaissent pas même les routes qui conduisent chez leurs voisins. Ils ne pouvaient donner aucune indication géographique; tous leurs moyens de communication se réduisent à des messagers qui vont d'une *Banza* à une autre.

Presque tous les esclaves que l'on vend sont enlevés sur les routes ou pris à la guerre; quelquefois, mais rarement, ce sont des criminels dont le châtiment est d'être vendus; on ne trafique jamais des esclaves domestiques (2). Le commerce d'esclaves n'est plus très actif sur le Zaïre; les deux plus grands marchés sur la côte occidentale de l'Afrique sont aujourd'hui le Golfe de Guinée au nord du Zaïre, et Loango et Benguela au sud. A l'arrivée de Tuckey, tous les Mafouks étaient très disposés à faire la traite. Les grands désiraient tous qu'elle fût maintenue, parce qu'elle est pour eux la source de leurs plus forts revenus, mais

(1) Tuckey, Narrative, p. 196. — Barrow, Gen. Observ., p. 367.
(2) Tuckey, Narrative, p. 162.

le peuple souhaite ardemment de la voir abolie. Jusqu'à présent on a peu fait encore pour l'abolition de l'esclavage par la suppression du commerce d'esclaves ; on ne peut prévoir les résultats immédiats et prochains d'une telle mesure sur l'état des Nègres, car un usage qui a déjà duré trois siècles peut se prolonger encore. Quoique la suppression du commerce d'esclaves faciliterait puissamment la marche de la civilisation, ce n'est pas cependant le seul moyen d'apporter ses bienfaits aux nations africaines ; cela ne peut se faire, selon Tuckey, que par un bon système de colonisation, et il cite pour exemple la colonie du Cap. Le Zaïre et surtout l'île située au-dessus d'Embomma offrirait un point favorable pour fonder une colonie destinée à répandre au loin la civilisation et ses bienfaits. Embomma est, il est vrai, le principal marché d'esclaves pour les Européens sur le Zaïre ; mais, en elle-même, cette résidence est peu importante. Les maisons ne sont que des huttes de gazon ; les chefs seuls ont des habitations fixes couvertes de feuilles de palmier et renfermant une espèce de cour. Les habitans, en général, sont pauvres, presque nus, et savent à peine cultiver la terre ; ils n'ont que de mauvais instrumens et manquent des choses les plus nécessaires à la vie.

Les habitans du Congo ont le caractère commun à tous les Nègres : ils sont naïfs et bons ; cependant ils semblent appartenir aux races nègres les moins favorisées, et leurs dispositions naturelles ont encore été perverties par les Européens. Ils sont d'une indolence, d'une paresse extrêmes : les nombreuses missions catholiques qui, au seizième et au dix-septième siècles, vinrent d'Espagne, du Portugal et de l'Italie, dans le sud de l'Afrique et dans le Congo, ont été complétement stériles pour le bonheur et la civilisation de ces peuples.

Cependant les traits généraux du caractère de ce peuple sont : la loyauté, l'hospitalité et un vif sentiment de compassion pour les souffrances humaines ; ils ont eu l'occasion de donner des preuves de cette précieuse qualité lors de la fin malheureuse de l'expédition de Tuckey.

Le fétichisme est encore un des traits caractéristiques de cette nation comme de tous les peuples nègres. Chaque Congo a un fétiche qui lui est propre, quelques-uns ont jusqu'à une douzaine de ces lieux protecteurs et tous portent le nom portugais *Feitiço*. Ce fétiche a une puissance sans bornes ; il protège contre le tonnerre, contre les bêtes féroces, contre le poison. Aussitôt qu'il devient impuissant, on le jette de côté avec mépris. Semblable au *Tabou* des habitans des îles du Sud, il peut rendre tout autre objet fétiche ou sacré. A l'aide du fétiche on découvre facilement le voleur ; car sa puissance s'étend sur tout. C'est le moyen le plus facile dont se servent les prêtres pour abuser le peuple. Outre ces dieux privés, il y a de grands fétiches, comme par exemple le rocher fétiche, génie protecteur du fleuve. Nous avons parlé plus haut des figures fétiches faites de bois ou de pierre, telles que Tuckey en vit dans la salle d'audience d'Embomma (1) et qui lui rappelèrent les antiques figures étrusques au nez aquilin ; à l'étranglement de Soundi où habitent beaucoup de pêcheurs, on trouve plusieurs figures faites de sable ou de cendre détrempés et durcis au feu, sculptures informes dues à l'art des prêtres de Noki et vénérées comme fétiches. Le lieutenant Hawkey les a reproduites dans ses dessins.

Les Congos ont un pressentiment obscur d'une vie future après la mort ; ils ont aussi l'idée d'un bon génie : *Zamba M'Pouanga* (2) et d'un mauvais esprit : *Cadi M'Pimba* ; mais ils craignent beaucoup plus leurs fétiches qui sont plus près d'eux.

---

(1) Tuckey, Narrative, p. 106, 380, et les dessins.

(2) Ibid., p. 214.

Ils montrent la plus grande vénération pour les morts; ils poussent des lamentations de douleur, enveloppent le cadavre dans différentes étoffes, le laissent ainsi dessécher, puis ils l'enterrent dans une fosse profonde; ils y plantent des arbres, des arbrisseaux et des fleurs, et l'entourent de fétiches.

Nous ne savons que très peu de chose des habitans orientaux du Congo, les *Buschmens* (1) si maudits jusque-là par les voyageurs, race tout-à-fait différente de celle du Cap; cependant nous en savons assez pour voir la fausseté de tout ce qu'on a dit d'eux. Leur pays est plus peuplé que la côte; toutefois ce peuple est toujours peu nombreux en comparaison de l'espace qu'il occupe, et il ne cultive que la centième partie des terres. Le froment et les légumes de l'Europe ne viennent que sur les hauteurs. Le bord du fleuve est habité par un grand nombre de pêcheurs qui y ont élevé des huttes ou banzas. Le plus grand de ces villages, *Banza-Coulou* (*Cooloo*) n'avait pas plus de 300 habitans, et encore les deux tiers se composaient des femmes et des enfans. Les femmes allaient presque nues, elles n'étaient vêtues que d'une espèce de tablier attaché aux hanches. Les hommes portaient des nattes de jonc pour vêtemens. Ils montraient la plus grande curiosité à la vue des blancs qui leur étaient inconnus, et ils les appelaient *Moudele*. Ils ne montraient aucune crainte en leur présence, et leur présentaient la main avec confiance. Ils vendent les femmes, mais il ne les offrent pas aux étrangers pour en jouir comme le font les habitans d'Embomma. Ils se peignent le corps avec de la couleur d'ocre, et se font sur la peau de profondes incisions; comme tous les Nègres, ils se liment les dents en forme de scie.

Nous avons encore à faire quelques observations sur

---

(1) Tuckey, Narrative, p. 158, 162, 182.

leurs langues dont Tuckey a donné un vocabulaire (1). On ne savait presque rien autrefois de la langue parlée sur le Zaïre ; le peu de mots que l'on possédait indiquait seulement une grande affinité entre les langues de Loango et de Congo qui ne diffèrent entre elles que comme les dialectes d'un même idiome. Le fameux philologue Marsden ayant appris la langue de Mozambique d'un esclave de ce pays, observa le premier que cette langue a un grand nombre de racines communes avec celle des Cafres à l'est et celles des Congos à l'ouest de l'Afrique. Cette ressemblance de langage à de si immenses distances est un fait très remarquable, lorsque, dans des pays fort peu éloignés, quelquefois même dans les mêmes districts, on trouve une si grande différence de langues, par exemple, entre l'idiome de Malemba au nord du Zaïre, celui d'Embomma et celui d'Inga, qui, d'après le vocabulaire de Tuckey, diffère entièrement des deux précédens.

Ces vocabulaires prouvent incontestablement, poursuit Marsden, une intime affinité entre les races des côtes orientales et occidentales de l'Afrique, quoiqu'elles soient séparées par toute la largeur de cette partie du monde, c'est-à-dire par une distance de 30° de long. au moins. Le vocabulaire de Tuckey s'accorde parfaitement avec les anciennes collections de mots de la langue des Congos ; ces mots correspondent exactement avec ceux de la langue parlée à Angola et Loango, seulement la prononciation des labiales est différente. Ils ont aussi de l'analogie avec ceux de la langue des *Camba* sur la côte occidentale et avec celle des Mandingo dont le vrai nom, suivant Marsden, est *Mandongo*. Cette affinité est si grande que tous

---

(1) Voyez Vocabulary of the Malemba and Embomma linguage, dans Tuckey, Narrat., Append., I, p. 391, et Barrow, Gen. Observ., p. 385 et suiv.

ces peuples se comprendraient probablement entre eux ! Cette merveilleuse uniformité nous étonne quand nous comparons l'état de ces langues avec celles des autres parties du monde !

Malgré l'affinité qui se manifeste dans leurs langues, continue Marsden, les deux branches de peuples qui habitent, l'une les côtes orientales, l'autre les côtes occidentales de l'Afrique, doivent être regardées aujourd'hui comme deux peuples différens. Toutefois la comparaison des mots qui servent à désigner dans ces langues les idées les plus communes, prouvent que les nations qui les parlent descendirent aux premiers âges du monde d'une seule souche commune.

CHAPITRE TROISIÈME.

CÔTE AU NORD DE L'ÉQUATEUR. GUINÉE SEPTENTRIONALE.

§ 15.

A partir de l'intérieur du golfe de Guinée, sous l'équateur, la côte d'Afrique ou la Guinée centrale que les navigateurs anglais appellent aussi la côte de *Leeward*, s'étend, dans une direction opposée à la côte de Congo, de l'est à l'ouest, jusqu'à Sierra Leona, et comprend un espace de 20 degrés ou 300 milles géographiques à peu près. Ce pays parfaitement plan et uni ne rappelle en rien le plateau africain. Cependant les voyageurs prétendent avoir remarqué, sur plusieurs points de cette côte, quelques prolongations d'un plateau; peut-être parviendra-t-on plus tard à expliquer leur cohésion avec l'intérieur de l'Afrique; jusqu'à présent nous ne pouvons les citer que comme des fragmens isolés, sans liaison connue avec le grand corps africain.

1er Eclaircissement.

Plateau des Ambos.

Ce plateau, que les Espagnols appellent *Alta Terra Ambosi*, est situé sous le 4° de lat. septentrionale au fond du golfe de Guinée, entre le fleuve des Kamarones et le fleuve del Rey. Les navigateurs en ont comparé l'élévation à celle du pic des îles Canaries (1). L'intérieur du pays nous est absolument inconnu. Les Hollandais seuls font quelque commerce sur la côte. Un peu plus au sud, sur les bords du fleuve Gab-Boun, les Anglais vont chercher le bois de sandal (2) (*Pterocarpus santalines*), espèce d'arbre que nous avons vu sur la haute terrasse des Anziko.

Les contrées du fleuve Gab-Boun, Gaboun ou Gabon nous sont connues par les relations d'un témoin oculaire (3), M. Bowdich, qui les visita il y a quelques années. Les renseignemens que ce voyageur nous donne s'étendent aussi sur l'intérieur du pays; bien qu'il soit permis de mettre en doute leur authenticité, puisqu'ils ne se fondent en partie que sur les rapports des marchands d'esclaves, nous les croyons cependant dignes d'attirer un instant notre attention.

L'embouchure du fleuve que les habitans appellent *Aroenga*, les Anglais *Gaboun*, n'est pas située, comme on l'a cru jusqu'à présent, immédiatement sous la ligne, mais un peu plus au nord, au 0° 30' lat. et au 8° 42' long. est de Gr. A son embouchure, le fleuve a 18 milles anglais de largeur; immédiatement au-dessus, il reçoit les eaux

(1) Dapper, Beschreibung von Africa. Amsterdam, in-fol., 1670, fol. 501.

(2) Isert, Reise, p. 149.

(3) T.-Edw. Bowdich, Mission from cape Cast Coastle to Ashantee, etc. London, 1819, in-4°.

de plusieurs *crecks* ou rivières de la côte, et à 5 milles géographiques de la côte il forme deux îles d'une étendue assez considérable que les naturels appellent *Embeni* et *Dambi*. Les Portugais qui y possédaient autrefois un petit fort (1) les nommaient *l'île des Perroquets* et *l'île du Roi*. L'une d'elles est très bien cultivée, l'autre sert de station pour radouber les vaisseaux. A 8 milles géographiques de là, le *Gabon* se sépare en deux bras; tous deux ont d'une lieue à une lieue et demie de largeur, et appartiennent au nombre de ces larges embouchures entre le fleuve de Congo et le Rio Volta qui, comme *l'Amgra*, le *Del Rey*, le *Formosa* et le *Lagos*, demandent à être explorées plus exactement, avant qu'on puisse admettre avec Maxwel et Mungo-Park que le Zaïre ou fleuve du Congo est le cours inférieur du Niger (2).

Bowdich qui fut forcé de séjourner deux mois sur le Gabon, recueillit les renseignemens qu'il nous transmet, de la bouche même du chef du pays et des marchands d'esclaves à *Naœngo* où est situé *Georges Town*, marché d'esclaves sur ce fleuve. Georges Town, à 45 milles anglais ou 9 milles géographiques de l'embouchure du fleuve, fait partie d'*Empoœngwa*, petit pays situé entre les deux bras du Gabon qui prend ici le nom d'*Aroœngo*. A deux journées de là, dans l'intérieur, le fleuve sort d'un pays de montagnes qui fait sans doute partie du plateau des Ambos. Il est habité par les *Kaylis*, peuple que les habitans des rives du Gabon regardent comme des cannibales et des anthropophages qui mangent leurs prisonniers et leurs propres enfans. Il serait imprudent de s'approcher sans armes de leur pays sauvage couvert de forêts et de

---

(1) Bowdich, Sketch of Gaboon in the Account, ch. XIII, p. 422.

(2) Les hypothèses de Maxwel et de Mungo-Park ont été complétement détruites par les voyages postérieurs de Clapperton et des frères Lander. Voyez 2e vol., NIGER. (M. D. J.)

montagnes. Les Kaylis ont beaucoup d'habilité pour travailler le fer; ils savent aussi très bien tresser les bambous, en faire des nattes et d'autres objets.

Au dire du chef du *Naœngo*, les fleuves se ramifient d'une manière singulière dans l'intérieur du pays (1). En remontant le Gabon, on arrive à un fleuve beaucoup plus considérable encore, l'*Ogooœwai* qui ne communique avec ce dernier que par une branche latérale. Il se sépare, au sud, du Gabon, en deux grandes branches qui toutes deux vont se jeter dans l'Océan. L'Ogooæwai est très large, rapide et beaucoup plus profond que le Gabon; sur une étendue de vingt journées de marche, ses bords son bien cultivés et partout couverts de villages et de petits royaumes. Jusqu'à Okansi on ne rencontre nulle part de peuples cannibales. Le chef de *Naœngo*, qui avait visité ces contrées, n'y avait trouvé ni Mahométans, ni Maures; jamais un blanc n'avait été vu dans ces pays qui ne renferment que de très petits états. Enfin, on prétend que le fleuve d'Ogooæwai sort du *grand Wole*, à 40 journées d'Empoœngwa. D'après la description qu'on lui en fit, Bowdich prit ce grand Wole pour le *Quolla*, ou *Koulla* de l'intérieur, ou pour une partie du système du Niger; suivant les mêmes données, le Wole détache encore un autre bras à l'ouest, le *Moœhnda*, qui se jette dans le golfe de Guinée, au nord du Gabon, à 6 journées de Naængo. De cette manière, le Gabon ne serait, dans ce vaste Delta, qu'un fleuve latéral, entre les deux grands bras du Wole, au sud et au nord.

Le bras du sud, ou l'*Ogooœwai* méridional, ne coule pas directement vers la mer, mais il se sépare en deux bras (2) : celui du nord, appelé *Assazi*, moins grand que l'autre, se jette, à l'ouest, dans la mer, près du cap

(1) Bowdich, ibid., p. 428.

(2) Bowdich, ibid., p. 432.

Lopez ; l'autre, aussi large que le Gabon, coule à travers le pays de *Tanyan*, et de là va se joindre au Congo, 10 journées de marche au-dessus de son embouchure. Il paraîtrait ainsi que les deux fleuves se rencontrent dans les cataractes, au-delà des bords qu'a visités le capitaine Tuckey, car, dans son trajet sur le Zaïre, ce voyageur ne rencontra aucun affluent de cette nature. Les renseignemens que Tuckey parvint à se procurer du chef de Mavonda (1), font mention d'un grand affluent du Congo, venant du nord-ouest, et que Bowdich reconnaît pour être l'Ogooæwai. Cette réunion des systèmes du Congo, du Gabon et du Niger, s'il est vrai qu'elle existe, est en effet très remarquable ; le Nouveau-Monde nous offre un phénomène semblable dans l'Orénoque, le Cassiquiare, le Rio Negro et le fleuve des Amazones. Peut-être que bientôt de nouvelles découvertes viendront confirmer ces merveilleux rapports des fleuves d'Afrique entre eux. La contrée du Gabon ressemble absolument à celle du fleuve de Congo. Pendant le séjour de Bowdich sur le Gabon, 6 vaisseaux négriers entrèrent dans ce fleuve, et on en signala le long de la côte, jusqu'au fleuve de Congo.

Mayoumba, ou *Jomba* est, comme nous l'avons dit plus haut, le principal marché de ces pays, et le commerce d'esclaves, quoique proscrit depuis long-temps, y est encore en pleine activité. Maxwell (2), qui visita bien des fois ces côtes, cite parmi les pays situés derrière ce littoral et qui produisent le plus grand nombre d'esclaves, *Kongo* et *Mayoumba*, à 15 journées au nord d'Embomma, pays boisé et couvert de forêts de cannes à sucre ; *Mandingo* et *Yacka*, ou *Mayacka*. Le transport d'esclaves ne

---

(1) Tuckey, Narrative, p. 178.

(2) Will. Brown, Account of the Correspondence between Mungo-Park and M. Maxwell respecting the identity of the Congo and the Niger ; in Edinburgh phil. Journ., 1820, III, p. 102-108.

se fait pas par eau, mais par terre. Comme il n'y a dans ce pays aucune espèce de bêtes de somme, ni chevaux, ni bœufs, ni ânes, on n'y trouve pas non plus de routes frayées. Les sentiers sont très difficiles et les communications avec l'intérieur pénibles et dangereuses. Il est étonnant que les voyages par terre étant si difficiles, la navigation ne se soit pas plus développée dans une contrée arrosée par tant de fleuves et où tous les rivages sont couverts de peuplades et d'habitations. Dans les embouchures du Gabon, comme sur la vaste étendue du Congo, les bateaux ne sont que de mauvais canots, petits, mal construits incommodes pour le transport.

Dahomey. — Sous le méridien de *Whydah* (20° de long. est de l'île de Fer), la côte plane sablonneuse, coupée seulement par quelques fleuves, entre autres par le Lagos et quelques petits marais, s'élève toujours insensiblement, sans montagnes ni collines, de la baie de Benin jusqu'à 30 milles géographiques à l'intérieur (150 *miles*). Norris (1) n'entendit jamais dire qu'il existât, même au-delà de cette distance, des chaînes de montagnes tant soit peu considérables. Aussi loin que porte la vue, on aperçoit partout, depuis la côte, d'immenses savanes d'où s'élèvent quelques groupes d'arbres isolés et surtout des palmiers. Le pays est fertile et très bien cultivé; on n'y voit pas de pierres, même de la grosseur d'une noix.

Dans son voyage à Abomey, Norris arriva, le soir de la seconde journée, à la forêt d'*Agrimi*, qu'il décrit comme très difficile à passer; tout-à-fait impraticable dans la saison des pluies, elle est toujours très dangereuse dans les autres temps, à cause des bêtes féroces qui la parcourent sans cesse. Il faut cinq heures pour la traverser; neuf heures plus loin, on arrive à Abomey, résidence du roi de Daho-

(1) Arch. Dalzel, History of Dahomey, p. 107-118.

mey. Nous ne savons rien de la nature de l'intérieur du pays. Les Dahomeys ne nous sont connus que par une ambassade anglaise qui pénétra dans l'intérieur de leur pays. Ce peuple belliqueux descendit autrefois sur les côtes, et les dévasta entièrement. Avant leurs invasions, le littoral était très peuplé et bien cultivé. Les habitans d'*Ardrah*, sur la rive occidentale du Lagos inférieur, avaient même une écriture particulière, semblable aux *quippos* des Péruviens, à l'aide de laquelle ils correspondaient entre eux. Le peuple de Dahomey n'entretient des relations ni avec les Européens ni avec les Nègres Mahométans ou Maures; il a dans ses institutions quelque chose de primitif et d'original où semblent se trouver en germe les idées qui se sont développées chez les anciens Egyptiens, les Lacédémoniens et les Hindous (1). On trouve chez eux un singulier assemblage de barbarie et de civilisation, de cruauté et de nobles sentimens. Les Dahomeys sont graves, actifs, hospitaliers et généreux envers les étrangers. Pour leur bravoure, leur sang-froid et leur fermeté, on pourrait les comparer aux anciens Spartiates. Ce que la loi était pour le Lacédémonien, le roi l'est pour les peuples du Dahomey; ils sont sa propriété, sa chose, et se reconnaissent tous pour ses esclaves. C'est pour lui qu'ils vivent; c'est pour lui qu'ils combattent et meurent dans les batailles; ses ordres sont exécutés avec une obéissance aveugle et fanatique. Tous les nouveau-nés appartiennent au roi, comme le fruit du troupeau au propriétaire. Les enfans sont arrachés à leurs parens, et reçoivent une espèce d'éducation publique. Le gouvernement est le despotisme dans toute sa pureté primitive. L'absolutisme ne reçoit nulle part une application aussi sévère. Les habitans

---

(1) John Leyden, Historical account of discoveries and travels in Africa enlarged, etc., by H. Murray. Edinburgh, 1817, II, p. 297.

du Dahomey reconnaissent à leur roi, comme un droit divin, celui d'exercer sur eux les plus terribles cruautés. Voici sa devise : « Le roi marche dans le sang depuis son trône jusqu'à son tombeau ; et, chaque année, il arrose de sang humain les tombeaux de ses ancêtres. » C'est un crime de lèse-majesté de soutenir que le roi de Dahomey est mortel comme les autres hommes, qu'il mange, boit et dort. En prenant possession du trône, le nouveau monarque déclare qu'il ne connaît personne et qu'il ne fera aucune nouvelle connaissance, que sa seule et unique occupation sera de maintenir la justice. Il a le monopole des femmes : on n'en peut obtenir qu'en offrant au roi 20,000 *cauris;* encore faut-il pour cela se jeter dans la poussière devant la porte de son palais. Les bardes de la cour chantent les exploits du roi et ceux de ses généraux ; et, dans les grandes solennités, ces rapsodies durent souvent plusieurs jours. Le fétiche des Dahomeys est le tigre. Ils répondirent aux Européens qui leur en demandèrent le sujet : « Il faut bien nous en contenter, car ce dieu meilleur qui a tant donné aux blancs ne s'est pas encore révélé à nous. » Dans la première moitié du dix-huitième siècle, les Dahomeys étaient belliqueux et conquérans. Le roi était accompagné, à la guerre, d'une garde de femmes commandées par une amazone et tout aussi belliqueuses que les hommes. *Gouadja-Troudo*, le grand conquérant des Dahomeys, occupa Whidah, Ardrah, Torri, Didouma, Ajirah, Jacquin. Insensible au malheur des vaincus, il fit dévaster tous les pays conquis. L'époque des conquêtes se termine à sa mort qui eut lieu en 1731. Son nom est demeuré sacré dans le pays, et les Nègres ne jurent que par lui. Ses descendans, incapables de soutenir sa renommée et de continuer ses exploits, sont rentrés dans l'oubli.

Avant-terrasse d'Aquapim. — A l'ouest de Whydah,

le Rio Volta se jette dans la mer, non loin de la limite de la côte des Esclaves. Isert (1) rapporte qu'on aperçoit une grande chaîne de montagnes se dirigeant du rivage de la mer vers l'intérieur. Couverte de forêts jusqu'à son sommet, elle forme un fond magnifique au tableau qui se déroule sous les yeux du voyageur.

Après un jour de marche, à partir de la côte, sur la rive ouest du Rio Volta, on arrive, le soir même, au pied de cette chaîne de montagnes qui n'est composée que de roches primitives. Un chemin pénible et peu frayé conduit, pendant une journée, à travers ces montagnes couvertes de forêts, où la nature prend un tout autre caractère. Le terrain sablonneux qui distingue la terrasse littorale d'Akra disparaît à *Abodi*, premier village des Nègres montagnards, situé à 8 milles de la ville littorale *Christiansborg*. Un chemin très court conduit, pendant une petite journée, à travers cette chaîne de montagnes qui prend la forme d'une haute plaine très fertile, jusqu'à Aquapim, résidence du *kabosir* ou souverain. Toutes les routes conduisant d'Akim et d'Assianthe à la terrasse littorale viennent se réunir dans ce chemin ; c'est en même temps la route principale par où les Nègres des montagnes se rendent à la côte.

Le pays montagneux d'Aquapim est une contrée délicieuse, accidentée par des montagnes, des rochers et une grande quantité de sources qui manquent absolument à la côte : la végétation y est tout autre (2) ; les palmiers de la terrasse littorale ont disparu, mais le ciprier (le palmier dont on tire du vin) et l'*avoira* de Guinée (*elais guineensis*) y croissent en abondance. On ne trouve plus ici d'éléphans. Le climat qu'on pourrait comparer à celui d'Italie est sain

---

(1) P.-E. Isert, Neue Reise nach Guinea in den Jahren 1783-1787. Berlin, 1690, p. 228.

(2) Ibid., p. 231.

et très tempéré ; l'air qu'on y respire est bienfaisant et pur, comparé à la chaleur étouffante des côtes ; aussi les Nègres de ces montagnes sont-ils bien différens de ceux des côtes. Plus noirs que ces derniers, ils sont d'une belle taille, très agiles, actifs et laborieux, hospitaliers, prévenans, doux et honnêtes. Malheureusement, c'est ici que s'est terminé le voyage d'Isert.

On doit considérer la contrée d'Aquapim comme la première élévation ou l'avant-terrasse des pays de montagnes plus élevés, situés au nord, et sur lesquels on nous a communiqué, dans ces derniers temps, quelques traditions très détaillées. Isert trouva les habitans de cetteterras se d'Aquapim dans l'état primitif de bonheur et d'innocence et en possession des biens les plus précieux de la nature. Isert, voulant fonder une colonie au nom du gouvernement danois, avait choisi une île du Rio Volta pour siége du nouvel établissement ; mais, voyant que les naturels s'opposaient à son projet, le philanthrope voyageur se rendit dans les montagnes d'Aquapim, et choisit un pays appartenant au roi des *Aquamboens* qui, jadis très puissant, ne possède plus aujourd'hui qu'une contrée de peu d'étendue à l'est d'Akim. Isert établit sa colonie dans une contrée très salubre, mais peu favorable au commerce, 12 milles géogr. au-dessus d'Akra, à une égale distance du rivage occidental du Rio Volta, qui est navigable jusqu'à la hauteur de la colonie, et à 6 milles géogr. du *Pony*, petit fleuve où l'on navigue avec des canots. Cet établissement sera à jamais fameux ; car c'est là qu'Isert rassembla, en 1792, les premiers Nègres affranchis au nom du gouvernement danois, et les fit instruire par des Européens. Des colons allemands y introduisirent les premiers l'usage de la charrue (1). Le botaniste colonel Roer

(1) Wadstrœm, Essay on colonisation. Lond., 1794; II, p. 175. — Rœmer, Nachrichten, p. 91.

s'y rendit après la mort d'Isert. Flint, successeur du noble et généreux fondateur de cette colonie, en établit une seconde plus près d'Akra ; il était accompagné de sa vertueuse sœur qui s'était chargée d'apprendre aux Négresses à filer le coton et à faire d'autres ouvrages de femme. Nous déplorons de ne pouvoir donner aucune nouvelle sur les progrès et l'état actuel de ces établissemens qui font tant d'honneur à l'humanité.

2e Eclaircissement.

Côte-d'Or, d'après les dernières relations.

Depuis la découverte de ce littoral par les Portugais jusqu'à nos jours, l'or et le commerce d'esclaves y ont seuls attiré les Européens ; aussi ne possédons-nous que très peu de documens scientifiques sur la nature et l'ethnographie de ces contrées qui, toutes, sont gouvernées par un nombre infini de petits despotes jaloux les uns des autres. Nous sommes redevables du peu de connaissance que nous avons de ce pays, en partie aux voyageurs dont il a été question dans les pages précédentes, et en partie aux recherches qui furent provoquées par la compagnie anglo-africaine. H. Meredith, qui y séjourna long-temps en qualité d'officier et ensuite de gouverneur de Winnebah, et Bowdich (1), qui fut envoyé comme ambassadeur à la cour d'Ashanti, nous ont donné les meilleures relations sur la situation toute nouvelle des peuples et des états de la côte. Meredith surtout s'efforça de démontrer (2) que,

(1) T.-Edw. Bowdich, Mission from cap Coast-Castle to Ashantee with a statistical account of that kingdom and geographical notices of other parts of the interior of Africa. London, 1819, in-4°.

(2) H. Meredith, member of the council and governor of Winnebah fort, an account of the Gold Coast of Africa with a brief history of the African company. London, 1812, in-8°, Introduct., p. IV.

par la bonté de son sol et la salubrité du climat, la Côte-d'Or de Guinée l'emporte de beaucoup sur les Indes occidentales, et qu'une colonie établie dans cette contrée serait d'un immense avantage pour l'Angleterre. Le sol est régulièrement arrosé toute l'année; les vents de terre et de mer rafraîchissent alternativement l'air de leurs brises, et l'harmonie du climat n'est jamais troublée par ces ouragans terribles qui, dans les Indes occidentales, détruisent en un instant les plantations. La terre, surtout, à quelque distance du rivage, est beaucoup plus fertile, plus propre à la culture que cette contrée coupée dans tous les sens par les torrens qui descendent des montagnes. Les plantations, une fois établies sur la Côte-d'Or, récompenseraient largement les travaux des cultivateurs; les produits indigènes, les plantes de toute espèce qui couvrent les vallées, les métaux des montagnes feraient encore de ce pays l'un des plus riches et des plus fertiles de la terre.

Toute cette côte porte généralement le nom de *Côte de Guinée* depuis la construction du fort Elmina (1) par les Portugais, parce que le roi de Portugal prenait alors le titre de *seigneur de Guinée*. Elle s'étend indéfiniment; et, suivant l'opinion ordinaire, elle commence à l'ouest du cap Palmas, au 10° de longitude est de l'île de Fer; la Côte-d'Or n'en est qu'une partie. Suivant Meredith (2), cette dernière commence 20 milles marins anglais à l'ouest du cap Apollonia, et s'étend, à l'est, jusqu'à Akra, entre le 4° 40' et le 5° 40' lat. nord, comprenant ainsi un espace de 52 milles géogr. en longueur. Bowdich lui donne une plus grande extension à l'ouest et à l'est (3), et pense qu'elle comprend bien un espace de 70 milles géogr. depuis le fleuve d'Assini jusqu'au Rio Volta.

(1) H. Murray, Hist. account, V, p. 63, d'après De Barros, Asia, III, S.
(2) H. Meredith, ch. I, p. 2.
(3) Bowdich, Mission, etc., p. 216.

La côte, vue de la mer, présente l'aspect d'une grande forêt non interrompue, terminée par un pays montueux (1) dont les élévations avancées sont couronnées de groupes d'arbres. Les vallées sont fertiles et bien cultivées; le long de la côte, aussi loin que s'étendent les possessions européennes, le sol est d'abord sablonneux et couvert de cailloux; mais plus on avance dans le pays, plus il devient fertile, et à un mille de la côte, il offre déjà la végétation la plus riche et la plus variée. Les côtes d'Afrique depuis l'Egypte jusqu'au Maroc, et de là jusqu'au Cap, sont généralement couvertes d'un sol aride et sablonneux, à l'exception de la Côte-d'Or et du Delta du Nil, contrées que Meredith met au nombre des plus fertiles de la terre. Dans l'intérieur, le sol est pendant toute l'année plus humide, plus fécond qu'on ne le suppose ordinairement; les vallées s'étendent dans toutes les directions et les cours d'eau qu'elles contiennent arrosent abondamment le pays et forment souvent même des marais; dans d'autres contrées, d'épaisses et impénétrables forêts antiques et vierges couvrent encore de leur ombre séculaire une immense étendue de pays.

Le climat est moins ardent (2) que dans le voisinage du grand désert de Sahara au Sénégal et sur les côtes escarpées de Sierra Leona. Meredith trouva, entre le 5° et le 6° de lat. nord, le climat tempéré des tropiques. Le même voyageur rapporte qu'au mois de Décembre, époque où le soleil est le plus éloigné du tropique, le thermomètre s'élevait jusqu'à 93 degrés de Farenh. sur les bords du Sénégal (16 lat. nord), et jusqu'à 98 degrés à Sierra Leona (8° lat. nord); au Cap Coast-Castle qu'on regarde comme le point le plus chaud de la Côte-d'Or, le thermomètre varie ordinairement entre 85 et 95 degrés de

(1) Meredith, Account, p. 18.
(2) Meredith, Account, p. 2.

Fahr.; suivant Meredith, il ne s'éleva qu'une seule fois à 95 degrés. Dans les contrées de l'est, la chaleur dépasse rarement 87 degrés; à Winnebah elle diminue sensiblement depuis le mois de Juillet au mois de Septembre; dans cette saison, le thermomètre ne monte jamais au-delà de 78 degrés de Farenhr; souvent il descend au-dessous de 74°. Comme dans toutes les contrées situées sous les tropiques, on ne connaît ici que deux saisons (1), la saison sèche et la saison humide; la seule différence qui distingue cette côte c'est que la saison humide revient deux fois par an, à la fin de Mai et à la fin d'Octobre.

Les Européens ne possèdent que quelques forts sur la côte, dans la partie la moins fertile de ce beau pays; à l'exception de la généreuse tentative d'Isert, ils n'ont pas essayé encore de fonder des colonies dans l'intérieur, ou seulement d'y faire un commerce quelconque; cependant les Portugais ont montré sur la côte de Congo, qu'il n'est pas impossible de fonder des établissemens sous les tropiques. Meredith presse ses compatriotes avec instance de fonder une colonie en ces lieux et de venir utiliser une nature si riche et si féconde. Les établissemens des Européens sur la côte n'ont été jusqu'à nos jours que des factoreries pour l'échange de l'or et des esclaves; on les trouve presque toutes situées à côté des habitations des indigènes et protégées ordinairement par un fort. Ces comptoirs fortifiés ont subi tant de changemens dans leur fondation, leur développement et leur décadence; les intérêts politiques des négocians de nations si différentes donnèrent naissance à tant de querelles et de guerres, qu'il n'est pas étonnant que, pendant plusieurs siècles, les résultats du commerce des Européens sur cette côte aient été aussi stériles pour la géographie et la science.

(1) Meredith, p. 5 et 7.

1. *Habitations de la côte.*

Nous n'avons eu jusqu'à présent qu'une idée très imparfaite des habitations de la côte ; mais les relations des derniers voyageurs ont jeté quelques lumières sur plusieurs points importans de ce littoral. On cite comme centre de la Côte-d'Or la forteresse anglaise cap Coast-Castle (1), dans le territoire d'Affetto ; les indigènes l'appellent *Igwa* ; selon Ludlam et Dawes, commissionnaires du gouvernement en 1810, cette forteresse est située au 5° 6' lat. nord et 1° 51' long. ouest de Gr. Les Anglais la regardent comme une position très importante. A l'est, est situé le pays des Fantis, dont nous parlerons plus tard ; la côte d'Ahanta et d'Apollonia, à l'ouest, est couverte d'une suite d'établissemens dont voici les plus remarquables :

1. Elmina (2). Ce fort, la plus importante possession des Hollandais et appelé *Addina* par les indigènes, est situé dans une péninsule, à l'embouchure d'un petit fleuve, sur lequel est construit un pont. Quoique peu considérable, cette rivière porte cependant des vaisseaux de 100 tonneaux que l'on peut décharger jusque sous les remparts du fort.

Le fort, bâti par les Portugais en 1481, est de forme quadrangulaire ; les Hollandais qui en firent la conquête en 1637, en élevèrent un nouveau, celui de Conradsbourg ou Saint-Jago, à une portée de fusil du premier ; il servit à renforcer l'ancien appelé alors *Saint-Georges del Mina*, et en devint l'auxiliaire et la clef. En 1641, le Portugal céda toutes ses possessions sur la côte de Guinée à la compagnie hollandaise des Indes occidentales ; depuis

---

(1) Meredith, Account, p. 93-129. — Bowdich, Mission, p. 215.

(2) Bowdich, Mission, p. 214. — Meredith, Account, p. 81-93, et Report of the directors of the African institution. London, 1818, 1819, 1820.

lors, cette compagnie voulut s'arroger la possession exclusive de tout le littoral, depuis le Cap Palmas jusqu'au Cap Lopez, et s'appropria en même temps le monopole du commerce sur la Côte-d'Ivoire, la Côte-d'Or et la Côte-des-Esclaves. Elmina devint le principal établissement des Hollandais et leur meilleur fort. Mais leur commerce a beaucoup perdu depuis quelque temps. Le fort n'a que 150 hommes de garnison et près de 900 esclaves parmi lesquels on trouve des artisans et des ouvriers très habiles. La ville d'Elmina, située immédiatement auprès du fort, a une population de 10,000 habitans en comptant les femmes et les enfans. Les hommes sont au nombre de 5,000. Ce sont pour la plupart des commerçans et des pêcheurs ; un dixième environ se compose d'ouvriers habiles, de maçons, de maréchaux, de charpentiers, de marins, etc. Le pays environnant est ouvert, plan, uniforme ; plus avant dans l'intérieur il est couvert d'eaux stagnantes et d'épaisses forêts. La ville a beaucoup perdu depuis les guerres contre les Ashantis qui, en 1807, menacèrent le fort d'Elmina.

2. Commenda est un poste militaire anglais et hollandais, à 2 milles géog. et demi à l'ouest d'Elmina ; le poste hollandais a été détruit dans la guerre d'Amérique.

3. Chama (1) ou *Assema* est situé à 9 milles anglais de Commenda, à l'embouchure du *Bousempra*, où se trouve une île avec un chantier pour la construction des canots. Le colonel Starremberg essaya de remonter le fleuve, mais après trois jours d'efforts, il fut arrêté par des rochers et une grande cataracte que les habitans du village vénèrent comme un fétiche. Les Hollandais ont, non loin de là, un petit fort appelé *Sébastien*.

4. Sacoundi ou Souccondi (2) est la première ville qu'on

(1) Meredith, p. 77. — Bowdich, p. 215.
(2) Meredith, p. 73.

rencontre dans le pays d'Ahanta, en venant de l'est; c'est la partie la plus riche de toute la Côte-d'Or. De là au cap des Trois-Pointes (*Three Points*), le pays est très propre à toute espèce de culture (1); il est habité par un peuple paisible et agricole au milieu duquel les colons européens peuvent s'établir facilement et sans danger. La côte contient beaucoup de *creeks* et de ports naturels qu'on ne trouve plus à l'ouest. Le pays est couvert de magnifiques forêts dont les arbres sont propres à la construction des vaisseaux, et abonde en toutes sortes d'espèces de bois précieux dont on ne fait aucun usage, quoiqu'ils ne le cèdent pas en valeur à l'acajou. Le sol est fertile et les végétaux des tropiques y croissent avec facilité et en abondance. Les Ahanta sont les Nègres les plus laborieux de la côte; ils ne connaissent pas la disette; les champs sont partout cultivés, et on y récolte en abondance du froment, du riz, du maïs, du vin de palmier et de l'huile de palmier. Les femmes et les hommes montrent la même activité, la même ardeur au travail; chaque habitant de la ville a sa campagne et ses plantations qu'il cultive avec le plus grand soin. On trouve aussi dans cette contrée plusieurs mines d'or qui sont toutes gardées par des fétiches; les habitans n'ont jamais songé à les exploiter. Les contrées voisines *Warsaw* et *Dinkara* contiennent les mines d'or les plus abondantes de toute la côte; le pays de Dinkara surtout, tributaire du roi des Ashantis, produit l'or le plus fin. La puissance du roi d'Ahanta est limitée par des chefs du peuple; le peuple est bon, indépendant, mais moins hospitalier et moins soumis que ses voisins de l'ouest, les Apolloniens; cependant on ne trouve pas chez eux les usages infâmes de leurs voisins de l'est, les Fantis. Près de la ville de Souccondi on aperçoit les débris d'un fort anglais que les Français détruisirent dans la guerre d'A-

(1) Meredith, p. 74.

mérique; non loin de là est un fort hollandais appelé *Orange*; il est situé sur un rocher au-dessus de la mer, et cette station offre un bon port pour les petits vaisseaux marchands. Les Hollandais (1) sont généralement les plus puissans sur toute cette côte, et ils y ont l'avantage sur toutes les autres nations par le grand nombre et la situation avantageuse de leurs factoreries qui sont construites sur des éminences près des fleuves.

5. TACCORARY est un fort hollandais situé à 4 milles anglais à l'ouest et entouré d'écueils dangereux qui sont en partie à découvert pendant le reflux.

6. BOUTRIE; petit fort hollandais, appartenant autrefois à la compagnie de Brandebourg, est situé à 9 milles anglais à l'ouest du précédent, sur un petit fleuve qui contient de l'or.

7. DIX-COVE (2) ou *Nfouma* chez les indigènes, fort considérable à 3 milles anglais à l'ouest de Boutrie, est le seul que les Anglais possèdent dans le pays d'Ahanta; il est très bien situé, à l'entrée d'une petite baie, où des vaisseaux de 30 à 40 tonneaux peuvent mouiller en toute sûreté. La contrée d'alentour est fertile et abondante en bois de charpente et en roches calcaires. Non loin de là, dans l'intérieur du pays, est situé *Boussouœ*, capitale d'Ahanta.

8. ACCODA, petite possession hollandaise, non loin de Dix-Cove, à l'ouest. A une lieue de là, se trouve le fort *Hollandia*.

9. HOLLANDIA (3) est situé tout près du cap des Trois-Pointes. Il appartenait autrefois, ainsi qu'Accada, à la compagnie de Brandebourg et portait alors le nom de *Fort-*

(1) Meredith, p. 76.

(2) Meredith, p. 72-76. — Bowdich, p. 215.

(3) Meredith, p. 71. — Eichorn Geschichte der drei letzten Jahrhunderte, 6e vol., p. 340.

Royal Friedrichsbourg. Ces possessions étant devenues à charges à Frédéric-Guillaume I, elles furent vendues, en 1720, aux Hollandais qui, en dépit du contrat, se virent forcés de s'emparer du fort à main armée ; et ils lui donnèrent depuis le nom de fort Hollandia ; mais voyant par la suite que les frais de réparation seraient trop grands, ils l'abandonnèrent.

10. Axim (1), fort hollandais, situé à l'ouest du fort Hollandia, sur le bord oriental du fleuve *Ancobra*. Les Portugais donnèrent à ce fleuve le nom d'Ancobra, qui signifie *serpent*, à cause de ses nombreuses sinuosités; les Nègres l'appellent *Seinna*; au-dessus d'Axim, le fleuve est parsemé de rochers et l'on ne peut y naviguer qu'avec des canots : il n'est pas large, mais profond.

Les Français établirent une factorerie pour l'exploitation du commerce de l'or, à vingt milles hollandais dans l'intérieur, mais bientôt leur commerce excita la jalousie des Hollandais qui les en délogèrent et fondèrent, en 1700, le fort *Elisa Carthago*, point où l'Ancobra cesse d'être navigable. Le colonel Starremberg trouva le fort en ruines; il paraît que le commerce de l'or, autrefois si lucratif, n'est plus aujourd'hui très important.

On donne le nom d'Axim à toute la côte que parcourt le fleuve, en particulier à la contrée où est situé le fort hollandais de *Saint-Antoine*, sur l'élévation la plus occidentale du cap des Trois-Pointes (*Three Points*). Cette situation est très belle, très forte et elle offre un bon port naturel. Le fort, élevé par les Portugais, fut conquis plus tard par les Hollandais qui y établirent leur vice-présidence. Les habitans d'Axim parlent un dialecte de la langue d'Ahanta. C'est au fleuve d'Ancobra que se termine la contrée accidentée et boisée avec le pays riche et fertile

(1) Meredith, p. 70. — Bowdich, p. 206.

d'Abanta. On entre à l'ouest dans la contrée d'Apollonia, pays plan et abondamment arrosé ; mais la côte est presque inaccessible, parce que de furieux brisans empêchent l'abordage.

11. APOLLONIA (1). On a donné ce nom au principal fort de la côte d'*Amanahea*, située entre l'Ancobra et le fleuve d'*Assin*. Apollonia est le fort le plus occidental de la Côte-d'Or. A une lieue dans l'intérieur se trouve un grand lac d'eau douce, dont les bords sont habités par une colonie de *Chamah* qui s'y sont réfugiés. La contrée sur laquelle débordent, dans la saison des pluies, une infinité de petites rivières, est très fertile; elle produit du riz, du maïs, des ignames, des cannes à sucre, des cocos, et quatre espèces de palmiers qui fournissent aux habitans la nourriture et la boisson. Les forêts produisent du bois excellent pour la construction des vaisseaux et sont remplies de singes, d'éléphans et d'oiseaux de toute espèce. On n'y rencontre que très peu de troupeaux. Il n'y a ni ports, ni lieux d'abordage sur les côtes, aussi les habitans sont-ils privés des avantages du commerce. Les marins les plus habiles se hasardent seuls à franchir, sur leurs canots, les brisans de la côte pour faire en haute mer quelque commerce avec les vaisseaux marchands qu'ils rencontrent. Le royaume d'Apollonia, comme presque tous les états de la côte, n'a pas de limites fixées. Le roi est un despote absolu ; il protégeait de tout son pouvoir les Anglais contre les Hollandais qui s'étaient attirés sa haine par leurs invasions. Les Anglais y ont un petit fort; ils exportent de ce pays de l'or, de l'ivoire, du riz, du poivre, de l'huile de palmier, et y importent de la poudre, du plomb, du fer, des armes à feu et des produits de manufactures indiennes et anglaises. Le commerce est absolument libre et aucuns dangers ne l'entravent. Il est d'usage que chaque commerçant fasse

(1) Meredith, p. 52-69. — Bowdich, p. 304.

annuellement un présent au roi. Avant de commencer un commerce quelconque dans le pays, tout marchand offre un don au monarque pour acheter ainsi sa protection. L'armée du roi se monte à 1,000 combattans. Les habitans d'Amanahea sont bien faits et d'une taille élancée; ils n'ont pas, comme les autres Nègres, les lèvres pendantes et le nez aplati. Ils sont polis et très hospitaliers, mais le despotisme affreux qui pèse sur eux les rend trés réservés et timides. Le royaume d'Amanahea a 4 à 5 milles géog. de largeur et 20 de longueur sur la côte.

12. Le cap Coast-Castle dont nous avons déjà parlé plus haut, à 9 milles anglais d'Elmina, est le *Cabo Corso* des Portugais, nom que les Anglais ont changé en celui qu'il porte à présent. Le cap Coast-Castle est comme la capitale de toutes les possessions anglaises sur la Côte-d'Or (1). Bâti par les Portugais, il fut cédé aux Hollandais qui, en 1665, en furent dépossédés par les Anglais. Le fort, très bien construit dans l'origine, et situé sur un rocher, a été très fortifié par ses derniers possesseurs; il est défendu par 90 canons, et presque imprenable du côté de la mer. Les plus grands vaisseaux arrivent jusque sous les murs du fort. Le côté qui regarde le continent est dominé par plusieurs éminences et par conséquent plus faible. La garnison ne se compose que de 40 soldats dont chacun fait un petit commerce et de 80 à 100 ouvriers, mais elle ne serait pas en état de défendre la forteresse contre une attaque sérieuse, et il faudrait, en cas de siége, au moins 200 hommes de plus. 1,000 hommes de troupes suffiraient pour assurer aux Anglais la domination de la côte. Cependant ce fort n'est pas, à beaucoup près, aussi important qu'Elmina. Les fortifications ne sont pas en aussi bon état et la garnison est moins nombreuse. On n'y trouve pas d'eau fraîche; il y manque de plus une

(1) Meredith, p. 93-95.

église, un hôpital et un lieu de sépulture convenable. Les Nègres voisins ont une grande vénération pour leurs morts et les enterrent dans leurs propres demeures.

La ville (1) forte de 8,000 habitans, est située immédiatement derrière la forteresse et elle est entourée d'un si grand nombre de villages qui en dépendent, qu'elle pourrait, en cas de besoin, mettre sur pied une armée de 6,000 hommes. Le pays appelé *Fetou*, a un gouverneur particulier, qu'on nomme *Dey*, et qui est plutôt un prêtre fétiche qu'un roi. Le pays est gouverné par les chefs des villes, d'après les lois et les usages des Fantis. Jadis le commerce était beaucoup plus important qu'à présent, et l'espace entre le cap Coastle et Accrah formait le grand *emporium* de la Côte-d'Or. On était assuré du débit et d'un bénéfice considérable; tous les habitans des villes et des villages faisaient le courtage. Les habitans se livrant exclusivement au commerce, les environs sont restés sans culture et couverts partout d'immenses forêts. En 1811, le gouverneur anglais y a établi les premières plantations et les premiers jardins, où il essaya de naturaliser des plantes et des fruits européens. Les femmes s'occupent à laver la poudre d'or qu'on tire de la terre.

13. MOURI (*Mooree*), situé à quatre milles anglais de Coast-Castle, sur une hauteur couverte de bois; on y remarque un fort hollandais qui porte le nom de *Nassau*.

14. ANNAMABOE (2) à huit milles anglais de Coast-Coastle, à l'est, est la principale forteresse anglaise de la côte; elle est défendue par 30 pièces de canon. Cependant elle n'est pas absolument à l'abri de toute attaque, car elle est dominée par plusieurs éminences. La côte est hérissée d'écueils et par conséquent très difficile à longer. Annamaboe était autrefois le principal marché d'esclaves de la

(1) Meredith, p. 119-120.

(2) Meredith, p. 129. — Bowdich, p. 218.

côte; il y avait toujours 20 à 30 vaisseaux à l'ancre qui appartenaient à toutes les nations de l'Europe. La ville passait pour la plus grande, la plus riche et la plus florissante de la côte. Elle compte 10,000 habitans qui sont en dissensions continuelles entre eux.

15. CORMANTINE (1) fort hollandais situé à trois milles anglais du précédent, fut le premier que les Anglais élevèrent dans le dix-septième siècle. L'amiral Ruyter s'en empara en 1665, et depuis lors il est resté au pouvoir des Hollandais. En 1807, Cormantine fut pillé par les Ashantis. Le fort porte le nom d'*Amsterdam*.

16. TANTUMQUERRY, situé à 6 milles marins de Cormantine, sur une hauteur, présente un abordage très dangereux entre deux rochers. Tantumquerry formait autrefois la limite du pays des Fantis et ses habitans ont conservé les mœurs et les usages de ce peuple. A quelques lieues de là se trouve le petit fort hollandais d'*Apam* ou d'*Apang* qui, en 1811, fut surpris par les Ashantis.

17. WINNEBAH (2) ou Simpah, comme l'appellent les indigènes (les Fantis), est situé sur une petite élévation, et le climat y est très sain; on y trouve, à l'est, un courant d'eau douce. Les Anglais y ont un petit fort et cette station offre un bon mouillage. Les environs présentent à la vue une vaste et riche contrée ornée de magnifiques bouquets de bois. Les habitans parlent la langue d'Affoutou. La forteresse est un peu plus grande que celle de Tantumquerry, mais elle n'a que 7 hommes de garnison; il en faudrait au moins 30 pour la défendre. Le peuple des environs est sauvage et méchant; ils détestent les Européens dont ils ne connaissent que trop bien la faiblesse. La ville qui compte 4,000 habitans, était autrefois la plus

(1) Meredith, p. 170. — Bowdich, ibid.
(2) Meredith, p. 172.

peuplée du pays d'Agouna (*Agoona*) qui s'étend, à l'est, et confine, à l'ouest, à Afoetou (*Fetou Foutou*). Maintenant cette ville est dans un état de décadence complète.

18. Berracoe, situé à l'est à 5 milles marins de Winnebah, est un fort hollandais; les Nègres appellent la ville adjacente *Senniah* ou *Seniah*.

19. Accra (1), situé au 5° 31' lat. nord et au 0° 10' long. ouest de Greenw., suivant Bowdich (0° 58' long. est selon Meredith) et à 9 milles marins de Berracoe, est un petit état indépendant appartenant autrefois à Aquamboe. La contrée passe pour une des plus romantiques et des plus salubres de la Côte-d'Or et le climat y est frais et tempéré; mais le blé, l'igname, le pisang et les cannes à sucre ne pourraient y croître, parce que le sol est trop léger et trop sablonneux. Accra est le seul endroit de la côte qui entretienne des relations commerciales avec les pays de l'intérieur. Les braves Ashantis le visitent très souvent; l'industrie, le bien-être et la civilisation sont bien plus développés à Accra que chez aucun des peuples voisins. Nous y connaissons trois ports dont l'un appartient aux Anglais, l'autre aux Hollandais et le troisième aux Danois. Celui des Anglais, *James Castle*, serait très fort, s'il avait une garnison; 50 hommes suffiraient pour le défendre. Ce fort a un avantage qui manque à tous les autres : la ville des Nègres est située à quelque distance, ce qui le rend plus commode, plus propre, et plus sain; toutefois l'abordage y est très dangereux. Le fort hollandais *Crevecœur* fut détruit dans la guerre d'Amérique. Le fort danois *Cristiansbourg*, construit par les Portugais, tomba, en 1657, au pouvoir des Danois et devint le centre de leurs trois autres forts dont l'un est situé à 8 milles géogr. à l'est et les deux autres sur la rive gauche du Rio

(1) Meredith, p. 189.

Volta. Les possessions danoises se distinguent en ce qu'elles renferment des plantations et des champs cultivés. Les Danois sont les premiers Européens (1) qui aient ici aboli la traite des Nègres, élevé des plantations et fondé des écoles et des institutions pour l'éducation des indigènes. Ils ont plus fait que toutes les autres nations et surtout beaucoup plus que les Anglais pour l'amélioration du sort des malheureux Nègres.

En 1811 les Ashantis protégèrent Accra contre les invasions des Fantis. Les Ashantis parlent la langue d'Accra, différente de la langue des Fantis et parente de celle d'Afoutou. Elle est comprise, dit-on, jusqu'au Rio Volta, ce qui fait que plusieurs auteurs l'ont crue indigène près de ce fleuve.

20. Pram-Pram (2) est un petit fort anglais à l'est d'Accra; il tient son nom d'un fétiche qui est en grande vénération dans ce pays.

21. Ningo, à 8 milles géogr. de Cristiansbourg, est encore plus à l'est que Pram-Pram. Au-delà de Ningo et de Cristiansbourg, se trouve le pays de *Crobo* dont le chef est un puissant roi ou *Kabosir*; c'est là qu'est située une très haute montagne qu'on aperçoit de 4 à 6 milles géogr. en mer et dont la cime semble, quand le ciel est serein, couverte d'une seule couche de neige.

22. Quita et 23. Adda, deux petits forts danois. Ils sont situés l'un et l'autre près de l'embouchure du Rio Volta (3) qui coule à travers le pays de *Karrapay*, appelé Crobs ou Krepe par les Européens et qui, à en juger par son cours rapide, semble venir de montagnes éloignées. Il est très dangereux, pour les petites embarcations, de s'approcher de l'embouchure, pendant la saison des pluies,

---

(1) Meredith, p. 260.
(2) Meredith, p. 200.
(3) Meredith, p. 203. — Bowdich, p. 221.

parce que la mer y précipite ses flots avec violence; c'est le séjour perpétuel des hippopotames. Mais quand même les eaux du Rio Volta n'offriraient aucun obstacle à la navigation, il serait toujours impossible d'entrer dans son embouchure, à cause des bancs de sables et des rochers qui en ferment partout l'entrée. Le colonel Starremberg s'embarqua au-dessus de son embouchure (1) et le remonta jusqu'à 12 milles géographiques de la côte, sans rencontrer aucun obstacle; il apprit des naturels que le fleuve est navigable jusqu'à Odenti (*Odentee*), 11 journées de marche de la côte. D'Odenti où l'on rencontre de grandes cataractes, jusqu'au grand marché de *Sallaga*, situé également sur le Rio Volta, on compte quatre journées de marche. Dans son cours supérieur le fleuve prend, suivant les informations de Bowdich (2), le nom d'Addiri et a dans le pays d'Inta, 360 pieds de largeur. On prétend qu'il prend sa source sur une grande montagne à 8 journées de marche au nord-ouest de Boupi (*Boopee*); les montagnes de Congo dont celle qui donne naissance au fleuve fait partie, ne forment pas à ce qu'il paraît une chaîne continue, mais sont toutes isolées.

24. Whida est la possession la plus orientale des Anglais sur cette côte; c'est de là que partit l'ambassade envoyée par le gouvernement de la Grande-Bretagne dans le Dahomey; Whida, maintenant abandonné par les Anglais, est situé, selon Bowdich au 6° 14' latitude nord et au 2° 31' long. est de Greenw (3). La situation de cette possession ainsi déterminée, sert à fixer la direction du Lagos qui coule à l'est de Whida.

Sur la rive orientale du Lagos est situé le royaume de

---

(1) Bowdich, p. 176.
(2) Bowdich, Mission, p. 170.
(3) Bowdich, p. 222.

Kosie (1). Les habitans de ce pays gardent avec un soin extrême les rives du fleuve, ils coupent toute communication avec l'intérieur et surtout avec les marchands de *Houssa*, afin de jouir seuls des avantages du commerce. Une tentative faite par les Européens pour remonter le fleuve, a échoué complètement. Les canots du Lagos sont plus grands et mieux construits que tous ceux qu'on rencontre le long de cette côte; ils ont même des cajutes et contiennent jusqu'à 100 esclaves. Un homme venu du royaume de Kosie raconta qu'on y transporte par eau tous leurs esclaves. La *Karhala* (2), rivière assez considérable qui fut découverte dans les montagnes de Kong sous le 10° latit. nord, est vraisemblablement un des grands affluens du Lagos.

2. *De la côte et des Nègres qui l'habitent; les Fantis.*

En résumant, après cette énumération, le peu de renseignemens que nous possédons sur le pays des côtes et ses habitans, nous obtiendrons à peu près l'aperçu suivant :

1. La côte d'Apollonia, qui est la partie la plus occidentale de la Côte-d'Or, a le désavantage d'être peu abordable, et c'est pour cela qu'elle est presque inconnue aux Européens. Les Anglais seuls sont parvenus à s'y établir; les renseignemens qu'on a recueillis des naturels, se rapportent aux temps du règne de leur roi Amoni qui s'opposa aux premiers essais de colonisation des Hollandais. Ce prince passa avec ses armées l'Ancobra qui forme la limite de ses états; mais ayant été défait, il appela les Anglais à son secours et favorisa ensuite la construction de leur fort et l'établissement de leur commerce. Nous avons vu plus haut en quoi consiste le commerce des Anglais sur

(1) Bowdich, p. 225.
(2) Bowdich, p. 226.

cette côte. Jusqu'ici nous n'avons encore pu obtenir aucune lumière sur l'origine des Apolloniens ; c'est à Meredith que nous sommes redevables de l'histoire du courageux Amoni. Nous avons vu ailleurs que la côte d'Ahanta, plus accessible que celle d'Apollonia, est habitée par un peuple de nègres paisible et agricole. A *Chamah* (1), situé sur le Bousempra (*Boosempra*), commence la contrée plane et et unie, habitée par les nègres turbulens de la côte, peuplades qui ne s'occupent presque pas d'agriculture et ne vivent que du commerce, de la pêche et de la navigation.

2. La côte des nègres-Fanti (*Fantee*) (2), commence à l'est du fleuve Bousempra, le plus considérable de toute la Côte-d'Or ; c'est là du moins qu'on aperçoit les premières traces de leur influence sur les peuplades environnantes, quoique leur domination politique soit plus restreinte et ne commence qu'à l'est du cap Coast-Castle. Les Fantis, connus par leur dernière guerre contre les Ashantis, sont la race nègre la plus remarquable, et s'il faut en croire Meredith, la plus abjecte et la plus dépravée de cette contrée. Ils se permettent, en effet, toutes sortes de supercheries contre les blancs, mais en agissant ainsi ils ne font qu'exercer un droit de représailles.

Les Fantis étaient autrefois un peuple indigène, gouverné par le roi des Ashantis. S'étant révoltés contre leur souverain, ils émigrèrent sur la côte et choisirent un chef particulier ; ce chef est obligé de se faire couper le bras gauche en signe de soumission envers son peuple, mais en échange de ce sacrifice, il est investi d'un pouvoir absolu, et sa famille reçoit des titres de haute noblesse et le rang de *Braffoe* ; les Braffoe ont seuls le droit d'habiter Abrah la capitale, et dominent avec leurs esclaves sur tous les

(1) Meredith, p. 77.
(2) Meredith, p. 112, 116.

environs de cette ville. La langue (1) des Fantis est comprise sur toute la Côte d'Or, depuis Apollonia jusqu'à Accra et jusque dans le pays des Ashantis; celle de ces derniers n'en diffère même que très peu. Meredith considère cette grande extension de la langue des Fantis, comme une conséquence de leurs émigrations et de leurs voyages. Il serait peut-être plus raisonnable d'en chercher la cause dans l'originé commune de ces différentes peuplades.

Quoique les Fantis aient perdu, par leurs dernières guerres, une grande partie de leur puissance sur cette côte, ils sont toujours très remarquables encore sous le rapport ethnographique, par leur caractère particulier et l'influence qu'ils ont exercée au dix-huitième siècle sur toute la côte. Les Fantis ont un grand respect pour leurs morts qu'ils n'enterrent que dans leurs propres habitations. Ils vivent dans des dissensions continuelles entre eux; ils n'ont pas de lois écrites, mais ils terminent tous leurs différens dans des assemblées publiques, appelées *palaver*. On trouve chez eux une espèce d'ordalie ou de jugement de Dieu. Pour contraindre un coupable à avouer son crime, on lui fait avaler dans de l'eau une certaine dose d'une écorce vénéneuse; s'il vomit le poison après l'avoir pris, on l'absout; dans le cas contraire, il est déclaré coupable. Lorsqu'une négresse a été reconnue innocente, elle se présente vêtue de blanc en signe de son innocence (2); le blanc est chez ces nègres le symbole de la vertu et de la pureté; le prêtre fétiche et le fétiche lui-même sont toujours vêtus de blanc; les rois de Congo étaient représentés aussi vêtus de blanc, usage qui s'accorderait mal avec une fable assez répandue et d'après laquelle leur diable serait blanc. Il se commet peu de crimes chez les Fantis, et ils n'ont jamais à trembler pour leur vie ou pour leurs biens,

---

(1) Meredith, p. 187.
(2) Ibid., p. 108, 193.

même sur les grands chemins ; toute injustice commise envers un autre entraîne la perte de la liberté ; un meurtre ne peut être expié que par la mort de sept esclaves de la maison du coupable, triste conséquence du commerce d'esclaves ! Les Fantis sont très propres ; ils se lavent et se parfument très souvent ; les femmes deviennent mères à l'âge de 10 ans ; les hommes engendrent à 12 ans ; mais ils vieillissent de très bonne heure. Le poivre est un assaisonnement qu'ils emploient dans tous les mets. Le principal objet de leur adoration est, dans la ville capitale d'Abrah, le *Wourah Wourah Agah Nannah*, c'est-à-dire *maître, maître, père de tous*. Chaque maison et chaque famille a en outre son fétiche particulier ; les superstitions les plus ridicules règnent chez les Fantis. La forme du gouvernement change souvent dans les grandes circonstances et l'autorité suprême est alors confiée à un dictateur ; dès que la cause de ce changement a cessé, tout rentre dans l'ancien ordre. Le royaume d'*Assin* formait autrefois un état limitrophe entre eux et les Ashantis leurs ennemis ; le roi de ce pays intermédiaire, battu par les Ashantis, vint chercher du secours à Annamaboe. Les Fantis de cette ville refusèrent de livrer aux Ashantis les vaincus qu'ils avaient généreusement accueillis et ce fut là la cause de cette guerre terrible qui devint si funeste aux Fantis (1). Victorieux une première fois à Bouinka, le roi des Ashantis poursuivit ses succès, et des défaites réitérées accablèrent les Fantis. Abrah, capitale des Fantis, fut prise ensuite en 1806, par le roi des Ashantis qui fit massacrer presque tous les *Braffoes* ou chefs. La puissance formidable du peuple vainqueur, inconnu jusqu'à ce jour, menaça alors les côtes ; il s'empara des forts hollandais Cormandine, Amsterdam, et Annamaboe qu'il détruisit.

(1) Origine and History of the Ashantee war, by Meredith, p. 129-169.

3 à 4,000 habitans échappèrent au sort des vaincus, 8,000 Fantis furent massacrés sous le fort anglais. Les Ashantis bloquèrent alors le fort dont la garnison se montait à 30 hommes ; malgré leur courageuse défense, les assiégés, au nombre desquels se trouvait Meredith à qui nous devons tant de précieux détails, auraient infailliblement succombé sous les attaques de leurs ennemis, s'ils n'avaient reçu le secours de 12 hommes et de 4 officiers qui leur furent envoyés du cap Coast-Castle. Le 17 Juin 1807, un traité de paix (1) fut conclu entre les Anglais et le roi des Ashantis ; le caducée envoyé dans le camp du roi nègre, en signe de paix, fut accepté suivant les usages de la guerre chez les peuples civilisés ; l'audience que le gouverneur du cap Coast reçut dans le camp des Ashantis et la visite que lui rendit le roi nègre, accommodèrent tous les différens. Le roi témoigna aux Anglais toute l'admiration qu'ils lui inspiraient, et leur accorda depuis une entière confiance ; il promit respect au pavillon anglais et neutralité à tous ceux qu'il protégerait. La mortalité qui se répandait dans l'armée, força les Ashantis à quitter en toute hâte le pays des Fantis qui, affaiblis et vaincus, leur jurèrent une haine éternelle. En 1809 ils assiégèrent la ville d'Elmina, et en 1810 Accra ; en 1811 les Ashantis envahirent de nouveau leur pays, mais ils ne réussirent pas à les exterminer entièrement comme ils l'avaient projeté. Depuis cette époque, l'importance politique des Fantis a tout-à-fait disparu ; ces événemens (2) ont aussi changé en peu de temps tous les rapports politiques de la Côte-d'Or ; mais n'ayant précédé que de quelques mois l'abolition de l'esclavage, ils n'ont malheureusement que trop entravé les résultats bienfaisans de cette grande et salu-

---

(1) Meredith, p. 147.
(2) Ibid., p. 204.

taire réforme; cependant l'influence funeste qu'ils ont exercée disparaît maintenant de jour en jour.

Les Fantis quoique humiliés et vaincus s'opposent encore à l'établissement de communications libres entre les possessions anglaises de la côte et le pays des Ashantis; mais malgré cet obstacle, les établissemens anglais ont considérablement gagné à cette alliance avec l'intérieur; car sans elle, les Fantis auraient toujours suscité de nouveaux obstacles, comme ils en suscitèrent autrefois aux Hollandais.

La géographie doit à ces événemens de grandes lumières sur tout l'intérieur du pays habité par les Ashantis.

3. Le pays des Fantis comprend en outre la côte d'Agouna (*Agoona*), dont Winnebah n'est qu'une partie. Située à peu près par les 5° 15' lat. nord et les 10' 30" long. ouest de Greenw., suivant Meredith (1), cette côte est bordée au sud par la mer, à l'ouest, au nord et au nord-est par le pays des Fantis, par Akim et Accra; l'espace qu'elle occupe est très accidenté, tantôt plan et tantôt montueux; le sol, près de la mer, est léger, sablonneux, et cela rend la végétation moins abondante que dans d'autres contrées; l'air saturé d'évaporations salines qu'on y respire en rend le séjour souvent très dangereux; plus loin vers l'intérieur, le sol devient plus fertile et propre à la culture des plantes européennes. L'époque des *tornados* a lieu du mois de Mars, au mois d'Avril, la saison des pluies du mois de Mai au mois d'Août; le reste de l'année est très sec. Le *Harmattan* souffle annuellement au commencement de Janvier, quelquefois aussi encore pendant 4, 6, 8 et même 15 jours du mois de Février; le sol est partout couvert de forêts qu'il faut défricher pour cultiver la terre. L'or est le seul métal que produise le

(1) Meredith, p. 177.

pays ; le riz et le maïs sont la principale nourriture des habitans ; leur langue, leurs mœurs, leurs usages ressemblent parfaitement à ceux des Fantis.

4. Les anciens voyageurs mentionnent encore un autre peuple sur le Rio-Volta inférieur, à l'est des Fantis, les *Akémites* (1) qui, venant des montagnes de l'intérieur, avaient jadis vaincu et exterminé les *Aquamboens* (2) et qui entretinrent des relations avec les colonies de la côte jusqu'à ce qu'au milieu du dix-huitième siècle, ils furent eux-mêmes vaincus par d'autres Nègres, les *Assiantes* ou Ashantis qui envahirent leur pays en 1749, et les subjuguèrent. Les Akémites disparurent alors, leurs marchands se retirèrent, et comme ils étaient très habiles dans l'art d'exploiter l'or, le commerce de ce métal disparut avec eux sur cette côte. Les Akémites sont regrettés comme un peuple brave et fidèle ; les anciens Danois nous dépeignent les Ashantis qui les ont remplacés comme plus rudes (3), les voyageurs anglais modernes au contraire comme plus civilisés. Le pays à l'est du Rio-Volta a été décrit plus haut.

Après l'esquisse que nous venons de tracer des différens états de cette côte et des Nègres qui les habitent, il nous reste à ajouter encore quelques observations importantes sur l'état actuel de ces habitans des côtes et sur leur commerce avec les Européens, d'après les dernières relations et les renseignemens importans qui nous ont été fournis par le gouverneur de Winnebah (4).

Les Nègres de la Côte-d'Or sont une image fidèle des races nègres des tropiques, qui se divisent en deux branches, les Nègres des côtes et les Nègres de l'intérieur. La

(1) Rœmer, Nachrichten, p. 16, 105, 148, 162.

(2) Isert, Neue Reise, p. 105, 201.

(3) Rœmer, Nachrichten, p. 137.

(4) Meredith, p. 18.

différence essentielle qu'on remarque entre eux vient de ce que l'organisation de leurs états est tout opposée; cette différence a aussi sa raison dans le climat qui est ici plus égal, plus tempéré qu'ailleurs. Il est très difficile, dit Meredith, de tracer fidèlement le caractère de ces peuples, quand même on les aurait observés pendant plusieurs années ; l'Européen n'apprend jamais à connaître le Nègre que comme marchand, il le voit par conséquent du côté le moins avantageux, plein d'astuce, d'égoïsme et d'avarice.

Dans la région des tropiques, les passions des peuples nègres sont plus vives et plus faciles à exciter que dans les contrées moins chaudes, mais elles s'apaisent aussi plus vite ; à l'enthousiasme le plus fougueux succède toujours le plus grand découragement; la vengeance, terrible d'abord, est bientôt calmée. Les Nègres sont en général méfians, enclins à l'astuce, sans energie et sans persévérance. Ils ne font presque aucun frais pour leur nourriture; leur économie sous ce rapport touche même à l'avarice; la vivacité de leur imagination donne à leur langue de la grâce et de l'éloquence ; ils manifestent leur joie par la danse, le chant et la musique ; leur oreille est très sensible à l'harmonie ; les femmes nègres sont laborieuses, très fécondes, et nubiles de très bonne heure.

Les Nègres pêcheurs de la côte sont les plus connus des Européens ; on les emploie ordinairement comme rameurs ou pour d'autres travaux. Ils sont bons travailleurs, mais ils exigent qu'on les paie bien et promptement. Tous les Nègres sont enclins au vol.

Les Nègres agricoles de l'intérieur sont plus honnêtes et n'ont pas les vices des Nègres des côtes, et surtout des Fantis ; ils sont très doux, laborieux, et il y a plus d'égalité entre eux. Les Nègres des côtes, quoique industrieux sont au contraire paresseux, rusés et adonnés à la débauche.

La constitution politique exerce plus d'influence sur les Nègres que sur aucun autre peuple de la terre ; le despotisme rend le Nègre retenu, méfiant, timide, muet et soumis ; la liberté, au contraire, le rend arrogant et effréné au dernier point ; elle détruit en lui toute moralité, brise tous les liens sociaux et l'entraîne dans d'interminables et continuels débats (*palavers*). Apollonia est une monarchie absolue (1) ; Ahanta, une espèce d'aristocratie ; Fanti était un royaume électoral où le pouvoir était tantôt dans les mains d'un seul, tantôt dans les corporations et les assemblées.

Adonnés au fétichisme (2), tous les Nègres de la Côte-d'Or paraissent soumis à une superstition commune. Ils n'ont qu'une idée obscure d'un Dieu créateur et conservateur du monde ; cependant ils supposent l'existence d'un être supérieur comme nous l'avons vu chez les Fantis. Leurs idées sur ce sujet et sur l'état de l'âme après la mort sont très variées. Ils regardent toujours le soleil, quand ils s'adressent à leur être suprême pour lui demander les biens de la terre. C'est de lui qu'ils font descendre tous les biens et tous les maux, mais ils croient qu'il charge les fétiches de les distribuer aux hommes, car, disent-ils, les fétiches émanent de lui.

Les Africains appellent ces fétiches *Obi*, selon le rapport des Nègres esclaves dans les rades occidentales ; ils ne les honorent pas comme des dieux, mais comme des moyens de faire des conjurations et des charmes ; la foi qu'ils ont en eux ressemble beaucoup à la croyance des matelots aux signes, et à celle de tant d'hommes incrédules au hasard. Les rapports domestiques, civils et politiques des Nègres, sont dans un état toujours si incertain, si chancelant, leur vie est exposée comme celle des ma-

(1) Meredith, p. 26.
(2) Dr. Leyden, et H. Murray, in Historic. account, etc., II, p. 294.

telots à tant de subites vicissitudes que la direction en semble souvent dépendre des combinaisons et des fortuités les plus extraordinaires. La vie est pour eux un jeu de hasard, et de là vient leur foi aux charmes des fétiches. Ils ont des jours heureux et malheureux; ils choisissent leurs fétiches et les changent; ils s'adressent à eux pour tout ce qu'ils désirent et leur confient tout, mais ils leur cachent leurs scrupules de conscience et redoutent le compte qu'ils auront à leur rendre un jour. Quand la protection du fétiche est stérile, on le jette avec dédain. Ils peuvent faire de tout un fétiche, comme nous l'avons vu plus haut chez les Nègres des bords du Congo. Sur la côte de Guinée, dans le Bénin par exemple, les Nègres regardent leur ombre comme le fétiche qui les accompagne partout. Quand les fétiches apportent beaucoup de bonheur, on les élève à la dignité de dieux protecteurs de la famille, et ils ressemblent alors aux lares et aux pénates des Romains et d'autres peuples. Quelquefois même les fétiches appartiennent à des contrées entières, et ce sont alors des montagnes, des arbres, des lacs, des fleuves, des cascades ou des rochers; nous en avons eu un exemple sur le Congo.

L'état politique du pays, complétement changé par la chute des Fantis et la prédominance des Ashantis amènera une époque toute nouvelle pour l'histoire de ces côtes et de leur commerce. Les Ashantis, dont auparavant on connaissait à peine l'existence, sont devenus la première puissance du pays. Les principaux objets de commerce, tels que l'or, l'ivoire et les esclaves, sont le produit de l'intérieur (1) du pays, et non de la côte. Les Anglais se sont mis aujourd'hui en communication immédiate avec ce pays des Ashantis, déjà situé dans l'intérieur, riche en fruits et en troupeaux, où habite un peuple plus civilisé;

(1) Meredith, p. 36.

état puissant, fortement constitué, et vainqueur. Ils se sont ainsi ouvert le chemin à la source primitive des richesses, et par là à la prépondérance du commerce. Les relations avec les Nègres se bornaient jusqu'aujourd'hui au commerce des côtes. Maintenant se développe un nouveau système (1), et on sent la nécessité d'un libre commerce avec l'intérieur : les forteresses des côtes doivent être changées en entrepôts, d'où on entretiendrait un commerce de caravanes avec l'intérieur; et la colonisation, entièrement négligée jusqu'alors, pourrait marcher de front avec le commerce. Meredith démontre que les secours accordés jusqu'à présent par le parlement anglais sont insuffisans pour opérer ce changement. Il pense qu'en élevant annuellement la somme jusqu'à 40,000 et 50,000 l. sterl., on ferait faire au commerce anglais les plus heureux progrès, et déjà aujourd'hui une partie de cette subvention a été votée. Pour étendre les relations, il serait nécessaire d'envoyer des ambassades aux rois nègres et aux gouverneurs des provinces. Ces envoyés noueraient avec eux des alliances pacifiques, et feraient connaître aux Africains l'usage des marchandises fabriquées de l'Europe; bientôt un débouché important s'ouvrirait aux produits manufacturés de l'Angleterre qui recevrait en échange les riches productions du pays.

La communication dans l'intérieur n'est pas favorisée, sur la Côte-d'Or, par des fleuves navigables, et le pays est divisé en un grand nombre de petites tribus et de petits états. L'abordage sur les côtes est très dangereux à certaines époques. Ces inconvéniens sont assurément de grands obstacles aux améliorations et aux progrès; mais le dernier se rencontre sur la plupart des fleuves et des côtes de l'Afrique. L'abordage sur la Côte-d'Or, depuis le cap des Trois-Pointes jusqu'à Accra, est comparativement

(1) Meredith, p. 206.

moins dangereux que sur toute la ligne des côtes, jusqu'au cap Vert au nord et jusqu'au cap de Bonne-Espérance au sud. Quoique des bancs de sable, des écueils embarrassent souvent les embouchures des fleuves, elles offrent cependant de grands avantages à la navigation intérieure, comme nous le voyons, par exemple, à la Gambie et au Rio-Grande. Les Fantis, vaincus et humiliés, sont encore un obstacle qui gêne la libre communication avec l'intérieur; presque tout le gain du commerce tombant en leurs mains, ils empêchent, par jalousie, les Européens de pénétrer plus avant. Une force de 1,000 hommes suffirait, selon Meredith, pour assurer aux Anglais une prépondérance entière, et mettre même dans leurs intérêts les Fantis, leurs ennemis. Meredith conseille, pour concentrer les forces anglaises, de céder la possession d'Apollonia à l'ouest, et d'obtenir le fort hollandais de Saint-Antoine à Axim en l'échangeant contre Whidah, marché d'esclaves entièrement inutile aux Anglais.

Les rapports politiques, plus solidement fixés, feraient tomber un des plus grands obstacles (1) qui s'opposent à la culture, et qui est l'incertitude de la propriété; ce défaut de garantie pour la propriété a arrêté jusqu'à présent tous les établissemens européens. Le sol est fertile; il rendrait généreusement à l'homme le prix de ses labeurs, et les plantes de l'Europe y viendraient avec facilité et abondance. Les Nègres imiteraient bientôt l'exemple des colons; la civilisation suivrait naturellement et d'elle-même la culture des terres et l'abondance que donne le travail. Les vices que les Européens ont portés ou éveillés sur la côte n'ont pas pénétré encore dans l'intérieur. Le premier avantage que les Européens procurent est l'abolition du commerce des esclaves, quoique ce bienfait ne produise pas encore aujourd'hui tous ses fruits. Avec la

(1) Meredith, p. 211.

colonisation projetée, il faudrait établir des écoles pour frayer d'avance le chemin à la doctrine de l'Evangile. Les secours accordés par le gouvernement au commerce anglais sont montés, depuis l'abolition du commerce des esclaves, de 10,000 et 15,000 l. st. jusqu'à 23,000 liv. (1) qui sont destinées à l'entretien des établissemens anglais. On a aussi envoyé des ambassades dans l'intérieur aux Ashantis.

3e Eclaircissement.

Pays de l'intérieur au nord de la Côte-d'Or; *royaume des Ashantis* (Ashantee).

Un progrès important pour la géographie de l'Afrique, c'est la connaissance précise de l'intérieur des terres qui font face à la côte de Guinée, et forment le royaume des *Assiantes* ou *Ashantis*. Th. Bowdich, chef de l'ambassade anglaise, recueillit, en 1817, les premiers renseignemens positifs (2), dans la résidence même du roi dont il avait gagné l'amitié. Ces notions ne sont pas complètes encore, et ne satisfont pas entièrement les exigences de la science; mais elles révèlent à nos regards un monde inconnu jusque dans l'intérieur du cours du Niger. Les recherches sur les traditions du pays, les nombreuses hypothèses du chef de l'ambassade anglaise à Coumassie (*Coomassie*) laissent beaucoup à désirer, et nous regrettons surtout qu'il ne nous ait fourni aucuns documens sur l'histoire naturelle et la géographie. Nous allons extraire du volume in-4o qu'il a publié les notions suivantes qui nous paraissent les plus essentielles; ces observations, faites dans un pays complétement inconnu, jettent une grande lumière sur l'ethno-

(1) Meredith, App., p. 263.

(2) Th.-Edw. Bowdich, Mission from cape Coast-Castle to Ashantee, etc. Lond., 1819, in-4°.

graphie de l'Afrique, et méritent à leur auteur la reconnaissance de la science.

Le nom des *Ashantis*, *Assiante*, *Kassiante*, *Assentaï* est cité, pour la première fois, au commencement du dix-huitième siècle, par Bosman et Barbot qui le confondirent avec celui d'*Inta*. Depuis leur expédition contre les Akemites, en 1749, les Ashantis sont cités, par les auteurs danois, comme un peuple belliqueux et sauvage, au poil roux (1). Bientôt ils apparaissent à Accra comme des marchands civilisés qui, pour arriver à la côte, prennent leur route (2) par le défilé d'Aquapim, colonie danoise, et par la terrasse des montagnes. De la côte, disent ces premiers voyageurs, on monte, pendant quatorze jours de marche, à travers un pays montagneux; puis on arrive dans de grands déserts inhabités : il faut ensuite huit ou dix jours pour atteindre les premières habitations des montagnards. Leur nom s'est répandu, à l'est, jusqu'à la cour de Dahomey, où Dalzel entendit parler d'eux; la renommée de leur puissance et de leurs trésors a pénétré, avec leurs marchands, à travers toute l'Afrique septentrionale, jusqu'à Mesurata sur la côte de Tripoli, où Lucas obtint les premiers renseignemens sur les immenses contrées dont ils exploitent le commerce. En 1806 et 1807, ils entreprirent contre les Fantis une expédition qui tourna à leur avantage; ils recommencèrent une seconde fois la guerre en 1811, et une troisième fois en 1816, et la victoire suivit toujours leurs armes. C'est alors que les Anglais eurent occasion de connaître ce peuple belliqueux, capable de mettre sur pied une armée de 150,000 hommes (3), et supérieur aux autres Nègres de la côte de Guinée autant par sa civilisation et ses mœurs que par sa puis-

---

(1) Rœmer, Nachrichten, p. 137.

(2) Ibid., p. 91.

(3) H. Murray, Hist. account, II, p. 310.

sance. Il se distinguait encore d'eux par une foule d'usages particuliers, mais surtout par la circoncision (1), et il excita au plus haut degré l'intérêt et l'attention des Européens.

Le comité africain, voulant prévenir le renouvellement de la guerre sanglante qui menaçait les possessions mêmes des Européens sur la côte de Guinée, et ouvrir au commerce une route dans l'intérieur du pays, se décida, en 1817, à envoyer des présens au roi des Ashantis. L'ambassade avait pour mission d'engager le roi à recevoir un envoyé anglais à sa cour; elle était chargée en outre de résoudre d'autres questions qui intéressaient la politique et le commerce de l'Angleterre. M. James conduisit l'ambassade; mais il fut bientôt rappelé de son poste. Bowdich qui l'accompagnait fit un traité de commerce et d'alliance avec la cour de Coumassie. Après quelque temps de séjour, il revint à la côte, et s'embarqua pour l'Angleterre, afin de communiquer au public ses observations et ses découvertes. M. Hutchison, son successeur, resta, en qualité de résident anglais (2), dans la capitale des Ashantis.

Départ du cap Coast-Castle pour Coumassie.

Le 22 Avril, on s'enfonça (3) dans les terres par *Annamaboë*, et on marcha jusqu'au 15 Mai pour arriver à la capitale des Ashantis. D'Annamaboë on avança toujours au nord, à petites journées, à travers une contrée sauvage et boisée, jusqu'au fleuve de *Bousempra*, au-delà duquel se présentèrent les premiers champs cultivés (4).

Un mille au nord d'Annamaboë, les voyageurs traver-

(1) Meredith, p. 196.
(2) Bowdich, p. 42, 141.
(3) Ibid., p. 14, 31.
(4) Ibid., p. 26.

sèrent une vallée fertile, couverte de forêts de pins, d'aloës, de palmiers, de bananiers ; et, après quatre heures de marche, on entra près de *Payntri* (5° 20' 30" lat. nord et 1° 47' long. ouest Greenw.), dans la contrée montagneuse. Les montagnes les plus élevées étaient composées de cailloux et de blocs de pierre ; les montagnes les plus basses étaient parsemées de pyrites blanches : un sol noir, sans pierres, couvrait les vallées. *Payntri* est un lieu enchanteur ; on s'y procura sans peine des provisions pour plusieurs jours de marche, car on allait avoir à traverser de grandes forêts sauvages.

Les six journées suivantes (1) furent très pénibles ; on marchait dans des bois épais, où les végétaux entrelacés ne laissaient le plus souvent aucun sentier praticable ; les pieds étaient tantôt déchirés par les cailloux, tantôt ils enfonçaient dans des marais traversés par un grand nombre de ruisseaux ; le cotonnier, le bois de fer et des palmiers de différentes espèces étendaient au loin leur ombrage ; leurs racines, les troncs renversés ou morts, étaient couverts de plantes parasites et grimpantes qui arrêtaient souvent la marche des voyageurs, et dans ces sentiers tortueux, on gravissait plutôt qu'on ne marchait. On ne pouvait aller qu'à petites journées ; les guides et les porteurs, saisis d'une terreur superstitieuse, redoutaient les esprits de la forêt ; les bêtes féroces dont les hurlemens répétés par les échos annonçaient la présence, présentaient à tous un danger réel ; des troupes innombrables de perroquets perchés dans la cime des arbres, remplissaient les bois de leurs cris. La nuit, des essains de lucioles, de vers-luisans, augmentaient de leur lumière douteuse, l'horreur mystérieuse des bois, et souvent, près des feux du bivouac, Bowdich se crut transporté au milieu de l'enfer du Dante. Toute trace d'habitation et de culture avait été

(1) Bowdich, p. 18.

détruite par les dernières guerres, jusqu'à la limite de l'ancien royaume des Fantis, dont Mansoué était autrefois la ville frontière; les habitans avaient été chassés de leurs demeures, et il était impossible de se procurer des provisions.

Le sixième jour de marche depuis le départ de Payntri, les voyageurs entrèrent dans la délicieuse vallée du Bousempra (1), qui coule ici de l'est à l'ouest, et sépare les forêts sauvages des pays cultivés de l'intérieur où les Ashantis n'ont pas porté leurs ravages. C'est ici qu'on rencontra *Prasou* (Prasoo), ville agréable et propre; à deux journées de marche, au nord, était situé le petit village *Asharaman*, où furent livrés les premiers combats dans la guerre des Ashantis. Ce lieu est placé sous le 5° 59' 20" lat. nord; et là reparurent les premiers champs de blé depuis Payntri.

De ce point, la contrée va toujours en s'élevant de plus en plus, des pierres ferrugineuses couvrent les cimes des montagnes; c'est ici, sous le 6° 8' 50" lat. nord, qu'on arriva à la frontière (2) du royaume des Ashantis. Le fleuve *Bohmen* forme la limite; ses eaux, dit-on, inspirent l'éloquence et un grand nombre d'Ashantis qui veulent posséder ce don précieux, viennent en boire une fois tous les ans. C'est ici la contrée montueuse, accidentée par un nombre infini de montagnes et de vallées. A *Doumpassi* (Doompassee) 6° 11' 30" lat. nord, lieu assez important, commencent les immenses champs de blé qui s'étendent à travers un pays bien cultivé, jusqu'à la capitale du royaume. La saison des pluies commence ici au mois de Mai. Jusqu'à la résidence du roi, à Coumassie, ce n'est plus qu'une suite de terres fertiles et bien cultivées, couvertes de

(1) Bowdich, p. 23, 25.
(2) Ibid., p. 27.

champs de blé, d'ignames, de patates, d'encruma et d'autres plantes nutritives.

Les premiers jours du séjour de l'ambassade dans cette résidence se passèrent en audiences et en fêtes. Après bien des difficultés, Bowdich conclut enfin un traité d'alliance(1), entre le gouverneur du cap Coast-Castle sur la Côte-d'Or, et le roi des Ashantis, Saï Toutou (Tootoo) Quamina. Le royaume de Dwabim était aussi compris dans le traité dont voici les principaux articles : « Il y aura paix et al-« liance entre les sujets des deux puissances, et dans le « pays de montagnes des Ashantis, et sur les côtes : les « côtes seront, dorénavant, à l'abri de toute invasion ; s'il « s'élève quelque malentendu entre les deux peuples, on « ne commencera pas la guerre avant d'avoir eu une con-« férence avec le gouverneur. Il sera toujours permis à un « officier anglais de résider dans la capitale des Ashantis, « pour entretenir une communication régulière avec le « gouverneur du cap Coast-Castle. Le roi favorisera et « protégera le commerce avec le cap Coast, et, de son « côté, le gouverneur s'engage à laisser jouir les Ashantis « de tous les avantages de la côte. Le gouverneur punira « lui-même les fautes légères commises par des Ashantis, « mais il devra envoyer au roi ceux qui se seraient rendus « coupables d'un grand crime. Les rois des Ashantis re-« mettront leurs fils aux soins du gouverneur du cap Coast « pour les élever et les instruire dans les arts et les scien-« ces des Anglais. » Le roi promit en outre de donner aux états tributaires l'ordre de recevoir et de protéger le major Peddie et le capitaine Thomas Campbell qui voyageaient pour la science, s'ils venaient à entrer sur leurs domaines. Après la signature du traité, le roi remit à Bowdich ses présens. C'était : au gouvernement anglais les enfans à

(1) Bowdich, p. 126.

élever ; au gouverneur, un jeune garçon et une jeune fille pour le servir ; à Bowdich, le même présent, et de plus des lingots d'or ; il donna, pour le musée anglais, six ouvrages en or des orfèvres du pays. Il s'engagea à ne plus faire la guerre aux Fantis et à les considérer à l'avenir comme des sujets du roi d'Angleterre ; mais il exigeait, en retour, que le roi d'Angleterre *rétablît le commerce des esclaves dont l'abolition lui était très préjudiciable.*

Cette condition pouvait devenir un écueil contre lequel viendraient échouer les espérances du gouvernement anglais. Pendant le séjour de Bowdich à Coumassie, les Espagnols en avaient exporté mille esclaves (1), et ce commerce était très lucratif pour les Ashantis. L'arrivée des vaisseaux négriers sur leurs côtes est pour eux une fête, et la traite des noirs est surtout pour les grands du pays, une source de richesses ; car presque tous les esclaves de Coumassie sont envoyés des royaumes d'*Inta*, *Dagwumba* (*Degomba* dans Lucas) par les vasseaux du roi, en paiement de leur tribut annuel. Le produit de leur vente remplit les trésors du roi. Le plus grand nombre des esclaves est enlevé sur les routes : le nombre de ceux que l'on se procure ainsi est si grand, que le prix d'un esclave ne s'élève, dans le pays, qu'à 2,000 cauris, ce qui équivaut à quelques noix de gourou (*Sterculia acuminata*, dans Palissot de Beauvais, *flore d'Oware* I, pag. 41, tab. 24). Les comptoirs danois et hollandais qui ont renoncé à la traite des nègres, sont en pleine décadence ; le commerce anglais éprouve aussi de grands dommages. Comme les Espagnols continuent toujours la traite des noirs, les indigènes voient de mauvais œil les Anglais qui éloignent tous les négriers.

Quoique les Ashantis ne fassent le commerce que pour

(1) Bowdich, p. 339.

leurs besoins (1) et non comme spéculation, leurs relations ne se bornent pas cependant à la côte de Guinée. Leur commerce traverse l'Afrique jusqu'au-dessus du Niger, et il est encore très important dans le Fezzan. La monnaie des Ashantis est la poudre d'or. Dans les états voisins, Inta, Dagwumba, Gaman, Kong, on se sert des cauris. Les Ashantis vont échanger leurs marchandises dans l'intérieur des terres, vers le Nil, jusqu'à *Houssa*, où les étoffes de soie les plus précieuses trouvent un débouché rapide.

Ces relations commerciales font de la capitale des Ashantis un centre très important, d'où l'on peut tirer, comme l'a fait Bowdich (2), les renseignemens les plus curieux sur tous les pays de l'intérieur; car, de Coumassie, partent 9 grandes routes qui conduisent dans toutes les parties de l'intérieur; des contrées très reculées dans les terres sont soumises à l'empire du roi des Ashantis. Meredith vit, dans le camp du roi, à Annamaboe (1807), parmi les nombreux chefs qui commandaient dans la guerre contre les Fantis, un homme d'une grande taille, aux formes athlétiques et dont l'extérieur ressemblait à celui d'un Arabe; il était Mahométan et natif de Cassina (3), au sud-est de Timbouctou; il avait amené ses hommes au service de son prince; des sentences du Coran, enchâssées dans des cadres d'or et d'argent, étaient suspendues à son cou; il avait été à Tunis.

Déjà des Mullahs ou prêtres mahométans venant du nord, se sont rencontrés (4) dans cette résidence avec des missionnaires chrétiens arrivés du sud. Les uns et les autres s'accordent à prohiber le culte des fétiches et les sa-

---

(1) Bowdich, p. 330, 335.

(2) Ibid., Pr. II, c. 1, Geography, p. 162-214.

(3) Meredith, p. 158.

(4) Bowdich, p. 397.

crifices humains, pour lesquels le peuple est aussi passionné que les anciens Romains pour les combats de gladiateurs. Les Mullahs jouissent d'une grande considération dans la résidence des Ashantis ; ils enseignent à lire et à écrire l'arabe, et entretiennent des relations non interrompues avec le Tombouctou sur le Niger. L'un des plus distingués de ces Mullahs était Baba (1) que Bowdich visitait trois ou quatre fois par semaine, et chez lequel il trouvait toujours réunis des Maures étrangers venus de toutes les parties de l'intérieur de l'Afrique. Ils déploraient l'ignorance et l'idolâtrie des Ashantis, et appartenaient assurément à une grande mission mahométane qui s'étend des contrées du Niger, jusqu'au pays des Ashantis. Bowdich trouva à Coumassie, chez le maure Apoukou (*Apookoo*), l'un de ces prêtres, beaucoup de manuscrits arabes et quelques livres européens, parmi lesquels était une Bible en hollandais.

Une tradition des Ashantis rapporte qu'ils sont venus autrefois d'un pays situé plus près de la *grande eau*; selon cette tradition, ils auraient conquis le royaume des Inta et deux autres états plus petits avant de fonder leur empire, et se seraient approprié ensuite la langue et les usages des vaincus, peuples plus civilisés qu'eux. La langue des Ashantis diffère, en effet, de celle de la Côte-d'Or; cependant elle dérive comme celle des Fantis, celle de *Warsaw*, *d'Akim*, *d'Assin*, *d'Aquapim*, d'une langue mère commune; selon une tradition des Ashantis, ils auraient formé autrefois douze tribus (2) : la famille des rois appartient par exemple à la tribu des Annona. Bowdich croit retrouver chez eux la division des familles patriarcales des Hébreux et d'autres peuples primitifs; une seule partie de ce peuple, les Ashantis d'Accra, ont l'usage de

(1) Bowdich, p. 90.
(2) Ibid., p. 231.

la circoncision. Des six langues (1) parlées dans la contrée, qui s'étend depuis Apollonia jusqu'au Rio-Volta (60 milles géogr.), les langues *d'Amanahea*, *d'Ahanta*, *Fanti*, *Affoutou*, *Accra* et *Adampé*, celle des Ashantis est la plus harmonieuse et la plus délicate; aussi ce peuple est passionné pour la musique.

La législation, les usages, le gouvernement des Ashantis offrent un grand nombre de particularités qui leur sont propres (2). Le gouvernement est entre les mains du roi, de quatre chefs et de l'assemblée des généraux; il forme ainsi une monarchie mixte, ou monarchie aristocratique. Bowdich en a beaucoup parlé, et nous a donné sur l'histoire de ce peuple (3) tous les documens qu'il put recueillir. Nous allons, en terminant, rapporter une tradition remarquable des Ashantis sur le choix du bien et du mal et le partage du monde entre les noirs et les blancs; nous exposerons aussi l'idée qu'ils se font de la terre. Par ces deux points, ce peuple occidental se rattache aux traditions des peuples orientaux; ils sont donc du plus haut intérêt, puisqu'ils nous permettent de reconnaître une primitive fraternité entre nous et ces peuples si maltraités, si méprisés depuis trois siècles. Bowdich a écrit à ce sujet une hypothèse dont nous traiterons aussi.

Tradition des Ashantis (4).

Au commencement du monde, Dieu créa trois hommes blancs et trois hommes noirs et autant de femmes. Pour leur ôter, dans la suite, tout sujet de réclamation et de plainte, il leur laissa le choix du bien et du mal. Sur la

(1) Bowdich, p. 344.
(2) Ibid., c. III, p. 252.
(3) Ibid., p. 231-251.
(4) Ibid., p. 261.

terre furent placés une grande calebasse et un papier scellé, et Dieu laissa les noirs choisir les premiers. Et les noirs prirent la calebasse, parce qu'ils croyaient qu'elle contenait tous les biens; mais, l'ayant ouverte, ils ne trouvèrent qu'un morceau d'or, un morceau de fer et d'autres métaux dont ils ne connaissaient pas l'usage. Et les blancs ouvrirent alors le papier scellé, et il leur promettait tous les biens. Dieu laissa alors les noirs au milieu des broussailles et des bois, et conduisit les blancs vers la mer. Toutes les nuits Dieu venait converser avec les blancs; il leur apprit à construire un vaisseau, puis il les conduisit dans un autre pays. Bien long-temps après, ils revinrent apportant une foule de marchandises pour commercer avec les noirs; et, sans leur choix malheureux, les noirs seraient devenus le premier peuple de la terre. Et, voyant que Dieu les avait abandonnés et qu'il préférait les blancs, les noirs tournèrent leurs hommages vers les esprits inférieurs et vers les fétiches qui président aux fleuves, aux bois et aux montagnes.

Selon Hutchison, voici l'idée que les Ashantis (1) se font de la terre. Ils disent : la mer Méditerranée (*Bahar-Mal*) est située au centre de la terre, sans communication avec l'Océan; sept fleuves se dirigent de l'Afrique vers cette mer; mais deux seulement l'atteignent, comme le Nil, qui y précipite à grand bruit ses eaux rapides. La mer Rouge prend, suivant les temps, différentes couleurs : ce phénomène est causé par sept grands fleuves diversement colorés qui y portent leurs eaux. C'est de là que lui vient le nom de *Majoumaal Bahare* ou réunion des fleuves. Ils appellent une troisième mer *Bahare Nohou*, c'est-à-dire *eau de Noé*, parce que c'est de là qu'est sortie la grande inondation.

Ils entendent par cette mer le grand lac *Caudie*; sui-

(1) Hutchison, Diary, dans Bowdich, p. 408.

vant la description qu'ils en font, ce lac est entouré de rochers escarpés; mais d'intervalle en intervalle, il bouillonne, vomit au loin d'énormes masses d'eau qui inondent toute la contrée, et, comme une mer volcanique, il a ses éruptions. Ils se représentent le monde comme une surface ronde, entourée d'une bordure de rochers; la mer ou l'Océan coule entre cette bordure et la terre qui est située au centre.

1re REMARQUE. — *Les Ashantis, anciens émigrés éthiopiens; hypothèse de Bowdich* (1).

Beaucoup d'Ashantis n'ont pas la physionomie nègre, et un grand nombre de leurs usages et de leurs lois rappelèrent à Bowdich les anciens Egyptiens. Les traditions concernant les migrations de leurs tribus permettraient de les regarder primitivement comme des Abyssiniens-Ethiopiens, mêlés à des colons égyptiens, qui peut-être furent chassés de *Tachompso*, *Méroé*, *Gojam*, leurs antiques demeures. Ces Ethiopiens, pressés peut-être par la caste des guerriers venus de l'Egypte, auraient été refoulés du Nil supérieur à l'ouest.

Selon Bowdich, on retrouve chez les Ashantis la même singularité dans l'ordre de succession que chez les anciens Ethiopiens (2). Diodore rapporte que les Ethiopiens déposaient les cadavres de leurs morts dans l'eau ou dans leurs maisons. Suivant Hutchison, les *Joum-Joum*, qui habitent la rive orientale du Niger, ont conservé le même usage, et descendent dans l'eau les cercueils de leurs morts. Les habitans du fleuve Gaboun et les Fantis conservaient les corps de leurs parens dans leurs propres maisons.

Les *Joum-Joum* (*Yem-Yem*) et d'autres Ethiopiens de l'intérieur habitent depuis le fleuve Gaboun jusqu'à l'ancienne Ethiopie, c'est-à-dire jusqu'au Nil supérieur. Ce sont les Ethiopiens sauvages d'Hérodote, les anthropophages de Ptolémée, et ils ont encore aujourd'hui les mêmes usages et les mêmes mœurs que dans les temps les plus reculés.

Bien différens de ces barbares, les Ashantis sont les Ethiopiens civilisés d'Hérodote et de Diodore. Refoulés à l'ouest par les colons

(1) On the Origin of the Ashantee, dans le Journal of Sciences, Litt., Arts, Nr. XIX, 1820, p. 73.

(2) Ibid., p. 75.

égyptiens, ils en prirent ces arts, ces connaissances et ces usages qui, aujourd'hui encore, nous frappent d'étonnement sur toute la côte de Guinée. Repoussés une seconde fois par Ptolémée-Evergète, ils se retirèrent plus loin, à l'ouest. A eux se joignirent d'autres peuples qui habitaient auparavant plus près de la Méditerranée, et qui probablement furent chassés dans les terres par les expéditions des Carthaginois. Après la destruction de Carthage, un grand nombre de ses habitans se retirèrent aussi vers le Niger. Cette supposition est confirmée par l'identité de plusieurs noms de peuples dans le voisinage des Carthaginois, avec d'autres qu'on trouve au sud du Niger. Buache les a indiqués dans la carte qu'il a dressée pour l'ouvrage de Ptolémée (1). Ainsi, par exemple, les *Mimaki*, que Ptolémée place un peu au sud de Tripoli, se retrouvent une seconde fois, à l'ouest du nouvel empire de *Yarriba;* les *Nabathræ*, qui habitaient au-dessous d'Alger, selon Ptolémée, reparaissent ensuite où est maintenant le royaume de Dahomey; les *Dolopes*, qui se trouvaient dans le domaine de Tripoli, se montrent, plus tard, où est situé aujourd'hui le royaume nègre de Coulla ; les *Blemmyes* apparaissent successivement en trois endroits différens, sur le golfe Arabique, près de *Rees-Ageeg*, à la frontière orientale de l'Abyssinie, et enfin, au sud, un peu au-dessus de la route des caravanes, qui va de *Loango* à *Niemeamcy*. A la frontière septentrionale des Ashantis, est situé un royaume appelé Takima, et, selon les cartes manuscrites que les Maures firent voir à Coumassie, on trouve un second Takima entre le *Timbouctou* et le *Fezzan*.

Cornélius Balbus, le conquérant de *Garama* et de *Cydamus* (Fezzan), dans son expédition sur le Niger, a parcouru, sans doute pendant quelque temps, les contrées situées sur la rive septentrionale de ce fleuve, que les états de *Noufi* (Noofee), *Yaoura*, *Tilalni*, occupent aujourd'hui. Selon l'opinion de Bowdich, ce conquérant détruisit, sur son passage, un grand nombre de peuples qui avaient primitivement leur séjour dans ces lieux, et les força d'émigrer sur la rive méridionale du Niger. Avant lui, déjà Suétonius Paulinus avait traversé, avec son armée, le pays des Perosi, où Mungo-Park crut trouver les sources du Niger, et que Ptolémée place entre la Gambie et la côte. Son expédition produisit aussi assurément quelques-unes de ces émigrations secondaires des peuples du centre de l'Afrique vers l'ouest. Le désert de Sahara offrait alors, comme aujourd'hui, beaucoup plus de routes praticables qu'on n'en dessine ordinairement sur les cartes. Le voyage de Scott au lac Dibbie, à travers le désert, prouve qu'il n'est pas, pour l'homme,

---

(1) Mithridates, III, 1re div., p. 132.

une barrière infranchissable. De cette façon, les émigrés égyptiens auraient bien pu être refoulés successivement, avec les peuples éthiopiques, jusqu'aux pays des Ashantis. Il en arriva de même aux peuples que remplacèrent les Arabes. Pressés par ces nouveaux venus, ils furent forcés de reculer toujours de plus en plus vers le sud-ouest. Les traditions des Ashantis sur leurs anciennes émigrations, leurs mœurs abyssiniennes mêlées à des coutumes égyptiennes, confirmeraient l'hypothèse de Bowdich (1).

Les Arabes qui, du temps de Pline et du roi Jouba, s'étaient établis de Syène jusqu'à Méroé, se sont avancés depuis en Ethiopie jusqu'au Bornou. Ce mouvement d'un peuple étranger doit avoir contribué aussi au déplacement de maintes nations éthiopiennes et nègres.

Bowdich, que nous laissons parler ici, regarde les usages propres aux Ashantis, et qu'ils ne doivent pas aux Egyptiens, comme venant des Abyssiniens. D'autres coutumes dérivent des Phéniciens; elles ont été apportées par les colonies carthaginoises qui, selon son opinion, se sont établies autrefois au sud du Niger. Par exemple, l'usage de faire des libations dans toutes les circonstances, et non pas seulement dans les sacrifices, rappelle les anciens Carthaginois et les Troyens. Comme les Phéniciens, les Ashantis sacrifient des victimes humaines, et offrent à leurs dieux ce qu'ils ont de plus cher; comme eux, ils ont des prêtres magiciens, ivres d'inspiration et d'enthousiasme. Les superstitions des Egyptiens, bien des lois et des usages de ce peuple, se sont conservés plus purs chez les Ashantis que chez les Ethiopiens, voisins des Egyptiens, ou chez les Abyssiniens, qui, en embrassant le christianisme, ont renoncé à un grand nombre de coutumes antiques. Nous allons indiquer d'abord les points principaux que les Ashantis ont de commun avec les Abyssiniens; nous indiquerons ensuite ceux qui en diffèrent, et qui s'accordent plutôt avec les mœurs des anciens Egyptiens, telles qu'Hérodote et Diodore nous les ont fait connaître.

Le roi des Ashantis ne parle que par ses ministres; il demeure toujours enfermé dans son palais, et reste invisible à ses sujets; ne vivant qu'avec ses courtisans, il est presque inconnu au reste de son peuple. C'est un crime de haute trahison que de s'asseoir sur le trône du roi. Il distribue à ses favoris des chaînes d'or, des colliers, des sabres. Le trône est héréditaire dans la même famille, comme en Abyssinie. Tous les rois ajoutent à leur nom le titre de *Jaï* ou *Zaï*, comme chez les Abyssiniens et les Persans, où les empereurs prennent le titre de *Sha*, qui signifie *roi*. Le roi des Ashantis a autour de lui une garde d'esclaves, comme celui de l'Abyssinie. Les Ashantis ne

(1) Journal of Sciences, ibid., p. 77.

combattent plus après le coucher du soleil; les anciens Egyptiens avaient le même usage. L'exécution du coupable suit immédiatement chez eux la condamnation. Les cérémonies du mariage sont les mêmes chez les Ashantis que chez les Abyssiniens. La circoncision est chez ces deux peuples un usage arbitraire. Hudchison rapporte qu'on trouve chez ce peuple, comme dans l'orient, une tradition sur Balkis, reine de Saaba ou Sheba.

Voici maintenant les usages égyptiens dont on voit encore des traces chez les Ashantis. Souvent, en fouillant les anciens tombeaux des Ashantis, on y a trouvé de la poudre d'or et des coraux de verre, comme dans les catacombes d'Egypte. Les Ashantis ne savent pas encore faire le verre. Ces coraux pourraient bien venir des Portugais; mais ils pourraient aussi être plus anciens, et venir des Phéniciens, car on en trouve souvent aussi au sud, sur les bords du Niger. Chez les Ashantis, les hommes tissent eux-mêmes leurs vêtemens; ils ont une musique funèbre et des funérailles qu'ils tiennent probablement des Egyptiens. Chez eux, l'accusateur qui est convaincu d'imposture, subit la même peine que le coupable. Ils ne mangent jamais avec les étrangers, et prennent leurs repas en plein air, comme les Egyptiens; comme eux encore, ils laissent croître leurs cheveux en signe de deuil. Le blanc est pour eux une couleur sacrée, et tous leurs fétiches sont blancs; ils adorent le crocodile et un grand nombre d'autres animaux; le culte de ces animaux est attaché à certaines familles.

Les Ashantis ont encore beaucoup d'usages communs avec les Hébreux (1), par exemple, la division en douze tribus.

Ainsi l'Egypte n'aurait pas seulement exercé son influence sur les Abyssiniens; ses coutumes et ses mœurs auraient agi sur d'autres peuples de l'intérieur de l'Afrique, à l'ouest, et peut-être en trouvera-t-on encore beaucoup de traces dans l'intérieur de cette partie du monde. Au nord-est de Coumassie, sur la route qui va de cette ville à Cassina, près du Niger, est située *Dagwumba*, ville très grande, appelée autrefois *Degombah;* c'est le siége d'un oracle fameux, et la connaissance exacte de cette cité jetterait un grand jour sur l'intérieur, car il s'y tient un grand marché (2) pour toutes les contrées de l'Afrique centrale. Hutchison, qui était resté à Coumassie en qualité de résident anglais, avait projeté d'y faire un voyage.

Ces hypothèses de Bowdich sont assurément intéressantes et lumineuses; mais avant de les admettre entièrement, nous attendons

(1) Journal of Sciences, ibid., p. 85.
(2) Bowdich, Mission, p. 178 et 453.

que de nouvelles découvertes dans l'intérieur de l'Afrique viennent les confirmer ou les détruire.

2e REMARQUE. — *Stations commerciales depuis Coumassie jusque dans l'intérieur, sur la route qui conduit à Houssa et au Tombouctou.*

Coumassie, dans le pays des Ashantis, est le centre du commerce de l'intérieur, qui se fait sur la côte avec les étrangers; c'est encore le point de réunion d'un grand nombre de voyageurs qui peuvent donner de curieuses notions sur les provinces les plus reculées de l'Afrique centrale. Le grand nombre de documens que l'infatigable Bowdich a rassemblés pendant son séjour, prouvent assez combien ce pays est favorable aux explorations de la science (1); mais, comme ces données sont très vagues, qu'elles ne précisent jamais les lieux d'après leurs rapports avec les points cardinaux, comme souvent elles sont en contradiction entre elles ou avec d'autres relations, il en résulte peu d'avantages positifs pour la géographie, et on ne doit les considérer que comme de précieux indices. C'est pourquoi nous renfermons dans une remarque quelques-unes des notices qui nous sont communiquées sur les environs du pays des Ashantis jusqu'au Niger. Nous étudierons plus bas, en son lieu, ce qu'on a appris là de ce fleuve.

Coumassie est située sous le 6° 34' 50" latitude nord, et le 2° 11' longitude ouest de Greenw. De cette capitale, habitée par une population nombreuse, résidence d'une cour brillante et le centre d'un commerce important, partent neuf grandes routes, dans toutes les directions. Elles conduisent à *Dwabin*, *Akim*, *Assin*, *Warsaw*, *Gaman*, *Soko*, *Daboia* et *Sallagha*, provinces importantes qui entourent de toutes parts le royaume des Ashantis.

1. Au nord-est de Coumassie est située Tafou (2), autrefois ville des Inta (prononcez N'ta), et aujourd'hui soumise aux Ashantis. Lorsqu'ils émigrèrent dans le pays qu'ils occupent, les Ashantis conquirent plusieurs provinces des Intas, et celle-ci forme la frontière septentrionale de leur empire. L'islamisme y a déjà pénétré depuis long-temps, et tous les chefs ou *Cabosirs* sont des croyans. Ce pays est arrosé par l'*Adirri* (le Rio-Volta).

2. Au nord-nord-est, à sept jours de marche de Coumassie, est situé le petit royaume de *Coranza* (probablement le Corisseno des

---

(1) Bowdich, Mission, p. II, c. 1. — Geography, p. 162-204.
(2) Bowdich, Mission, p. 170.

anciennes cartes); ses habitans ont une origine et des traditions communes avec les Ashantis; mais, d'après le témoignage même du roi, à Coumassie, ils ont plus d'intelligence et de talent que ses sujets. De là, la route se dirige vers le pays des Intas, au nord-est du Rio-Volta supérieur, entre deux grands fleuves, le Rio-Volta, appelé Adirri dans ce pays, et le fleuve Laka à l'est (1). C'est, à ce qu'il paraît, un des affluens orientaux du Rio-Volta; aussi large, aussi impétueux que le premier, il y jette ses eaux près d'Odenti. Les Intas subjugués sont une race timide et faible qu'on enlève pour en faire des esclaves. Le plus grand marché du pays est *Sallagha*, situé à dix-sept journées ou 30 milles géographiques, au nord-est de Coumassie, à peu près sous les 7° 56' latitude nord, et 0° 9' longitude ouest de Greenw.

3. Au nord d'Inta, sur la grande route des caravanes qui va de Coumassie dans le *Houssa*, sur le Niger, est situé le royaume fameux de *Dagwumba* (Deygomba, selon Young, Lucas, Rennell) (2). Sa capitale est *Yahndi*, au nord-est de *Sallagha;* de ce lieu, la route y conduit en sept jours de marche, à travers un pays de plaines. Yahndi est située, selon le calcul de Bowdich, à peu près sous les 8° 38' latitude nord, et les 0° 55' longitude ouest de Greenw. Elle doit être beaucoup plus grande encore que Coumassie. Les Mahométans ont converti à leur foi le roi du pays, et un grand nombre d'entre eux se sont fixés dans sa capitale. L'islamisme a donc déjà franchi, depuis long-temps, le Niger, qui était comme sa frontière au sud. Lucas cite déjà, de son temps, Degomba comme un état mahométan. La ville Yahndi ou Dagwumba doit être très peuplée, opulente et remplie des trésors qu'apporte le commerce avec lui. Des marchands de toutes les contrées de l'Afrique accourent en foule à ses marchés. Des troupeaux de vaches, de chevaux et d'autres animaux, sont les principaux objets du commerce. Nous avons fait mention plus haut de l'oracle que possède cette cité.

4. Au nord-est de ce royaume, s'étend, dans un pays de plaines appelé *Sarem*, une suite d'autres petits états. Ce sont, entre autres, les royaumes de *So* et de *Gamba;* ce dernier, situé à cinq jours de marche, au nord-est de Yahndi, est une province limitrophe de l'empire des Ashantis, dont l'influence s'étend néanmoins jusqu'au Niger par l'intermédiaire de Dagwumba. Au nord de Dagwumba, est situé le royaume de Fobi, sur la route de Coumassie à Jinnie; au nord-ouest, le pays des *Mosi*, habité par une race guerrière. A quelques journées de marche, plus au nord, est situé *Calanna* (3),

(1) Bowdich, Mission, p. 178.

(2) Ibid., p. 178.

(3) Ibid., p. 180.

probablement la *Calhansi* d'Imhamed; c'est, comme Yahndi, une ville très grande et un marché important. Elle est bâtie au pied d'une montagne qui contient beaucoup de fer, et un grand nombre de ses habitans travaillent ce métal avec habileté. En suivant toujours cette route, dans la direction du nord-est, on arrive enfin au Niger et dans le Houssa.

5. *Route de Timbouctou, conduisant, par les montagnes de Kong, à Jinnie, sur le Niger.*

Cette route, qui va de Coumassie à Timbouctou, et s'avance toujours directement vers le nord, est moins fréquentée par les marchands mahométans que celle qui va au nord-est, et conduit, par Dagwumba, dans le Houssa. Cependant, cette contrée est beaucoup plus riche. Les peuples qui se trouvent sur la route des montagnes de Kong sont moins civilisés, moins commerçans et plus pauvres; aussi, ils sont plus rarement visités par les étrangers.

Après douze jours de marche, on arrive de Coumassie à *Bountoukou;* sept journées plus loin, au nord, on passe un fleuve qui a dix minutes de traversée, et forme la limite du royaume des Ashantis; les Maures l'appellent *Zamma* et les Ashantis *Coumbo.* Aucun des Ashantis, suivant ce que Bowdich put en apprendre, ne s'était hasardé encore au-delà de ce fleuve. A cinq jours de marche, de l'autre côté du fleuve, s'élèvent les montagnes de Kong, qui ont donné leur nom au royaume qui les avoisine. La montagne, au pied de laquelle est bâtie la capitale, s'appelle *Toulile-Sina;* une petite rivière, qui coule à quatre journées au-delà, porte le nom de *Woura.*

Les habitans de ce pays ne sont pas aussi riches que les Ashantis. Leur marché est approvisionné par les marchandises de Houssa. La contrée est très peuplée; elle produit beaucoup de chevaux, et on y tue tous les jours des éléphans. A partir de Kong, il faut sept jours pour passer les montagnes de Koun-Kouri. C'est de là que les Ashantis tirent le plus grand nombre de leurs esclaves : on les appelle *Dunkos* ou *Dunkoers* sur le marché de Coumassie, et de là vient que quelques auteurs ont pris cette dénomination pour le nom propre de tous les peuples qui habitent au-delà du pays des Ashantis; mais ce n'est ni le nom d'un peuple, ni celui d'un pays : c'est seulement une appellation que les Ashantis donnent aux peuples sauvages de l'intérieur, et, dans leur bouche, elle a le même sens que *barbares.* Ces peuples sont très faciles à reconnaître aux incisions qu'ils se font sur le visage, et qui servent à les distinguer de leurs voisins. Les habitans de Dagwumba ont chacun trois légères incisions sur

(1) Bowdich, Mission, p. 181.

chaque joue, autant au-dessous, et une incision horizontale au-dessous de l'œil. Ceux d'Yahndi ont trois incisions longues et profondes sur le visage; les Mosi s'en font aussi trois très profondes, et de plus une sous les yeux; les Bornous en ont le front tout cicatrisé; les Marrowaens ont un grand nombre de petites cicatrices sur tout le corps; les Fobi, les Calannas, se percent le nez. Les incisions sont faites dans la première enfance; une liqueur fétiche ou enchantée est versée goutte à goutte dans les blessures, pour préserver la vie de l'enfant et le rendre invulnérable. Tous ces Nègres, qui ont la peau ainsi tailladée, apparaissent, sous le nom de *Duncos*, dans les marchés des Ashantis et de la côte de Guinée. A neuf journées de marche, au-dessus des défilés sauvages des montagnes de Kong, on se trouve de nouveau dans une contrée très peuplée; elle s'appelle *Kaybi*, et sa capitale porte le même nom. Trois journées au-delà, on passe la haute montagne *Seboupou* et un fleuve très large, puis on entre dans le pays de *Kyri;* mais cette route est très dangereuse, à cause des hordes vagabondes qui la parcourent. Cinq journées plus loin, on entre dans le puissant royaume de *Garou*, dont le roi réside à *Netaquolla*. Ce royaume ne serait-il pas le *Gago* de Leo Africanus? Vingt journées au-delà, se trouve le royaume de *Douwaro,* dont les habitans savent très bien cultiver le terrain rougeâtre sur lequel ils vivent. Près de là, est situé un petit état appelé *Filladou* ou *Firrasou*, peut-être une colonie des Foullahs. Cinq journées, au nord de Douwara, on arrive enfin au Niger. Sur sa rive méridionale, est située, dans une île, la ville *Jinnie* (Jenni), où habitent, dit-on, deux Européens (1).

4e Eclaircissement.

Cap Sierra-Leona.

Le cap Sierra-Leona est la prolongation la plus occidentale que nous connaissions d'un haut pays de montagnes, sur la côte de Guinée. De la mer, il apparaît (2) comme un plateau aux cimes couronnées de forêts; il borde la côte depuis le cap Shelling jusqu'à la rivière de Sierra-Leona, et on dirait une muraille de dix milles de largeur,

(1) Bowdich, Mission, p. 181, 184, 411.

(2) Wadstrœm, Plan for a free community of Sierra-Leona. London, 1792, in-4°, tabula I.

qui s'élève pour soutenir les montagnes. Les Portugais ont donné le nom de Sierra-Leona à cette côte, à cause des tonnerres épouvantables (1) qui rugissent, comme la lionne, sur ses cimes orageuses, et parce qu'elle se trouve dans la région des ouragans (*tornados*).

Au nord, le pays des Boullom et des Foulahs est encore une haute-terre jusqu'au cap Vargas, et, dans l'intérieur, jusqu'à *Kakoundi*, comparativement à la côte plus septentrionale, près du Rio-Nunez (2), sur les rives duquel commencent les terres planes, entre le Rio-Grande et la Gambie. Au sud, la Haute-Sierra se dégrade brusquement vers le littoral bas et plat, appelé *Mampa*, qui s'étend vers le cap Palmas.

Il est important de remarquer ici que le plateau de Sierra-Leona (8° 30' lat. nord) est situé sous la même latitude que la terrasse montagneuse d'Akim et qu'Abomey (9° 3' lat. nord).

Ce point, occupé par les Européens, ne nous a pas encore donné des notions précises sur l'intérieur du pays; mais il est probable que, de *Freetown*, nous obtiendrons bientôt des révélations importantes sur la mystérieuse Afrique.

La fondation d'un état nègre libre sera toujours un fait à jamais mémorable pour les siècles suivans. Le nom de son noble et désintéressé fondateur, ceux de Grandville, Sharp, Wadstrœm (3), Beaver (4), Afzelius, Watt, Winterbottom,

---

(1) Cadamosto et Labat, Relation de l'Ethiopie occidentale, V, p. 317.

(2) Winterbottom, Account of the native Africans in the neighourhood of Sierra-Leona, London, 1803, I, p. 18; et Beaver, Afric. memoranda, p. 334.

(3) Wadstrœm, Essay on colonisat., II, p. 193, 220.

(4) African memoranda relative to a Brittish settlement on the Island of Bulama to cultivat. and Afric. Slavery, etc., dans Capt. Ph. Beaver. London, 1805, in-4°.

Wilberforce demeureront toujours immortels pour avoir concouru de leurs efforts à la création d'un tel établissement sur les côtes de l'Afrique : leur mémoire y sera toujours chère, en dépit de l'hypocrisie et de l'imposture qui, sous la forme séduisante d'une institution africaine, ont pu y obtenir quelques succès dans ces derniers temps.

Remarque. — *Nègres montagnards*, *Nègres des côtes.*

Ici encore l'histoire nous révèle que les peuplades nègres, sorties du pays montagneux de l'intérieur, se sont avancées toujours progressivement vers la côte. Envahissantes et victorieuses, elles ont subjugué les anciens habitans, et les ont vendus et exportés comme esclaves. Les malheureux débris des peuples vaincus se sont retirés à l'extrémité des promontoires et dans les groupes d'îles qui avoisinent la côte.

Autour de Sierra-Leona, habitent les nègres *Boullom* (1), autrefois maîtres du pays, et resserrés aujourd'hui sur un étroit espace. Les *Timmanis*, peuple montagnard, maintenant en possession de la côte, sont descendus du plateau à une époque inconnue, et ont chassé les Boullom. La côte est actuellement occupée par leurs tribus, les Logos et les Krangos.

Les *Bagoes*, anciens maîtres du pays, ont eu le même sort, au nord de Sierra-Leona, près du Rio-Grande. Ce peuple pacifique fut chassé par les Nègres Sousous (*Soosoo*), tribu des Fouhlas, et resserré dans quelques villages et dans les îles du Los (*Los Idolos*).

Mais les Sousous ne sont pas restés en possession paisible de leurs conquêtes. Depuis environ quatre-vingts ans, ils se sont laissés subjuguer par les Nègres de Mandingo (2), peuple montagnard, riche, puissant et noble, qui s'était d'abord établi pacifiquement au milieu d'eux; les Sousous furent forcés de céder à ces nouveaux hôtes leurs habitations et leurs terres. (Voyez, plus bas, *Terrasse de Mandingo*.)

Tout autour de cette prolongation du plateau, à l'ouest, on remarque le même mouvement des peuples des hautes terres vers la terrasse des côtes; de là vient sans doute le nombre extraordinaire de petites peuplades différentes entre elles par leur constitution physique, leurs langues et leurs mœurs, dont la diversité a excité, à

---

(1) Winterbottom, Account of Sierra-Leona, I, p. 3.

(2) Ibid., p. 6.

si juste titre, l'étonnement de tous les voyageurs qui ont visité cette côte jusqu'au fleuve de la Gambie (1).

Coup d'œil sur la colonie de Sierra-Leona.

A l'exception des travaux d'Afzelius, de Watt et de Winterbottom, dont nous exposerons les résultats dans le chapitre suivant, il ne nous est parvenu de cette nouvelle colonie aucun renseignement sur l'intérieur de l'Afrique. Nous devons donc nous contenter de jeter rapidement un coup d'œil historique sur cet établissement; il suffira pour nous faire comprendre les obstacles qui s'opposent aux progrès de la géographie dans cette contrée.

A la fin du dix-huitième siècle s'éveilla, dans beaucoup d'esprits, l'idée de coloniser les côtes de l'Afrique. Le docteur Smeathman exposa le premier un plan sur ce projet, dans ses lettres au docteur Knowles (2); il publiait ses idées sur un système de colonisation pour l'usage des Quakers qui, dans un moment de généreuse inspiration, avaient affranchi leurs esclaves. En 1784, Ramsay fit connaître, par la presse, les traitemens cruels que les planteurs exerçaient contre leurs esclaves. Dans la même année, l'université de Cambridge mit au concours l'histoire de la traite des noirs : T. Clarkson remporta le prix. Cette question importante excita dès lors une attention générale en Europe et dans les colonies; Wilberforce s'éleva, au milieu du parlement anglais, contre la tyrannie des planteurs et contre la traite des noirs. Pendant la guerre de l'Amérique, un grand nombre de Nègres s'étaient affranchis : les uns prirent les armes contre leurs anciens maîtres, et passèrent sous les drapeaux anglais où se formaient des régimens de noirs; d'autres, dont les maîtres étaient restés fidèles à

(1) Winterbottom, p. 10. — Beaver, African memoranda, p. 319.

(2) H. Murray in Dr. Leyden's Histor. Account of Discov., II, c. IV, p. 255-285.

l'Angleterre, furent forcés de quitter avec eux le sol devenu libre de l'Union américaine. On leur donna pour asile les îles de Bahama et la Nouvelle-Ecosse; mais bientôt un grand nombre de ces infortunés se rassembla en Angleterre, et leur misère était surtout à charge à la capitale. Il se forma alors, sous la présidence de Hannay, de Grandville et de Sharp, un comité pour fournir des secours à ces malheureux émigrés. En 1786, le docteur Smeathman proposa de former une colonie à Sierra-Leona pour les Nègres libres.

Le comité entra dans son projet, et rassembla tous les planteurs et les volontaires nègres qui avaient émigré de l'Amérique, après la guerre de l'indépendance. Au mois de Mai 1787, 400 Nègres et 60 blancs, parmi lesquels se trouvaient beaucoup de femmes de mauvaise vie, furent embarqués avec des provisions et des instrumens aratoires. Le capitaine Thomson, auquel avait été confié le commandement de la nouvelle colonie, acheta de Naïmbanna, prince nègre, et de ses vassaux, une étendue de terre de 20 milles carrés anglais. Il partagea le terrain entre les colons en parties égales, sous la condition d'une redevance annuelle, et bâtit un entrepôt pour les marchandises. Mais la maladie, la paresse, la dépravation des colons s'opposèrent à la prospérité de l'établissement. Leur indolence était si grande qu'ils trouvaient trop fatigant de bâtir des huttes pour se protéger contre la saison des pluies : à la fin de Septembre de la même année, le nombre des planteurs était déjà réduit à 276. Lorsque les bâtimens de transport qui contenaient les provisions furent partis, les colons se virent enfin forcés de travailler pour se procurer des alimens; il fallut cultiver le riz et le blé. Les malades furent bientôt guéris; mais la paresse étendait toujours sa plaie sur la colonie. La plupart des colons vendirent leur nouvelle propriété et leurs armes; et, après en avoir dépensé le prix en eau-de-vie, ils émigrèrent dans les marchés d'esclaves voisins. En 1789, un chef africain, voulant se venger des brigandages des colons, tomba tout à coup sur l'établissement, détruisit et brûla les nouvelles habitations; les faibles restes de la colonie remontèrent le fleuve, et se réfugièrent dans l'île Bance, où ils furent recueillis par un chef noir touché de leur misère.

Quelques années après, en 1791, Falconbridge rassembla ces colons épars, dans l'intention de relever le malheureux établissement. Il fallut racheter une seconde fois les terres de Sierra-Leona qui étaient retombées entre les mains du même prince nègre. L'établissement fut fixé à Grandville's-Town, à quelque distance des ruines de Freetown (*ville libre*), siége du premier. Dans le même temps se forma, sous la protection du parlement, la compagnie de Sierra-Leona; elle était constituée pour trente ans, à partir du 1er juillet 1791. Elle se composait de treize membres qui, tous, avaient juré entre eux de ne pas faire la traite des noirs. La compagnie envoya aussitôt cinq vaisseaux chargés de vivres, de marchandises, d'artisans et de soldats pour protéger les nouveaux colons. Les Nègres royalistes réfugiés dans les îles de Bahama et dans la Nouvelle-Ecosse, ayant été, malgré la loi, réduits de nouveau à l'esclavage, implorèrent la protection du gouvernement anglais contre leurs nouveaux maîtres; le capitaine Clarkson fut alors chargé de prendre les mécontens sur son bord et de les ramener en Afrique, dans leur patrie. Ainsi, au mois de Mars 1792, la colonie reçut un accroissement de 1,220 membres. La compagnie redoubla alors d'activité; les capitaux furent augmentés par des souscriptions, et de nouveaux secours envoyés à la colonie naissante; on favorisa le commerce du pays, et on essaya même de faire prospérer l'établissement par des recherches scientifiques. On engagea, pour explorer la contrée, deux naturalistes du nord, Nordenskiold, minéralogiste, et Afzélius, botaniste distingué. Malheureusement, Nordenskiold ne parvint, en remontant le fleuve de la colonie, que jusqu'à l'île Robanna, résidence de Naïmbanna, roi d'une tribu de Nègres; il mourut bientôt de la fièvre, à port Logo. Afzélius fit une collection précieuse qui doit enrichir la botanique de nouveaux trésors.

On choisit, pour l'emplacement de la ville, la première situation de Free-Town comme étant la plus convenable; mais la stérilité du sol, les maladies, la saison des pluies et les mauvaises mœurs des colons s'opposèrent encore à la prospérité de l'établissement, jusqu'à ce qu'enfin Clarkson obtint la direction de la colonie; cet homme, plein d'activité et de zèle, acheva bientôt les travaux commencés, envoya régulièrement des rapports en Angleterre et donna à la ville nouvelle tant d'importance qu'elle éveilla bientôt l'attention des états voisins; de toutes parts, les princes nègres de l'intérieur du pays envoyèrent des ambassades à la cité naissante.

Au mois de Septembre 1794, un nouveau désastre menaça la colonie d'une destruction entière. Les armateurs français qui croisaient sur les côtes d'Afrique contre les vaisseaux négriers et contre les comptoirs anglais, fondirent sur Free-Town, la pillèrent et y mirent le feu.

Ce nouveau malheur n'empêcha point le comité de poursuivre ses généreux efforts. Il envoya de nombreux agens aux peuplades voisines, dans l'île Bananas, au fleuve Camarancas, aux îles Plantain, pour nouer des relations amicales avec les Nègres indigènes, et détruire les préjugés et les calomnies répandues par les marchands d'esclaves contre la nouvelle colonie. On réussit ainsi à s'attacher par des alliances un grand nombre des tribus nègres indépendantes qui habitent les environs de Sierra-Leona.

Dans le même temps, on essaya de fonder une colonie nouvelle à *Boulama*, île fertile, mais très basse, située plus au nord, à l'embouchure du Rio-Grande. Déjà un siècle auparavant, des Français, de la Brue (1700), Demanet (1767), et Barber (1787) l'avaient désignée comme favorable à l'emplacement d'une colonie. En 1792, l'île fut vendue par le roi de Canabac au roi d'Angleterre; le sol semblait très propre à la culture du coton, du sucre, du café, du tabac et de l'indigo; mais, comme à Free-Town, la paresse des colons arrêta l'exécution des plans projetés, un grand nombre prit la fuite pour se soustraire au travail, et Beaver, chef de la colonie, resta avec vingt hommes, quatre femmes et autant d'enfans. Les noirs libres (*Groumettas*) prirent tous aussi la fuite, et les perfides Canabacs envahirent le terrain qu'ils avaient cédé. Beaver qui avait dirigé l'établissement avec une habileté et un zèle admirables, se vit forcé d'abandonner l'île en 1793, et de s'embarquer pour l'Angleterre. On avait dépensé pour ce projet de colonisation 10,000 liv. sterl.

Il se forma à Norkioping, en Suède, une société philantropique pour la civilisation de l'Afrique. Quarante familles de colons devaient s'établir sur ces côtes sous la protection de la Suède; mais elles devaient rester indépendantes de toute influence européenne. Le seul but des colons était la civilisation; la politique et le commerce n'entraient pour rien dans ce généreux projet; mais la guerre en empêcha l'exécution. Cependant Wadstroem, Sparrman et Arrhénius firent un voyage en 1787, pour choisir provisoirement l'emplacement de la colonie. Ils proposèrent, comme les situations les plus favorables, d'abord le cap Vert, puis le cap Monte (7° 40' lat. nord), et le cap Mesurado. Le cap Monte est une contrée délicieuse, couverte de magnifiques prairies, véritable Eden, arrosé par une foule de sources vives, de ruisseaux, où le riz, le maïs, le millet, les melons, les amandes et les oranges croissent en abondance et presque sans culture.

Le cap Mesurado, situé 16 milles marins plus au sud, sous le 6° 34' lat. nord, est une haute montagne isolée, coupée à pic du côté de l'Océan. Le côté qui regarde le continent offre une pente douce et très fertile ; il est habité par une tribu de Nègres pauvres, mais probes et courageux ; quoique très nombreuse, elle n'avait pas encore participé au commerce d'esclaves. Le fleuve Mesurado coule de bien loin dans l'intérieur des terres ; il vient, selon l'expression des Nègres, du pays d'*Alam*, c'est-à-dire de la *terre de Dieu*. Les Anglais ont aujourd'hui un établissement au pied du cap Mesurado ; on l'appelle *Kings-Town* (ville du roi). Il y croît quelques palmiers et des bananiers ; on y coupe du bois de campêche, et on y fait le commerce de l'ivoire.

Quoique cette entreprise n'eût d'abord aucun résultat et que les plus grandes difficultés s'opposassent à de nouveaux établissemens sur ces côtes occidentales de l'Afrique, la persévérance des Européens triompha cependant à la fin.

Sierra-Leona avait été très heureusement choisi, car le climat y est très sain ; de nouveaux colons s'y rassemblèrent bientôt, et la nécessité, là comme partout ailleurs, les habitua enfin au travail. D'après les derniers rapports du comité (1), 448 acres de terre sont maintenant défrichées et rendues fertiles. Un planteur des Indes occidentales y a transporté ses plantations, et se livre en grand à la culture. La ville et la contrée environnante ont pris une forme nouvelle. Free-Town a un très bon mouillage, 400 maisons et 1,700 habitans ; on y a établi quatre écoles dirigées d'après la méthode de Lancastre, et fréquentées par par 2,000 écoliers dont les 5|6 se composent de Nègres affranchis. Les enfans et les adultes y reçoivent le bienfait de l'instruction. L'église est bâtie en pierre, et c'est le seul monument de ce genre dans toute l'Afrique occidentale ; la ville possède une société biblique, un théâtre

(1) Geographische Ephemeriden, VII, p. 155.

d'amateurs et une caserne bâtie en pierre. Dans le cours d'une des dernières années, les toits de chacune des vingt-six maisons avaient été remplacés par des toits couverts de bardeaux ; un tiers de ces maisons appartient à des Nègres qui se sont soustraits à l'esclavage. Les Nègres de la Nouvelle-Ecosse, affranchis par le gouvernement anglais, ont beaucoup négligé jusqu'à présent leurs habitations. Des six incendies qui, depuis 1810, ont mis la ville en péril, cinq ont éclaté dans les deux longues rues qu'ils habitent et dont toutes les maisons sont encore couvertes en chaume.

L'île *Bance*, où les colons s'étaient réfugiés en 1789, est devenue depuis un poste important qui, par sa position et ses avantages naturels, doit l'emporter un jour sur tous les établissemens de l'Afrique occidentale. L'île située dans le fleuve, à trois milles de l'embouchure, s'élève presque partout à 200 pieds au-dessus du niveau ordinaire de ses eaux. Placée à un endroit où le fleuve a une très grande largeur, elle est entourée d'un archipel de petites îles délicieuses : une ceinture de forêts l'enveloppe dans une largeur d'un mille, et rend son climat très salubre ; les brises de la mer y sont aussi fraîches, aussi pures qu'à Sierra-Leona. A l'extrémité septentrionale de l'île, est bâti un fort défendu par une batterie de treize canons : on y voit de grands magasins et une très jolie habitation pour les agens du comité. Les îlots environnans appartiennent presque tous aux propriétaires de l'île Bance ; leur surface a plusieurs milliers d'acres.

La compagnie de Sierra-Leona possède encore plusieurs autres stations : *Gloucestertown* (1), *Kisse*, qui ont toutes deux des églises ; *Regent-Town* avec 1,300 habitans an-

---

(1) Stein, Handbuch der Geographie und Statistik., 1820, III, p. 413.

glais et 1,700 esclaves nègres affranchis; *Thornton*, forteresse, avec une école militaire, dans laquelle sont élevés de jeunes Africains pour servir un jour d'officiers dans les troupes africaines. Une nouvelle ville, appelée *Kings-Town*, fut fondée en 1809. Les Africains de la tribu Bamhera, qui habitaient au pied des montagnes de Leicester, se décidèrent à faire partie d'un établissement européen.

Le comité a proposé des prix d'encouragement pour la culture du riz, du maïs, de l'igname et des patates. Un journal paraît à Sierra-Leona depuis le mois d'Août 1817; et, suivant un rapport de 1819, la colonie, avec ses dépendances, comptait déjà 12,000 habitans, dont 2,000 blancs, y compris les soldats : toute cette population était répartie en sept communautés ou paroisses. En 1817, on exporta, sur dix-sept vaisseaux, 2,990 tonneaux de produits du pays, tels que de l'ivoire, du copal, de l'huile de palmier, du riz et de la poudre d'or.

CHAPITRE QUATRIÈME.

AVANCEMENT NORD-OUEST DE LA HAUTE-AFRIQUE, LE HAUT-SOUDAN.

§ 16.

Il nous reste encore à étudier la prolongation nord-ouest du plateau africain; ce pays, que nous ne connaissons que depuis un demi-siècle, a conservé le type africain dans toute sa pureté. Ayant gardé toujours sa virginité native, cette contrée n'a reçu de l'étranger ni mœurs, ni usages, ni arts : aussi loin que nos regards peuvent pénétrer dans le passé, la nature et l'homme, quoique se transformant, se renouvelant sans cesse, semblent être restés ici dans une immobilité éternelle ; sans monumens et sans histoire, cette terre ne nous offre aucune trace d'une influence étrangère. La religion même, la plus forte de toutes les puissances, ne s'est introduite que dans les temps modernes dans ces pays lointains et chez ces peuples dont la vie instinctive et pure ressemble à celle des idylles antiques.

C'est l'islamisme qui a été appelé à développer les idées religieuses chez ces peuples : toutes leurs autres institutions sont exclusivement le produit du sol maternel qui les nourrit et les porte.

L'intérieur du plateau nous est encore inconnu de ce côté ; quelques accidens isolés ont jeté cependant un peu de jour sur sa pente occidentale et septentrionale : en les comparant entre eux et avec des formes analogues que l'on rencontre dans d'autres pays, nous pourrons en tirer d'importans résultats qui valent bien la peine que nous examinions en détail le petit nombre de faits dont nous avons connaissance.

Aucun géographe n'a encore fait mention jusqu'aujourd'hui d'une haute terrasse ni d'un pays d'Alpes, ni d'une avant-terrasse dans cette contrée. On nous parle de forêts, de cascades, de déserts, de Nègres montagnards, de pays riches en or, d'états nègres, de défilés, etc., mais on ne nous donne pas la moindre idée des différens rapports qui existent entre ces individualités isolées. Peut-être que ce que nous avons dit déjà suffira pour nous faire entrevoir à travers cette immense variété la grande unité qui caractérise la nature dans toutes ses formations.

Nous considérons comme une saillie nord-ouest du plateau de la Haute-Afrique, le pays des montagnes d'où sortent les eaux du Mesurado, du Rio-Nunnez, du Rio-Grande, de la Gambie, du Sénégal et du Niger ; ces montagnes formant un demi-cercle de 8 à 10 degrés ou de 150 milles, dont la grande courbe s'étend vers le nord-ouest et vers le nord sont situées pour la plupart entre le 8° et le 11° de lat. nord.

Des montagnes africaines, situées sous les tropiques, et qui, comme l'on prétend, donnent naissance à des fleuves aussi considérables que le Niger et le Sénégal, doivent nécessairement être très élevées. Or, en Asie et en Afrique, les fleuves qui portent de grandes masses d'eau dans les basses-terres, ne descendent jamais d'une seule chaîne de montagnes ; ils ont toujours pour berceau un plateau, sans lequel les sources ne pourraient pas se reproduire continuellement. Nous avons donc lieu de supposer que toute l'étendue du pays, en montant de la côte de Guinée vers le nord, est occupée par le plateau du Soudan ou des Noirs. Cette supposition est d'autant plus vraisemblable que, sous tous les autres rapports, elle correspond parfaitement au caractère de la contrée.

Nous avons déjà vu ailleurs que les Ashantis, les habitans de Degomba et leurs voisins du nord, habitent très probablement cette haute terrasse ou du moins la pente méridionale et septentrionale, les Foulahs paraissent occuper toute la pente occidentale et les Mandingos celle du nord-ouest. Jusqu'à présent nous ne savons encore rien de la haute terrasse elle-même, nous ne connaissons tout au plus que la première pente au nord et les terrasses moyennes saillantes avec leurs dépendances.

PENTE OCCIDENTALE DU PLATEAU DU SOUDAN VERS LES COTES ET LA MER.

1er Eclaircissement.

Terrasse de Timbo ; pays d'Alpes des Nègres Fouhlas.

Près du cap Sierra-Leona, appelé *Serra-Lioa* par les premiers voyageurs portugais, la pente du bord occidental touche immédiatement à la côte et forme au-dessus de la mer la grande et fameuse Sierra dont nous avons déjà parlé ailleurs. Le même phénomène se reproduit sur plusieurs autres points du globe; ainsi le plateau d'Asie forme, près de Leao-Tum, la terrasse des Mantchoux; près de Benderabassi et de Trébizonde, les terrasses du Farsistan et de l'Arménie; le plateau d'Afrique s'avance de même jusqu'à la mer, près du cap où il forme le pays de la colonie et près du Taranta où il forme l'avant-terrasse du Baharnagach. La terrasse de Timbo, dont il est ici question et que nous ne connaissons que depuis 1794, par les voyages de Watt et de Winterbottom (1), est située de la même manière à l'extrémité ouest du plateau.

Une ligne tirée de la Sierra Leona, du sud au nord, rencontre, sous le 12° 40' de lat. nord, le fleuve de la Gambie, à l'endroit où il reçoit sur sa rive droite les eaux du Nérico (2). Cette ligne marque la direction d'une chaîne de montagnes qui sépare du plateau situé à l'est la contrée plane de la terrasse littorale à l'ouest; la plus grande élévation de cette chaîne se trouve à 40 lieues de la côte, dans l'intérieur du pays.

La prolongation septentrionale de cette chaîne forme, près de Barraconda où elle traverse la Gambie, le rapide le plus occidental de ce système d'eau; le fleuve franchit un immense banc de rochers, qui empêcha les Européens d'avancer plus loin avec leurs navires (3) et les força d'établir leurs factoreries à Barraconda. Avant d'atteindre les rangs parallèles de cette chaîne de montagnes, la Gambie donne encore naissance, à l'est, à un nombre infini de cataractes, dont quelques-unes sont très remarquables.

---

(1) Wadstrœm, Essay on colonisation. London, 1795, II, p. 109.— Golberry, p. 327.

(2) Mungo-Park, Trav., p. 35.

(3) Labat, Nouvelle Relation de l'Afrique occidentale, I, p. 306.

Le Rio-Grande qui prend sa source sur la terrasse de Timbo où il s'appelle Dounso (1), traverse également cette chaîne de montagnes à un mille géog. au nord de la route que suivirent Watt et Winterbottom et forme ici une cataracte de dix pieds de haut; les voyageurs en entendirent le bruissement à une très grande distance: le fleuve qui a 120 pieds de large en cet endroit, roule une grande quantité d'eau et forme encore très probablement plusieurs autres sauts; sortant de la chaîne qui borde la terrasse, sur la même ligne que la Gambie, il entre dans le littoral plan des Biafars, de même que la Gambie entre au-dessous de Barraconda, dans les vastes plaines de Pisania. Si ces deux fleuves coulent au nord dans l'intérieur de la terrasse, ils doivent nécessairement changer de direction, à leur sortie de la chaîne limitrophe et se courber à angle aigu vers l'ouest.

On connaît encore 5 autres fleuves navigables au sud du Rio-Grande jusqu'à Sierra-Leona (2), qui tous coulent de l'est à l'ouest; ce sont : le *Rio-Nunnez*, le *Pongo*, le *Tafali*, le *Samos* ou *Bareira*, le *Cassores* et le *Logo*; mais ils sont peu importans, parce qu'ils ne prennent leur source que sur la pente occidentale de la chaîne limitrophe et non sur la haute terrasse de Timbo.

La chaîne limitrophe dont il est ici question, et la haute terrasse située à l'est, n'ont été visitées et ne nous sont connues qu'en trois endroits.

---

(1) Nautical Map intended for the use of colonial undertakings at Sierra-Leona, by C. W. Wadstrœm, 1794.

(2) Durand, Voyage au Sénégal, I, p. 242.

A. *Chemin montant conduisant de la terrasse littorale des Biafars près de Cacoundy, à Labey et Timbo* (1).

Sur le Rio-Nunnez inférieur, à 14 milles géog. (70 milles angl.) de Cacoundy, dans l'intérieur du pays, se trouve un passage qui conduit, dans la direction de l'est, à la terrasse de Timbo ; il est très fréquenté par les caravanes des Foulhas et passe pour le plus praticable de la contrée ; on n'y rencontre aucune espèce de bêtes de somme ; les Foulahs sont obligés de transporter eux-mêmes leurs marchandises ; ils portent sur la tête des balles du poids d'un quintal et demi et font souvent, ainsi chargés, 2 milles à 2 milles et demi géog. par jour ; ils établissent ainsi une communication commerciale entre la haute terrasse de Timbo et les terres planes (2), comme les porteurs de fardeaux du Cachemire et du Boutan, dans la Haute-Asie. Cacoundy est en Afrique, comme Bembour, Jombo et Bourd en Asie, le principal marché où les habitans de la terrasse viennent échanger leurs produits contre du sel et des munitions de guerre.

Les voyageurs qui ont traversé ces contrées, ne pouvaient marcher qu'à petites journées (ils mirent 16 jours pour faire 40 milles géog. jusqu'à *Labay* ou *Laby*) ; sur une étendue de 25 à 30 milles, ils eurent à traverser des rangées successives de chaînes de montagnes plus ou moins parallèles qui s'étendaient toutes du sud au nord, ainsi qu'il leur était facile de s'en apercevoir aux huit fleuves et aux onze rivières qu'ils rencontrèrent sur leur passage ; on leur rapporta que plusieurs de ces montagnes étaient très élevées et très difficiles à franchir. Pendant une partie

---

(1) Extract of Mrs. Watt and Winterbottom, in Wadstrœm's Essay, II, p. 110.

(2) Ph. Beaver, African memoranda, Note, p. 342.

du chemin, la bordure extérieure de la terrasse était absolument aride; mais arrivés à Cacoundy, ils rencontrèrent des plantations de cotonniers (1) et un climat très favorable à la culture du caféier, dont deux espèces croissent naturellement en ces lieux. Au-delà de Cacoundy le pays était souvent très fertile et partout bien cultivé; à Laby, capitale de cette contrée, l'agriculture paraissait dans un état très florissant; partout il y avait abondance de riz, de maïs, d'ignames et d'oranges. Le lait et le beurre formaient dans toute cette contrée la principale nourriture des naturels.

Laby avec 5,000 habitans, et Timbo, à 7 journées de marche à l'est de Laby (au sud, selon la carte du pays), avec 7,000 habitans, passent pour les deux principales villes de la contrée; elles sont toutes deux situées sur de hautes plaines unies; le matin et le soir, l'air y est assez frais et souvent les nuits y sont aussi froides qu'à Peschaver, Kaboul, Kandahar et que dans la Haute-Perse, surtout quand règnent les vents d'est. Le 24 Février, à midi, le thermomètre marquait à Laby 90° de Fahrenheit (25° 3|4 de Réaumur), tandis qu'à 4 heures et 1|2 du matin, il n'indiquait que 51° de Fahrenh. (8° et 1|2 de Réaumur). Le 11 et le 12 Mars de la même année, par un temps d'orage et de pluie, le thermomètre tomba soudain à 11° de Fahrenh., et une autre fois à 9° de Fahrenh. (5° et 4° de Réaumur). Un tel abaissement de température, sous le 10° lat. nord, prouve suffisamment que Watt et Winterbottom s'y étaient élevés à une hauteur très considérable, qui équivaut bien à celle du pays d'Alpes Abyssinien. Le climat, quoique très variable, et ne ressemblant en rien à l'uniformité de celui de la côte, est néanmoins très salubre.

---

(1) Beaver, ibid., p. 379.

B. *Chemin montant, conduisant de la terrasse littorale des Sousis* (Soozes), *ou du rivage situé au nord de Sierra-Leona, par Bareira, Tambacouria et Dyambiliah, à la terrasse de Timbo* (1).

Watt et Winterbottom nous représentent cette route par laquelle ils s'en retournèrent à la côte comme plus pénible et plus dangereuse que la précédente, parce que depuis long-temps les Nègres montagnards en défendaient l'entrée aux Nègres de la côte. Ils trouvèrent, comme dans l'autre, des chaînes de montagnes à franchir, des vallées à traverser, qui toutes s'étendent du sud au nord; la haute chaîne la plus orientale, près de Nyingia, comprend, à ce qu'il paraît, toute la largeur du pays de montagnes qui ne se compose pas d'une seule chaîne de montagnes, mais de tout un système de chaînes parallèles, sur une largeur de 25 à 30 milles géographiques.

Ce défilé conduisant à la terrasse de Timbo est sans doute celui qui offre aux Européens la communication la plus facile avec le plateau du Soudan ou avec l'intérieur de la Haute-Afrique. Grâce à leurs efforts, les deux voyageurs sont parvenus à effectuer un traité d'alliance entre les Sousis et les Foulahs; une voie libre est ouverte ainsi au commerce, et il n'a plus rien à craindre de ce côté. Nous espérons que les entreprises de la compagnie de Sierra-Leona ne seront pas non plus sans résultat pour la science.

Remarque.

Le nom de Sousou, que portent aussi les Sousis, paraît être une appellation commune à plusieurs peuples. Le major Houghton appela *Souso* le pays des Mandingos, que Danville nomme aussi *Sousos* (2).

---

(1) Wadstrœm, Essay on colonisation, II, p. 110.
(2) Proceedings, I, p. 275.

2e Eclaircissement.

Plateau de Timbo (Teembo, Timbou.)

Jusqu'à présent nous ne possédons que peu de renseignemens sur ce remarquable pays d'Alpes, habité par les Nègres; les voyageurs qui y ont pénétré y trouvèrent une population nombreuse et un accueil hospitalier (1). Le sol est presque partout rocheux et aride, un tiers seulement est bien cultivé, mais on y rencontre de magnifiques pâturages alpins, et des troupeaux de bêtes à cornes; les riches s'occupent à élever des chevaux, usage absolument inconnu dans la région des côtes. Les mulets, les ânes, les troupeaux de moutons et de chèvres s'y trouvent en abondance. Les deux tiers de l'espace qu'occupe le pays sont couverts de collines.

Les habitans de ce pays d'Alpes, les Foulahs et les Sousous, n'ont pas le nez aplati comme les Nègres de la terrasse littorale, ils ont la peau bien plus lisse que ces derniers, et, quant à la couleur, ils tiennent le milieu entre les Nègres et les Arabes maures (2); Rennell les regarde comme les *Leucothiopes* de Ptolémée et de Pline.

Ces Nègres alpins sont bien plus avancés, sous tous les rapports, que les Nègres de la côte; ignorant encore l'usage de la charrue, ils cultivent très bien leur terre, en la remuant laborieusement avec de grossiers instrumens; ils forgent le fer et l'argent, travaillent très habilement le bois et le cuir et tissent des étoffes très épaisses. Leurs maisons sont propres, commodes et bien construites; ils sont Mahométans et ont des mosquées et des écoles dans toutes les villes; ils ne font des esclaves que dans la

(1) Wadstrœm, ibid., p. 111.
(2) Th. Winterbottom, Account of Sierra-Leona, I, p. 184.

guerre, et seulement par nécessité, afin de se procurer en les vendant des armes européennes et de la poudre, qui leur sont devenues indispensables pour défendre leur indépendance. Ils ont, dit-on, pour voisins 24 nations différentes, mais ils ne sont en guerre qu'avec les infidèles (les Cafres), et ce n'est que contre eux qu'ils regardent la guerre comme juste et légitime. La domination du roi de Timbo comprend, à ce qu'on prétend, 40 milles géog., du sud au nord, et 78 milles géog. de l'ouest à l'est.

On trouve, sur la terrasse de Timbo, de l'argent et du fer en grande quantité (*ironstone*) et d'une très bonne qualité (1), mais il n'y a pas d'or; ce métal est importé de Bouriah, pays situé à 7 journées de marche à l'est de Timbo, le même sans doute que Mungo-Park entendit nommer Bouri (2).

On compte 30 journées de marche de Timbo à Ségou, sur le Niger; la route passe par Belia, Bouriah (Bouri suivant Mungo-Park) et Manda (*Mandingo* suivant Mungo-Park).

3e Eclaircissement.

Bordure septentrionale de la chaîne de montagnes limitrophes, le long de la Gambie, près du fleuve Nérico, à travers Tenda et Néola, à l'est.

Mungo-Park nous a donné le premier quelques renseignemens sur cette contrée jusqu'alors inconnue : ce célèbre voyageur la traversa dans le voyage qu'il fit du cours supérieur du Niger et du Sénégal à Barraconda sur la Gambie. Il erra long-temps de l'est à l'ouest, sous le 12° latit. nord, à travers des déserts, sur un plateau couvert de forêts; enfin, sortant des déserts de *Jalloncadou*, il prit sa route

---

(1) Afzelius, Report to the Sierra-Leona comp., in London, 1793.
(2) Mungo-Park, Travels, dans Rennell, Appendix, p. XXI.

vers Tenda sur le Nérico, à travers les états nègres de Satadou et Néola.

A Satadou, Mungo-Park quitta les forêts de l'intérieur (*Tenda Wilderness*) et entra dans une contrée toute différente; près de Tambacounda, à l'endroit où se partagent les eaux du Falémé supérieur et de la Gambie, il s'aperçut que le schi ou arbre à beurre (*schea toulu*), qu'il avait partout rencontré dans l'intérieur de l'Afrique et qu'il regardait comme un arbre caractéristique de ces régions élevées, avait tout à coup disparu (1).

Arrivé plus à l'ouest, il rencontra de nouveau des villes et des villages de Foulhas; plus loin à l'est, il n'avait vu que des villes de Mandingos; après s'être encore avancé quelque temps à l'ouest, il atteignit le fleuve de Nérico; à peine l'eut-il franchi que les guides de la caravane s'écrièrent tout joyeux : « Nous sommes heureusement arrivés dans le pays du couchant! » (*Land of the setting sun*). On n'avait parcouru, jusque-là, pendant plusieurs mois, que des contrées montagneuses et couvertes de rochers; maintenant se présentait un pays plan, un sol de sable et d'argile. Les arbres étaient de nouveau chargés de singes (*monkeys*); il paraît que, comme dans le Habech, ces animaux n'habitent pas la haute terrasse qui, sans doute, est trop froide pour eux. Les voyageurs rencontrèrent en même temps sur le rivage plan du Nérico, les premiers palmiers (*ciboa*) qui disparaissent entièrement sur la haute terrasse, et dont on trouve les derniers pieds à l'est, au-dessous du défilé de Camalia, près de la ville de Sibidoulou (c'est-à-dire ville du Ciboa, dans la langue des Mandingos) (2). Avec la plaine de Toumbi-Tourila sur les bords du Sénégal, commencent ici les terres planes et d'alluvion.

---

(1) Mungo-Park, Travels, p. 352.

(2) Ibid., p. 263.

4e Eclaircissement.

Les Foulahs.

Il nous est impossible, jusqu'à présent, d'indiquer avec précision la limite naturelle de la Haute-Afrique, dans un pays aussi peu fréquenté que celui dont il est ici question. Cependant tous les phénomènes qu'on a observés ne nous laissent presque aucun doute sur sa véritable direction.

On pourrait appeler toute la terrasse de la pente occidentale, *le plateau* ou *le pays d'Alpes des Foulahs* (Foulahs et Foullos, suivant De Barros), car ils sont la race la plus remarquable de tous les Nègres qui l'habitent. Tous les voyageurs s'accordent à faire leur éloge : ils l'emportent, par leurs qualités, sur leurs voisins des basses-terres, les Nègres de la côte (1), autant que les habitans du Cachemire l'emportent sur les Indous des basses plaines. Nous ne déciderons pas si le pays d'Alpes qu'ils habitent est leur véritable patrie, ou s'ils sont aborigènes de la petite contrée montagneuse de Fouladou (*Fooladoo*) sur le bord oriental du Sénégal supérieur. Nous savons seulement qu'ils sont, dans un petit pays sauvage, un peuple chasseur et peu civilisé; sur la grande terrasse occidentale, ils se distinguent au contraire par leurs mœurs douces et paisibles; ils y ont bâti des villes, et presque tous s'occupent avec soin de la culture de leurs terres et de l'éducation de leurs troupeaux. Les Foulahs n'habitent pas seulement le royaume de Timbou (*Teemboo*), ils s'étendent encore bien au-delà, et forment la majorité des habitans (2), depuis le 4° lat. sud jusqu'à la rive méridionale du Sénégal. Ceux qui habitent au nord du plateau, près de Podor et

---

(1) Winterbottom, I, p. 206.
(2) Golberry, p. 31.

de Morphil, sur le Sénégal inférieur, ne forment qu'une seule colonie, les Foules et Poules (1) et sont placés sous la domination d'un chef qui prend le titre de *Siratick* (2).

Les Foulahs sont encore le peuple le plus puissant dans le domaine supérieur du Rio-Grande, sous le 10° lat. nord, et du 5° jusqu'au 12° long. est de l'île de Fer; c'est du moins ce que nous apprennent les anciennes relations des Portugais (3) du temps du roi Jean III; ce monarque envoya une ambassade à Temala, puissant roi des Foulahs, qui était alors en guerre avec Mandi-Mansa, roi des Mandingos. De Barros raconte qu'à la même époque, en 1534, une grande guerre (*incendio de guerra*) éclata au sud du pays de Mandingo et de Foulah. Les hordes qui firent irruption du pays appelé *Fouta* (d'où vient le nom des barbares Fouta-dou?) étaient si nombreuses qu'elles tarissaient les rivières sur leur passage; tous les pays qu'elles traversèrent furent ravagés et détruits. Leurs cruautés et leurs ravages firent autant de mal aux rois de Mandingo et de Foulah, que les Gallas aux empereurs d'Abyssinie. Plusieurs fois le roi de Portugal envoya des ambassadeurs à ces monarques pour leur témoigner la part qu'il prenait au malheur qui les frappait eux et leurs sujets. Peut-être ces invasions désastreuses sont-elles encore une trace de cette grande migration de peuples qui, partant du centre du plateau, s'est répandue dans toutes les directions. La manière dont ces barbares du sud apparurent et l'époque de leurs invasions sont les mêmes, d'où nous concluons que ces grands événemens simultanés doivent être regardés comme un fait commun à tout le plateau africain.

Ces luttes avec les barbares de Fouta et plus tard avec

(1) Durand, Voyage au Sénégal, II, p. 60.
(2) Labarthe et Lajaille, Voyage au Sénégal, I, p. 40.
(3) De Barros, Dec., I, lib. III, c. 11, fol. 38 b.

les Mandingos qui devinrent toujours de plus en plus puissans, expliquent pourquoi l'on trouve encore des états Foulah sur la pente septentrionale du plateau. Divisée en un nombre infini d'états indépendans, cette nation montagnarde forme ici, comme nous le verrons plus bas, une grande ceinture de peuples autour de ce pays d'Alpes (1).

Entre le Sénégal et la Gambie se trouve le pays de Bondou (2), contrée fertile, habitée par les Foulahs, quoique soumise aux Mandingos. Comme sur la terrasse, ils se livrent ici à l'agriculture, entretiennent de nombreux troupeaux, se nourrissent de lait et de beurre et élèvent des chevaux. Leur peau, comme celle des autres Foulahs, est moins noire que celle des Nègres et parfois même d'un brun olivâtre; ils ont la physionomie agréable; leur nez n'est pas aplati, leurs cheveux, loin d'être crépus et laineux, sont doux et soyeux (*silky soft hair*). Ils sont de belle stature, forts, robustes, dévoués à l'islamisme sans être bigots; ils ont des écoles, et des livres et regardent les Nègres noirs comme bien au-dessous d'eux.

Les Foulahs sont, en général, un peuple paisible et doux, ils n'aiment pas le commerce comme leurs voisins les Mandingos et préfèrent une vie agricole et pastorale. Cependant, à l'exemple de beaucoup d'autres peuples montagnards, comme les Auvergnats, les Tyroliens, les Savoyards, ils descendent par bandes nombreuses dans les basses plaines (3) et se procurent toujours, par leur industrie ou leur activité, quelques richesses dont ils vont jouir ensuite dans leur patrie.

Plusieurs districts peu importans, habités par des Foulahs, s'étendent encore au sud-est de Bondou, par exemple Brouka (*Brooka*) et Foulahdou ou Fouta-dou sur le Sé-

---

(1) J. Rennell, dans Mungo-Park's Trav., Appendix, p. LXXXVIII.

(2) Mungo-Park, Trav., p. 57.

(3) Durand, II, p. 134.

négal, Wassela sur le Niger supérieur ; on trouve même sur la rive septentrionale du Joliba, dans le royaume de Massina (1), une tribu de Foulahs pasteurs, qui payaient un tribut au roi des Bambarras.

Seetzen et Vater (2) ont démontré par leurs savantes recherches linguistiques, que les Foulahs se sont même établis au milieu des Touariks d'Ader et d'Agadès, jusqu'au 25° lat. nord, et à l'est jusqu'au Dar-Four. Ils vivent paisiblement au milieu des Touariks, sous le nom d'*Arabes Phelleta* (Phalatija). Vers le sud, ils paraissent s'être répandus, sous le nom de *Folgiens*, jusqu'à la côte des Dents. Il est très probable que les Foulahs ont été dispersés par les barbares de Fouta, car tout nous prouve qu'ils n'habitent pas depuis bien long-temps ces différentes contrées.

REMARQUE. — *Langue des Foulahs, peuples d'Alpes africains.*

La langue des Foulahs est la plus harmonieuse de toutes les langues nègres, et les voyageurs la comparent à la langue italienne (3). Suivant Winterbottom, la langue de Sousou, qui se parle sur la côte de Sierra-Leona, sur la terrasse de Timbou et à Jalloncadou, est un dialecte de la langue des Foulahs (4). Les Mandingos, les Boullom et les Timmanis la comprennent, mais ne la parlent pas.

La *Society for Missions to Africa and the East* a fait imprimer une quantité de livres chrétiens dans la langue foulah, pour avancer chez ces peuples, avides de vérité, la propagation du christianisme, ou du moins pour s'opposer aux progrès de l'islamisme (5). Nous espérons que, dans peu de temps, nous pourrons citer les braves

---

(1) Mungo-Park, Travels, p. 214; Appendix, p. LXXXIX.

(2) Vater, Mithridates, III, 1re Abth., p. 146. — Archives de Kœnigsberg, 1812, p. 584.

(3) Winterbottom, Account, I, p. 10.—Golberry, p. 33.—Durand, Voyage, I, p. 331.

(4) Vocabulary of the Soosoo, dans Winterbottom, p. 352.

(5) Winterbottom, p. 352.

habitans de Timbo comme le premier peuple nègre chrétien chez lequel le commerce d'esclaves sera aboli. Les mensonges que Macauley a débités dans l'*African Institution* ne sont pas de nature à détruire en nous cette belle espérance. Nous souhaitons aussi que, chrétiens sincères, ils ne cessent pas de se montrer aussi hospitaliers, aussi justes et aussi humains qu'ils l'ont été jusqu'à présent.

Les livres d'instruction, introduits dans la langue du pays, sont d'un avantage immense pour les Nègres ; ils s'opposent à la propagation de la langue arabe par le Coran, et arrêtent les progrès de la langue *Geral*, espèce de patois portugais, qui est là ce que la langue franque est pour le commerce dans l'orient. Des innovations aussi louables ne peuvent que conserver dans un peuple ces grandes qualités qui nous présagent qu'un jour il parviendra à un degré de civilisation très élevé.

On retrouve sur cette terrasse les mœurs chevaleresques dans toute leur pureté primitive dans les *Pourah*, espèce d'association de guerriers qui rappellent les tribunaux vehmiques du moyen-âge.

La conformation physique de ces pays d'Alpes et le caractère de leurs habitans ont déjà attiré notre attention ; mais notre intérêt serait bien plus vivement excité encore, si nous établissions un parallèle entre les peuples d'Alpes situés aux deux extrémités opposées, l'un à l'est, l'autre à l'ouest, et chez lesquels l'islamisme a également pénétré, nous voulons dire entre les habitans du pays d'Alpes de Cachemire et ceux du pays d'Alpes de Foulah : la comparaison serait encore à l'avantage de ces derniers. En Asie comme en Afrique, même agriculture, même industrie, même activité, même habileté, même beauté ; seulement, en Asie, ces qualités sont parfois relevées par la nature du continent, et par la marche de la civilisation et de l'histoire. Mais la nature morale, dans ses manifestations primitives, est beaucoup plus pure et plus naïve, chez les Foulahs, que de nos jours chez les Asiatiques, corrompus par la civilisation, et plongés dans le vice et la sensualité. Le caractère poétique et moral des Foulahs est fortement imprimé partout, et surtout dans leur langue. La manière dont ils ont adopté la religion mahométane révèle leur sentiment religieux dans toute sa pureté. En se déclarant pour l'islamisme, ils en ont écarté tout ce qu'il contient de sanguinaire et d'intolérant, et ont su conserver le même respect pour toutes les autres religions, même pour le christianisme (1) ; ils observent le plus profond silence quand les Chrétiens prient.

La langue des Foulahs est très poétique ; ils possèdent au plus haut point le don de la parole et celui de produire de fortes émotions ;

---

(1) Winterbottom, I, p. 209. — Wadstrœm, II, p. 112.

toute expression dure des Européens fait sur eux une impression pénible, et la moindre altération de la voix influe sur leur vive sensibilité. La plus grande offense qu'on puisse faire à un Foulah est de parler sans respect de sa mère; ils appellent cela « lui faire outrage. » Ils ont, en général, une grande vénération pour les vieillards (1). Dès qu'un homme atteint un certain âge, il reçoit le titre honorable de père, *pa*, que l'on place avant son nom (par exemple, Pa-Rouni, etc.); la femme, celui de mère, *ma* (par exemple, Ma-Shella, etc.); le vieillard, celui de *Yome*. Les Sousous, en s'adressant à quelqu'un qu'ils veulent honorer, l'appellent *Kammay fooree* (Fouri) (c'est-à-dire homme vieux); s'ils veulent lui faire beaucoup d'honneur, ils l'appellent *Tannum fooree* (c'est-à-dire vieux grand-père, etc.). Le caractère pacifique et doux de ce peuple d'Alpes africain, dont nous venons d'esquisser quelques traits, forme un pendant remarquable avec le peuple d'Alpes du Habech, race également très civilisée et belliqueuse.

(1) Winterbottom, I, p. 212.

V.

BORDURE SEPTENTRIONALE DE LA HAUTE-AFRIQUE, DU COTÉ DE L'OUEST.

PENTE SEPTENTRIONALE DU PLATEAU DU SOUDAN VERS LE SÉNÉGAL ET LE DÉSERT DE SAHARA.

§ 17.

CHAPITRE PREMIER.

TERRASSE DES MANDINGOS.

Une contrée montueuse (*hilly country*) s'étend à l'est, depuis le pays occidental des Nègres, c'est-à-dire depuis les rapides de la Gambie, près de Barraconda, et depuis le fleuve Nérico, jusqu'à Jabbi, sur le cours moyen du Niger. Elle embrasse une étendue de 150 milles géogr., près de 10°. Au sud, elle confine au haut pays de montagnes; au nord, elle va toujours se dégradant jusqu'aux plaines sans fin de l'Afrique septentrionale, qui commencent pour la plupart sur la même ligne de l'ouest à l'est, sur laquelle sont aussi situées les cataractes de Félou, par le 14° de latitude nord.

C'est avec raison que nous pouvons, à l'exemple de Rennell, comprendre toute cette contrée sous le nom de pente septentrionale du Haut-Soudan. Les nombreux états nègres qui l'habitent vivent dans la paix et l'abondance. A sa bordure septentrionale commence cette ceinture de peuples soumis aux Maures, qui confine au vaste océan de sable. Le désert est la véritable patrie des hordes maures: ardentes comme le sol brûlant qu'elles parcourent, sanguinaires comme les bêtes féroces du désert, elles s'élancent avides et impétueuses à la poursuite de leur proie, et sont également funestes aux nations paisibles des hautes terres, soit qu'elles les visitent comme alliées ou comme ennemies, semblables aux vents de feu qui se lèvent de leur patrie, et portent, partout où ils soufflent, la destruction et la mort.

Cette pente du grand plateau, situé au sud (*slop of the great belt of mountains*), nous présente deux terrasses, et, en comptant les basses-terres, trois terrasses distinctes entre elles par leur nature et celle de leurs habitans. D'après le voyageur qui a découvert cette grande contrée et son savant commentateur Rennell, nous les désignons sous les noms de haute terrasse, terrasse moyenne et terrasse inférieure (*upper level*; *intermediate*, *lowest level*).

1er Eclaircissement.

Terrasse supérieure. Premier gradin.

Route conduisant de Jabbi sur le Niger, par le défilé de Camalia, à travers Jalloncadou, Gadou, Koncodou et le domaine du Sénégal supérieur, à la Gambie supérieure, à Néola et au fleuve Nérico, d'après le premier voyage de Mungo-Park, de **1795** *à* **1797**.

En sortant de l'immense plaine du cours moyen du Niger, dans laquelle est situé Ségo, on aperçoit, à Jabbi (1), les premiers chaînons des montagnes occidentales. Quoiqu'on se trouve encore dans le royaume de Bambarra, là

(1) Mungo-Park, Travels, p. 227.

cesse la langue de ce pays pour faire place à celle des Mandingos. Plus loin, à Kaarta, apparaissent déjà les cimes de montagnes plus élevées (1). Devant Bammacou, elles s'avancent en rochers escarpés jusqu'au Niger, où elles rétrécissent et traversent son cours impétueux; le fleuve précipite ses eaux par-dessus ces écueils en bruyans rapides, précisément dans la contrée où, après avoir roulé au nord, il s'échappe des hautes montagnes, et commence (2) son cours large et magnifique à l'est, à travers les vastes plaines de la Nigritie, où il devient navigable.

Là commence aussi le défilé escarpé de Camalia (3) conduisant, par une contrée sauvage et montagneuse, dans le pays hospitalier des Mandingos. Mais des bandes de brigands rendaient dangereuse l'entrée de ce plateau; elles en défendaient l'accès au voyageur, absolument comme les Hazortas celui du Taranta, les Gallas celui du défilé de Duan sur la terrasse de Tigré, les Kourdes celui des défilés de l'Arménie. L'intrépide Mungo-Park n'échappa que par miracle à leur férocité. Au-dessus de ce défilé, se trouve *Sibidoulou*, ville frontière du pays de Mandingo, située au milieu d'une magnifique vallée, à l'abri des désastres qu'entraînent les guerres des peuples voisins, les Bambarras, les Foulahs, les Mandingos. De là, jusqu'à Woroumbana, s'étend la terrasse cultivée qui forme le partage entre les eaux du Sénégal et du Niger, et dans laquelle on trouve des couches de schiste, du quartz et des pierres ferrugineuses. Les Mandingos qui l'habitent regardent ce pays comme le plus beau du monde, et se croient eux-mêmes les plus heureux de tous les peuples. C'est là qu'est situé Camalia, où Mungo-Park dut sa gué-

(1) Mungo-Park, Travels, p. 229.
(2) Ibid., p. 237.
(3) Ibid., p. 240.

rison à l'hospitalité du nègre Carfa (1), et put reprendre les forces nécessaires pour s'en retourner.

De la terrasse de Mandingo, on voit s'élever à l'ouest, le haut pays de montagnes de Jallonkadou (2). C'est un plateau traversé par un grand nombre de rivières descendant des montagnes et coupé par des vallées qui courent parallélement du sud au nord; couvert de forêts, hérissé de rochers, accessible seulement par des défilés presque impraticables, il présente au voyageur de nombreux dangers. La caravane (3) le traversa le plus rapidement possible; on parcourut en cinq jours 20 milles géog. (100 *miles*), de Kenytakouro sur le Kocora, la plus orientale des rivières qui alimentent le Sénégal, jusqu'à Soutida sur le Bafing, sans rencontrer une seule habitation; c'est pourquoi cette contrée est appelée par les voyageurs, le désert de Jallonka (la syllabe *dou*, qui se trouve à la fin de tous ces noms de lieux, signifie *terre* dans la langue du pays). On eut douze rivières à passer; le sol était presque toujours rocailleux et les bords des rivières se composaient de roches noires (sans doute des basaltes) que Park appelle *Whinstone*. La contrée était couverte de bois touffus, aux cimes hautes et ombrageuses; dans les lieux bas et humides, on voyait de larges forêts de bambous; souvent de légers ponts de bambous étaient jetés sur les rivières.

Plus loin, à l'ouest, le sol présentait encore la même conformation, seulement il était plus habité. Sur le partage des eaux (4) du Bafing et du Falémé, dans le pays de Worada et de Concodou, il fallut ensuite franchir une montagne élevée et rocheuse, dans laquelle on trouve beaucoup d'or. Après neuf jours de marche forcée, on

(1) Mungo-Park, p. 253.
(2) Ibid., p. 252.
(3) Ibid., p. 326.
(4) Ibid., p. 340.

arriva enfin sur les bords du Falémé. De là, tout ce plateau se dégrade rapidement dans une grande profondeur (*great descent*), ainsi que le prouvèrent à Mungo-Park les six affluens de la Gambie qu'il eut à traverser sur la rive gauche de ce fleuve, avant d'arriver au Nérico. Dans le second voyage qu'il fit, en 1805, Mungo-Park repassa dans les mêmes lieux à l'ouest du Falémé, mais il ne nous en dit rien de nouveau.

Cette pente de la haute terrasse est très graduée à l'ouest (*by degrees*). Depuis le Falémé, elle semble ne plus faire qu'un seul gradin avec la terrasse des Foulahs; de ce côté, elle donne naissance à la Gambie, rivière très pauvre, tandis que dans le Jallonkadou, où elle est plus élevée, elle alimente les sources du Sénégal et du Niger. Sa pente vers l'est ou vers l'intérieur de l'Afrique est très escarpée. Suivant des informations prises sur les lieux mêmes, les sources du Sénégal et du Niger sont situées sur le plateau, au sud de la route des caravanes, à peu près sous le 10° ou 11° de latit. nord et éloignées d'environ 30 milles géogr. l'une de l'autre. Cette pente du haut Soudan, prolongée ainsi à l'est, se trouverait sous le même parallèle que la pente de la Haute-Ethiopie.

1re Remarque. — *Analogie dans la formation des plateaux.*

Au sud de la route des caravanes que nous avons citée plus haut, cette première terrasse est encore pour nous une terre complétement inconnue, et nous n'en savons rien de plus, sinon qu'elle existe. Le Journal seul de Mungo-Park nous fait connaître le passage des caravanes de Nègres à sa pente septentrionale; c'est par là que les marchands du pays de l'intérieur communiquent avec ceux des côtes de la mer, à l'embouchure de la Gambie.

Si nous comparons cette route avec celle que nous avons décrite plus haut, au bord septentrional des Alpes du Habech, c'est-à-dire avec la route qui conduit du Sennaar au rivage de la mer, par Ras-el-Fil, le Lamalmon, les affluens du Taccazzé et l'avant-terrasse d'Axum, nous serons frappés de la ressemblance qu'offre la nature dans tous ses phénomènes, sur le bord septentrional du grand plateau, à l'est et à l'ouest. Placés au centre de l'immense plateau, portons nos regards à l'est et à l'ouest, et les mêmes rapports, la même similitude, se présenteront à nos yeux étonnés. Les noms des pays que Mungo-Park traversa ne semblent être tous, plus ou moins, que des appellations synonymes, dont la signification primitive rappelle le mot *Kong* (montagnes), et ne désigne probablement qu'un pays montagneux (1). De là vient sans doute aussi le nom de Kong, que portent les montagnes dessinées plus à l'est sur nos cartes, et dont Mungo-Park a aperçu, du Niger, les hautes cimes. Elles courent au sud, et se trouvent à dix journées de marche de Ségo.

On ignore encore aujourd'hui quelle est la largeur de cette terrasse de montagnes qui borde le plateau, au nord. Mungo-Park, dans son second voyage, à travers Koncodou et Foulahdou, parcourut une contrée située un peu plus au nord que cette haute terrasse, et il en toucha souvent la bordure septentrionale dans son second voyage (voyez, plus bas, *deuxième terrasse*). Rennell regarde, d'après Mungo-Park, comme appartenant encore à la première terrasse, les pays de Foulahdou, de Broka, une partie de ceux de Kasson, de Kaarta, et l'ouest du Bambarra. Pour nous, nous croyons qu'ils sont compris dans la seconde terrasse, qui aurait alors la forme d'un grand triangle; une ligne tirée du fleuve Néola à l'ouest jusqu'à la Gambie, à l'est jusqu'à Jabbi sur le Niger, dans le Bambarra, en formerait la base; son sommet toucherait aux cataractes de Félou du Sénégal, dans le royaume de Kasson; le partage des eaux du Falémé, du Nérico et du Néola, serait le côté occidental du triangle, et la ligne tirée de Jabbi aux cataractes de Félou, le côté oriental.

Nous laissons à de nouvelles découvertes le soin de confirmer ces données. Un seul fait nous semble certain, c'est que cette seconde terrasse, que Mungo-Park a traversée, entoure comme d'un demi-cercle la première haute terrasse où se trouvent les sources du Sénégal et du Niger, et qui est restée, jusqu'à présent, impénétrable aux voyageurs.

2e Remarque. — *Découverte des sources du Sénégal, de la Gambie et du Rio-Grande par Mollien.*

Le voyage de G. Mollien (2) avait pour but de découvrir les sources du Sénégal, de la Gambie et du Niger (Dilli-Ba), et aurait pu donner

(1) Mungo-Park, Appendix, p. xix.

(2) G. Mollien, Voyage dans l'intérieur de l'Afrique, aux sources

des révélations très importantes sur cette contrée du monde jusqu'alors inconnue. Des obstacles insurmontables s'opposèrent à la découverte des sources du Niger. Celles des quatre autres fleuves, le Sénégal ou Bafing, le Falémé, la Gambie et le Rio-Grande, se trouvèrent si près l'une de l'autre, entre les 13° 20' et les 13° 38' longitude ouest du méridien de Paris, et les 10° 6' et 10° 37' de latitude nord, qu'elles doivent être situées sur le même plateau de Timbo et de Labba, à quelques journées de marche l'une de l'autre. Mais la précision astronomique de ces indications nous présente beaucoup de doutes, surtout parce qu'elles s'éloignent sensiblement des idées adoptées jusqu'à ce jour, d'après les rapports de Mungo-Park (1). La jeunesse du voyageur ne nous offre pas d'ailleurs assez de garantie pour admettre légèrement ses données. On trouve, dans ses récits, beaucoup d'incertitude et de vague. Il décrit, il peint avec de vives et brillantes couleurs ses propres aventures, les mœurs et les usages des hommes avec lesquels il fut en rapport; mais les points géographiques capitaux restent souvent inexacts, la nature physique du pays n'est éclairée par aucun fait important, et cette découverte des sources des fleuves, si pompeusement annoncée, n'apporte aucune lumière nouvelle à notre science de la terre. Celui qui connaît tant soit peu les obstacles qui s'opposent aux voyages à travers les hautes montagnes, celui qui sait combien il est difficile de fixer les sources des grands fleuves sur le rapport des habitans des montagnes, sans remonter soi-même le cours du fleuve, sans contempler et étudier les ramifications de tout le domaine supérieur des eaux, celui-là ne pourra comprendre pourquoi les sources de la Gambie et du Rio-Grande se trouvent précisément dans ces bois mystérieux et dans ces cavernes en forme d'entonnoir, que l'imagination de Mollien prend pour des volcans éteints. Et encore, ce n'est pas un habitant du pays qui donna à Mollien cette importante révélation; il la tient d'Ali, son guide, qui, après l'avoir fait errer long-temps à travers des déserts, sur la pente d'une montagne, lui assura que ces bois et ces cavernes étaient la source des fleuves qu'on l'avait chargé de découvrir. Ces sources prétendues ne se trouvaient pas même sur le sommet d'une montagne, d'où jaillissent ordinairement les derniers courans d'eau qui donnent naissance aux fleuves. L'indication des sources du Sénégal et du Falémé ne nous présente pas plus de vraisemblance. Le plus

---

du Sénégal et de la Gambie, fait en 1818, etc. Paris, 1820, I et II, in-8°.

(1) Eyriès, Observations géographiques sur les découvertes en Afrique, par Mollien, etc., et sur la carte jointe à sa relation; ibid., p. 291-316.

prudent est d'attendre de nouvelles découvertes, et de remettre à l'avenir le soin de résoudre le problème des cours supérieurs de ces fleuves. Chaque véritable découverte d'un des grands rapports de la nature fait jaillir en même temps une lumière soudaine sur toute une masse de rapports voisins, et porte en elle-même sa confirmation et sa preuve. Si le voyage dont nous venons de discuter les résultats n'a pas atteint son but, il contient toutefois des observations intéressantes, et nous donne de curieux détails sur une partie de cette contrée et sur les tribus nègres qui l'habitent. Nous en ferons usage en son lieu.

2e Eclaircissement.

Terrasse moyenne, second gradin.

Cette seconde terrasse qui entoure la première, sous la forme d'un pays montagneux moins élevé, s'étend depuis les états nègres de Néola, Tenda, Satadou et Bondou, Bambouk, Kaadschaga, Fouladou, Kasson, jusqu'à la contrée septentrionale et plus unie de Kaarta et de Bambarra.

Nous ne connaissions auparavant que le bord septentrional de cette terrasse, et nos regards ne pénétraient dans l'intérieur que par le Bambouk. Le second voyage de Mungo-Park nous a fait connaître aussi le pays de Fouladou, qui confine à l'est au Bambouk.

A. *Pays à l'ouest du Sénégal.*

Dans le district de Woullih (1), près des cataractes de Barraconda sur la Gambie, commencent à s'élever graduellement les collines avancées de cette terrasse; elles sont couvertes de bois, et, dans leurs vallées, sont situés une infinité de villages. Bondou, pays montagneux très fertile, s'élève à l'est, sur le partage des eaux de la Gambie et du Falémé. Le Falémé, resserré d'abord entre de hautes

(1) Mungo-Park, p. 34. — Durand, Voyage au Sénégal, II, p. 189.

montagnes, franchit, près de Kaynoura (1), la dernière chaîne de montagnes qui coupe son cours; il forme alors des rapides que l'on ne peut traverser, sur des barques, que dans la saison des hautes eaux. De là jusqu'au Sénégal l'espace est occupé par le pays montagneux de Kadschaaga que les Français appellent *Galam*. L'air des montagnes et le climat sont ici délicieux et plus salubres que dans toutes les contrées de l'ouest jusqu'à la mer. Le Sénégal sort des montagnes de l'intérieur (2) et forme les paysages les plus pittoresques, à l'endroit où il franchit, dans les cataractes de Govima et de Félouh, les derniers chaînons de montagnes qui le coupent transversalement. Au-dessous il s'avance large et navigable dans la contrée plane.

La limite de la pente nord de cette seconde terrasse est donc exactement dessinée par la nature.

Au-dessous de Govima (*Gorima*, *Govinea*), le fleuve coupe des rochers en un grand nombre de cascades souvent très élevées (de 80 pieds de hauteur). Il se partage ensuite en plusieurs canaux sur lesquels on ne peut naviguer, et forme encore plus bas de nouveaux rapides.

Près du rocher de Félouh (3) (*Flow*), 7 milles géogr. au-dessus du fort Saint-Joseph et près de Sami, où Mungo-Park passa le fleuve, son cours est coupé transversalement par un banc de rocher (*Whinstone*); c'est à ce qu'il paraît son dernier rapide.

C'est ici que les Français ont leurs dernières factoreries sur le Sénégal, au dessous des cataractes de Félouh, comme les Anglais, sur la Gambie, au-dessous de Barraconda. Ces comptoirs situés à l'endroit où le fleuve cesse

---

(1) Bruce, dans Thomas Astley, New general Collection of Voyages and Travels. Lond., 1745, II, p. 147.

(2) Mungo-Park, Trav., p. 73.

(3) Rennell, dans l'Appendix, p. xx. — Golberry, p. 95. — Mungo-Park, Trav., p. 72. — Durand, Voy., II, p. 280.

d'être navigable, près de la bordure septentrionale de la seconde terrasse, ont pour but d'ouvrir au commerce une communication entre la côte et le plateau.

B. *Pays à l'est du Sénégal.*

Sur la rive orientale du Sénégal, la seconde terrasse se prolonge dans le royaume de Kasson (1); ses sommets sont parsemés de nodules d'un granit clair, et détachés de la masse à laquelle ils appartenaient primitivement.

Tout le pays de Kasson est une contrée hérissée de rochers et couverte de chaînes de montagnes; on en sort par un passage rocheux très pénible qui conduit dans les plaines unies de Kaarta. C'est là qu'est la limite naturelle de la seconde terrasse, car de là se déroulent, au nord et à l'est, les déserts de sable. L'empire du désert n'est séparé du pays plus élevé que par une contrée boisée et des steppes unies, qui sont la patrie du lotus. Une région de forêts humides et marécageuses que Mungo-Park nomme les déserts de Jalloncadou et de Tenda (2) semble entourer de la même manière le bord de la première terrasse.

1re Remarque. — *Analogie des régions marécageuses.*

Cette bordure boisée des forêts de Bondou et de Simbani, est ici, près du Sénégal et de la Gambie, comme près du Niger, dans le pays de Kaarta et de Bambarra, la région des éléphans; l'analogie n'est-elle pas moins frappante avec la Colla et la Mazaga du Habech, et le pays de Hourdwar dans l'Indoustan (3)? A cette bordure du plateau, qui se précipite en pente escarpée dans les plaines du Niger, se trouve aussi la région des goîtres (*swellings of the*

(1) Mungo-Park, Trav., p. 89.

(2) Ibid., p. 337.

(3) De Barros, Asia Dec., I, lib. 3, c. 8, fol. 32 b. — Mungo-Park, Trav., p. 52, 306.

glands of the neck), comme à la bordure des bois marécageux du Bengale, de la Chine, et dans d'autres formations semblables de la terre (1). Dès que Mungo-Park se fut élevé dans les hautes terres de Mandingo, il ne rencontra plus aucune trace de ces deux phénomènes.

2e Remarque. — *Route des caravanes.*

Il est très probable que la route de Kemmou, capitale de Kaarta, à Ségo, sur le Niger, dans le Bambarra, longe la bordure septentrionale de cette seconde terrasse, et qu'elle est la voie de communication la plus commode et la plus sûre entre le pays de montagnes et le désert. Mungo-Park n'osa pas la choisir, parce qu'elle était alors le théâtre de la guerre, et c'est ce qui fit que, prenant plus au sud, il tomba au pouvoir des Maures.

Ainsi, la chaîne de montagnes qui borde la seconde terrasse du côté du désert, située sous le 14° latitude nord, formerait un parallélisme, de l'est à l'ouest, avec la pente septentrionale du Haut-Soudan, située sous le 12° de latitude nord, près de la première terrasse de Mandingo et de Jalloncadou. Nous aurions ainsi une longue terrasse de montagnes, de 30 milles géographiques de largeur et de 150 milles de longueur, qui semblerait appartenir à un même pays d'Alpes.

3e Eclaircissement.

Bambouk, terrasse de l'or.

Nous connaissons assez exactement le pays de Bambouk, riche en mines d'or, contrée située au milieu de cette terrasse de montagnes, entre les fleuves Bafing, Falémé et Sénégal. C'est un pays d'Alpes bien arrosé, couvert de beaux pâturages où paissent de magnifiques troupeaux, de champs cultivés où le maïs, le riz croissent en abondance. Les habitans vivent du produit de leurs troupeaux ; ce sont cependant pour la plupart des peuples sauvages.

---

(1) Mungo-Park, Trav., p. 276. — Forster, Voyage de Bengale, éd. Langlès, p. 243. — Turner, Embassy to the court of Teshoo-Lama in Tibet. London, 1800, in-4°, p. 408.

L'abondance des métaux que contient ce pays, le fer excellent, au son argentin, et très propre à être mis en œuvre, qu'il produit, mais surtout ses mines d'or et d'argent, ont attiré depuis long-temps l'attention des Européens. Les anciennes relations de Compagnon et d'autres (1) avaient inspiré peu de confiance, et ce n'est que plus tard que Suasse et Le Vens les ont rectifiées. Les mines d'or situées autour des montagnes de Tambaoura (2), se trouvent sur des collines basses, sur un sol mouvant, et dans des vallées désertes, arrosées par beaucoup de ruisseaux qui détachent l'or des collines et l'entraînent dans leurs cours. Souvent les Nègres montagnards creusent jusqu'à 20 et 25 pieds dans les terres d'alluvion pour trouver de l'or. Les collines sont composées de couches d'argile fortement colorées, et plus elles sont profondes, plus elles contiennent d'or. On lave cette terre argileuse pour en séparer l'or. La surface des collines est, dit-on, couverte de grains de fer, peut-être de platine. Dans les mines d'or de Natacon, on trouve 1,500 puits et des trous de 10 à 12 pieds de tour, creusés pour l'exploitation de ce précieux métal. Les Nègres retirent des mines la terre qui contient l'or, dans des corbeilles de feuilles de palmier, et les femmes la lavent ensuite dans des calebasses. Souvent les hommes périssent sous des éboulemens dans ces mines. Il existe encore de semblables mines d'or dans le pays de Nambia, Semaylla, Cambadirie, et on pourrait en trouver sans doute beaucoup d'autres dans le Bambouk lui-même; mais leur richesse n'est pas si fabuleuse que le faisaient supposer les espérances de David, gouverneur du Sénégal. Dans l'ardeur de son avidité, il assurait à ses compatriotes

---

(1) Labat, Nouvelle Relation de l'Afrique occident., IV, p. 5.

(2) Le Vens, p. 70.—Labarthe et de Lajaille, Voyage au Sénégal, I, p. 5

qu'on trouvait dans ce pays, à la surface même de la terre, plus de trésors qu'au Pérou et au Mexique (1).

Ce précieux métal ne se montre pas seulement dans le Bambouk ; toute la première terrasse en contient également, car on en trouve très fréquemment dans le pays des Mandingos (2), dans le Jalloncadou et surtout à Bouri (*Bouriah* dans Watt), sept jours de marche à l'est de Timbo (3).

Sur cette terrasse plus élevée, dans le cours supérieur des fleuves, l'or est difficile à chercher au milieu de grands blocs de silice qui encombrent les bords des rivières ; aussi on en trouve plus rarement, mais on en rencontre cependant encore assez souvent de gros lingots du poids de 2 à 3 onces. Mungo-Park ne vit de l'or massif que dans la province de Koncodou, sur le flanc d'une haute montagne, près du partage des eaux du Bafing et du Falémé ; il était enfermé dans des masses de quartz que les naturels brisaient avec des marteaux pour en retirer le métal. Les Nègres appellent pierre d'or (*sanou birro*), l'or qu'ils trouvent en lingots, et poudre d'or (*sanou mounko*), celui qui a été entraîné par les eaux dans les contrées inférieures et qu'ils trouvent divisé en petits grains, dans les terres d'alluvion. Mungo-Park et tous les autres témoins s'accordent à prouver que l'or a été entraîné par les courans d'eau de la terrasse supérieure de ce pays de montagnes, et qu'il s'est ainsi répandu par alluvion sur les collines au sol mouvant et sablonneux, dans les couches argileuses et ferrugineuses qui caractérisent ici la terrasse moyenne entre les hautes et les basses terres, comme au Monomotapa, à Fazoclo, Akim, comme pro-

(1) Lalande, Mém. sur l'intérieur de l'Afrique.
(2) Mungo-Park, Trav., p. 299, 302, 345.
(3) Watt et Winterbottom, dans Wadstrœm.

bablement aussi sur la Gambie supérieure, le Mesurado et la pente occidentale sur laquelle nous n'avons pas encore de renseignemens précis (1).

Ce précieux métal est répandu avec une singulière uniformité tout autour de cette prolongation nord-ouest du haut plateau africain. Du milieu du plateau, l'or met en rapport les peuples les plus éloignés; c'est comme un centre qui envoie des rayons sur tous les points de la circonférence de cette partie du monde. Ainsi la terrasse de Mandingo approvisionne d'or le marché de Tombouctou (2); dès les temps les plus anciens comme aujourd'hui, la poudre d'or y attire les Maures des côtes de la Méditerranée. La terrasse d'Akim, le pays des Ashantis envoient leur or aux marchés de la côte, et la terrasse de Bambouk approvisionne les nouveaux comptoirs français et anglais sur le Sénégal et la Gambie, comme elle approvisionnait autrefois les factoreries portugaises.

Les observations précédentes et les idées qui suivront sur la manière dont s'est répandu ce métal prouveront que tout le plateau, à l'est, au-dessus de Kong, Degombah et Wangarah, contient aussi de l'or.

4e Eclaircissement.

Les Mandingos.

Comme les Foulahs sur le revers occidental du Haut-Soudan, les Mandingos ont été de tout temps le peuple dominateur sur la pente septentrionale. A l'opposé des Abyssiniens orientaux, resserrés et concentrés sur leur

---

(1) Durand, Voyage au Sénégal, I, p. 188. — Wadstrœm, Essay on colonisation, § 651, d'après Desmarchais et de la Touche.

(2) De Barros, Asia Dec., I, lib. III, c. 8, fol. 33 a. — Rennell Appendix à Mungo-Park, p. LXXXV. — Durand, Voyage, II, p. 287.

plateau, ce peuple s'est répandu de toutes parts des hautes terres dans les pays voisins. S'il n'y compose pas la majorité des habitans, il forme partout la partie la plus distinguée, la plus riche et la plus civilisée de la population, et en est pour ainsi dire la noblesse. Suivant les grandes voies commerciales, ils se sont répandus dans les contrées les plus éloignées, comme les Gibbertis à l'est, et ont porté partout leur commerce (1), sous le nom de *slatis*, c'est-à-dire marchands. Propagateurs de l'islamisme et appelés alors Mullahs, ouvriers et artistes, pacificateurs entre les peuples voisins, ils nous apparaissent dans toute la partie occidentale de l'Afrique, entourés de la considération que donnent la civilisation et l'intelligence. Un prêtre mandingo, nommé Isaaco, servit à Mungo-Park d'interprète et de guide dans son second voyage de la Gambie à Sansanding, au-delà de Ségo; il partagea avec intrépidité ses dangers, et rendit les plus grands services au héros voyageur. Les Mandingos s'étendent ainsi jusqu'aux rivages de la mer; et leur langue, qui est devenue la langue générale dans ces contrées, est répandue depuis les côtes du Sénégal jusqu'à Ségo, sur le Niger (2).

Mungo-Park est jusqu'à présent le seul Européen qui ait connu ce peuple remarquable sur la terrasse de Mandingo, sa primitive patrie, d'où il s'est répandu ensuite dans toutes les autres provinces (3). Leur pays est peut-être le même que celui de Melli (4) dont parle déjà Leo Africanus. Barros les connaissait sous le nom de Mandingo, comme le peuple commerçant le plus important de l'intérieur de l'Afrique. C'est d'eux que les factoreries portugaises d'Arguin et du Sénégal tiraient de son temps leur

---

(1) Mungo-Park, p. 26.

(2) De Barros, Dec., I, lib. III, c. 11, fol. 38 b.

(3) Mungo-Park, p. 18.

(4) Vater, Mithridates, III, 1re abth., p. 136.

or. Il cite une grande province, sous le nom de Mandingo; elle est, dit-il, gouvernée par plusieurs rois, et contient un grand nombre de cités très peuplées. Une des villes les plus peuplées s'appelait Songo : elle est située parallèlement au cap des Palmes, à 140 *legoas* de l'Océan; elle était gouvernée par le roi Mousa. Le neveu de ce monarque s'appelait Mahomed-Ben-Manzougoul; il habitait plus à l'est, et gouvernait ainsi un état mandingo. Son nom nous prouverait que déjà les Mandingos d'alors étaient Mahométans.

Les Portugais lui envoyèrent une ambassade de Da-Mina, factorerie de la Côte-d'Or, pour prendre auprès de lui des renseignemens sur le prêtre Jean. Mais le prince le plus puissant des Mandingos était alors, en 1530, Mandi-Manso, roi de Toungouboutou; il accueillit avec bienveillance une ambassade portugaise, composée de huit personnes et conduite par Pedro-Fernandez. C'est ce Mandi-Manso (le nom ne serait-il pas le même que Mandi-N'go)? avec lequel fut en guerre Temala, roi des Foulahs.

On raconte que, sous Amari-Sonko (1), un de leurs héros, ils pénétrèrent aussi au sixième siècle de l'hégire, après plusieurs invasions, à l'ouest de leur pays, où ils firent la conquête des pays voisins de Bambouk et des rives de la Gambie jusqu'à la mer. Ils s'avancèrent même jusqu'à la Gambie, et fondèrent partout des états sur leur passage, par exemple, ceux de Barra, Kollar, Badibou, Yani, situés sur la rive septentrionale de ce fleuve et les plus connus.

Il y a environ un siècle (2), ils apparurent pour la première fois à la pente occidentale de la terrasse des Foulahs, un jour de marche à l'est de Sierra-Leona. Ils ne venaient plus comme autrefois en conquérans et en vainqueurs,

(1) Golberry, Fr., p. 285.
(2) Winterbottom, Account, I, p. 6.

mais en hommes pacifiques et civilisateurs, sous le titre de colons, de prêtres et d'interprètes du Coran.

Mungo-Park trouva que la langue des Mandingos et le bas dialecte du Bambarra s'étendaient, à l'est, jusqu'à Madibou et Silla sur le Niger (1). Arrivé à ce point, le voyageur se trouvant dans la situation la plus désespérée, au milieu d'un peuple dont il ignorait la langue, fut forcé de revenir sur ses pas. C'est là que commence la langue *Jenne-Kummo*. La langue pure des Mandingos de la haute terrasse s'étend, à l'est, jusqu'où s'étend la terrasse elle-même, c'est-à-dire jusqu'à Taffara et Jabbi. C'est une langue gutturale (2) comme celle de tous les peuples montagnards.

La conformation des Mandingos s'éloigne entièrement du type connu des races nègres ; leur physionomie se rapproche plus de celle des Hindous au teint foncé que de celle des Nègres entièrement noirs. La couleur la plus claire, chez eux, est l'olivâtre ; leur visage est régulier, ovale, plus agréable que celui des Nègres des basses-terres, leurs voisins : leur taille est belle, haute, élancée ; la barbe est, chez eux, le signe de la liberté ; leurs vêtemens sont faits d'étoffes de coton (3). Ils ont l'air ouvert, gai et bienveillant ; leurs manières sont simples, nobles et adroites : ils sont curieux, compatissans et hospitaliers. Leurs chefs se distinguent par leur éducation, leurs connaissances, et jouissent d'une grande considération près du peuple. L'hospitalité et la compassion désintéressées qu'ils témoignèrent à l'infortuné Mungo-Park lorsqu'il se présenta à eux demi-nu, malade, semblable à un vagabond repoussé par les hommes, infidèle maudit du ciel selon

(1) Mungo-Park, p. 209, 229. — Vater, Mithridates, III, 1re abth., p. 162.

(2) Winterbottom, Account, I, p. 10.

(3) Durand, Voyage au Sénégal, I, p. 330. — Golberry, p. 285.

leur croyance, doivent leur assurer, dit Rennell, une haute place parmi les peuples de la terre ; la générosité, la sensibilité dont ils firent preuve alors, peuvent servir de modèle, même aux Européens. Sous le rapport de la délicatesse et de la pureté de leurs sentimens, ils méritent bien le titre d'*Hindous* de l'Afrique que leur a donné ce grand géographe (1).

Les Mandingos des hautes terres ont une constitution républicaine. Dans toutes les provinces conquises, la forme du gouvernement est une monarchie tempérée par le conseil des anciens ; leurs colonies sont soumises à une constitution aristocratique (2). La religion mahométane s'est répandue partout où ils ont pénétré, et la Gambie (3) n'est déjà plus aujourd'hui, comme le croyait Golberry, la limite entre l'islamisme et le culte des fétiches. L'islamisme, né sous le même climat que les Nègres et légitimant la polygamie, trouve un accès plus facile dans ces contrées que le christianisme. Chaque village a son école, où on lit et explique le Coran. Quoique attachés encore au fétichisme, ils sont de zélés Mahométans ; mais leur dévotion est exempte de fanatisme, et ils sont pleins de tolérance pour les hommes d'une autre croyance. L'islamisme a pénétré avec eux à l'ouest (4), sur le Sénégal, par Woulli et Barraconda, au-dessous des cataractes jusqu'à la mer, près de la Gambie où le royaume de Barré est gouverné par des Mandingos (5). Dans les états nègres soumis aux Mandingos, la masse de la population appartient encore aux *cafirs* ou infidèles.

Chaque ville (6) a un juge ou alcade, et les habitans

---

(1) Rennell, Appendix in Mungo-Park, p. XCII.
(2) Mungo Park, p. 19. — Durand, Voyage, I, p. 316.
(3) Golberry, Fr., p. 39.
(4) Mungo-Park, p. 35.
(5) Durand, Voyage, I, p. 120.
(6) Mungo-Park, p. 21.

libres de la cité se réunissent pour délibérer sur les affaires dans des espèces de palavers. Les lieux d'assemblée sont des échafauds très élevés (*bentang*) que l'on dresse sous des arbres au vaste feuillage. Leurs procès se jugent d'après la coutume ou d'après le *Sharra*, commentaire du Coran, et les avocats sont très exercés à la parole.

Les Mandingos l'emportent sur les peuples voisins autant par leur esprit commercial que par leur habileté gouvernementale. Ce sont les marchands les plus entreprenans, les plus adroits et les plus riches que l'on trouve depuis le Niger jusqu'à la mer. Le commerce de l'or du Bambouk (1), le trafic des noirs, celui de l'ivoire est presque exclusivement entre leurs mains; les Joloffes, habitans des rives du Sénégal, y prennent seuls quelque part. La contrée de Bondou (2), dans le Mandingo, est là, comme Kaboul et Kandahar en Asie, la véritable voie de communication; c'est dans ces nombreuses passes étroites que la plupart des caravanes prennent leur route pour aller de l'intérieur du pays à la côte. Aussi les plus grands revenus du roi sont le produit de l'impôt qu'on y lève sur les voyageurs.

Le commerce d'esclaves est moins barbare chez les Mandingos, en ce que la loi leur défend de tuer ou de vendre les esclaves nés dans leur maison. Ils n'exportent de leur pays que ceux qu'ils prennent à la guerre ou qu'ils reçoivent de l'intérieur de l'Afrique (3).

Les Mandingos sont très disposés à recevoir les améliorations et les progrès; déjà la manière de cultiver la terre et les usages des Européens ont été transportés par plusieurs d'entre eux sur le plateau jusqu'au Falémé (4).

Le siége de ce peuple montagnard, né pour la domi-

---

(1) Durand, Voyage, II, p. 290.
(2) Mungo-Park, p. 52. — Durand, Voyage, II, p. 280.
(3) Durand, Voyage, I, p. 124.
(4) Mungo-Park, p. 346.

nation, semble être ainsi à la pente septentrionale du Haut-Soudan. Un phénomène très remarquable aussi, c'est l'apparition de leurs colonies et de leurs missions pour la propagation de leur puissance et de leur foi sur les pentes occidentale et méridionale. Ces colons et ces missionnaires mandingos ne le cèdent en rien aux colons et aux missionnaires européens, sous le rapport du zèle et de l'habileté avec lesquels ils poursuivent leurs projets et leurs plans; on pourrait dire, sans crainte d'exagération, que souvent même ils les surpassent.

Leur colonie la plus occidentale est le royaume de Barré, où est situé Yllifri, à l'embouchure de la Gambie (1); le roi de Barré est le souverain le plus puissant sur ce fleuve.

Sur le cours supérieur du fleuve Géba qui se jette dans la mer, au nord du Rio-Grande, habite une colonie de Mandingos (2) peu nombreuse, mais très remarquable par la considération dont jouissent ses membres. On les appelle *Mullahs*, c'est-à-dire prêtres; semblables aux Mara-Bouts du nord de l'Afrique, on les regarde comme des hommes sacrés; exempts d'impôts en faveur de leur piété, ils amassent presque toujours d immenses richesses (3). Ce sont souvent des voyageurs nomades très riches, car une partie du commerce des côtes avec la terrasse des Foulahs est dans leurs mains. Dans tous les lieux où ils passent ils sont reçus par les plus distingués des habitans et sont conduits dans la demeure du roi. Ils portent toujours avec eux de l'encre, un roseau et du papier, et en échange de l'hospitalité et des présens qu'ils recoivent, ils écrivent pour leurs hôtes des sentences du Coran appelées Gris-gris (4) que

(1) Durand, I, p. 122.
(2) Beaver's African Memoranda, p. 323.
(3) Proceedings of Assoc. of Africa, I, p. 65.
(4) Mungo-Park, p. 39.

les Nègres regardent comme de précieuses amulettes. A l'exemple des Mullahs, Mungo-Park écrivit ainsi le *Pater noster*.

Dans le Timbo (1), sur la terrasse des Foulahs, ces Mandingos sont appelés *Nyamalahs* ou *Nyalahs*, noms qui viennent peut-être du mot *Mullah*; ils connaissent l'art travailler l'argent et l'or et savent donner au cuir une magnifique couleur; ils en font du maroquin et le rendent propre encore à un grand nombre d'usages. Ils enseignent l'islamisme et le peuple croit qu'ils conversent avec Dieu. Ils manient la parole avec habileté et, seuls, ils osent dire aux rois Nègres la vérité en face. Lorsque deux peuples nègres sont près d'en venir aux mains et qu'un Nyamalah se présente au milieu d'eux, ils sont tenus de suspendre leur fureur et d'écouter ses paroles avant de vider leur querelle par les armes; souvent les Nyamalahs pacifient ainsi les ennemis les plus acharnés.

Des Mandingos se sont établis aussi sur la côte de Sierra-Leona (2), à quelques journées de marche de la mer, sur la pente du pays de montagnes; ils y ont fondé des écoles où ils enseignent l'arabe et expliquent le Coran. Ils ont converti beaucoup de nègres à l'islamisme, entre autres les Sousous, et ont détruit, chez eux et chez d'autres peuples barbares, l'usage infâme d'enlever des hommes et de sacrifier des victimes humaines. Avec eux ont disparu, en partie, ces guerres continuelles qui dépeuplaient régulièrement le pays. L'agriculture, l'industrie et le commerce répandent leurs bienfaits sur toutes les contrées qu'ils visitent, et la considération dont ils jouissent les a rendus possesseurs d'une immense étendue de pays; leurs colonies se sont établies d'abord sur le fleuve Kissi (*Kissee*), et

(1) Watt et Winterbottom, dans Beaver, p. 358.

(2) Winterbottom, Account of Sierra-Leona, I, p. 6, et Report by the court of directors of Sierra-Leona to the house of Commons.

c'est là qu'ils ont jeté, il y a environ un siècle, les premiers fondemens de leur domination pacifique déjà si étendue aujourd'hui sur la terrasse des Foulahs. C'était pour s'opposer à la propagation de l'islamisme par les Mullahs, qu'on fit imprimer à Sierra-Leona, des livres chrétiens dans la langue des Foulahs. Mungo-Park proposa de répandre le christianisme chez ces peuples, au moyen de cathéchismes écrits en arabe; et, dans son second voyage, il distribua un grand nombre de bibles traduites en arabe.

Ces Mandingos ont déjà pénétré, à travers le pays de l'intérieur, jusqu'à la côte de Guinée et dans le royaume de Dahomey (1); ils y portent le nom de *Malleys*. Ils jouirent d'abord d'une grande considération à la cour du roi à cause des avantages qu'on tirait de leur habileté et de leurs connaissances, mais on les garda bientôt comme prisonniers; on leur laissait toute liberté dans le pays, excepté celle de retourner dans leur patrie. Les relations de leurs voyages (2) au sud sont peu authentiques jusqu'aujourd'hui; elles se rapportent peut-être plutôt aux expéditions des Gibbertis du Habech; car, au milieu du seizième siècle, il exista des relations (3) entre ce royaume et l'Afrique occidentale à travers l'intérieur du pays.

Sur toute la côte occidentale de l'Afrique, le nom de Mandingo est devenu, chez les Nègres, un titre d'honneur dont chacun se pare volontiers. Dans l'intérieur de ce pays où ils vont propager l'islamisme, ces Mandingos sont connus sous les noms de Marabouts, Marbouts, Maharabouts.

---

(1) A. Dalzel, History of Dahomey, p. 133.
(2) Bruns, Erdbeschreibung von Afrika, IV, p. 372.
(3) De Barros, Asia Dec., I, lib. III, c. 11, fol. 38 b.

REMARQUE. — *Ressemblance de famille entre les peuples; contraste des Nègres montagnards et des Nègres des plaines.*

Tous ceux qui ont visité ces contrées ont été frappés d'une observation très importante pour l'histoire universelle des peuples; c'est qu'ici, en Afrique, la différence entre les individus est moins grande, l'homogénéité des peuples, considérés comme masses, plus forte, plus dominante, que dans les autres parties du monde. Au-dessus de tous les habitans de l'Afrique, plane une conformité générale (1) qui a sa cause dans la simplicité et l'uniformité des rapports au milieu desquels ils vivent. Conformation physique, genre de vie, nourriture, costume, tout chez eux se rapproche et se ressemble. La marche de leur développement intellectuel est presque partout la même; leurs langues mêmes, leurs constitutions politiques présentent, dans des lieux opposés (2), les plus frappans rapports. Un air de famille, une merveilleuse ressemblance, sur laquelle nous reviendrons plus tard, les unit tous comme des enfans d'une mère commune (*a national family likeness*).

Citons à l'appui de cette observation un exemple tiré de leurs mœurs politiques. Dalzel, qui vécut deux ans à Abomey, situé à 60 milles géographiques ou 300 milles anglais de Whydah, dans les terres, nous rapporte que, dans le Bénin même, les fonctionnaires les plus considérés et les ministres ne s'approchent jamais du roi qu'en rampant et en souillant dans la poussière leur tête et leur corps. Johnson remarqua le même usage, en 1620, à Tenda, sur la Gambie, 166 milles géographiques plus loin, à l'est; Browne fut témoin de cette cérémonie dans le Dar-Four, 600 milles géograph. plus à l'est, et cette coutume est conservée comme un symbole dans le royaume de Bornou (3).

Et cependant, tous ces peuples sont séparés l'un de l'autre en groupes différens, de la manière la plus prononcée.

Les Nègres des côtes diffèrent autant des Nègres montagnards (4), en habileté et en expérience, que les paysans diffèrent, en Europe, des habitans des villes. Les Nègres qui vivent seulement au milieu de leurs semblables, et ceux qui sont en communication avec les

(1) Mungo-Park, Trav., p. 261.
(2) Olaudah Equiano, p. 53, et Durand, Voyage, II, p. 315.
(3) Proceedings of the Afr. ass., I, p. 349, et II, p. 351.
(4) Mungo-Park, Trav., p. 16.

Européens, ont pris, dans leur développement, deux directions tout-à-fait différentes.

Le Nègre montagnard de la terrasse des Mandingos et le Foulah diffèrent complétement des Nègres des plaines, par exemple, du Yoloff. Impétueux et fort, parlant une langue riche et énergique, celui-ci est belliqueux, et a la peau noire comme l'ébène; par exemple encore, du Serawoulli, à la peau luisante et noire (1), qui vit dans le Kadschaaga, sur le Sénégal : c'est le *Saragolees* des Portugais et le *Seracolet* des Français.

Les Nègres montagnards se distinguent encore entre eux par des traits caractéristiques, comme le Mandingo du Foulah, qui, d'ailleurs, se rapproche de très près du premier. Ces deux peuples vivent aujourd'hui en bons et pacifiques voisins (2).

Il est à remarquer que les petits peuples nègres isolés, habitant la bordure septentrionale de ce pays d'Alpes que nous avons appelé *Terrasse des Mandingos*, nous apparaissent partout sous un jour moins favorable que les habitans des hautes terres. On nous les représente (3) tous comme moins développés, moins civilisés que leurs voisins des hauteurs. Tels sont les Kassou, qui exercent leurs brigandages près des cataractes de Félou, les lâches et voluptueux Bamboukains, les grossiers et stupides Kaartas et Bambarras, etc.

Le peu de connaissance que nous avons de ces peuples, qui habitent la limite entre les hautes et les basses terres, ne nous permet pas encore d'en tracer exactement le caractère et les mœurs. Un fait qui nous étonne, c'est l'analogie de cette bordure du plateau, à l'ouest, avec la ceinture des races Shangalla, qui entoure le plateau de l'est. Ici, comme à l'est, ce sont toujours ces peuples qui subissent en plus grand nombre la condition de l'esclavage. Ils sont formés probablement par les débris de races barbares plus anciennes, qui auraient trouvé un asile contre la puissance envahissante des races postérieurement arrivées, dans ces lisières de montagnes impraticables, que la nature semble avoir élevées comme des forteresses dans toutes les parties du monde, pour la défense des peuples aborigènes.

---

(1) Mungo-Park, Trav., p. 64.

(2) Watt et Winterbottom.

(3) Golberry, p. 31, 143, et Mungo-Park, p. 75.

5e Eclaircissement.

Second voyage de Mungo-Park par-dessus la terrasse moyenne du pays montagneux à l'est du Bambouk, ou voyage du Bafing, principal bras du Sénégal au Niger.

Pour compléter les documens antérieurs que nous avons exposés dans les pages précédentes, nous avons maintenant à examiner en particulier les résultats du second et malheureux voyage de Mungo-Park à travers la contrée qui s'étend à l'est du Bambouk. C'est dans cette étendue de pays que tant de compagnons de son expédition trouvèrent leur tombeau; c'est là que Mungo-Park lui-même eut à lutter avec toutes les horreurs et tous les dangers; le magnanime voyageur en sortit victorieux, comme par miracle, pour y succomber, quelques mois plus tard, dans les eaux du Niger.

Le but de son voyage était de découvrir le cours définitif du Niger; nous en parlerons plus tard, en son lieu; nous ne suivrons ici le voyageur que jusqu'au Niger qui s'échappe à l'est de cette terrasse de montagnes. Ces relations ne se composent que de notes fugitives (1), écrites à la hâte pendant le voyage, et que Mungo-Park put faire parvenir au monde avant d'être enlevé par la mort; ce ne sont que des fragmens isolés, et il est impossible de les faire entrer dans une exposition géographique, comme un ensemble continu. Cependant la géographie doit conserver, au moins comme notice historique, les dernières et précieuses observations du grand voyageur, jusqu'à ce que d'autres jettent plus de lumières sur cette contrée.

---

(1) The Journal of a Mission to the interior of Africa in the year 1805, by Mungo-Park. Together with other documents, etc., with an account of the life of Mungo-Park. Lond., 1815.

Mungo-Park qui, par son premier voyage, avait donné à la géographie une forme nouvelle, résolut, après dix années de repos passées en paix au sein de sa famille, d'en entreprendre un second plus périlleux encore. Il voulait descendre le Niger, depuis sa sortie du pays des Mandingos, près de Bammakou, jusqu'à son embouchure. Il fut déterminé à cette grande entreprise par l'hypothèse devenue en lui presque une certitude, que le Niger inférieur était identique avec le cours supérieur du Congo (Zaïre).

Il fut accompagné par Anderson, un de ses parens, et par le peintre Scott, jeunes gens pleins de courage et d'enthousiasme, compatriotes et amis. Le roi d'Angleterre nomma Mungo-Park capitaine en Afrique, et Anderson son lieutenant. On lui accorda pour son voyage une somme de 5,000 liv. st. Le 30 Janvier 1805, Mungo-Park mit à la voile des côtes d'Angleterre, accompagné, outre ses deux amis, de quatre charpentiers; il acheta, au Cap-Vert, 44 ânes pour porter les bagages, et engagea, avec la permission du gouvernement, 35 volontaires de la garnison anglaise de Gorée; on leur promit double solde pendant l'expédition et leur congé au retour. Il prit encore avec lui un officier, le lieutenant Martyn, et deux matelots pour former l'équipage de la barque qu'il devait construire afin de descendre le Niger. Il lui fut impossible d'engager un seul nègre à venir avec lui. Il remonta ensuite la Gambie jusqu'à Kayi (*Kayee*), près de Pisania, d'où il avait, la première fois, commencé son voyage. Le 26 Avril 1805, il écrivit à Jos. Banks que, dans six semaines (1), il espérait boire à la santé de sa femme et de ses enfans dans les eaux du Niger.

A Kayi, sur la Gambie, un prêtre mandingo, intelligent et fidèle, nommé Isaaco, se montra disposé à accompagner les blancs en qualité de guide et d'interprète. La caravane,

(1) Account of the life of Mungo-Park, p. LXIII.

bien pourvue de munitions et d'armes, accompagnée d'un riche transport de marchandises, de présens et d'instrumens, s'engagea, pleine d'espérance et d'ardeur, dans le sein de la mystérieuse Afrique.

Le départ de Kayi, de Pisania et Madina, fut retardé jusqu'au 11 Mai; la saison de l'année la plus favorable au voyage s'était passée dans ces entrefaites; ce jour même tombaient les premières pluies des tropiques, accompagnées des *tornados* si dangereux pour les Européens. Les caravanes, même des nègres, ne voyagent jamais dans cette saison des ouragans et des pluies, et l'entreprise des Européens était des plus téméraires. Il fallait ou différer sept mois encore, jusqu'en Novembre, le voyage préparé à si grands frais, ou atteindre en toute hâte les bords du Niger. Dans cette alternative, on presse le départ; mais des obstacles imprévus retiennent plus long-temps qu'on n'avait pensé : les bêtes de somme et les hommes n'avancent qu'à petits pas; les difficultés que présentent le passage des fleuves, des combats fréquens avec des tribus nègres, un grand nombre d'accidens fâcheux arrêtent et retardent la marche; un essaim d'abeilles (1) fond avec fureur sur la caravane, fait périr sept des ânes qui portent les bagages, couvre les hommes de douloureuses piqûres, disperse la caravane, et peu s'en faut qu'il ne mette fin à tout le voyage.

Du 11 Mai au 13 Juin, Mungo-Park s'avança le long de la rive septentrionale de la Gambie, jusqu'à Fankia (13° 22' 30" lat. nord) (2), et resta sur l'ancienne route qu'il avait parcourue à son premier voyage et que nous avons indiquée plus haut. A partir de Fankia, près du Bafing supérieur, il tourna plus au nord avec sa caravane et s'engagea à travers des contrées nouvelles et inconnues.

(1) Mungo-Park, Journal, p. 97.
(2) Ibid., p. 65.

Ce second voyage nous apprend peu de choses nouvelles sur cette étendue de pays, déjà traversée. La route des caravanes allait toujours, comme la première fois, de l'ouest à l'est à partir de Madina, sur la rive septentrionale de la Gambie; cependant cette fois, elle évita les sinuosités du fleuve, pour abréger la route; le 14 Mai, on entre, à l'est de *Koussai* ou Sisecounda, dans le désert des forêts de Simbani (1). Le 16, on passa le fleuve Neaulico, et le 17, le Nérico. Au-delà de ce fleuve, les voyageurs entrèrent dans les solitudes boisées de Tenda, où on franchit la première chaîne de montagnes du bord occidental du pays montagneux à l'est de *Soutitabba*, sous le 13° 35' 33" lat. nord; c'est de cette chaîne que coule la rivière *Nealo-Koba*. Mungo-Park appela cette passe de montagnes, *Panoroma-Hill*, à cause de la scène magnifique qui, sur cette hauteur, se déroulait à sa vue. De là, s'étendait à l'est le pays montagneux (2) et, arrivés sur la terrasse plus élevée, les voyageurs aperçurent de nouveau le *Schi* ou *arbre à beurre*; le premier qu'ils rencontrèrent, à l'est de Sibikillin, était chargé de fruits qui, à la fin de Mai, n'étaient par mûrs encore. Le sol était de nouveau couvert de minerai de fer, et on rencontrait les fonderies des habitans des montagnes. A l'est de Badou (*Badoo*) où la Gambie dirige subitement du sud-est à l'ouest son cours peu connu jusqu'aujourd'hui, commence un pays montagneux hérissé de rochers et dont le sol est parsemé de débris de quartz et de pierres ferrugineuses. La route conduisit, dans ce pays, à travers *Jouli-Founda* (3), ville importante qui compte deux mille habitans et où passe la route commerciale de Bambarra, quand la guerre ferme les autres chemins aux caravanes. Les habitans commer-

---

(1) Mungo-Park, Journal, p. 18, 29.
(2) Ibid., p. 36.
(3) Ibid., p. 44.

cent avec le crédit que leur font les marchands Européens sur la Gambie, le Rio-Nunnez et à Kajaaga. Ils se nomment *Jouli*, par opposition aux *Slatis* ou marchands qui commercent sur leurs propres capitaux. Le roi de Fouta-Jalla les a forcés de se faire Mahométans. La position de cette nouvelle colonie est très favorable au commerce, car elle est située entre les sources d'un affluent de la rive droite de la Gambie et le partage des eaux du Falémé.

Le 7 Juillet, Mungo-Park atteignit, au-delà du partage des eaux de la Gambie et du Sénégal, le Samakou (1), premier affluent gauche du Falémé, qui va se jeter dans ce fleuve, au nord. Son nom lui vient des innombrables troupes d'éléphans qui se baignent dans ses eaux. C'est là la dernière limite pour les éléphans sur la terrasse des montagnes; les voyageurs n'en trouvèrent plus au-delà jusqu'au Niger, au-dessous de Bammacou, où ils aperçurent un très gros éléphant dans une île, près des cataractes de ce fleuve.

Après avoir franchi le cours rapide du Falémé, les voyageurs arrivèrent aux mines d'or de *Shrondo* (2); les tornados et les pluies des tropiques exercèrent alors une influence terrible sur la santé des Européens; déjà douze membres de la caravane étaient tombés malades; alors commença pour Mungo-Park le temps des inquiétudes et des malheurs, et il fut saisi d'effroi à la pensée qu'on n'avait fait encore que la moitié du voyage. Shrondo est situé sur la frontière méridionale du pays de Bambouk, si riche en or, à un quart de lieue des mines d'or très abondantes qui, d'après la description détaillée de Mungo-Park, ressemblent entièrement à celles du Bambouk (3); on sépare l'or en le lavant, du sable et des fragmens de quartz qui le

(1) Mungo-Park, Journal, p. 50, 142.
(2) Ibid., p. 53, 59, et Addenda, p. XIX.
(3) Voyez, plus haut, Bambouk, terrasse de l'or.

contiennent. On trouva encore des lavoirs d'or aussi productifs à Dindikou, une journée de marche plus à l'est. Dans ces deux endroits, on tire le sable qui contient l'or dans des fosses à ciel ouvert, qui ont jusqu'à douze pieds de profondeur. Il appartient au sol d'alluvion de la chaîne de montagnes primitive, située entre le fleuve Falémé (*Ba-Faleme*) et le fleuve Fing (*Ba-Fing*), ou au Sénégal supérieur, où le sol est parsemé de fragmens de quartz et où on trouve ce sable alternant avec une espèce de terre jaune, des pierres ferrugineuses et des cailloux de quartz, gros comme des œufs de pigeon. Ces mines sont d'une très grande richesse, car, en présence de Mungo-Park, une Négresse retira d'une demi-livre de sable, un grain d'or, en deux minutes; ainsi le lavage avait donné plus de 1|3000 dor. Ce résultat est très important; car les lavoirs les plus productifs du Brésil (1) ne donnent pas 20 grains d'or sur deux tonnes, et ainsi seulement 1|15000 du *cascalhao* ou sable d'alluvion qui contient l'or du Brésil. Dans les mines de l'Europe, on exploite souvent le minerai pyriteux pour en retirer l'or; il ne donne que 1|100000 de ce métal, et ce produit est encore avantageux. Les mines de l'Afrique surpassent ainsi de beaucoup les précédentes, et, si elles étaient bien exploitées, elles produiraient assurément de grands trésors.

Mungo-Park trouva à Shrondo, chez le frère de son ancien hôte Karfa, qui l'avait reçu à Kamalia, dans le pays des Mandingos, une grande collection de livres arabes; il l'augmenta, à la grande joie de celui qui recevait le présent, de la traduction arabe du Nouveau-Testament (2), dont Mungo-Park répandit encore un grand nombre d'exemplaires en Afrique.

A partir de ce lieu, commencent les montagnes sauvages

---

(1) Mawe, Travels in Brazil, p. 227.

(2) Mungo-Park, Journal, p. 58.

et rocheuses de Koncodou, formées par des roches primitives, que Mungo-Park compare au granit rouge de la Corse. La contrée prend un aspect accidenté et romantique; l'œil s'étend sur des pentes de rochers aux flancs escarpés et nus, dans des vallées sauvages, sur des champs, des terres cultivées, couvertes de villages; sur les hauteurs, les regards plongent à travers les vallées qui courent, au nord, jusqu'au Falémé et au Ba-Fing, et, au sud (1), jusqu'aux montagnes du pays le plus élevé, dont les chaînes s'étendent, suivant l'indication expresse de Mungo-Park, de l'ouest à l'est, dans la même direction que les montagnes de Konkodou. On ne voit plus de lions sur les hauteurs, quoiqu'on les trouve en grand nombre au pied des montagnes, dans les basses-terres.

Mungo-Park voulait éviter probablement, cette fois, cette haute chaîne de montagnes, où souvent les passes sont impraticables, et dont il avait connu toutes les difficultés dans son premier voyage. C'est pourquoi, en sortant de Fankia, il avait pris sa route plus au nord; mais ce chemin ne fut pas plus commode, et il semble n'avoir fait qu'un détour. Il ne nous parle pas, dans son journal, de cette circonstance. La route s'avance de là à travers Konkodou et Foutadou. On franchit la montagne de rochers de *Tambaura*, au nord-est de Fankia, et on arrive à *Fajemmiia* (2), résidence du chef le plus puissant de Konkodou, où les caravanes sont obligées de payer un très fort droit de passage. Mungo-Park tomba malade en ce lieu. De là on s'avança au *Ba-Li* ou fleuve de miel, qui forme une infinité de cascades dans un lit coupé par des rochers de basalte (*Whinstone*). A l'est de ce fleuve, se succèdent sans interruption des villages et des champs, jusqu'à ce qu'on atteigne les montagnes rocheuses qui forment le

(1) Mungo-Park. Journal, p. 60.

(2) Ibid., p. 70.

partage entre les eaux du Ba-Li et du Ba-Fing. Les amas d'eau qui se trouvent dans les enfoncemens des rochers sont remplis de tortues ; les forêts sont couvertes de singes. Les masses de granit qui surgissent de toutes parts donnent à la contrée un aspect pittoresque, indescriptible et grandiose qui surpasse tout ce que Mungo-Park avait vu jusque-là. Le 26 Juin, on arriva au fleuve Ba-Fing, que l'on passa sur de frêles embarcations. Ce fleuve était large, navigable, rapide et débordé à deux pieds de hauteur ; on filait trois nœuds ou milles marins à l'heure. Les habitans de ses bords, dit Mungo-Park dans son journal, sont tous voleurs. En allant de ce fleuve à l'est, la route devient difficile : on passe devant de grands monceaux de pierre, élevés par les passans sur les cadavres de ceux qui ont été assassinés dans ces lieux sauvages. Ces tombeaux ressemblent aux tertres tumulaires ou *cairns* que l'on voit dans la patrie de Mungo-Park, en Ecosse. Il n'y a pas un seul sentier frayé (1) à travers ces déserts. Souvent la caravane était forcée de se disperser ; les bêtes de somme, les soldats, les malades, ceux qui ne pouvaient suivre à cause de la fatigue s'égaraient dans ces solitudes ; ils étaient à chaque pas attaqués par les bêtes féroces, surtout par des loups et des lions, ou pillés par des voleurs. Les malades mouraient, les bagages se perdaient souvent en passant les fleuves aux eaux rapides. Les tornados se levaient soudain et presque tous les jours sur les voyageurs ; chaque fois leur souffle mortel causait des attaques de fièvre, le délire, et, après quelques accès, la mort. Les bêtes de somme étaient attaquées et dévorées la nuit, au milieu du camp, par les lions et les loups ; d'autres tombaient du haut des rochers ; d'autres, épuisées de fatigue, succombaient sous leur charge ; les chevaux ne pouvaient plus suivre la marche ; les hommes, après des efforts et des

(1) Mungo-Park, Journal, p. 81, 86.

fatigues inouis, tombaient découragés et mourans sur la terre. Lorsqu'on fut arrivé au fleuve rapide de Wonda, les bêtes de somme et les bagages ne purent le passer en un jour. Isaaco, guide de la caravane, fut saisi par un crocodile; après une lutte terrible et sanglante, le Nègre intrépide, déjà à moitié englouti dans la gueule du monstre, lui creva les yeux avec le pouce, et quoique dangereusement blessé, échappa ainsi à la mort. Tous ces accidens retardèrent long-temps la marche.

Le 11 Juillet, on arriva à Keminoun (1), située au-delà du Kocoro, ou fleuve Bali; c'est la forteresse de pierre la plus solide que Mungo-Park eût vue encore en Afrique. Elle est habitée par un chef barbare et d'une avidité insatiable, et la contrée qui s'étend de là jusqu'au pays montagneux de Fouladou, est peuplée par les voleurs et les brigands les plus audacieux. On est saisi d'effroi à la description de la marche des Européens, en grande partie malades, à travers ces pays sauvages. On fut obligé de prendre, à prix d'argent, des Nègres du pays pour transporter les fardeaux sur les ponts formés à la hâte avec des arbres abattus; on passa ainsi le rapide Ba-Woulima, bras le plus oriental du Sénégal (sous le 14° 1' lat. nord, et le 3° 13" long. ouest de Gr.); les ânes avaient déjà assez de peine à traverser le fleuve à la nage, et les Européens étaient tous malades, sans exception. Un bruit singulier précédait chez les Nègres montagnards la marche de la caravane des blancs, c'était, disait-on, un *Doummoulafong*, c'est-à-dire une chose envoyée pour être mangée (*a thing sent to be eaten*).

On arriva ensuite à la ville de *Bangassi*, située sous le 14° lat. nord (2), dans le pays des Mandingos et fortifiée comme Keminoun, mais quatre ou cinq fois plus grande;

(1) Mungo-Park, Journal, p. 95, 97.
(2) Ibid., p. 113.

Mungo-Park y trouva enfin un accueil hospitalier près du *Serenoummo*, le chef du pays, qui avait déjà entendu parler des blancs, lors du premier voyage de l'intrépide Ecossais. Il lui promit un sauf-conduit dans le royaume de Bambarra jusqu'à Ségo ; il devait même le faire accompagner de son fils qui avait 300 *minkalli* d'or à payer en tribut au roi de Bambarra.

Mungo-Park acheta dans cette ville des ânes et des provisions de vivres. Cinq soldats et les charpentiers refusèrent d'aller plus loin et restèrent découragés dans ce lieu ; plusieurs autres moururent sur la route. Les tornados, les plus violens qu'on eût éprouvés encore, fondirent sur la caravane ; Mungo-Park, malade, abattu, était forcé de conduire lui-même son cheval, qui se traînait avec peine derrière lui. Les fleuves grossissaient toujours de plus en plus, les chemins devenaient plus défoncés, plus glissans ; la nuit, les loups et les lions s'approchaient plus nombreux et avec plus d'audace ; leurs attaques étaient plus terribles, et à chaque instant répétées, car ils semblaient sentir au loin une odeur de cadavre qui les attirait vers ces infortunés consumés par la fièvre. Le 30 Juillet, tous les ânes qu'on avait pris sur la Gambie avaient été dévorés par les bêtes féroces ou avaient succombé à la fatigue. On traversa beaucoup de villes ruinées par les dernières guerres. Anderson, beau-frère de Mungo-Park, tomba aussi malade, et l'héroïque voyageur le porta sur ses épaules à travers le fleuve Ba-Woulli ; malade lui-même, il le traversa seize fois pour faire passer toute sa troupe à l'autre bord. A chaque station, on laissait en arrière des malades ou des morts. La vue seule de la dernière chaîne de montagnes (1) qui courait à l'horizon, et la pensée que son versant méridional était baigné par les eaux du Niger, remplirent Mungo-Park de force et d'espoir ; ranimé à l'approche du

(1) Mungo-Park, Journal, p. 115.

grand but que poursuivaient ses efforts, il triompha de la situation horrible où il se trouvait.

A partir de Bangassi, la route, qui jusque-là avait été de l'ouest à l'est, tourna de nouveau au sud-est. Karfa de Kamalia, le bienfaiteur Mandingo de Mungo-Park, ayant entendu parler de l'expédition des blancs, vint à *Doumbilo* (1), à la rencontre de son ancien ami, pour lui offrir des secours et l'accompagner jusqu'à Ségo, avec ses trois esclaves; consolation inattendue au centre de l'Afrique!

Le 19 Août on franchit, près de *Toniba*, la dernière montagne (2) qui forme le partage des eaux entre le dernier bras du Sénégal, au sud-est, et le Niger. C'est là que Mungo-Park vit avec admiration, pour la seconde fois, le majestueux Niger rouler ses immenses eaux. Il était en cet endroit si près de sa source, plus gros que le Sénégal et la Gambie (3). Quoique large d'un mille anglais, il n'était pas encore débordé sur ses rives. Les faibles débris de la caravane descendirent avec peine les hauteurs escarpées et arrivèrent sur les bords du grand fleuve, près de *Bammakou*.

Ce but était vivement désiré, mais trop chèrement acheté. De 34 soldats et 6 charpentiers qui avaient quitté la Gambie, 6 soldats et un seul charpentier atteignirent le Niger, et sur 40 Européens, 11 seulement virent ses eaux. Parmi ceux qui ne virent pas le Niger, est le peintre Scott, qui était resté malade en arrière, et qui mourut bientôt. Anderson arriva sur ses bords frappé d'une maladie mortelle. La caravane atteignit ce fleuve sept semaines plus tard que Mungo-Park ne l'avait calculé sur la Gambie, et la triste issue du voyage doit être attribuée à ce qu'on était parti trop tard. Mais Mungo-Park ne laissa pas fléchir

(1) Mungo-Park, Journal, p. 137.
(2) Ibid., p. 140.
(3) Ibid., p. 143.

son courage dans cette situation désespérée ; les plus grands dangers s'approchaient, et on manquait de charpentiers pour construire les barques qui devaient descendre le Niger. Park écrivait alors dans son journal :

« Une caravane d'Européens a donc réussi à pénétrer « dans l'intérieur de l'Afrique, à travers une étendue de « pays de 500 milles anglais, et cela malgré les obstacles « les plus insurmontables, les circonstances les plus con- « traires, sans verser une goutte de sang et en demeurant « toujours en bonne intelligence avec les Nègres. Il est « démontré ainsi, pour l'avenir, qu'il est possible de « transporter des marchandises, par terre, de la côte de « la mer et du fleuve de la Gambie, jusqu'à l'endroit où le « Niger est navigable, pour être expédiées de là, par « eau, dans les grands marchés du Soudan. En commen- « çant l'expédition dans le temps de la sécheresse, une « seconde caravane qui parcourrait la même route, ne « devrait compter perdre que trois ou quatre hommes sur « 50. On mettrait le commerce des caravanes sous la pro- « tection d'une escorte militaire, et on ouvrirait ainsi un « nouveau monde au génie spéculateur de l'Angleterre ; « l'excès de ses produits fabriqués trouverait un débouché « immense chez tant de millions d'habitans de l'intérieur « de l'Afrique. » C'est sur ces données que le colonel Gordon (1) avait basé la nouvelle expédition qu'il devait entreprendre avec le secours des régimens nègres de Sierra-Leona, et dont il exposa le plan à l'institut africain.

Mungo-Park commença à Bammakou sa navigation sur le Niger, dont nous étudierons les résultats plus bas, quand nous traiterons du système du fleuve.

Nous remarquons au sujet de la carte (2) qui trace le second voyage de Mungo-Park, qu'elle n'a été dressée

---

(1) Mungo-Park's Life, p. XCIII.

(2) Mungo-Park, Journal. Advertissement, p. 6.

qu'en partie d'après les indications du major Rennell, auteur de l'ancienne carte du nord de l'Afrique, pour l'intelligence des voyages de Mungo-Park. Au milieu de ses dangers et de ses fatigues, Mungo-Park avait déterminé avec une présence d'esprit admirable, plusieurs latitudes astronomiques et quelques longitudes. Mais dans le journal qu'il fit parvenir en Europe manquaient souvent les distances et les directions des routes, de sorte qu'on fut obligé de baser la carte sur les observations astronomiques. L'itinéraire que Mungo-Park parcourut dans son second voyage de 1805, a été ainsi tracé un peu plus au nord et sous de plus grandes latitudes qu'on ne l'aurait pu calculer d'après la première carte de Rennell, pour le premier voyage de 1796. Ceci ne doit servir que comme une notice pour juger les inexactitudes de l'itinéraire suivi par Mungo-Park, en 1805, dans sa seconde expédition.

CHAPITRE SECOND.

PROLONGATION PROBABLE DU PLATEAU A L'EST.

§ 18.

1er ECLAIRCISSEMENT.

Montagnes de Kong.

L'intérieur des *Kong* ou montagnes que Mungo-Park aperçut au sud de Ségo, ainsi que le pays qui s'étend à l'est jusqu'aux *Al-Koumri*, sont encore pour nous une terre inconnue. Voici à peu près tout ce que les marchands d'esclaves, les Maures, les anciennes traditions et hypothèses peuvent nous en apprendre.

Mungo-Park n'a vu que ces *Kong* et non d'autres

montagnes du Marrabou, qui s'étendraient sur le Niger au sud. Elles sont situées à dix journées de marche au sud de Ségo, au sud-est de Sibidoulou sur la terrasse des Mandingos.

Le pays de l'intérieur qui s'étend vers le Niger est donc ainsi une plaine immense et sans bornes, et si le plateau se prolonge plus à l'est (1), cette continuation doit avoir lieu à une très grande distance au sud du Niger. Suivant l'assertion de Jackson (2), cette chaîne de hautes montagnes se prolonge avec de très légères interruptions, ou même sans interruption, sous le nom général d'Al-Koumri, depuis le pays d'Ashanti jusqu'au Habech. Les témoignages de tous les voyageurs qui ont pénétré dans le Soudan, s'accordent à confirmer ce fait. Cette chaîne des Kong est le *Gonjah* de Beaufoy et le *Conche* de d'Anville. L'itinéraire du Shériff-Imhammed (3), nous fait connaître, à l'est de la chaîne des Kong et au sud du Niger, le royaume nègre de Tonouwah, dont la capitale est Assenté, peut-être l'Assianthé des habitans de la Côte-d'Or (?). Dans le domaine de cet empire qui touche, près de la côte, au pays des Chrétiens, se trouvent des chaînes de montagnes qui se succèdent l'une à l'autre et dont la plupart sont d'une prodigieuse hauteur. Une partie de ces montagnes, probablement la pente septentrionale, est couverte de forêts épaisses ; une autre partie, probablement la terrasse, est bien cultivée ; une troisième partie est encore complétement déserte. Le pays est presque partout couvert de pâturages qui nourrissent des troupeaux innombrables de vaches, de chèvres et de moutons noirs. Le blé, le riz, la chair et le lait de ces animaux forment la principale

---

(1) Rennell, Appendix à Mungo-Park, p. LXXXVI, et Proceedings, I, p. 220.

(2) Jackson, Account of Marocco, 2e éd. Lond., p. 290.

(3) Proceedings of the Association, 1810, in-8°, I, p. 175.

nourriture des habitans. Ce plateau est partagé en une infinité de petits états presque tous monarchiques, et dont quelques-uns sont régis par une constitution républicaine. Un des états monarchiques est le royaume mahométan de Degombah (V. plus haut, § 15, 2e Eclairc., 2e Remarq., 3.), dont les habitans se distinguent de leurs voisins par leur habileté à dompter les éléphans; (ils se trouvent ainsi probablement à la pente septentrionale du Haut-Soudan). C'est à travers leur pays que passent les marchands mahométans (1), pour aller dans les hautes terres de l'intérieur, où ils vont chercher des esclaves, de l'or, des noix de gourou et d'autres produits, qu'ils vendent sur les marchés de Tombouctou, de Kaschna et du Fezzan. Ce sont les routes que nous avons indiquées plus haut et par lesquelles les Mullahs arrivèrent dans le Dahomey et dans le pays des Ashantis.

Là sont peut-être aussi les chaînes de montagnes que Marmol (2) entendit appeler *Quen* (Kong) et *Alard*, par des marchands maures. C'est là ou un peu plus à l'est, au sud de Wangara (*Guangara* selon Leo Africanus) (3), que doivent être situées les hautes terrasses contenant des mines d'or dont Marmol entendit parler aux marchands mahométans. Pour aller de Wangara, faire le commerce avec ce pays si riche en or, il faut gravir de très hautes montagnes qui sont tellement escarpées qu'aucune bête de somme ne peut les franchir (4). Les marchands sont forcés de prendre avec eux des esclaves qui portent les marchandises et les provisions dans de grandes calebasses. Chaque esclave porte environ 100 livres et ils font, ainsi chargés, 3 à 4 lieues par jour, à travers ces montagnes inaccessi-

(1) Proceedings of the Association, p. 177.

(2) Marmol, Africa, I, p. 32.

(3) Leo Africanus, par Lorsbach, p. 493.

(4) Marmol, Africa, III, p. 69.

bles. La caravane est accompagnée d'une escorte d'hommes armés, pour repousser les attaques fréquentes des montagnards. L'or que l'on apporte ainsi à Wangara est appelé *tibar*. On connaît sous le nom de *tibar*, *tibbar*, *tiber* la poudre d'or, qui a cours partout comme monnaie, en Afrique ; on l'estime au poids, et chaque Mandingo porte toujours sa balance avec lui (1).

Des deux côtes de l'Afrique, à l'ouest et à l'est, retentit partout le même cri : de l'or ! de l'or ! *tibbar ! tibbar* ! (2); il annonce, à l'ouest et à l'est, et la même richesse dans la nature, et la même cupidité dans l'homme !

2e Eclaircissement.

De la grande population du plateau.

Suivant les sentiers plus ou moins frayés qui se sont présentés à nous, nous avons parcouru maintenant le plateau africain dans tout son pourtour ; mais nous n'avons trouvé nulle part d'accès ouvert qui nous permît d'observer les mystères qu'il cache dans son sein. Nous ne dirons plus qu'un mot sur ce monde inconnu, et ce mot nous sera fourni par l'histoire des plus infortunés de ses enfans.

C'est un fait reconnu (3) que, depuis des siècles, les côtes occidentales de l'Afrique ont été régulièrement visitées par les Européens pour la traite des noirs ; ils les ont parcourues ainsi depuis le cap Blanco, au nord du Sénégal, jusqu'au cap Négro, au sud. Avant 1789, c'est-à-dire avant l'abolition de la traite des noirs qui nous a fourni

---

(1) Jackson, Account of Marocco, 2e éd., 1811, p. 296.

(2) Voyez, plus haut, Terrasse de Fazoklo, § 13, éclaircissem. 3.

(3) Privy Couns, Report, dans Walstrœm Essay on colonisat., p. 484.

toutes les indications suivantes, on exportait, par an, sur ces côtes, 74,000 à 80,000 esclaves tirés de l'intérieur du pays.

La caravane du Dar-Four en exporte aussi un très grand nombre de l'intérieur du pays au nord-est de l'Afrique ; la petite caravane en amène 5 à 6 mille au Caire ; la grande caravane qui arrive beaucoup plus rarement en amène jusqu'à 12,000 (1). La plus grande partie de ces esclaves se compose de jeunes filles et de femmes qu'achètent les Mamelouks.

La caravane du Sennaar en exporte beaucoup moins du pays des Noba, sur le Nil. Quelques centaines de ces esclaves sont faits eunuques (2) à Aboutigé, dans la Haute-Egypte ; à peu près autant sont ainsi annuellement mutilés dans le royauume de Bornou (3).

La caravane de Mograbi n'exporte que très peu d'esclaves dans la Basse-Egypte, par le Fezzan et le Bornou ; cependant on organise (4), chaque année, à Bornou, des parties de chasse aux esclaves contre les Nègres montagnards du plateau ; c'est ce que font aussi les habitans du Dar-Four contre les Donga qui habitent vers les sources de l'Abiad (5), et, depuis quelque temps, le sultan de Fezzan contre les Tibbos de Borgou. Ritchie, consul anglais à la cour de Mourzouk, dans le Fezzan, nous atteste la vérité de ce fait ; car il était sur le point d'accompagner le bey du pays à une partie de chasse contre ces Tibbos, lorsqu'il fut emporté par la fièvre. Pendant son séjour à

---

(1) Mémoires sur l'Egypte, III, p. 303, et Lapanouse, ibid., IV, p. 77.

(2) L. Franck, sur le commerce des Nègres au Caire, Mémoires, IV, p. 126.

(3) Hornemann, Voyage, I, p. 162.

(4) Shérif Inhammed, dans les Proceedings, I, p. 157.

(5) Browne, Trav., et Hornemann, Voyages, édit. de Langlès, II, p. 275.

Mourzouk, on amena, en 1819, sur le marché d'esclaves de cette ville, 5,000 infortunés ainsi arrachés de leur patrie (1). Depuis quelques années, cet usage horrible de la chasse aux hommes, qui bientôt aura détruit des nations entières, s'est considérablement répandu dans l'intérieur de l'Afrique septentrionale, et déjà il a mis la plus grande confusion dans la situation politique des peuples du Soudan. Comme sur le Congo supérieur, ce trafic a détruit ici tous les rapports sociaux ; c'est le plus grand obstacle qui s'oppose à toute communication avec les Européens et qui les empêche de pénétrer dans l'intérieur du pays. Ritchie s'est assuré que, sans cette circonstance, la route du Fezzan à travers le centre de l'Afrique jusqu'à la Guinée serait aussi libre et aussi sûre que celle de Londres à Edimbourg. La chasse aux hommes (*selaty*) est un usage aussi général dans cette partie nord-est de la pente de la Haute-Afrique que dans la partie occidentale de la côte de Guinée.

7 ou 800 (2) de ces nombreux esclaves étaient autrefois exportés chaque année à Tripoli ; aujourd'hui, il en arrive probablement un plus grand nombre.

Nous ne savons souvent rien de précis sur le nombre des esclaves enlevés de l'Afrique, quoique cependant ils soient vendus : avant d'atteindre le Caire, les caravanes se séparent souvent en plusieurs branches, en Egypte, par exemple aux marchés d'esclaves de Siouth et d'Esneh.

Le nombre des esclaves que les Maures emmènent avec eux du Soudan, à travers le désert de Sahara, aux marchés du Fezzan, et de là à Maroc, Tunis, Tripoli, nous est inconnu ; cependant il doit être très grand (3). L'exportation des esclaves de l'intérieur de l'Afrique dans ces

(1) Ritchie, dans la Quarterly Rewiew, 1820, May, p. 228.

(2) Bornemann, Voyage, II, p. 451.

(3) Jackson, Account of Marocco, 2e édit. Lond., 1811, p. 29. —

contrées est en usage depuis le douzième siècle (1). Nous ne savons rien de plus précis des enlèvemens d'hommes qui ont lieu sur les côtes orientales de l'Afrique.

Les compagnies portugaises pénètrent jusqu'à 250 à 300 lieues dans les terres pour acheter des esclaves. On en exporte annuellement du seul port de Mosambique (2) de 15 à 16 mille.

Nous ne savons pas quel est le nombre de ceux que le même sort atteint au nord et au sud. On en amenait autrefois un très grand nombre au cap de Bonne-Espérance ; car on y compte, pour un blanc, cinq esclaves noirs qui, presque tous, ont été pris (3) sur les côtes orientales de l'Afrique. Dans le district de Graaf-Reynett, chaque cultivateur possède environ 15 esclaves nègres (4). D'après un dénombrement fait en 1810, il y avait à la colonie du Cap 30,421 esclaves, sans compter 19,764 Hottentots qu'on pourrait regarder comme tels.

En additionnant le nombre de tous ces infortunés, on trouverait que le trafic des esclaves enlève annuellement 150,000 habitans aux contrées de l'intérieur de l'Afrique ou au plateau, dont presque tous sont arrachés pour ne plus jamais revoir leur patrie. Depuis l'établissement de la colonie de Sierra-Leona, la traite des noirs a diminué des quatre cinquièmes sur cette côte, et un grand nombre de comptoirs et de facteurs qui ne s'étaient établis que pour faire le trafic d'hommes ont déjà quitté la côte. Cette baisse subite et le nom seul de Wilberforce, chef de ces hommes

---

Proceedings of the Associat. of Afric. Lond., 1810, I, p. 51.—Jackson's El Hage Shabeeny, Account of Timbuctoo and Houssa. Lond., 1820, in-8°, p. 220.

(1) Geogr. Nubiens., p. 8.

(2) Epid. Colin, Notice sur la Mozambique, dans les Annales de Malte-Brun. An IX, p. 304.—Salt, Voyage, p. 80.

(3) Barrow, Travels in South-Africa, II, p. 109 et 404.

(4) Campbell, Travels, p. 500.

généreux qui ont provoqué l'abolition de la traite des noirs, ont jeté la terreur chez les marchands d'esclaves ; ce commerce est souvent fait par les rois eux-mêmes, les Kabosirs, ou du moins par les habitans les plus riches du pays, et ils menaçaient de la mort tout blanc qu'ils soupçonnaient être un agent de Wilberforce (1). Mais la cupidité a toujours trouvé les moyens de se livrer en secret à ces spéculations criminelles. Des capitaines de vaisseaux anglais, français et américains se sont livrés à la traite des noirs avec plus de cruauté encore qu'auparavant, car ils ne s'exposaient aux risques d'un commerce illicite que dans l'espoir de bénéfices énormes. Une croisière de trente vaisseaux de ligne sur la côte de Guinée ne suffirait pas pour faire respecter la loi et détruire entièrement la traite des noirs. Il est presque impossible de poursuivre les transgresseurs de la défense devant les tribunaux de Sierra-Leona ou de la Havane, parce que les frais de procédure coûteraient des sommes immenses, et que les coupables ont toujours mille moyens d'échapper à l'action de la loi. Les Portugais et les Espagnols ont d'ailleurs continué jusqu'à ce jour la traite des noirs. Le commerce s'est même accru chez eux dans les dernières années, et il est connu de tout le monde qu'on a amené plus d'esclaves dans l'île de Cuba en 1818 et 1819 que dans les années précédentes ; aussi les cultivateurs exportent-ils le double de denrées coloniales qu'auparavant. Malgré les plus généreux efforts, la traite des noirs n'a donc pas encore diminué d'une manière bien sensible (Voyez plus haut Congo et Guinée).

D'après les probabilités, la population de l'Afrique s'élèverait de cent à cent soixante millions d'habitans (2). L'es-

---

(1) Wadstrœm, Essay on colonisation, II, p. 116. — Nichol, Letters, from Old Calabar, in the year 1805, dans les Proceedings, II, p. 387.

(2) Golberry, p. 380.

clavage est indigène dans une grande partie de l'Afrique, sur le plateau lui-même (1), ou au moins à sa pente septentrionale; sur le Sénégal et la Gambie supérieurs; sur la terrasse des Mandingos (2), un quart seulement des habitans porte le titre d'hommes libres, *Horea*, les trois autres quarts sont esclaves, *Jong*.

La principale source de l'esclavage est la guerre qui exerce continuellement ses ravages dans l'intérieur du pays, au nord, et coûte encore la vie à un grand nombre d'hommes, outre les prisonniers qui sont vendus comme esclaves. Mungo-Park (3) remarqua avec tristesse que, dans un grand nombre d'états nègres qu'il traversa, et dont les habitans étaient presque liés de parenté entre eux, les frontières des différens royaumes étaient toujours moins peuplées que le centre du pays; souvent même elles étaient entièrement désertes, comme celles des royaumes de Bondou, Kasson, Loudamar, Kaarta, Bambarra, Mandingo et Foulladou.

Si on compte encore les victimes sans nombre qui, dans les royaumes non mahométans des Nègres méridionaux, sont sacrifiées à la tyrannie et à la cruauté des despotes absolus, comme, par exemple, dans l'empire de Dahomey, celles qu'immolent la superstition et l'idolâtrie, celles qui succombent sous les coups de la vengeance et de la barbarie, on s'étonnera que l'intérieur de l'Afrique, et surtout le plateau, loin de se dépeupler, répande de tous côtés les flots de son exubérante population.

Nous avons exposé plus haut les faibles documens que nous possédons sur l'histoire des peuples du plateau africain; ils sont confirmés encore par une tradition des Beetjuanes, d'après laquelle ils assurent avoir émigré du

(1) Olaudah Equiano, p. 20.
(2) Mungo-Park, Trav., p. 23 et 35.
(3) Ibid., p. 261.

nord dans le pays qu'ils habitent. Il résulte de tous les témoignages que nous avons recueillis, qu'entre le seizième et le dix-septième siècle eut lieu une grande émigration des peuples du plateau qui, obéissant à la même impulsion, sont descendus, dans trois directions différentes, des hautes terres dans les basses terres. Chassés par la même cause, les Galla, les Foungi, les Nouba, les Giaga ou Schagga, les Mandingos, les hordes des Foula et beaucoup d'autres peuples encore se précipitèrent en même temps dans les terrasses des montagnes. Les Nègres des côtes et des basses terres sont encore maintenant refoulés, en beaucoup d'endroits, par les habitans des hautes terres, depuis le bord septentrional du plateau jusqu'au bord méridional, chez les Hottentots. Ce phénomène nous ferait supposer, dans l'intérieur, un accroissement de population, qui ne serait pas encore arrivé à l'équilibre, et qui se ferait moins sentir au sud-ouest qu'au sud-est. Les peuples nouveaux se superposent comme par couches sur les peuples anciens; ils se confondent en partie avec eux, ils les repoussent et les dépossèdent entièrement du pays sur lequel ils ont primitivement vécu.

Un plateau habité dans l'intérieur et non couvert de déserts, une terre (1) jouissant d'un climat salubre et abondamment pourvue des choses nécessaires à la vie, peuvent seuls remplacer cette énorme masse d'hommes que lui enlèvent annuellement la cupidité et la barbarie; à moins cependant qu'on ne suppose que la nature et plus chaude et plus jeune possède là une vertu particulière et plus féconde pour procréer les peuples, et que, comme d'une source éternelle et vivante, elle verse sans cesse sur cette terre des générations nouvelles. Nous savons maintenant qu'un grand désert s'étend au sud près des Beet-

(1) Olaudah Equiano, p. 18 et 622, et W. Young, dans les Proceedings, II, p. 350.

juanes et du fleuve d'Orange (1) ; mais les nouvelles découvertes de Burchell nous apprennent que, plus au nord, la terre doit être mieux peuplée.

C'est ce que nous confirme une ancienne tradition (2) de la tribu des Zinques (*Zinghi*, comme les appellent les Arabes) ; ce peuple doit vivre sur les sommets des montagnes d'Alard et de Kong, dans une sauvage barbarie ; il se multiplie avec une si prodigieuse fécondité, disent-ils, que bientôt ils couvriraient toute la terre, si le vent *Reha el Sueyda* ne soufflait sur leur pays et ne venait, de soixante ans en soixante ans, les couvrir de sable et dessécher tout ce que touche son souffle destructeur.

Le plateau Africain manifeste, dans la procréation des peuples, une merveilleuse fécondité qui a étonné ses voisins dès les temps les plus anciens. Toutes les relations nouvelles s'accordent à confirmer la précocité de la puberté de l'homme et le grand nombre d'enfans que possède chaque couple dans cette partie de la terre isolée des autres et pour ainsi dire fermée de tous côtés. Beaucoup d'auteurs, et entre autres Golberry, ont essayé de prouver que la race nègre est la plus féconde de tous les peuples du monde ; plus on avance dans l'intérieur du pays, plus cette opinion acquiert d'évidence. Jackson nous assure que le climat et toute la nature sont si excitans au Tombouctou, que l'individu, chez les deux sexes ne peut vivre sans les plaisirs de la génération ; l'homme qui n'est pas marié à 18 ans est frappé de deshonneur dans l'opinion publique.

C'est un phénomène toujours corrélatif dans l'histoire de l'humanité, que là où la fécondité de la race est plus grande, l'existence de l'individu, soit comme homme, comme famille ou comme peuple, a généralement moins de valeur aux yeux de l'homme. Il semble que l'exubérance

(1) Campbell, p. 334.

(2) Marmol, Africa, I, p. 31.

de la masse écrase ici le développement de la personnalité.

Cela ne peut pas être l'effet d'un sentiment moral étouffé chez ces peuples, comme on pourrait le croire, à en juger d'après nos systèmes de morale; c'est que l'homme n'est pas encore arrivé ici à la conscience de lui-même, c'est qu'il n'est pas encore complétement éveillé à la vie! ou plutôt c'est le résultat d'une position tout-à-fait caractéristique vis-à-vis de la nature dans ses plus grands rapports avec la terre, avec le système solaire, avec l'univers.

Dans une situation opposée, la stérilité de la race est aussi contraire au développement moral, comme Hippocrate (1) l'a déjà démontré : ici, au contraire, la fécondité prodigieuse et le nombre de la population qui couvre cette terre africaine nous paraissent être la raison principale qui explique pourquoi la vie de l'homme a eu de tout temps moins de valeur pour son semblable et pour lui-même. Ce phénomène, quand il ne se manifeste pas seulement dans des individus isolés, mais dans la masse du peuple et des peuples, comme trait caractéristique, doit résulter du développement incomplet de la race.

3e Eclaircissement.

Voies commerciales à travers la Haute-Afrique.

Nous aurions une connaissance plus exacte de l'intérieur du plateau, si les Européens avaient pu réussir à le traverser; mais nous savons que tous les voyageurs isolés qui se sont engagés dans ce monde inconnu, sont restés victimes de leur entreprise. Les expéditions, pour remonter la Gambie et le Zaïre, n'ont pas eu une issue plus heureuse.

Existerait-il réellement des voies commerciales parcou-

(1) Hippocrate, des Climats, éd. Coray, I, p. 93.

rues par les Européens, comme le donnent à supposer d'anciennes relations, elles n'ont apporté encore aucune lumière à la science.

Dapper nous donne la route des Portugais du Congo à travers le pays des Anzicos et des Nimiemays, et Campbell (1) en confirme l'existence.

Suivant le rapport d'un négrier portugais, il existe encore aujourd'hui une voie directe de communication, à travers le continent, entre Sofala et Mozambique et les colonies occidentales de Congo, Loango et Benguela (2); Dos Sanctos l'assurait déjà de son temps, mais les Portugais de Séna et de Mozambique ne la connaissent plus aujourd'hui.

Correa de Serra assure le contraire, parce que le pays montagneux situé entre les deux côtes est complétement inaccessible (3).

Les Hollandais ont essayé de pénétrer à travers l'intérieur de l'Afrique, sur la haute terrasse de la colonie du Cap, jusqu'au Monomotapa (4); mais l'entreprise, conduite par le capitaine Gordon, n'eut aucun succès; les Anglais tentèrent le même voyage en 1809; ils avaient formé une caravane de vingt hommes, sous la direction du Dr. Cowan et du lieutenant Denovan; mais tous périrent assassinés (5) par les Wanketzens, au nord du pays des Beetjuanes. Les voyages de Burchell (6) ne nous ont pas donné de renseignemens nouveaux; le projet du père Lobo d'aller, à travers le plateau, de Mélinde au Habech,

(1) Dapper, Africa, p. 634.—Campbell, Polit. survey of Great Brit. II, fol. 631.

(2) Barrow, Travels in South-Africa, II, p. 118.

(3) Rennell, Illustrat., dans Mungo-Park, Trav., App., p. LXXXII.

(4) Thoman, Reise und Lebensbeschreibung, p. 130.

(5) Campbell, Reise, p. 216, 234, 238.

(6) Verneur, Journal des Voyages. Paris, 1821, Avril, p. 51

échoua quoiqu'il existât des routes (1) de l'une à l'autre de ces contrées.

Une route de caravane conduit encore aujourd'hui, de la côte des Somaulis, de Berbera, dans le centre de l'Afrique (2), à travers le plateau.

Une route doit conduire aussi de Narea à travers le plateau, dans le royaume de Bénin, sur le golfe de Guinée. C'est par cette route que les Portugais, après la découverte du Bénin (1469), obtinrent les premiers renseignemens (3) sur l'empereur du Habech, le prétendu *Ogané* ou prêtre Jean. Son empire devait être situé à 250 *legoas* de 18 au degré, et ainsi à 166 milles géogr. plus à l'est, et le roi de Bénin s'en reconnaissait lui-même tributaire. Les relations de De Barros (4) contredisent entièrement cette supposition, et aucun Européen n'a pu obtenir de renseignemens précis sur ce point.

Nous avons déjà indiqué plus haut la route commerciale trés fréquentée qui va de Kaschna au sud, par Degomba ou de Tombouctou et Ségo à Assenté (5), par les montagnes de Kong et de là à Whydah sur la Côte-d'Or, par la terrasse d'Akim.

Une route plus récemment connue est celle de Cacondy par la prolongation nord-ouest du plateau ; elle passe au-dessus de la terrasse des Foulahs, par Timbo, Belia, Bouriah (*Bouri*), Manda (*Mandingo*) et conduit à Ségo (6).

Peut-être que la curiosité qui se porte de toutes parts

(1) Lobo, Voyages, I, p. 76.
(2) Valentia, Trav., II, p. 375.
(3) Bruce, Trav., 2e éd., III, p. 132.
(4) De Barros, Dec., I, lib. III, c. II, fol. 38 b.
(5) Proceedings, éd. de 1810, I, p. 177, et Mungo-Park, Travels.
(6) Watt et Winterbottom, dans Wadstrœm, Essay, p. 114.

sur l'intérieur de cette partie du monde, nous donnera bientôt de nouvelles révélations; nous espérons qu'elles étendront de beaucoup les documens que nous possédons jusqu'à présent et qui sont le résultat du travail de trois siècles.

FIN DU PREMIER VOLUME.

TABLE DES MATIÈRES.

LE PLATEAU OU LA HAUTE-AFRIQUE.

FIN DE LA TABLE DU PREMIER VOLUME.

Printed in Dunstable, United Kingdom

91224057R00310